核生化防护技术丛书

严春晓　主编

化学防护原理与技术

HUA XUE FANG HU YUAN LI YU JI SHU

国防工业出版社

·北京·

内 容 简 介

本书以3种关键防护材料(活性炭、过滤纸、橡胶)及其复合材料为主线,着重介绍了防护有毒蒸气、气溶胶和液滴的基本原理与过程。在此基础上,介绍了流体力学、人体工效学、声学、光学等在防护技术中的集成应用原理,滤毒(尘)罐(器)、面罩、空气呼吸器、防毒衣(服)、个人防护系统、集体防护系统中关键技术的结构设计原理,同时为全面反映防护技术领域研究水平,对前沿技术发展一并加以介绍。

本书可用作军事化学与烟火技术相关专业方向参考用书,也可供从事相关防护技术研究、设计、使用、评价等工作的人员参考。

图书在版编目(CIP)数据

化学防护原理与技术/严春晓主编.—北京:国防工业出版社,2022.9
(核生化防护技术丛书)
ISBN 978-7-118-12559-7

Ⅰ.①化… Ⅱ.①严… Ⅲ.①化学防护 Ⅳ.
①TJ92

中国版本图书馆 CIP 数据核字(2022)第 140114 号

※

国防工业出版社出版发行
(北京市海淀区紫竹院南路23号 邮政编码100048)
北京龙世杰印刷有限公司印刷
新华书店经售

*

开本 710×1000 1/16 印张 24¼ 字数 450 千字
2022 年 9 月第 1 版第 1 次印刷 印数 1—1500 册 定价 142.00 元

(本书如有印装错误,我社负责调换)

国防书店:(010)88540777 书店传真:(010)88540776
发行业务:(010)88540717 发行传真:(010)88540762

前言

本书以人员对有毒物质及其云团或者气溶胶的防护技术为主线，阐明人员呼吸道过滤防护技术、皮肤防护技术及其隔绝防护技术中的有毒化学品扩散、吸附、渗透的机理与装备器材技术原理。

全书共分 7 章，第 1~5 章以防护技术基本原理与理论内容为主，涉及有毒化学品蒸气的吸附平衡、催化作用、床层吸附动力学，毒烟、毒雾、微生物、放射性灰尘等气溶胶的过滤过程及效率、影响过滤过程的因素，液滴与织物表面的浸润和铺展、与高分子材料的溶解和扩散作用，有毒物质气体的流动与压缩，织物、服装的传热与透湿，奠定了有毒化学品防护技术的科学基础；第 6、7 章以防护装备器材的结构原理为主，涉及防毒炭层、滤烟层及其装置器材的吸附与过滤结构，装置器材的适用对象、范畴及其大小，这些从根本上决定并奠定了个人防护技术与集体防护技术的科学基础。

本书为满足培养防护技术方向硕士研究生与本科教学的需要而编写，在编写过程中，参考了何启泰、高虎章、崔俊鸣编著的《化学防护技术基础》，程代云、史喜成编著的《集体防护装备技术基础》以及防护领域其他老专家与学者的学术成果，谨向他们表示崇高的敬意！同时参阅了诸多文献，并进行了梳理与总结。本书编写组付出脑力与体力，是集体智慧结晶而成的，同时得到防化专家的指导与同行的帮助，在此甚表谢意。

本书由严春晓负责整体筹划纲目和统稿，共同撰写完成，其中第 1 章 1.1 节由汤华民、赵婷执笔、1.2 节由马兰执笔、1.3 节由汤华民执笔，第 2 章由严春晓、徐佳煜、齐秀丽、胡晓春执笔，第 3 章由严春晓、徐佳煜执笔，第 4 章由胡晓春执笔，第 5 章由杨阳执笔，第 6 章由周朝华、马兰、徐佳煜执笔，第 7 章由周朝华、王刚、菅锐执笔。书中涉及计算公式较多，其文字校对由徐佳煜、李聪负责。

由于编写人员才学疏浅,不妥之处恳请赐教,以便于再版时完善。

编　者

2022 年 4 月于北京

目 录

第 1 章　有毒化学品蒸气吸附与催化原理

1.1　吸附平衡理论 ……………………………………………………………… 001
　1.1.1　气-固吸附的基本概念 …………………………………………… 002
　1.1.2　单分子层吸附理论 ………………………………………………… 011
　1.1.3　多分子层吸附理论 ………………………………………………… 015
　1.1.4　微孔充填理论 ……………………………………………………… 021
　1.1.5　Dubinin 吸附等温线方程 ………………………………………… 026
　1.1.6　基于吸附平衡理论的吸附材料表征 ……………………………… 041
1.2　催化作用机理 ……………………………………………………………… 048
　1.2.1　防毒炭对难吸附有毒化学品的金属催化反应机理 ……………… 048
　1.2.2　CO 催化氧化反应机理 …………………………………………… 051
　1.2.3　光催化反应消除有害气体机理 …………………………………… 053
1.3　床层吸附动力学 …………………………………………………………… 069
　1.3.1　动态吸附的基本概念 ……………………………………………… 069
　1.3.2　t_b-L 曲线方程 ………………………………………………… 075
　1.3.3　穿透曲线模型 ……………………………………………………… 082
　1.3.4　克劳兹方程 ………………………………………………………… 100
参考文献 …………………………………………………………………………… 109

第 2 章　气溶胶过滤原理

2.1　气溶胶过滤过程概述 ……………………………………………………… 111
　2.1.1　过滤的基本过程 …………………………………………………… 112

2.1.2 微粒沉积的机理 …… 113
2.2 绕纤维圆柱体流动的速度场 …… 115
2.2.1 理想流体的速度场 …… 116
2.2.2 低雷诺数时的拉姆速度场 …… 117
2.2.3 桑原－黑派尔场 …… 118
2.2.4 皮切对桑原－黑派尔场的扩展 …… 121
2.3 纤维过滤器效率计算 …… 122
2.3.1 单根纤维截留效应过滤效率 …… 122
2.3.2 单根纤维扩散沉积过滤效率 …… 123
2.3.3 微粒在单根纤维上惯性沉积 …… 126
2.3.4 孤立圆柱捕获粒子的总捕获效率 …… 130
2.3.5 气溶胶对数穿透定律 …… 131
参考文献 …… 132

第3章 有毒化学品液滴渗透原理

3.1 液滴在织物表面的浸润与铺展 …… 133
3.1.1 液滴对织物的润湿 …… 133
3.1.2 有毒化学品液滴在织物上的铺展 …… 137
3.1.3 织物表面的疏液机理 …… 141
3.2 有毒化学品对致密高分子材料的溶解作用 …… 150
3.2.1 内聚能密度或溶度参数相近原则判定溶解能力 …… 150
3.2.2 交联高聚物的溶胀 …… 155
3.3 有毒化学品在致密高分子材料中的扩散 …… 159
3.3.1 有毒化学品分子在聚合物中的扩散定律 …… 159
3.3.2 小分子气体（或蒸气）在聚合物中的传递 …… 161
3.3.3 有毒化学品渗透曲线方程 …… 162
3.3.4 聚合物薄膜对有毒化学品吸收与解吸的过程 …… 167
参考文献 …… 172

目 录

第 4 章 气体流动与压缩

4.1 气体流动过程 ……………………………………………………………… 174
  4.1.1 稳定流动的基本方程式 ……………………………………………… 175
  4.1.2 流速改变的条件 ……………………………………………………… 179
  4.1.3 喷管的计算 …………………………………………………………… 183
  4.1.4 背压变化时喷管内流动 ……………………………………………… 191
  4.1.5 具有摩擦阻力的流动 ………………………………………………… 193
  4.1.6 绝热节流 ……………………………………………………………… 194

4.2 气体压缩过程 ……………………………………………………………… 201
  4.2.1 压气机 ………………………………………………………………… 202
  4.2.2 余隙容积的影响 ……………………………………………………… 204
  4.2.3 多级压缩和级间冷却 ………………………………………………… 207

参考文献 ………………………………………………………………………… 209

第 5 章 服装传热与透湿原理

5.1 织物传热原理 ……………………………………………………………… 210
  5.1.1 织物的传热性能 ……………………………………………………… 211
  5.1.2 织物传热性能的评价方法 …………………………………………… 212

5.2 服装传热原理 ……………………………………………………………… 215
  5.2.1 服装的传热性能 ……………………………………………………… 215
  5.2.2 服装的传热模型 ……………………………………………………… 216
  5.2.3 影响服装传热性能的因素 …………………………………………… 218
  5.2.4 服装传热性能的评价方法 …………………………………………… 226

5.3 织物透湿原理 ……………………………………………………………… 227
  5.3.1 织物的透湿性能 ……………………………………………………… 228
  5.3.2 织物透湿性能的评价方法 …………………………………………… 229

5.4 服装透湿原理 ··· 231
5.4.1 服装的透湿性能 ··· 231
5.4.2 服装的湿传递模型 ··· 234
5.4.3 影响服装透湿性能的因素 ··· 237
5.4.4 服装透湿性的评价方法 ··· 242
参考文献 ··· 242

第6章 染毒空气净化装置

6.1 防毒炭层及其设计 ··· 245
6.1.1 防毒炭 ··· 245
6.1.2 固定床吸附装置设计基本要求 ··· 248
6.1.3 固定床吸附装置设计参数计算方法 ··· 249
6.2 滤烟层及其设计 ··· 255
6.2.1 滤料 ··· 255
6.2.2 滤料选择应考虑的主要问题 ··· 256
6.2.3 滤烟层设计参数计算 ··· 256
6.2.4 滤烟层构型 ··· 262
6.2.5 滤烟层结构要求与设计原则 ··· 265
6.3 过滤与吸收装置整体结构设计 ··· 268
6.3.1 过滤与吸收装置总体方案 ··· 269
6.3.2 滤毒罐的研究设计步骤 ··· 271
6.3.3 模型样品的评价 ··· 273
6.4 光催化反应器 ··· 285
6.4.1 光催化过程原理[53] ··· 285
6.4.2 光催化反应动力学 ··· 286
6.4.3 光催化反应器种类 ··· 289
参考文献 ··· 292

第7章 面罩

7.1 面罩技术 ……………………………………………………………………… 294
7.1.1 罩体材料 …………………………………………………………………… 294
7.1.2 眼窗材料 …………………………………………………………………… 307
7.1.3 面罩材料努力方向 ………………………………………………………… 316
7.2 面罩设计 ………………………………………………………………………… 317
7.2.1 面罩整体结构设计 ………………………………………………………… 318
7.2.2 功能附件结构设计 ………………………………………………………… 323
7.3 面罩设计的新技术 ……………………………………………………………… 349
7.3.1 逆向技术 …………………………………………………………………… 349
7.3.2 快速成型技术 ……………………………………………………………… 351
7.3.3 新配方橡胶面罩的注射成型技术 ………………………………………… 353
7.3.4 呼吸追随控制技术 ………………………………………………………… 357
7.3.5 在染毒区可更换滤毒罐的自密闭活门技术 ……………………………… 359
7.3.6 防毒面具罩体内部气流流场分布模拟仿真研究 ………………………… 362

参考文献 …………………………………………………………………………… 373

第1章
有毒化学品蒸气吸附与催化原理

蒸气、气溶胶和粉尘是战场上有毒化学品造成人员呼吸道伤害的主要战斗状态。对于有毒化学品蒸气,防毒面具的滤毒罐、集体防护装备的过滤吸收器都设计有炭装填层对其进行防护。通过炭装填层中浸有催化剂的活性炭(通常称为活性炭-催化剂或防毒炭),靠物理吸附、化学吸着和催化作用滤除不同性质的有毒化学品蒸气和气体以达到防护目的。对于气溶胶和粉尘的防护将在第2章进行介绍。

1.1 吸附平衡理论

吸附是一种界面现象,物质在界面相中的浓度与体相浓度不同的现象称为吸附。界面相浓度大于体相浓度称为正吸附;界面相浓度小于体相浓度称为负吸附。在防毒领域,通常讨论的是气固界面的正吸附。

当气相吸附质与固相吸附剂接触时,两者界面上出现一个特殊区域,当固体表面上吸附质的浓度大于气相中吸附质的浓度(吸附质气体或蒸气在表面上增稠或凝聚)时,这种现象称为物理吸附。被吸附分子离开固体表面进入气相中的现象称为解吸附。吸附质分子不停留在固体表面上,而是渗入固体结构内部或晶格的原子之间,这种现象称为吸收。利用固体吸附剂表面的化学活性物质或催化剂与吸附质分子发生化学反应而使吸附质分子固定在固体表面上,这一过程称为化学或催化吸附。吸附和吸收统称为吸着。由于化学吸附和吸收难以界定,通常称为化学或催化吸着。对于一个特殊的体系,物理吸附或化学吸着可能同时存在。

在固体表面上发生的吸附或吸着,可在吸附质蒸气与吸附剂处于静止的条件下进行,也可在吸附质与吸附剂处于相对运动的条件下进行。前者称为静态平衡吸附,后者称为动态吸附。对于有毒化学品蒸气防护的实际应用,大多是在气流中完成动态吸附的过程。但静态平衡吸附反映出来的一些热力学本性不随动力学条件而改变,因此研究静态平衡吸附是研究动态吸附的基础。

在静态吸附时,吸附质在气相与吸附相之间的分布,可用给定温度下的吸附等温线来描述,而在动态吸附条件下,吸附质在两相中的分布不仅取决于吸附等温线,还取决于与吸附动力学有关的条件,如吸附剂装填层的状况、吸附剂颗粒大小、气流流速及吸附热效应等。本节将对静态平衡吸附的有关问题进行讨论。

1.1.1 气-固吸附的基本概念

1. 物理吸附与化学吸附

吸附质与吸附剂之间的相互作用可分为物理吸附和化学吸附,由于两种吸附作用力的本质完全不同,故表现出各自不同的特点,其区别是物理吸附是吸附质与吸附剂之间通过相当弱的分子间引力(范德华力)实现的,这种力的性质与蒸气凝聚时力的作用相同。由于这种作用力很弱,不足以使吸附质分子的化学键发生变化,所以被吸附的分子也不改变其化学性质。化学吸附时,吸附质分子和吸附剂分子(或原子)中的电子发生交换或共有而形成化学键,化学键的结合力比物理吸附的分子间引力大得多。发生化学吸附时,一般都会改变吸附质原有的化学性质。

在防毒技术中,广泛使用的活性炭对大多数有毒化学品蒸气的吸附是靠物理吸附作用,只有少数难吸附的有毒化学品蒸气是靠化学吸附或催化作用来防护的。物理吸附和化学吸附的主要特点如下。

(1) 吸附的选择性。物理吸附没有选择性,任何气体或蒸气在其沸点温度附近均可发生明显的物理吸附现象,只是在吸附作用的强弱和吸附数量上存在着差别;化学吸附具有选择性,一种化学活性物质构成的吸附剂只能吸附某一种或某一类的吸附质而不能吸附另外的一些吸附质。

第 1 章　有毒化学品蒸气吸附与催化原理

（2）吸附温度条件。在远远高于吸附质沸点温度时难以发生物理吸附，但随着温度的降低，物理吸附作用增强，在吸附质沸点温度以下所有蒸气状物质均可有明显的物理吸附现象，但对于常温下以气体状态存在的物质，如氮气、氧气，只能在很低的温度下（氮气为-195℃；氧气为-180℃）才能发生物理吸附。化学吸附一般在较高的温度下才能进行。

（3）吸附和解吸速度。物理吸附类似于凝聚现象，不需要活化能使被吸附的分子活化，在无孔吸附剂表面上，吸附过程可在几乎不可测量的短时间内完成，所以物理吸附是一种极快的过程。化学吸附速度在很宽的范围内随温度而变化，其中活化能是一个重要因素。当所需的活化能很高时，低于某一温度时化学吸附将不能进行。但当吸附剂表面是高活性状态，如通过真空蒸发形成的纯炭膜时，即使在低温下化学吸附速度也会很快。在较低的温度下，也有少数不需活化能的化学吸附，可以很快的速度进行。

解吸附（脱附）是吸附的逆过程。当气体或蒸气被吸附在固体表面上时，吸附质分子不是静止不动，而是在表面上有一定程度的热运动，这种运动具有二维气体的行为。当温度升高或压力减小，使分子热运动能量增加到足以克服吸附质和吸附剂分子间的引力时，被吸附分子就会离开固体表面，由吸附相进入气相中，此过程称为解吸附。因为物理吸附的解吸附活化能一般相当于气化热，能量较低，故解吸速度一般较快。化学吸附一般是不可逆的，如在450℃时吸附在活性炭表面上的氧即使对解吸系统长时间地抽气到高真空度，在常温下也不能把氧从炭上除去，只有在800～1000℃高温下加热，才能使被吸附的氧以一氧化碳的形式脱离炭表面。

过滤式防毒面具滤毒罐中装填的防毒炭，对多数有毒化学品蒸气是物理吸附，也存在吸附和脱附的可逆性，但因防毒炭是微孔发达的炭，有毒化学品主要吸附在微孔形成的空间内，微孔空间有强的吸附力场，在这种强吸附场内被吸附的分子在常温、常压下不会解吸出来。所以，在连续使用面具时不必担心有毒化学品解吸给人员造成危害。

（4）吸附热效应。引起物理吸附和化学吸附的不同力的性质可以从多方面考察，其中最显著的区别是吸附质与吸附剂相互作用时放出的热量不同。物理吸附时的吸附热一般与蒸气的凝聚热在同一数量级，通常为1～100kJ/mol。如氧在低温（-180℃）下的物理吸附，其微分吸附热为 14.3~15.5kJ/mol，其凝聚热为 6.3kJ/mol。但氧在 450℃ 下的化学吸附，其吸附热为 840kJ/mol，是凝聚热的 100 多倍。

（5）吸附质分子在吸附剂表面上的吸附层。物理吸附和化学吸附的另一个显著的区别是吸附相内分子层数不同。化学吸附是单分子层吸附，即吸附质分子和吸附剂分子（或原子）必须直接接触才能实现它们之间的电子转移或共有来形成化学键。而物理吸附在一定的吸附质相对压力下可以形成多分子层吸附。

2. 吸附平衡与吸附等温线

撞击在吸附剂表面上的吸附质分子被表面持留，从撞击到被持留在表面上所需的时间称为吸附时间。吸附时间是一个统计量，它取决于被吸附分子和表面的性质、表面温度和分子动能，对化学吸附剂则取决于成键的因素。常温下，活性炭对气体或蒸气的物理吸附，吸附时间极快，为 $10^{-12} \sim 10^{-2}$ s；化学吸附所需的时间比物理吸附要大几个数量级。随着吸附过程的进行，吸附剂表面上具有高活性的点逐渐被占据，而吸附在低活性点上的分子，由于其热运动会离开表面回到气相中去，气相和吸附相分子之间将建立起平衡，单位时间内离开吸附相的物质的量等于新被吸附上去的物质的量，使处于吸附状态的分子数保持不变。显然，吸附平衡是一种动态平衡，达到吸附平衡时，系统内气体的压力或浓度称为平衡压力或平衡浓度，单位体积或单位质量吸附剂所吸附的气体或蒸气量称为平衡吸附量（简称吸附量），系统的温度称为吸附平衡温度（简称吸附温度）。当吸附在吸附质的临界温度以下进行时，吸附质的平衡压力或浓度常以相对压力 p/p_s 或相对浓度 c/c_s 表示，其中 p_s 和 c_s 分别为饱和蒸气压和饱和蒸气浓度。

对给定的吸附剂-吸附质体系，平衡吸附量 a 是压力 p 和温度 T 的函数，当 T 保持恒定时，平衡吸附量与压力 p 或 p/p_s 的关系曲线称为吸附等温线，可表示为

$$a = f(p, T) \tag{1.1}$$

$$a = f_T(p) \tag{1.2}$$

或

$$a = f_T(p/p_s) \tag{1.3}$$

用吸附等温线可以表示吸附系统的平衡状态。根据吸附等温线可以获得吸附剂的有关参数，如吸附剂的比表面积、孔隙半径和孔容积的大小及其分布；根据等温线计算吸附热和表示气体可吸附性参数——亲合系数等。

实验获得的等温线形状多种多样，但基本上可概括为 5 种类型[1]，如图 1.1 所示。另外，还有一类较为少见的阶梯形吸附等温线也列于图 1.1 中。

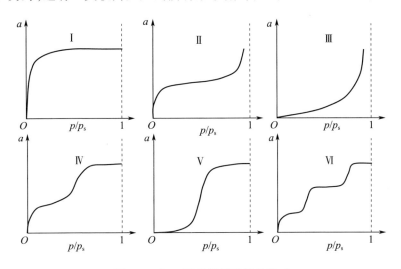

图 1.1　气-固吸附等温线的类型

Ⅰ型等温线限于单层或准单层，大多数化学吸附和在微孔物质如活性炭和分子筛的吸附等温线属此类。因为在微孔物质中孔的大小只有数个分子大小，吸附剂孔壁形成重叠的强势能，使在很低的相对压力下有较大的吸附量。在较高的相对压力下，因微孔已被吸附质分子充满，增加的吸附量很少。有毒化学品蒸气在微孔发达的活性炭上的物理吸附常有Ⅰ型等温线形状。

Ⅱ型吸附等温线是最常碰到的，在无孔粉末颗粒或在大孔中的吸附常常是这类等温线；吸附的拐点通常发生在单层吸附附近，随相对压力增加，吸附层数逐步增加，甚至发生毛细凝聚现象；最后达到饱和蒸气时，吸附层数变成无穷多了，或者是发生了吸附剂颗粒之间的毛细凝聚，使得吸附量不断增大。

Ⅲ型等温线的特征是吸附热小于吸附质的液化热，因此随吸附的进行，吸附反而得以促进，这是由于吸附质分子间的相互作用大于吸附质分子与吸附剂表面的相互作用，如 Br_2 在硅胶上的吸附就属于这种类型。

Ⅳ型等温线前期类似于Ⅱ型吸附等温线,但随着比压的继续增大,吸附量趋于一定值,在比压较高时,有毛细凝聚现象,但并未发生颗粒间的毛细凝聚。多孔吸附剂发生多分子层吸附时会有这种等温线,如苯在氧化铁凝胶上的吸附属于这种类型。

Ⅴ型等温线对应于微孔或中孔固体。吸附剂与吸附质之间相互作用弱,导致低压时吸附量较小。然而,一旦原始吸附位有一个分子吸附,吸附质之间的力以"相互协作"的方式进一步促进吸附,这就是聚集理论(cluster theory),如水分子在炭表面的氧化物上和水蒸气在石墨化炭黑上的吸附。

Ⅵ型等温线是逐步式的等温线,代表连续、完整地形成多个单分子层。产生这种逐步式的等温线是由于固体表面极度均匀原因。每步高度对应于单层容量,如90K时在炭黑表面氮的吸附。

吸附平衡状态的3个参数(a,p,T)除用等温线形式描述外,还可根据需要以其他形式来表示。如为了某种化工操作的需要,采用恒定吸附质气体分压来考察吸附量与温度的关系,这种曲线称为吸附等压线。

吸附等压线的数学式可表示为

$$a = f_p(T) \tag{1.4}$$

图1.2给出的是几种干燥剂对水蒸气的吸附等压线。从不同干燥剂对水蒸气的吸附等压线看出,沸石是最适于在高温下对水蒸气进行干燥处理的一类吸附剂。因为沸石即使在150~200℃下也能牢固地保持相当多的水分,故沸石的再生也必须在相当高的温度下进行。

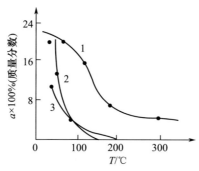

图1.2 几种吸附剂在1.3kPa下对水蒸气的吸附等压线

1—沸石(CaA);2—硅胶;3—氧化铝。

在吸附量保持不变的情况下,确定吸附温度与吸附质压力之间关系的曲线称为吸附等量线,有

$$p = f_a(T) \tag{1.5}$$

吸附等压线和等量线一般不需要直接测定,因为3种关系都是平衡状态的函数,所以只要知道一种类型的函数关系,便可以得到另外两种类型的函数关系。在几种不同温度下测定几条等温线后,即可计算出等压线和等量线。

根据等温线可以得到吸附剂和吸附质的某些特性参数,如吸附剂的比表面积、孔隙容积、孔隙大小及其分布、吸附热和表示气体或蒸气可吸附性参数——亲合系数等。自20世纪初有了气相吸附的定量测定方法之后,为吸附等温线找到了多种形式的等温方程式。在众多的等温方程中,最重要的有弗里德里希(Freundilich)、朗格缪尔(Langmuir)[2]、BET(Brunauer – Emmett – Teller)[3]和杜比宁(Dubinin)[4]方程。前两个方程,对于大、中孔吸附剂和无孔吸附剂对气体和蒸气的物理吸附、化学吸附均适用,BET方程则是描述物理吸附的最重要方程,而杜比宁方程则是描述微孔吸附剂吸附特性的主要方程。用这些方程拟合吸附等温线时,方程都是半经验性的,因为在这些方程中的一些常数必须按不同的吸附剂-吸附质体系进行实验测定。如果仅根据吸附剂和吸附质的某些物理或物化参数进行等温线的纯理论计算,则是十分困难的,即使是对最简单的体系,这种计算也是非常近似的。另外,前述的几个方程式,除杜比宁方程外,都是建立在吸附剂表面上发生单分子层或多分子层吸附模型基础上的,对微孔吸附的适用性受到限制。

3. 吸附力

吸附力是吸附质分子和吸附剂分子(或原子)之间相互结合的力,它以能量的形式体现出来。在吸附时,相互结合的力越强,释放出的能量就越大。一般物理吸附的力由3种力构成。

定向力:具有永久偶极的极性分子之间的相互吸引力,也称静电力。这种相互作用程度与分子的偶极矩大小和温度有关。

诱导力:当极性分子和非极性分子共处在一个体系中时,极性分子的电场可使非极性分子极化,产生诱导偶极矩。由于极性分子的诱导作用,使得极性分子与非极性分子之间产生相互吸引作用的力一般是比较弱的。

色散力:当非极性分子共处于一个体系中时,由于运动中的原子核外围的电子或构成分子的各原子的电子,在不同时刻,核与电子有不同的相对位置,尽管原子或分子不能形成可测量出的永久偶极,但可以形成不定偶极。因此,可以说,不定偶极是由于电子围绕核的分布密度随时间变化的结果。不定偶极又可产生同步电场,该电场使邻近分子极化。反过来,邻近分子的极化又可使不定偶极矩的变化幅度增大,色散力就是这样反复作用产生的。色散力的大小与分子电离能和极化率有关,而与温度无关。

以上 3 种力统称为范德华力或分子间引力。当以活性炭作为吸附剂时,发生物理吸附的力主要是色散力。

在化学吸附中,吸附力与化学反应时的价键力相同。吸附质分子通过与吸附剂分子或原子的电子交换或共有所产生的力吸附在吸附剂表面上。化学键力比物理吸附时的分子间引力要强得多,且一般需要提供能量才能完成化学吸附。

在物理吸附中,范德华力中 3 种作用的总和,以相互作用的能量定量表示:

$$E = E_K + E_D + E_L = \frac{1}{r^6}\left(\frac{2\mu_1^2 \cdot \mu_2^2}{3KT} + \alpha_1\mu_2^2 + \alpha_2\mu_1^2 + \frac{3}{2} \cdot \frac{\alpha_1\alpha_2 I_1 I_2}{I_1 + I_2}\right) \quad (1.6)$$

式中:E 为分子间相互作用的总能量(J/mol);E_K 为定向力作用能(J/mol);E_D 为诱导力作用能(J/mol);E_L 为色散力作用能(J/mol);r 为相互吸引的分子之间的距离(cm);μ 为偶极矩(D);α 为极化率(cm^3);I 为电离能(J);T 为热力学温度(K);K 为玻尔兹曼常数,$K = 1.38 \times 10^{-23}$ J/K。

对于同类分子,则有

$$E = \frac{1}{r^6}\left(\frac{\mu^4}{3KT} + \alpha\mu^2 + \frac{3}{8}\alpha^2 I\right) \quad (1.7)$$

实验表明,除偶极矩特别大的分子外,范德华力中最主要的是色散力。表 1.1 给出了六种气体的三种相互作用能在范德华力中的分配。

表 1.1　三种相互作用能在范德华力中的分配

气体分子	偶极矩 μ/D	极化率 $\alpha \cdot 10^{24}$/cm^3	电离能 $I \cdot 10^{18}$/J	E_K/(kJ/mol)	E_D/(kJ/mol)	E_L/(kJ/mol)	E/(kJ/mol)
CO	0.12	1.99	2.28	0.0029	0.0084	8.75	8.76
HI	0.38	5.40	1.91	0.025	0.113	25.87	25.99

第1章　有毒化学品蒸气吸附与催化原理

续表

气体分子	偶极矩 μ/D	极化率 $\alpha \cdot 10^{24}/\text{cm}^3$	电离能 $I \cdot 10^{18}$/J	E_K/(kJ/mol)	E_D/(kJ/mol)	E_L/(kJ/mol)	E/(kJ/mol)
HBr	0.78	3.58	2.12	0.690	0.502	21.93	23.10
HCl	1.03	2.63	2.18	3.310	1.004	16.83	21.00
NH_3	1.50	2.21	2.54	0.753	1.548	14.94	17.24
H_2O	1.84	1.48	2.86	36.372	1.925	9.00	47.30

可以看出，几种气体的 E_D 值都非常小，不超过总作用能的5%。对偶极矩不大的分子 E_K 也比色散力小得多。当以活性炭为吸附剂时，E_K 为零，E_D 可忽略不计。

在实际的吸附作用中，一个吸附质分子可受多个吸附剂分子或原子的吸引。由于弥散力的加和性质，与吸附剂表面相距 r 处的气体或蒸气分子被多个吸附剂分子或原子吸引的相互作用能可表示为

$$E = \frac{\pi N'}{4} \cdot \frac{\alpha \cdot \alpha'}{r^3} \cdot \frac{I \cdot I'}{I + I'} \tag{1.8}$$

式中：N' 为单位体积吸附剂的分子或原子数；α、I 分别为吸附质分子的极化率和电离能；α'、I' 为分别为吸附剂分子或原子的极化率和电离能。

通过上述讨论，从理论上认识了吸附剂和吸附质之间发生吸附作用的力的本质和特点。讨论的目的不是如何从理论上计算吸附力，从式（1.8）可以看出，影响吸附作用能大小的 α、α' 和 I、I' 都是吸附剂和吸附质物质的物理常数，它们对吸附作用能的贡献是一定的，但 N' 和 r 是可变的。可以设想，如果在活性炭生产工艺上设法提高活性炭的真密度，提高 N' 值，减小活性炭孔隙半径，会有利于吸附力的增强。实际上，根据这种理论的设想，生产中制成的较高密度的微孔活性炭确实也显示出良好的吸附性能。

4. 吸附热

吸附力反映吸附的强弱，难以测量，通常根据吸附热的大小来判断吸附的强弱。吸附总是伴随着放热，放热越多则说明吸附得越牢。吸附热分为微分吸附热和积分吸附热。微分吸附热表征吸附空间充填程度在窄的变化范围内的热效应，它定义为吸附单位物质所放出的热量，其单位为 kJ/mol 或 J/mol。

微分吸附热与充填度 θ 的依赖关系是各不相同的。微分吸附热通常随充填度增大而减小。在被吸附分子相互作用力很强的情况下，在吸附容量充填的

开始区域,可以观测到吸附热局部增加峰。凝聚热是微分吸附热的下限,这是充填程度接近于极限时的特征。

沿充填程度积分吸附热与充填程度的依赖关系便得到积分吸附热,其单位为 J 或 kJ。积分吸附热除以吸附质的物质的量称为平均吸附热,其单位与微分吸附热的单位相同。

有时使用净吸附热的概念,它是吸附时的相变热效应 Q 与凝聚热之差。

吸附热的等量线计算法是以著名的 Clausius – Clapeyron 方程为基础的,有

$$\left(\frac{\partial \ln p}{\partial \left(\frac{1}{T}\right)}\right)_{\theta = 常量} = -\frac{Q}{R} \quad (1.9)$$

积分式(1.9),得

$$\ln p = -\frac{Q}{R}\frac{1}{T} + C \quad (1.10)$$

吸附热数据可从分析实验吸附等温线网格图直接得到。以不同温度下的吸附等温线为基础,可以计算出吸附等量线,它反映吸附空间相同充填程度是平衡温度与压力的关系。图 1.3 所示为以 $\lg p - (1/T)$ 坐标描绘的正丁烷的 NaX 沸石上的吸附等量线。该图上的不同直线对应于不同的充填程度。

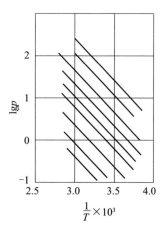

图 1.3　正丁烷的 NaX 沸石上的吸附等量线($\theta = 2\% \sim 12\%$)

由此,按下式计算等温微分吸附热,即

第 1 章 有毒化学品蒸气吸附与催化原理

$$Q = -R\left(\frac{\partial \ln p}{\partial\left(\frac{1}{T}\right)}\right)_{\alpha = \text{const}} \quad (1.11)$$

如图 1.3 所示,在方程的坐标系中吸附等量线可以用直线描述,从等量线的斜率即可按方程计算出不同充填度的微分吸附热。

将吸附热与充填关系曲线进行积分便得到积分吸附热或平均吸附热。表 1.2 所列为不同吸附质在微孔吸附剂上的平均吸附热[5]。该表数据表明,当吸附力具有弥散力性质时,微孔吸附剂(所有类型的沸石和活性炭)上的吸附热相互接近,并近似地为凝聚热的 2 倍。在大孔吸附剂上吸附热大约为凝聚热的 1.5 倍。正构烷烃的平均吸附热与分子中的碳原子数的关系为线性关系;每增加一个 CH_2 吸附热增加 6~10kJ/mol。

表 1.2　不同吸附质在微孔吸附剂上的平均吸附热 （单位:kJ/mol）

吸附剂	凝聚热	沸石		活性炭		吸附剂	凝聚热	沸石	
		CaA	NaX	CKT	XC			CaA	NaX
甲烷	9.01	16.76	16.76		18.10	丙烯	18.52	44.83	43.58
乙烷	14.71	26.82	25.98		25.14	丁烯		58.66	61.59
丙烷	18.73	36.03	36.03		35.74	乙炔	16.89	45.67	
正丁烷	22.33	44.00	41.90	39.81	41.73	丙炔		54.05	
正戊烷	25.85	55.73	53.21	50.28	51.96	丁炔烯		51.12	
正己烷	29.12	66.20	62.85	60.34	60.55	丁二炔		71.23	
正庚烷	32.05	76.68	72.91	69.14	63.69	水		75.42	75.42
正辛烷	35.03	87.15	82.96	79.1	71.2	二氧化碳	16.34	32.68	
甲基环己烷	31.63	61.59	59.50			一氧化碳	6.03	15.92	
乙烯	13.53	37.71	36.87						

除了实验吸附等温线网格法外,吸附热的数据也可以从量热法、色谱法和热谱图法获得。色谱法的特点是测量迅速、精确度高、仪器标准化。近年来,色谱法已广泛用于吸附的理论和应用研究。可惜它仅限于用来测量低浓度吸附质,即吸附容量尚未完全耗尽的范围。

1.1.2　单分子层吸附理论

如果在固体表面上吸附的气体仅仅只有一分子的厚度,则称为单分子层吸附。如果吸附层厚度超过一分子，则称为多分子层吸附。在多分子层吸附中的第一分子层也常常称为单分子层。单分子层吸附理论是由Langmuir[2]通过动力学方法创建的，也可由热力学[6]和统计力学[7]方法推导出来。单分子层吸附理论假设理想化，是一个典型的吸附理论模型，但在化学吸附、固液吸附以及微孔吸附中得到了很好的应用。典型的单分子层吸附模型还有Freundlich、Temkin和Langmuir – Freundlich等模型，大多可以由Langmuir吸附理论模型演变而来。

Langmuir假设：①固体具有吸附能力是因为吸附剂表面的原子力场没有饱和，有剩余能力。当气体分子碰撞到固体表面上时，其中一部分就被吸附并放出吸附热。但是气体分子只有碰撞到尚未被吸附的空白表面上才能够发生吸附作用。当固体表面上已盖满一层吸附分子之后，这种力场得到了饱和，因此吸附是单分子层的。②已吸附在吸附剂表面上的分子，当其热运动的动能足以克服吸附剂引力场的位垒时，又重新回到气相。再回到气相的机会不受邻近其他吸附分子的影响，也不受吸附位置的影响。换言之，被吸附的分子之间不互相影响，并且表面是均匀的。

在吸附平衡时吸附速度与脱附速度相等，吸附速度与气相的压力成正比，而脱附速度则与已吸附的表面占总表面的百分数成正比，由此便可得Langmuir方程。

按照气体的动力学理论，每秒黏着到吸附剂表面上的分子数目N为

$$N = \frac{N_A p}{(2\pi MRT)^{\frac{1}{2}}} \quad (1.12)$$

式中：p为吸附压力；M为其相对分子质量；R为摩尔气体常数；T为绝对温度；N_A为阿伏伽德罗常数。令θ_0表示未吸附气体分子的空着的表面积百分数，则每秒在吸附剂表面上碰撞在空白表面上的分子数为

$$N' = Kp\theta_0 \quad (1.13)$$

式中：K为比例系数，$K = N_A/(2\pi MRT)^{\frac{1}{2}}$，于是吸附质的吸附速度显然与气体的压力成正比，也与未吸附气体分子的空着的表面积成正比。设A为黏结或凝集系数，它表示碰撞分子被表面吸附的概率，则吸附速度v_a为

$$v_a = Kp\theta_0 A \quad (1.14)$$

第1章 有毒化学品蒸气吸附与催化原理

另一方面,脱附的速度与被吸附的气体分子所覆盖的表面积的百分数 θ 成正比;与被吸附的气体分子中具备脱离表面逸向空间的能量的分子所占的分数成正比。设 $-\varepsilon_d$ 为脱离表面所需的最低能量,其值与吸附热 ε_a 相等,则脱附速度 v_d 为

$$v_d = a_m \theta f e^{\frac{-\varepsilon_d}{RT}} \tag{1.15}$$

式中:a_m 为单分子层吸附容量;θ 为吸附分子的表面覆盖度;f 为吸附质分子正交于表面的振动频率。实际上 $a_m\theta$ 表示吸附剂上吸附分子的数目。乘以 f 表示吸附分子离开表面的最大速率。$e^{-\varepsilon_d/RT}$ 表示能克服表面吸附位能的吸附分子的概率。

达到吸附平衡时,吸附速度应等于脱附速度,即 $v_a = v_d$,所以

$$Kp\theta_0 A = a_m \theta f e^{\frac{-\varepsilon_d}{RT}} \tag{1.16}$$

空着的表面积百分数 θ_0 与覆盖的表面积百分数 θ 之和应等于1,式(1.16)可变形得 Langmuir 单分子层吸附方程,即

$$\theta = \frac{bp}{1+bp} \tag{1.17}$$

式中:$b = \dfrac{KA}{a_m f} e^{\frac{\varepsilon_d}{RT}}$。式(1.17)即为 Langmuir 单分子层吸附方程。根据反应速度理论,ε_d 表示脱附活化能,是吸附活化能和吸附能之和,所以 b 值反映了吸附能的大小。随着 b 值变大,吸附相互作用就变大,等温线在低压时就急剧上升。

固体表面充填度可以用平衡压力 p 下的吸附能力与单分子表面充填 a_m 下的吸附能力之比来表示。a_m 值称为单分子层吸附容量。由此式(1.17)可以写成

$$a = a_m \frac{bp}{1+bp} \tag{1.18}$$

一般说来,在吸附质气体的临界温度以上时,在非反应的固体表面上常常发生单分子层吸附。Langmuir 吸附方程覆盖了宽广的压力范围。发生单分子层吸附时,吸附等温线有图1.4所示的形式;在压力甚低时,式(1.18)中分母中的 bp 相对于1可以忽略不计($bp \ll 1$),θ 与压力 p 成正比,式(1.18)可写成 $a = a_m bp$,即在等温线的这一段,Langmuir 方程与 Henry 方程相同;在压力甚高

时,式(1.18)分母中的 1 相对于 bp 可以忽略不计,θ 达到饱和值 1,即发生了饱和吸附。

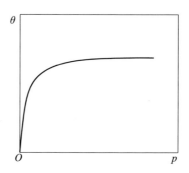

图 1.4 单分子层吸附等温线

式(1.18)可以写成直线形式,即

$$\frac{p}{a} = \frac{1}{a_m}p + \frac{1}{a_m b} \tag{1.19}$$

为了检验吸附是否具有单分子层的性质,或为了求出常数 b 及 a_m,用式(1.19)是很方便的。作 $p/a - p$ 图,从直线的斜率便可求出饱和吸附量 a_m,从直线的截距可求出 b。由式(1.17)中 b 的表达式可见,b 值与吸附热 ε_a 有关,然而通过 b 值求算吸附热还需要知道一些很难查到的常数,如凝集系数 K 等。但通过测量不同温度下的吸附等温线,计算出不同温度下的 b 值,就可以计算出吸附热。

虽然单分子层吸附等温线具有式(1.17)所描述的形式,但是,反过来,吸附等温线具有式(1.17)所描述的性质的却不一定是单分子层。很多只含 2～3 nm 以下微孔的吸附剂,虽然发生的是多分子层吸附,其吸附等温线也往往有式(1.17)描述的形式。

Langmuir 方程是一个理想的吸附公式,它代表了在均匀表面上,吸附分子彼此没有作用,而且吸附是单分子层情况下吸附达平衡时的规律性。它在吸附理论中所起的作用类似于气体运动理论中的理想气体定律。人们往往以 Langmuir 方程作为一个基本公式,先考虑理想情况,找出某些规律性,然后针对具体体系对这些规律再予以修正。

1.1.3 多分子层吸附理论

Langmuir 模型简单的假设常常引起人们的怀疑,而对模型加以修正已被推广于表面相中有吸附分子间相互作用的单层吸附、均匀固体表面上的多层吸附以及能量不均匀性表面上的吸附[8]。基于吸附相是多分子层而不是单分子层的假设得到的 BET 多分子层吸附模型,是广泛应用于吸附材料评价的经典理论。

Brunauer、Emmett、Teller[3]在 1938 年建立了 BET 多分子层吸附模型。BET 理论认为,固体对气体的物理吸附是 Van der Waals 引力造成的结果。因为分子之间也有 Van der Waals 引力,所以气体分子撞在已被吸附的分子上时也有被吸附的可能。也就是说,吸附可以形成多分子层。为了导出可以应用的结果,他们做了两个重要的假设:①第一层的吸附热是常数;②第二层和以后各层的吸附热都一样,而且等于液化热。

吸附达到平衡时,必定达到各层之间的逐级平衡。在第 0 层上(吸附剂表面)吸附形成第一层的速度等于由第一层脱附形成第 0 层的脱附速度;在第 $i-1$ 层上吸附形成第 i 层的吸附速度等于由第 i 层脱附形成第 $i-1$ 层的脱附速度。若设 $\theta_i(0,1,2,\cdots)$ 为第 i 吸附层占据总表面积的百分数,则根据 Langmuir 理论,便有

$$\begin{cases} Kp\theta_0 A_1 = a_m \theta_1 f_1 e^{\frac{-\varepsilon_1}{RT}} \\ Kp\theta_1 A_2 = a_m \theta_2 f_2 e^{\frac{-\varepsilon_2}{RT}} \\ \quad\quad\vdots \\ Kp\theta_{i-1} A_i = a_m \theta_i f_i e^{\frac{-\varepsilon_i}{RT}} \end{cases} \quad (1.20)$$

其中根据模型的假定,ε_1 为第一层的吸附热,$\varepsilon_i(2,3,\cdots)$ 为第 i 层的吸附热,从第二层开始的吸附看成凝聚,所以它的吸附热就是凝聚热 ε_L;第二层以上的吸附概率 A_i 和振动频率 f_i 相同,所以有

$$\begin{cases} \varepsilon_i = \varepsilon_L & i=2,3,\cdots \\ A_i = A_2 & i=2,3,\cdots \\ f_i = f_2 & i=2,3,\cdots \end{cases} \quad (1.21)$$

将式(1.21)代入式(1.20),可得

$$\begin{cases} \theta_1 = \dfrac{KA_1}{a_m f_1} p e^{\frac{-\varepsilon_1}{RT}} \theta_0 = y\theta_0 = Cx\theta_0 \\ \theta_2 = \dfrac{KA_2}{a_m f_2} p e^{\frac{-\varepsilon_L}{RT}} \theta_1 = x\theta_1 = Cx^2\theta_0 \\ \quad \vdots \\ \theta_i = \dfrac{KA_2}{a_m f_2} p e^{\frac{-\varepsilon_L}{RT}} \theta_{i-1} = x\theta_{i-1} = Cx^i\theta_0 \\ \quad \vdots \end{cases} \qquad (1.22)$$

式(1.22)中,C、x、y 是新引入的符号,由式(1.22),有

$$C = \frac{y}{x} = \frac{A_1 f_2}{f_1 A_2} e^{\frac{\varepsilon_1 - \varepsilon_L}{RT}} \qquad (1.23)$$

式中,指前因子一般为常数,用 A 表示,于是式(1.23)可以写成

$$C = A e^{\frac{\varepsilon_1 - \varepsilon_L}{RT}} \qquad (1.24)$$

各吸附层占表面积的总和应等于总的表面积,所以

$$1 = \sum_{i=0}^{n} \theta_i = \theta_0 \left(1 + C \sum_{i=0}^{n} x^i\right) \qquad (1.25)$$

式中:n 为吸附的层数。

现在来计算总吸附量 a。若设 a_m 为单分子层饱和吸附量,则具有 i 层吸附的吸附层的吸附量为 $a_m(i\theta_i)$,所以,总吸附量为

$$a = a_m \sum_{i=1}^{n} i\theta_i = a_m C\theta_0 \sum_{i=1}^{n} ix^i = a_m \frac{C\sum_{i=1}^{n} ix^i}{1 + C\sum_{i=1}^{n} x^i} \qquad (1.26)$$

因为

$$\sum_{i=1}^{n} x^i = \frac{x(1-x^n)}{1-x} \qquad (1.27)$$

$$\sum_{i=1}^{n} ix^i = \frac{x[1-(n+1)x^n + nx^{n+1}]}{(1-x)^2} \qquad (1.28)$$

当吸附层数不受限制,即当 $n\to\infty$ 时,此时也必有 $x\to 1$,不然由式(1.25)可知,将有吸附量$\to\infty$,而这对吸附来讲是不合理的,因此在 $n\to\infty$ 时,式(1.27)

及式(1.28)转变为

$$\lim_{\substack{n\to\infty\\x<1}}\sum_{i=1}^{n}x^{i}=\lim_{\substack{n\to\infty\\x<1}}\frac{x(1-x^{n})}{1-x}=\frac{x}{1-x} \tag{1.29}$$

$$\lim_{\substack{n\to\infty\\x<1}}\sum_{i=1}^{n}ix^{i}=\frac{x}{(1-x)^{2}} \tag{1.30}$$

将式(1.29)及式(1.30)代入式(1.26),得

$$a=a_{m}\frac{Cx}{(1-x)(1-x+Cx)} \tag{1.31}$$

重新整理,便得到无限层吸附的二常数 BET 方程,即

$$\frac{x}{a(1-x)}=\frac{1}{a_{m}C}+\frac{C-1}{a_{m}C}x \tag{1.32}$$

二常数 BET 方程中的吸附量 a 若以 M 或 V 表示,M 与 V 表示单位固体表面上吸附气体的量与体积,而 M_m 与 V_m 表示单位固体表面上饱和吸附的气体的量和体积,即得到二常数 BET 方程的直线式为

$$\frac{x}{V(1-x)}=\frac{1}{V_{m}C}+\frac{C-1}{V_{m}C}x \tag{1.33}$$

$$\frac{x}{M(1-x)}=\frac{1}{M_{m}C}+\frac{C-1}{M_{m}C}x \tag{1.34}$$

式中:x 为相对压力;C 为与吸附有关的常数。

由式知 $\frac{x}{V(1-x)} \sim x$ 图是一直线,人们常常称此直线为 BET 图。由二常数 BET 图的斜率与截距可求出单分子层饱和吸附量 V_m,倘若已知每个吸附分子在固体表面所占据的面积,则马上就可求出固体的比表面积。二常数 BET 方程被人们广泛地应用于求固体的比表面积,因此,它有显著的实用价值。

而当吸附层数受到限制,即 n 为有限数时,就可得到所谓三常数 BET 方程,即

$$V=\frac{V_{m}Cx}{(1-x)}\cdot\frac{1-(n+1)x^{n}+nx^{n+1}}{1+(C-1)x-Cx^{n+1}} \tag{1.35}$$

该公式是较 Langmuir 方程和二常数 BET 方程更为普遍的公式,当 $n=1$ 时,式(1.35)退化为式(1.18),而 $n\to\infty$ 时,便退化为式(1.32)。

现在来说明,式(1.32)及式(1.35)中的 x 就是相对压力 p/p_s。因为当蒸气

压 p 等于饱和蒸汽压 p_s 时,必然发生凝聚,所以总吸附量 $a \to \infty$,由式(1.32)可知,此时必有 $x \to 1$。所以,由

$$x = \frac{KA_2}{a_m f_2} p \mathrm{e}^{\frac{-\varepsilon_L}{RT}} \;\text{及}\; 1 = \frac{KA_2}{a_m f_2} p_s \mathrm{e}^{\frac{-\varepsilon_L}{RT}} \tag{1.36}$$

得

$$x = \frac{p}{p_s} \tag{1.37}$$

如果用二常数 BET 方程式(1.32),以常数 C 作参数,以 a/a_m(M/M_m 或 V/V_m)对 x 作图,得到一簇形状不同的吸附等温线曲线簇,如图 1.5 所示,可以看出,只有 $C>2$,得到的才是 Ⅱ 型吸附等温线,而当 $C<2$ 时得到 Ⅲ 型吸附等温线,而 Ⅳ 型和 Ⅴ 型吸附等温线是 Ⅱ 型、Ⅲ 型吸附等温线的修正型。如果考虑到前面指出的使用三常数 BET 方程式(1.35),当 $n=1$ 时可以得到 Ⅰ 型 Langmuir 吸附等温线。这些都说明,BET 理论的数学性质在定性上能在整个相对压力范围内适合所有类型的实验测定的吸附等温线,确实为各类形状的吸附等温线提供了数学理论基础。同样有意义的事实是,在相对压力接近于形成单层所需的相对压力,即在 $0.05 \leqslant x \leqslant 0.35$ 时,BET 理论与实验吸附等温线确实非常一致,从而为表面积测量提供有力且极其有用的方法。

绝大多数物质单层吸附的完成是在相对压力范围 0.05~0.35 之间,这一事实反映了大多数的 C 常数在 3~100 之间。并且在推导公式时,假定是多层物理吸附,当比压小于 0.5 时,压力太小,建立不起多层物理吸附平衡,甚至连单层分子层物理吸附也远未完全形成,表面的不均匀性就显得突出。在比压大于 0.35 时,由于毛细凝聚变得显著,因而破坏了多层物理吸附平衡。当比压值在 0.35~0.6 之间时,则需用包含三常数的 BET 方程。在更高的比压下,不能定量地表达实验事实。原因主要是这个理论没有考虑到表面的不均匀性、同一层上吸附分子之间的相互作用力以及在压力较高时多孔性吸附剂的孔径因吸附多分子层而变细后,可能发生蒸气在毛细管中的凝聚作用(在毛细管内液面的蒸气压低于平面液面的蒸气压)等因素。对于一些微孔发达的吸附剂,吸附作用力强,通过 BET 作图的线性范围的相对压力上限要低于 0.35。

从图 1.5 可以看出,只要常数 $C>2$,从 BET 方程导出的吸附等温线总有一

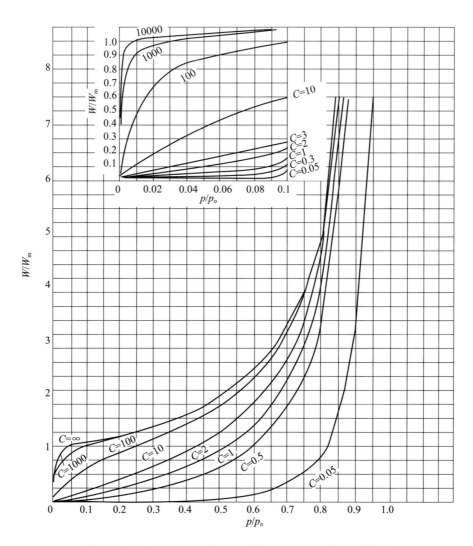

图 1.5　以二常数 BET 方程 C 值作参数的吸附等温线形状

拐点存在,这一拐点处的吸附量约等于 BET 方程的单层吸附容量。这两者之间有相当有趣的关系,并可以用简单的数学处理得到阐明。

令 BET 方程中的 $a/a_m = y$,在数学上拐点处的二次导数等于零。于是可令 $d^2x/d^2y = 0$,解出拐点处的 x 和 y,令其为 x_F 和 y_F,则有

$$x_F = \left(\frac{p}{p_0}\right)_F = \frac{(C-1)^{2/3} - 1}{C - 1 + (C-1)^{2/3}} \quad (1.38)$$

$$y_F = \left(\frac{a}{a_m}\right)_F = \frac{1}{C}(C-1)^{1/3}[(C-1)^{2/3}-1] \qquad (1.39)$$

图 1.6 给出了不同 C 值时的 x_F 和 y_F。显然,拐点处的 a/a_m 可以与 1 有相当的偏差。但在 $C=9$ 时,它精确地等于 1,即拐点处的吸附量等于单层吸附容量。当 C 值在 9 到无穷大时,拐点处的吸附量最多只超过 BET 单层吸附容量的 15%。当 C 值在 2~9 之间时,两者差别愈来愈大。$C=2$ 时拐点消失,吸附等温线变为 Ⅲ 型,此时拐点就没有什么意义了。

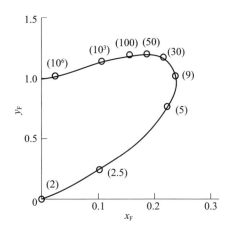

图 1.6　以 C 作参数时的 y_F 对 x_F 作图

虽然 BET 理论得到了广泛的应用,并在定性上能导出所有五类吸附等温线,但却受到了各种各样的批评。受到批评最多的是 BET 理论中关于固体表面能量均匀性的假设和不存在吸附质分子间的相互作用的假设。

Brunauer 回答这些批评时指出,随着表面覆盖程度的增加,吸附质分子间的作用必定要增加。但是,直到单层覆盖前吸附质分子与表面间的相互作用随吸附量增加而减小。因为在能量不均匀表面上,高能吸附可在较低的相对压力下被占据,到接近单层覆盖时才占据低能吸附位,两种作用相互补偿,使整个吸附能在单层覆盖完成前保持近似的恒定值,使 BET 模型的这两个假设基本可靠。

对 BET 理论的第三个批评是第二层和更高层的吸附热等于液化热的假设。这一批评是有道理的,第二层的极化力要高于第三层等。只有在若干层后吸附热才等于液化热。这也就是为什么在高相对压力区($x>0.35$)时,BET 理论不适用的原因。但是直至 $a/a_m=1$ 的相对压力范围内,BET 方程中的 C 常数能给出合理的吸附热,因此,对大部分吸附等温线,在 0.05~0.35 相对压力范围内给出线性 BET 图,说明这区间内 BET 理论总体上是可靠的。

1.1.4 微孔充填理论

微孔中的吸附,由于微孔的孔径与被吸附分子的大小属于同一数量级,这种孔结构的限制,使被吸附分子不能在孔隙表面形成吸附层。同时,由于微孔的孔径很小,在整个微孔空间形成吸附力场,在空间吸附力场的作用下,被吸附分子可在微孔空间内充填。这种充填不是在多层吸附基础上进行的。因此,表征微孔吸附剂性能的主要参数是微孔的孔容积及其随孔径的分布,而不是微孔的比表面积。因此,建立在单分子层或多分子层物理吸附模型基础上的 Langmuir、BET 方程对微孔吸附的适用性就受到了限制。

自从工业、防毒和环境治理等领域采用活性炭作为吸附剂以来,很多学者都试图找到一种数学表达式,能把影响吸附的主要因素,如活性炭的孔结构参数、吸附质的可吸附性参数以及温度、吸附质气体压力等参数相互关联起来。在波拉尼(Polanyi)吸附势理论的基础上建立起的微孔充填理论获得了成功。

1. 吸附势理论

吸附势理论及以后出现的杜比宁吸附等温线方程是按微孔吸附剂的特性建立起来的,实践证明,它比其他理论更适于描述微孔吸附过程。

吸附势理论的主要论点:从固体吸附剂表面到周围空间的一定距离内存在着吸附力场。在吸附力的作用下,气体或蒸气分子在界面上被压缩或凝聚。固体表面的吸附力场可用吸附势表示。波拉尼把接近吸附剂表面的某一点的吸附势定义为:1mol 的气体或蒸气分子,从气相中迁移到该点时吸附力所做的功,以 A 表示。这里所说的"势"是包括熵和焓的热力学势,不是色散力或其他势。为了避免混淆,1960 年以后杜比宁等已不使用吸附势这一术语,而使用"自由焓变化",并把吸附势理论改称为微孔充填理论。但是很多学者认为,只要认识到吸附势与其他"势"的区别就可以了,"吸附势"和"吸附势理论"这个惯用的术语仍可使用。

对于理想的、表面能量均匀的平面吸附剂,在距离表面 r 处的各点具有相同的吸附势 A_i,相同吸附势的各点连成等势面。平行等势面上的吸附势 A_i 值随其与吸附剂表面距离的增大而减小,直到在 $r = r_{max}$ 时 A_i 减小到零。每个等势面与吸附剂表面之间形成的一个空间称为吸附空间体积,以 V_i 表示。最大的吸附空间体积是由吸附剂表面与吸附势 $A_i = 0$ 的等势面构成的空间,以 V_0 表示,V_0 也称为总吸附空间体积或极限吸附空间体积。在吸附剂表面距离 $r = 0$ 的等势面上,吸附空间体积 $V_i = 0$,而其吸附势为最大值 A_{max}。

但是,实际的吸附剂表面不是平坦的,表面能量也是不均匀的。对于这种实际的吸附剂表面,尽管吸附势的等势面与吸附剂表面构成的吸附空间体积比理想表面复杂,但仍然可以得到某一 A_i 值所形成的等势面与吸附剂表面围成的吸附空间 V_i。$A - V$ 的曲线关系称为吸附特性曲线。

2. 吸附势的热力学计算

从吸附势的定义可知,吸附剂对气体或蒸气吸附势的大小,取决于吸附剂的表面能量大小、气体的物化性质以及吸附质分子与表面的距离。对于多孔吸附剂来说,由于孔内来自各个方面的吸附力对吸附质分子都有吸引作用而产生吸附力的叠加,故使吸附势的计算甚为困难。

波拉尼从热力学角度成功地解决了吸附势的计算问题。波拉尼认为,蒸气物质在其沸点温度以下进行物理吸附时,吸附相实际上是以液态存在的。由此,波拉尼提出了在液态凝聚膜表面上的吸附势计算方法。

计算中有以下假设。

(1) 气相中的蒸气符合理想气体定律。

(2) 吸附相是不可压缩的。

(3) 在温度 T 时,被吸附蒸气物质的平衡压力为 p,液体表面上蒸气压力为 p_s(与散装液体的饱和蒸气压相似)。根据吸附势的定义,1mol 蒸气物质,从气相移到液态吸附相表面吸附力所做的功,相当于使压力为 p 的蒸气被压缩到 p_s 时吸附力所做的功。假设这种压缩过程是相当缓慢的,则此功等于等温可逆最小压缩功。

在外力(吸附力)作用下,系统(蒸气)被压缩,体积改变为 dV 时,所消耗的功为 dA,则

第 1 章 有毒化学品蒸气吸附与催化原理

$$dA = -pdV \tag{1.40}$$

外力对系统做功为负值。根据理想气体定律,有

$$pV = RT$$

$$dV = -RT\frac{dp}{p^2}$$

$$A = RT\int_{p}^{p_s}\frac{dp}{p} = RT\ln\left(\frac{p_s}{p}\right) \tag{1.41}$$

式中:p 为吸附质蒸气的平衡压力(Pa);p_s 为吸附质蒸气的饱和蒸气压力(Pa)。

因为过程中把蒸气当作理想气体,所以式(1.41)计算吸附势有一定的近似性。但由于在吸附中蒸气压力一般较低,按理想气体处理也不会有大的误差。

在防毒技术中,常用有毒化学品蒸气的浓度代替压力,故式(1.41)改为

$$A = RT\ln\left(\frac{c_s}{c}\right) \tag{1.42}$$

式中:c 为吸附质蒸气的平衡浓度(mg/L);c_s 为吸附质蒸气的饱和浓度(最大挥发度)(mg/L);R 为气体常数;T 为热力学温度(K)。

从式(1.41)和式(1.42)可看出,发生吸附时,吸附力所做的功与比压有关,当平衡压力一定时,饱和蒸气压越高的物质消耗的功越大。换而言之,在蒸气平衡压力(浓度)相同时,饱和蒸气压高的物质较难吸附。

在吸附势 A 的计算中,参数 p_s 只有在 $T \leq T_c$(T_c 为临界温度)时才有意义。当 $T > T_c$ 时,布兰尼(Berenyi)提出了另一吸附势计算经验式为

$$A = RT\ln\left(\frac{1}{p} \cdot \frac{0.14T}{b}\right) \tag{1.43}$$

经验式(1.43)物理量的单位,p 以 cmHg 表示,b 是用 22.4L/mol 单位(即单位体积取为 22.4L)表示的范德华常数。如平衡压力 p 以 kPa 表示,b 以 L/mol 的单位表示,则式(1.43)变为

$$A = RT\ln\left(\frac{1.33}{p} \cdot \frac{31.4T}{b}\right) \tag{1.44}$$

根据大量实验数据分析,尼古拉耶夫(Nikolayev)和杜比宁提出了一个与式(1.43)稍有不同的经验式来描述高于临界温度下的吸附势经验式,即

$$A = RT\ln\left(\frac{p_c}{p} \cdot \frac{T^2}{T_c^2}\right) \tag{1.45}$$

式中：p 为吸附平衡压力；p_c 为临界压力；T 为吸附平衡温度（K）；T_c 为临界温度（K）。

3. 吸附空间体积

吸附空间体积是温度和压力的函数，在一定的吸附平衡压力下，吸附空间内的吸附质的压缩状态与温度有关，对此可有 3 种情况。

（1）吸附平衡温度 $T < T_{bp}$，即在吸附质沸点温度以下时，吸附相中的蒸气呈液态存在。因此，吸附相的吸附质密度与该吸附质的液体密度相同。此时，吸附空间体积可表示为

$$V = \frac{aM_r}{\rho_T} = aV_m \tag{1.46}$$

式中：a 为吸附量（mmol/g）；M_r 为吸附质的摩尔质量（g/mmol）；ρ_T 为温度 T 时吸附质的液体密度（g/cm³）；V_m 为温度 T 时吸附质的液态摩尔体积（cm³/mmol）。

因为吸附量 a 是温度和压力的函数，所以与吸附量相关的吸附空间体积也是温度和压力的函数，即

$$V = \varphi(T, p) \tag{1.47}$$

（2）当吸附平衡温度接近吸附质的临界温度时，在吸附势 A 较高的等势面与吸附剂表面所围成的空间内，吸附质的密度可认为与相同温度时的液体密度相同；但对于不能把平衡压力 p 压缩到 p_s 的等势面与 $A=0$ 的等势面所围成的吸附空间内，吸附质以被压缩的蒸气状态存在，其密度随与吸附剂表面的距离增大而减小，直到在极限吸附空间的界面处（$A=0$ 的等势面处），密度下降到气相中的蒸气密度相同为止。因此，在这个温度范围内，吸附质不能全部被液化，不能用吸附质液态摩尔体积表示吸附空间体积。杜比宁和尼古拉耶夫，对吸附空间内吸附质的摩尔体积给出新概念后，提出了类似于式（1.46）的吸附空间体积表达式

$$V = aV_m^* \tag{1.48}$$

式中：V_m^* 为给定温度下吸附相内吸附质的摩尔体积（cm³/mmol）；a 为吸附量（mmol/g）。

$$V_m^* = \frac{M_r}{\rho^*} \tag{1.49}$$

式中：M_r 为吸附质的相对摩尔质量（g/mmol）；ρ^* 为 $T<T_c$ 时吸附相中吸附质的密度（g/cm³）。

式(1.48)、式(1.49)中的 V_m^* 值是介于液态摩尔体积 V_m 和表示气体不可压缩性的范德华常数 b 值之间的数。杜比宁、尼古拉耶夫对这一温度范围内，吸附相中吸附质的密度与温度的关系给出以下表达式，即

$$\rho^* = \rho_{bp} - \frac{\rho_{bp} - \rho_c}{T_c - T_{bp}}(T_c - T_{bp}) \tag{1.50}$$

式中：ρ^* 为在 $T_{bp}<T<T_c$ 的范围内吸附相中吸附质的密度（g/cm³）；ρ_{bp} 为沸点温度下吸附质的密度（g/cm³）；ρ_c 为临界温度下吸附质的密度（g/cm³）；T 为吸附平衡温度（K）；T_{bp} 为吸附质的沸点温度（K）；T_c 为吸附质的临界温度（K）。

（3）在 $T>T_c$ 的温度下吸附时，布兰尼建议用以下表达式表示吸附空间体积，即

$$V = ab \tag{1.51}$$

式中：a 为吸附量（mol/g）；b 为范德华状态方程中的常数（cm³/mol）。

4. A 与 V 关系的特性曲线

根据吸附等温线上每个点都对应一个状态 (a,T,p) 的特性，按式(1.41)、式(1.46)可以计算出各点的吸附势 A 和吸附空间体积 V。以 $A-V$ 作图，得到一条曲线，该曲线称为 A 与 V 关系的特性曲线。用活性炭对苯蒸气吸附为例，在此温度下，作吸附等温线，对各条吸附等温线分别计算出 A 与 V 值。对各条等温线的 $A-V$ 作图结果发现，任意温度下的 A 与 V 的关系曲线均能良好地重合，如图1.7所示。这一结果说明，在吸附势 A 与吸附空间体积的关系上，一定的吸附空间体积对应着一定的吸附势而与温度无关。这种特性称为吸附势与温度无关特性。可表示为

$$\left(\frac{\partial A}{\partial T}\right)_V = 0 \tag{1.52}$$

当两种不同蒸气分别被活性炭吸附时，根据两条等温线计算得到两条 $A-V$ 特性曲线，比较两条特性曲线发现，在同一 V 值所对应的两个吸附势值具有比例关系。这种关系称为特性曲线的亲合性。其比例系数称为亲合系数，可表示为

$$\left(\frac{A}{A_0}\right)_V = \beta \tag{1.53}$$

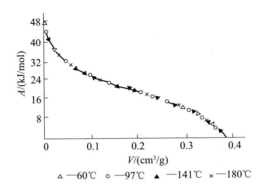

图1.7 活性炭对苯的特性曲线

式中：A_0 为在吸附空间体积为 V 时第一种蒸气的吸附势；A 为在吸附空间体积为 V 时第二种蒸气的吸附势；β 为亲合系数。

与吸附势和温度无关的特性一样，亲合系数 β 对给定的两种蒸气来说也与温度无关。另外，β 值也与吸附剂的孔隙结构无关。因此，在实践中经常选用某种蒸气作为标准（防毒技术中经常选用苯蒸气），求得其他蒸气与标准蒸气的吸附势之比——亲合系数 β。因为 β 值与温度和吸附剂的孔隙结构无关，而只与选作标准的蒸气有关，所以亲合系数被当作蒸气可吸附性大小的参数。实验发现，不同孔隙结构的活性炭对蒸气吸附时，通常在 $V = 0.05 \sim 0.4 \mathrm{cm}^3/\mathrm{g}$ 的充填量范围（大约相当充填总吸附空间体积的15%～85%范围）内，特性曲线具有亲合性。

因为特性曲线方程 $A = f(V)$ 或 $V = \varphi(A)$ 中的 A 为温度、压力的函数，V 为吸附量 a 的函数，所以，特性曲线方程具有等温线方程的作用，但是特性曲线没有给出具体的函数形式，只能依据实验来计算等温线的有关参数，所以它的重要性长期以来受到限制。根据实验吸附特征曲线的形式特征，各种经验模型建立并取得了一定程度的成功，其中包括 Dubinin 吸附等温线方程、极化模型、原板模型[5]和三角函数模型[9]等，各种模型很好地拟合实验数据，但缺乏物理意义。

1.1.5 Dubinin 吸附等温线方程

1. 方程的建立

杜比宁等在深入研究活性炭对多种有机蒸气吸附的基础上，根据大量实验数据的处理和分析指出,具有发达微孔的活性炭-蒸气体系的特性曲线形状与高斯分布曲线的正态曲线非常相似。这便促使他们用以下高斯分布形式的方程来描述这些活性炭的特性曲线,对于第一种孔结构类型的活性炭(均匀微孔炭),在沸点以下对有机蒸气吸附时,特性曲线可表示为

$$V = V_0 \exp(-kA^2) \tag{1.54}$$

式中:A 为吸附势,$A = RT\ln(p_s/p)$;V_0 为极限吸附空间体积(cm^3/g);V 为在平衡压力为 p 时吸附质的充填体积(cm^3/g);k 为与吸附质的物化性质有关的常数。

根据吸附空间体积 V_0 为活性炭的孔结构常数,对于给定的炭,其值不随吸附质的不同而改变,即与吸附质的性质无关。将式(1.54)直线化,即

$$\ln V = \ln V_0 - kA^2 \tag{1.55}$$

用5种气体分别在同种活性炭上吸附,根据等温线分别计算出不同气体的 A 和 V,以 $\ln V \sim A^2$ 作图,如图1.8所示。结果表明,5条直线在纵轴上的截距相等,即 V_0 为与吸附质无关的常数。

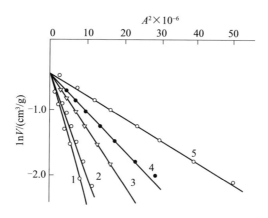

图1.8 不同吸附质在同一炭上吸附时特性曲线直线式

式(1.55)的直线斜率为 $-k$,可变为

$$A = k^{-\frac{1}{2}} \left[\ln\left(\frac{V_0}{V}\right)\right]^{\frac{1}{2}} \tag{1.56}$$

当两种蒸气分别在同一活性炭上吸附时,在充填体积 V 相同的情况下,则有

$$\frac{A_1}{A_2} = \left(\frac{k_2}{k_1}\right)^{-\frac{1}{2}} = \beta \tag{1.57}$$

$$A_1 = \beta A_2 \tag{1.58}$$

因此,当选用某一蒸气作为标准时,可利用式(1.55)作图求取其他蒸气对活性炭的亲合系数 β。

吸附势 A 和吸附空间体积 V 之间关系的特性曲线方程解析式提供了建立多孔吸附剂吸附等温线方程的途径。

(1) 均匀微孔活性炭的吸附等温线方程。对于第一种孔结构类型的活性炭,当吸附在吸附质沸点温度以下进行时,只要将表示吸附势的式(1.41)和表示吸附空间体积的式(1.46)代入式(1.54)即可得到该条件下的吸附等温线方程。为方便起见,选择一种蒸气作为标准蒸气(防毒技术中经常用苯),其在炭上的吸附势以 A_0 表示,与标准蒸气有关的常数 $k = k_0$,此时特性曲线方程为

$$V = V_0 \exp(-k_0 A_0^2) \tag{1.59}$$

对任意一种蒸气,因为

$$A_0 = \frac{A}{\beta} \tag{1.60}$$

又因

$$V = aV_m \text{ 和 } A = RT\ln\left(\frac{p_s}{p}\right)$$

所以,式(1.59)可改写为

$$a = \frac{V_0}{V_m}\exp\left[-B\frac{T^2}{\beta^2}\left(\lg^2\left(\frac{p_s}{p}\right)\right)\right] \tag{1.61}$$

式中:$B = (2.303R)^2 k_0$;R 为气体常数。

式(1.61)为第一种孔结构类型活性炭在吸附质沸点温度以下对蒸气吸附时的等温线方程(DR 方程)。方程中的 B 为含有标准蒸气示性数的常数,其值间接表示微孔尺寸特性,B 值越小,表明微孔有效半径越小,越有利于低压阶段的吸附。方程适用于微孔炭,炭中的中型孔表面积一般不超过 $50\text{m}^2/\text{g}$,大孔表面积最大只有每克几平方米。该式适用的压力范围为 $p/p_s = 4 \times 10^{-5} \sim 0.4$,在此压力范围内,大、中孔的表面吸附量与微孔吸附量相比可以忽略不计。因此有

$$V_0 = V_{mi} \tag{1.62}$$

第 1 章 有毒化学品蒸气吸附与催化原理

式中：V_{mi} 为活性炭的微孔容积（cm^3/g）。

从式(1.61)可看出，吸附量 a 与 V_0 成正比，即与微孔容积 V_{mi} 成正比。活性炭因原料、炭化、活化条件不同，V_0 的范围可在 $0.2 \sim 0.6 cm^3/g$ 之间；B 值在 $(0.4 \sim 1.2) \times 10^{-6}$ 之间。

V_0、B 通称为活性炭的结构常数。V_0 值越大对易吸附性蒸气的吸附性能越好；B 值越小越有利于难吸附性蒸气的吸附。

V_0 和 B 值是选择优良防毒炭的主要依据之一，其值由实验求得，方法如下。

（1）测定某种活性炭对标准蒸气（如用苯）的吸附等温线数据（a、p）；

（2）利用等温线直线式，即

$$\lg a = \lg\left(\frac{V_0}{V_m}\right) - 0.434 B \frac{T^2}{\beta^2} \lg^2\left(\frac{p_s}{p}\right) \tag{1.63}$$

或

$$\lg a = C - D \lg^2\left(\frac{p_s}{p}\right) \tag{1.64}$$

以 $\lg a \sim \lg^2\left(\dfrac{p_s}{p}\right)$ 作图，得一直线，如图 1.9 所示。

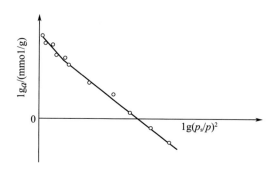

图 1.9　等温线方程直线式图

直线的截距 C 为

$$C = \lg\left(\frac{V_0}{V_m}\right) \tag{1.65}$$

直线的斜率 D 为

$$D = 0.434 \frac{BT^2}{\beta^2}$$

因为选用的标准蒸气,所以亲合系数 $\beta = 1.0$,故

$$D = 0.434BT^2 \tag{1.66}$$

根据式(1.65)、式(1.66),分别求出活性炭结构常数 V_0 和 B。

(2) 第二种孔结构类型活性炭的吸附等温方程。有些活性炭不含或很少含微孔,但具有丰富的大孔。这种孔隙内,相对孔壁的吸附势不产生叠加,因此该类型炭的特性曲线与无孔炭无差别。杜比宁将第二种孔结构类型炭的特性曲线表示为

$$V = V_0' \exp(-mA) \tag{1.67}$$

式中:V 为在平衡压力为 p 时吸附质在孔中的充填体积(cm^3/g);V_0' 为极限吸附空间体积(cm^3/g);m 为与吸附质有关的常数。

当吸附平衡温度在吸附质沸点以下时,将吸附势 A 和吸附空间 V 的表达式(1.41)和式(1.46)代入式(1.67),得到第二种孔结构类型活性炭的吸附等温方程为

$$a = \frac{V_0'}{V_m} \exp\left[-A\frac{T}{\beta}\lg\left(\frac{p_s}{p}\right)\right] \tag{1.68}$$

式中:$A = 2.303m$。

第二种孔结构类型炭,由于缺少吸附势很强的微孔,在低相对压力下对气体的吸附量很小,故不适用于作为防毒炭或低浓度的蒸气吸附炭,而多用于从液相中除去大分子有色物质。第一、二两种孔结构类型炭的特性曲线和吸附等温线的比较示于图 1.10 中。

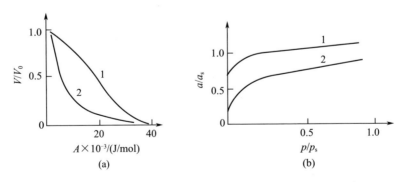

图 1.10 第一、二两种孔结构类型活性炭特性曲线和等温线的比较

实际上,式(1.68)只是弗里德里希方程的另一种表示形式,因为很容易将其变为

$$a = \frac{V_0'}{V_m}\left(\frac{p}{p_s}\right)^{A(T/\beta)} = M\left(\frac{p}{p_s}\right)^N = kp^{1/n} \tag{1.69}$$

将式(1.68)变为直线式,即

$$\lg a = \lg\left(\frac{V_0'}{V_m}\right) - 0.434A\,\frac{T}{\beta}\left[\lg\left(\frac{p_s}{p}\right)\right] \tag{1.70}$$

式(1.70)的线性范围为 $p/p_s = 1\times 10^{-5} \sim 0.1$。

(3) 双微孔结构活性炭的等温线方程。在用均匀微孔吸附等温线方程式(1.61)图解一些炭的等温线数据时发现,只有在 $p/p_s = 1.0\times 10^{-5} \sim 5\times 10^{-4}$ 时才呈良好的线性关系,当 $(\lg p_s/p)^2 < 12$ 时,实验点便向上偏离直线,相对压力越高,偏离直线越远,如图1.11所示。杜比宁等认为[4],出现这种情况是因为这些活性炭中存在着大小不同的两类微孔,在微孔容积随微孔半径的微分分布曲线上出现两个峰值。杜比宁等研究认为,这种炭的活化烧失率为65%~75%。第一类微孔,其极限吸附空间体积为 V_{01}、常数为 B_1;第二类微孔的极限吸附空间体积为 V_{02}、常数为 B_2,而且 B_2 值比 B_1 值大得多。

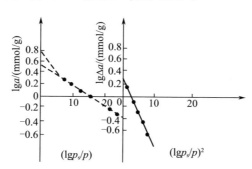

图1.11 双微孔结构活性炭等温方程直线式图

杜比宁对这类活性炭的吸附等温方程给出了两类微孔等温方程加和的表示形式,即

$$a = \frac{V_{01}}{V_m}\exp\left[-B_1\frac{T^2}{\beta^2}\left(\lg\frac{p_s}{p}\right)^2\right] + \frac{V_{02}}{V_m}\exp\left[-B_2\frac{T^2}{\beta^2}\left(\lg\frac{p_s}{p}\right)^2\right] \tag{1.71}$$

在求取式(1.71)的4个常数 V_{01}、B_1 和 V_{02}、B_2 时,杜比宁采用近似处理方

法。认为总吸附量是两类微孔吸附量的加和,在 $\left(\lg\dfrac{p}{p_s}\right)^2 > 12$ 时,由于 $B_2 \gg B_1$,故第二类微孔对吸附量的贡献可以忽略不计。由此可用式(1.71)的第一项的直线式,选取 $\dfrac{p}{p_s} = 1 \times 10^{-5} \sim 5 \times 10^{-4}$ 压力范围内的吸附量实验点作图求出 V_{01}、B_1。

由于在较高的相对压力下,实验点偏高直线,有一偏差 Δa,此值是第二类微孔对吸附量的贡献。以 $\lg(\Delta a) \sim \left(\lg\dfrac{p}{p_s}\right)^2$ 作图,从直线的截距和斜率分别求 V_{02} 和 B_2。20℃时几种活性炭对苯蒸气吸附等温线的研究结果列于表1.3中。

表1.3 几种双微孔结构活性炭的结构常数

炭样	烧失率 $\omega \times 100$	中孔容积 $V_t/(cm^3/g)$	中孔表面积 $S_t/(m^2/g)$	$V_{01}/(cm^3/g)$	$B_1 \times 10^6$	$V_{02}/(cm^3/g)$	$B_2 \times 10^6$
Γ-1	0.25	0.050	—	0.200	0.50	—	—
Γ-2	0.40	0.070	—	0.280	0.71	—	—
Γ-3	0.50	0.080	—	0.315	0.82	—	—
Γ-4	0.65	0.090	—	0.275	0.83	0.158	2.92
Γ-5	0.70	0.117	75	0.223	0.86	0.256	3.38
Γ-6	0.75	0.205	140	0.178	1.04	0.290	4.65

(4)混合结构活性炭的等温方程。对具有高度发达中型孔的活性炭吸附行为不能用前面所述的几个等温方程定量描述,杜比宁用式(1.61)和式(1.68)的加和式定量描述了这种混合孔结构类型炭的吸附行为,即

$$a = \dfrac{V_0}{V_m}\exp\left[-B\dfrac{T^2}{\beta^2}\left(\lg\dfrac{p_s}{p}\right)^2\right] + \dfrac{V_0'}{V_m}\exp\left[-A\dfrac{T}{\beta}\lg\left(\dfrac{p_s}{p}\right)\right] \quad (1.72)$$

混合结构类型活性炭在工业上常被用于对有机溶剂的回收。这种炭的特点是,在中等蒸气浓度(5~50mg/L)范围内,由于毛细凝聚作用,炭的吸附能力很高。将吸附饱和的炭通过高温(110~120℃)水蒸气,所吸附的有机物几乎可以全部解析出来,再经冷凝、分离等操作回收有机溶剂。

(5)非均一微孔结构活性炭的吸附等温方程。实用中活性炭的微孔结构都存在一定的非均一性,蒸气在非均一微孔结构活性炭上的吸附等温线或多或少地偏离DR方程。我国学者借助透射电镜拍片和自动图像分析的研究结果,

表明活性炭的微孔分布可表达为

$$\frac{dV_x}{V_0 dx} = 2\left[\frac{E_0^2}{k_0^2(e^{1/N}-1)}\right]^N x^{2N-1} \exp\frac{\left[\frac{-E_0^2 x^2}{k_0^2(e^{1/N}-1)}\right]}{\gamma(N)} \quad (1.73)$$

并推导出蒸气在活性炭微孔中的普遍性吸附等温方程[10]（XG 方程），即

$$V = V_0\left[1 + (e^{1/N}-1)\left(\frac{A}{\beta E_0}\right)^2\right]^{-N} \quad (1.74)$$

式中：V_x 为尺寸小于 x 的所有微孔的体积(cm^3/g)；E_0 为活性炭微孔的特征吸附能(kJ/mol)；k_0 为比例常数，12.0 kJ·nm/mol；N 为活性炭的微孔均匀性指数；$\gamma(N)$ 为 N 的 γ 函数。

式(1.74)能很好地表达和预示蒸气在活性炭隙孔中的吸附等温线，当 $N\rightarrow\infty$ 时，它可简化为式(1.59)，即 DR 方程是 XG 方程用于均一微孔活性炭时的一个特例。

根据式(1.74)，在一系列 N 值下，以 V/V_0 对 $A/(\beta E_0)$ 作图，可得到蒸气在活性炭微孔中的所有归一化吸附特性曲线及其特征，如图 1.12 所示。

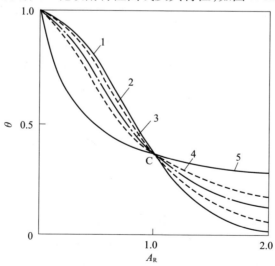

图 1.12　蒸气在活性炭上的归一化吸附特性曲线

$\theta = V/V_0$；$A_R = A/(\beta E_0)$

N：1—100；2—2.5；3—1.0；4—0.6；5—0.2

利用苯在活性炭微孔中的实测吸附等温线,依式(1.74)回归出活性炭的微孔结构参数 V_0、E_0 和 N 后,根据式(1.73)可得活性炭的微孔分布及其特征(最可几微孔尺寸 x_m 和相对分布宽度 $\dfrac{\sigma x}{\bar{x}}$)为

$$x_m = -\frac{k_c}{f_m E_0} \qquad (1.75)$$

其中

$$f_m = \left[\left(N - \frac{1}{2}\right)(e^{1/N} - 1)\right]^{-\frac{1}{2}} \approx 1 \qquad (1.76)$$

以及

$$\frac{\sigma x}{\bar{x}} = \frac{(1 - f_N^2)^{\frac{1}{2}}}{f_N} \qquad (1.77)$$

其中

$$f_N = \frac{\Gamma\left(N + \dfrac{1}{2}\right)}{N^{1/2}\Gamma(N)} \qquad (1.78)$$

由图 1.12 以及式(1.75)和式(1.76)可以分析得知,参数 E_0 为非均一微孔的特征吸附能,它近似与最可几微孔尺寸 x_m 成反比,表征着微孔总体尺寸的大小;它等于苯的微孔容积填充度达到 $1/e$ 即 0.368 时的吸附势,具有较大 E_0 值的微孔活性炭对蒸气具有较强的吸附作用。参数 N 是微孔均匀性的量度——微孔愈不均匀 N 值愈小;相同的 N 值对应于同一条归一化吸附特性曲线。具有较小 N 值的微孔活性炭,对蒸气的吸附在低相对压力下显出优势,而在高相对压力下显出劣势。

2. 方程的应用

杜比宁吸附等温方程在多孔吸附剂,特别是活性炭的应用与研究中得到了广泛的应用。在防毒技术中,等温方程可用于下列研究。

(1) 确定活性炭的孔结构类型。利用实验吸附等温线数据和前述的各类孔结构的等温线方程,对数据进行线性化处理以判断炭的结构类型并求得炭的孔结构常数。

(2) 预示吸附性能。在已知某种活性炭孔结构常数的情况下,可以预测其

对某一蒸气在规定的温度和压力(浓度)时的吸附性能。表1.4所列数据说明了这种预示的准确性。

(3) 预示吸附等温线。在已知活性炭结构常数时可用吸附等温方程计算出各点的 $a_i = f(p_i)$ 或 $a_i = f(c_i)$。在未知炭的结构常数时,可用相对计算法预示吸附等温线。即根据某种活性炭对某种蒸气的吸附等温线数据 a_i、c_i,计算该炭对另一种蒸气的吸附等温线数据 a_j、c_j。

表1.4 几种蒸气吸附量计算值与实验值的比较

活性炭结构常数: $V_0 = 0.366, B = 1.05 \times 10^{-6}$

蒸气	$T/℃$	$p/p_s = 1.0 \times 10^{-4}$		$p/p_s = 1.0 \times 10^{-3}$		$p/p_s = 1.0 \times 10^{-2}$	
		计算值	实验值	计算值	实验值	计算值	实验值
苯	20	0.97	0.96	1.83	1.75	2.87	2.86
甲苯	20	1.53	1.52	2.18	2.1	2.81	2.78
氯仿	20	0.66	0.73	1.54	1.53	2.81	2.8
四氯化碳	20	0.78	0.72	1.56	1.67	2.56	2.7
氯乙烷	20	—	—	1.03	1.03	2.52	2.43
氯乙烷	0	0.43	0.55	1.28	1.32	2.8	2.8

按照吸附势理论,两种蒸气分别在同一种活性炭上吸附时,在吸附空间体积相等的条件下有 $V_1 = V_2 = a_i V_{m1} = a_j V_{m2}$,则

$$a_j = \frac{V_{m1}}{V_{m2}} \cdot a_i \tag{1.79}$$

式中: V_{m1}、V_{m2} 分别为第一种蒸气和第二种蒸气物质的液态摩尔体积($cm^3/$ mmol); a_i、a_j 分别为第一种蒸气和第二种蒸气在某一平衡压力(或浓度)时的吸附量(mmol/g)。

与 a_j 对应的平衡浓度可用以下方法计算:设在相同吸附空间体积下,第一种蒸气在炭上的吸附势为 A_1,第二种蒸气为 A_2。选作标准蒸气的吸附势为 A_0,故两种蒸气的亲合系数为

$$\beta_1 = \frac{A_1}{A_0}; \beta_2 = \frac{A_2}{A_0}$$

所以

$$\frac{A_2}{A_1} = \frac{\beta_2}{\beta_1} = a \tag{1.80}$$

两种蒸气在炭上的吸附势之比等于它们的亲合系数之比,为一常数。又因为

$$A = 2.303RT\lg\left(\frac{p_s}{p}\right) = 2.303RT\lg\left(\frac{c_s}{c}\right)$$

所以

$$\frac{A_2}{A_1} = \frac{\lg\left(\frac{c_s''}{c_j}\right)}{\lg\left(\frac{c_s'}{c_i}\right)} = a \tag{1.81}$$

故

$$\lg c_j = \lg c_s'' - a\lg\left(\frac{c_s'}{c_i}\right) \tag{1.82}$$

两种蒸气在不同温度下吸附时,有

$$\lg c_j = \lg c_s'' - a\frac{T_1}{T_2}\lg\left(\frac{c_s'}{c_i}\right) \tag{1.83}$$

式中:c_s'、c_s'' 分别为第一、二两种蒸气在某一温度下的饱和蒸气浓度(mg/L)。

由 $T_1=293K$ 时,苯在活性炭上吸附的等温线,按式(1.79)、式(1.83)计算得到的氯乙烷在 $T_2=273K$ 时的等温线示于图 1.13 中。图中实线为计算值描出,曲线上各点为实验值。

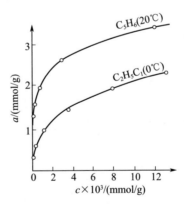

图 1.13 根据苯吸附等温线计算的氯乙烷吸附等温线

(4) 实验求取亲合系数。用标准蒸气和待测亲合系数的某种蒸气分别在同一种结构类型的炭上作吸附等温线数据,数据按等温方程直线式(1.61)处理,得到两条直线。

标准蒸气在图上的直线斜率 D_0 为

$$D_0 = 0.434 BT_0^2 \quad (\beta = 1.0) \tag{1.84}$$

待测蒸气的直线斜率 D 为

$$D = 0.434 \frac{BT^2}{\beta^2} \tag{1.85}$$

式(1.84)和式(1.85)两式相比,得到

$$\beta = \frac{T}{T_0} \left(\frac{D_0}{D} \right)^{\frac{1}{2}} \tag{1.86}$$

实验法求取亲合系数也可用 $A-V$ 特性曲线数据进行。由于不同吸附空间体积下所对应的两种蒸气的吸附势之比稍有不同,通常以不同吸附空间体积所对应吸附势之比的平均值来计算 β 值。

3. 亲合系数的计算

亲合系数是吸附质可吸附性的对比参数,其值可用前述的实验法求得,也可从理论上计算得到。

(1) 电子极化度或摩尔折射度计算法。就吸附质而言,吸附质分子电子场的不均匀性所产生的分子瞬间偶极矩,可用吸附质物质的电子极化度 p_e 来衡量。在近似情况下可以认为,在离活性炭表面相同距离上,不同吸附质与炭相互作用的吸附势与吸附质分子的电子极化度成正比。因此,两种物质的相对可吸附性(β 值)可由它们的电子极化度之比给出,即

$$\beta = \frac{P_e}{P_{e0}} \tag{1.87}$$

式中:P_e 为任意吸附质物质的电子极化度;P_{e0} 为选作标准物质的电子极化度。

因为 1mol 物质的电子极化度 P_e 与该物质的摩尔折射度 R 相等。故

$$P_e = R = \frac{n^2 - 1}{n^2 + 2} \cdot \frac{M_r}{d} \tag{1.88}$$

式中:n 为物质的折射率;M_r 为物质的相对分子质量;d 为物质相对密度。

虽然折射率与物质存在的条件(p、T)有关,但折射度 R 对同一波长的光却不随温度 T 和压力 p 变化,甚至在物质聚集状态变化时对折射度的影响也很小。所以,折射度是物质的特性常数。

[例1.1] 计算苯的电子极化度(苯为标准物)。从有关手册中查知苯的 $n_D^{25℃} = 1.4980$(D:钠黄光,波长 $\lambda = 5.893 \times 10^{-5}$ cm)。

$$d = 0.8725$$
$$M_r = 78$$

所以,苯的电子极化度为

$$P_{e0} = \frac{(1.4980)^2 - 1}{(1.4980)^2 + 2} \times \frac{78}{0.8725} = 26.20$$

又如四氯化碳

$$n_D^{25℃} = 1.4664$$
$$d_4^{25℃} = 1.5840$$
$$M_r = 153.8$$

四氯化碳的电子极化度为

$$P_e = \frac{(1.4664)^2 - 1}{(1.4664)^2 + 2} \times \frac{153.8}{1.5840} = 26.91$$

所以,以苯为标准蒸气时,四氯化碳的亲合系数为

$$\beta = \frac{P_e}{P_{e0}} = \frac{26.91}{26.20} = 1.03$$

另外,由于有机化合物的摩尔折射度 R 具有加和性质,即分子的摩尔折射度等于其诸原子摩尔折射度之和加上构成分子特性键折射度,即

$$R_{mol(分子)} = \sum NR_{mol(原子)} + nR_{特性键} \tag{1.89}$$

式中:N 为分子中某种原子数;n 为特性键数;$R_{mol(分子)}$ 为吸附质摩尔分子折射度;$R_{mol(原子)}$ 为吸附质分子中某种原子的摩尔折射度;$R_{特性键}$ 为分子中某种特性键的折射度。

[例1.2] 用加和法计算苯和四氯化碳的分子摩尔折射度。

查参考文献[11]知:

$$R_C = 2.418$$
$$R_H = 1.100$$
$$R_{C=C} = 1.733$$

所以

$$R_{mol(苯)} = 6R_C + 6R_H + 3R_{C=C}$$
$$= 6 \times 2.418 + 6 \times 1.100 + 3 \times 1.733$$
$$= 26.307$$

第1章 有毒化学品蒸气吸附与催化原理

对四氯化碳有

$$R_{Cl} = 5.967$$

$$R_C = 2.418$$

$$R_{mol(四氯化碳)} = 4R_{Cl} + R_C = 4 \times 5.967 + 2.148 = 26.286$$

以苯为标准的四氯化碳的亲合系数为

$$\beta = \frac{R_{mol(四氯化碳)}}{R_{mol(苯)}} = \frac{26.286}{26.307} = 1.0$$

(2) 用吸附质的液态摩尔体积计算法。由于分子的电子极化度与该物质的液态摩尔体积 V_m 近似成正比,所以某种吸附质的亲合系数可用该物质与标准物质的液态摩尔体积之比表示,即

$$\beta = \frac{V_m}{V_0} \tag{1.90}$$

$$V = \frac{M_r}{d} \tag{1.91}$$

$$\rho = \frac{V_m}{V_0} = \frac{M_r}{M_0} \cdot \frac{d_0}{d} \tag{1.92}$$

式中:V_m 为任意吸附质在温度 T 时的液态摩尔体积(cm^3/mol);V_0 为标准物质在温度 T 时的液态摩尔体积(cm^3/mol);M_r 为吸附质的相对摩尔质量(g/mol);M_0 为标准物质的相对摩尔质量(g/mol);d 为吸附质在温度 T 时的密度(g/cm^3);d_0 为标准物质在温度 T 时的密度(g/cm)。

[**例 1.3**] 以苯作为标准,计算四氯化碳的亲合系数。

苯:$d_0^{20℃} = 0.879$

$M_0 = 78$

四氯化碳:$d_0^{20℃} = 1.600$

$M_1 = 153.8$

$\beta = 1.08$

(3) 等张比容计算法。因为在相同的外压下,物质的液态摩尔体积与等张比容[V]成正比,故吸附质的亲合系数可用等张比容之比表示,即

$$\beta = \frac{[V]}{[V]_0} \tag{1.93}$$

等张比容可按下式计算,即

$$[V] = \frac{\sigma^{0.25} \cdot M_r}{d_L - d_v} \tag{1.94}$$

对于难挥发的液体,当 $T \ll T_c$ 时,$d_L \gg d_v$,故式(1.94)可简化为

$$[V] = \frac{\sigma^{0.25} \cdot M_r}{d_L} \tag{1.95}$$

式中:σ 为吸附质的表面张力(N/cm);M_r 为相对摩尔质量(g/mol);d_L 为吸附质的液态密度(g/cm³);d_v 为吸附质蒸气密度(g/cm³)。

[**例 1.4**] 计算四氯化碳的亲合系数(以苯为标准)。

查参考文献[11]知

$$\sigma_{苯}^{20℃} = 2.89 \times 10^{-4} \text{N/cm}$$

$$M_r = 78$$

$$d_L^{20℃} = 0.8790 \text{g/cm}^3$$

所以

$$[V]_{苯} = \frac{(2.89 \times 10^{-4})^{0.25} \times 78}{0.8790} = 11.57$$

四氯化碳:

$$\sigma_{CCl_4}^{20℃} = 2.68 \times 10^{-4} \text{N/cm}$$

$$d_L^{20℃} = 1.595 \text{g/cm}^3$$

$$M_r = 153.8$$

所以

$$[V]_{CCl_4} = \frac{(2.68 \times 10^{-4})^{0.25} \times 153.8}{1.595} = 12.38$$

故

$$\beta_{CCl_4} = \frac{[V]_{CCl_4}}{[V]_{苯}} = \frac{12.38}{11.57} = 1.07$$

某些气体和蒸气在活性炭上吸附时的亲合系数(以苯为标准)列于表 1.5 中。

表 1.5 某些气体和蒸气的亲合系数

物质名称	亲合系数 β	物质名称	亲合系数 β
苯	1	二氯化碳	0.66
环己烷	1.04	氯乙烷	0.75
甲苯	1.25	四氟乙烯	0.59
丙烷	0.78	六氟丙烯	0.76

续表

物质名称	亲合系数 β	物质名称	亲合系数 β
正丁烷	0.9	氯化苦	1.28
正戊烷	1.12	乙醚	1.09
正己烷	1.35	丙酮	0.88
正庚烷	1.59	甲酸	0.61
甲醇	0.4	乙酸	0.97
乙醇	0.61	二硫化碳	0.7
甲基氯	0.56	氨	0.28
甲基溴	0.57	氮	0.33
氯仿	0.86	氩	0.37
四氯化碳	1.05	氪	0.5

如果说明吸附质的亲合系数可作为其可吸附性的定量标准,而吸附质的某些物理常数也可定性地判断某种物质的可吸附性程度。

随着吸附质相对分子质量的增加,沸点升高和液态摩尔体积增大,可吸附性提高;随着饱和蒸气压的升高,可吸附性减小。

1.1.6 基于吸附平衡理论的吸附材料表征

1. 比表面积

比表面积是每克固体物质所具有的表面积。由吸附法测定比表面积的计算要点是:由在各不同相对压力下测定的吸附量,即吸附等温线,求出相应于吸附剂表面被吸附质覆盖满单分子层时的吸附量——单分子层饱和吸附量 a_m,然后再根据每一吸附质分子在吸附剂表面所占有的面积及吸附剂重量,即可计算出吸附剂的比表面积。由相对压力下的吸附量,即吸附等温线。求单分子层饱和吸附量的方法有许多种,最常用的是根据二常数 BET 方程计算。

计算吸附剂的比表面积公式为

$$S = a_m N_A \omega_m \quad (1.96)$$

式中:ω_m 为每一吸附质分子在单分子吸附层中所占据的面积(nm^2),常用吸附物分子的 ω_m 值如表 1.6 所列;N_A 为阿伏伽德罗常数,约等于 $6.02 \times 10^{23} mol^{-1}$;

a_m 为单分子层吸附容量(mol/g)。

表1.6 常用吸附物分子的 ω_m 值

吸附物	实验温度/℃	$\omega_m/10^{-2}\text{nm}^2$	吸附物	实验温度/℃	$\omega_m/10^{-2}\text{nm}^2$
乙烷	20	22.7	氩	-196	13.7
乙烯	20	22.6	氧	-183	14.1
丙烷	20	42.5	氮	-196	16.2
正丁烷	20	43.4	氪	-196	19.5
正戊烷	20	45.0	氙	-196	25.0
正己烷	20	51.5	四氯化碳	25	39.2
正庚烷	20	57.3	苯	20	40.0
正辛烷	20	61.0	氟利昂-21	0	40.0

如果 a_m 用吸附体积 $V_m(\text{cm}^3/\text{g},\text{STP})$ 表示,则式(1.96)可以写成

$$S = a_m N_A \frac{V_m}{22400} \tag{1.97}$$

如果 a_m 用吸附质量 $M_m(\text{g/g})$ 表示,则式(1.96)可以写成

$$S = a_m \omega_m \frac{M_m}{M} \tag{1.98}$$

式中:M 为吸附质的相对分子质量。

2. 孔容积

除比表面积外,活性炭等多孔固体的孔隙大小对许多物理、化学过程都是很重要的参数。但是,一般多孔固体的孔形状极不规则,孔隙的大小也各不相同,所以孔容积也是一个很重要的参数。

总孔容积是大孔、中孔、微孔容积之和。总孔容积利用式(1.99)计算,即

$$V_\text{总} = \frac{1}{\rho_s} - \frac{1}{\rho_d} \tag{1.99}$$

式中:ρ_s 为表观密度,表示吸附剂颗粒的质量与体积比,颗粒体积包括吸附剂物质的体积和孔隙体积(g/cm³);ρ_d 为真密度,表示活性炭组成的单位体积物质的质量,指扣除了孔隙容积和颗粒间空隙容积的单位体积活性炭的质量(g/cm³)。

大孔容积表达如下:

$$V_\text{大} = V_\text{总} - V_{1.0} \tag{1.100}$$

式中:$V_{1.0}$ 为 $p/p_s = 1.0$ 时吸附蒸气的平衡吸附量,按液态体积表示(cm^3/g)。

吸附等温线是评价活性炭的基本方法,也是计算吸附量和微孔、中孔容积的重要手段。由实验表明,吸附支线和解吸支线在发生毛细凝聚前是重合的,即这一过程完全是微孔的充填,当滞后圈起点(图 1.14 中 A 点)开始时,完成了微孔容积的充填,当吸附和解吸线闭合时,称之为滞后圈终点(图 1.14 中 B 点),由于中孔的毛细凝聚现象,使吸附和解吸出现滞后圈,在这一区域内是中孔活性炭的单层吸附。

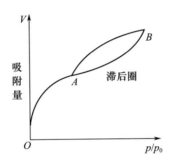

图 1.14 静态吸附法测得的等温线吸附和解吸支线

实验表明,对给定的吸附质在不同活性炭上的吸附和解吸线,其滞后圈起点和终点所对应的 p/p_s 相同。例如,对苯蒸气而言,滞后圈的起点(A 点)一般发生在 $p/p_s = 0.175$ 时[1],对氮气而言,滞后圈的起点(A 点)一般发生在 $p/p_s = 0.38 \sim 0.42$ 时。因此,对于不同的活性炭只要通过吸附和解吸平衡测得吸附量,即可求出中孔和微孔容积。

$$V_{微} = V_A \tag{1.101}$$

式中:V_A 为吸附蒸气在吸附等温线滞后圈起点(A 点)的平衡吸附量,按液态体积表示(cm^3/g)。

$$V_{中} = V_B - V_A \tag{1.102}$$

式中:V_B 为吸附蒸气在吸附等温线滞后圈终点(B 点)的平衡吸附量,按液态体积表示(cm^3/g)。

对于氮,在一个大气压, $-195.8℃$ 时,液氮的密度为 $0.8083g/cm^3$。所以 $1cm^3$ 的标准状态下的氮气在液态时的体积为 $0.001547cm^3$。

即标准状态(STP)下氮气的体积换算为液体体积为

$$V_{液} = 0.001547 V_{气} \tag{1.103}$$

3. 孔径分布

孔容积反映吸附剂能吸附的总量,但不能反映不同比压或比浓度下的吸附量,因为这涉及另一个吸附剂的重要参数——孔径分布,即孔体积按孔大小的分布。孔径分布的计算方法很多,文献做了很详细的介绍,这里只列举常用的 BJH 法。

严继民和张启元推导的孔径分布计算方法[13-14]是以惠勒提出的关于在孔径分布的计算中考虑多层吸附和毛细孔凝聚的理论为基础。

圆筒孔等效模型就是将孔视作孔半径 r 由小到大的圆筒孔组成。为了便于计算,将这些孔按孔半径 r 从大到小分组,半径在 (r_i, r_{i+1}) 间隔内的为第 i 组孔,以标号越大孔径越小的次序排列,如图 1.15 所示,这样的排序是为了便于按脱附程序考虑。

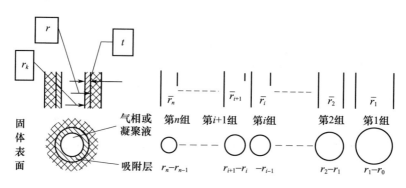

图 1.15　圆筒孔等效模型

Barrett、Joyner 和 Halenda 指出,许多吸附剂的孔径分布并不是 Wheeler 认为的简单的 Gauss(高斯)分布或 Maxwell(麦克斯维)分布,而且关于物理吸附层的厚度就等于由 BET 理论计算的平均厚度的假定也不适合于孔径 5nm 以上的细孔。Barrett、Joyner 和 Halenda 把 Wheeler 理论同物理吸附和毛细管凝聚相结合,不需要假定分布曲线,直接由氮脱附等温线计算孔径分布。这种方法也采用了圆筒形孔模型。BJH 法计算公式为

$$\Delta V_i = Q_i \left(\Delta v_i - C \Delta t_i \sum_{j=1}^{i-1} \Delta S_j \right) \quad i = 1, 2, 3, \cdots \tag{1.104}$$

式中:ΔV_i 为第 i 步脱附出的孔体积;Δv_i 为第 i 步脱附出的吸附量;Δt_i 为第 i 步

相对压力降低时的吸附层厚减薄,BJH 中选取单层吸附厚度 t_m 取 0.354nm,吸附层厚度 t 使用 Haley 方程计算,即

$$t = 0.354\left(-\frac{5}{\ln x}\right)^{\frac{1}{3}} \text{nm} \quad (1.105)$$

式中:x 为比压。

$\sum_{j=1}^{i-1}\Delta S_j$ 为第 i 步之前各步脱附而露出的面积之和,即

$$\Delta S_j = \frac{2\Delta V_j}{\bar{r}_j} \quad (1.106)$$

Q_i 为第 i 步将孔芯体积换算成孔体积的系数,$Q_i \equiv \left(\dfrac{\bar{r}_i}{\bar{r}_i - \bar{t}_i}\right)^2$。

孔半径 $r_i = r_{k,i} + t_i$,$r_k(\text{Å})$ 利用下式计算,即

$$r_k = \frac{4.14}{\lg\left(\dfrac{p_0}{p}\right)} \quad (1.107)$$

吸附层厚度 t 利用下式计算,即

$$t = nt_m = \frac{V}{V_m}t_m \quad (1.108)$$

取 $t_m = 4.3\text{Å}$,n 利用郝尔赛方程解出,即

$$n = -\left(\frac{5}{\ln x}\right)^{\frac{1}{3}} \quad (1.109)$$

即得吸附层厚度 $t(\text{Å})$ 的计算式为

$$t = -5.57(\lg x)^{-\frac{1}{3}} \quad (1.110)$$

对于 C,Micromeritics 公司将 C 定义为弯曲液面校正值,一般为 0.85。

这样既可根据式(1.104),从大孔到微孔逐步算出具有各种孔径的空体积 ΔV_i,逐步计算到 r 为 1.1~1.3nm;中途如有 $\sum_{j=1}^{i-1}\Delta S_j > S_{\text{BET}}$ 或 BJH 公式的括号中负值即可停止。

下面以 DP 活性炭为例加以说明,根据式(1.104),将 DP 活性炭的 $v-x$ 数据代入,计算的孔径分布数据见表 1.7,孔径分布作图见图 1.16,0.5~3nm 部分见图 1.17。

表 1.7 孔径分布数据

p/p_0	吸附量 v (STP)/ (mL/g)	(液体)/ (mL/g)	r_k/nm	t/nm	r_i/nm	R_i	Δv_i/ (mL/g)	ΔV_i/ ($\times 10^{-2}$ mL/g)	ΔS_j/ (m²/g)	$\Delta V_i/\Delta r$/ (mL/ nm·g)
0.9506	391.48	0.608751	18.816	1.636	20.452	1.176				
0.9463	391.48	0.608751	17.271	1.590	18.861	1.187	0			
0.9412	391.29	0.608456	15.731	1.541	17.272	1.199	0.0003	0.0004		
0.9350	390.97	0.607958	14.184	1.489	15.673	1.213	0.0005	0.0006	0.03915	0.000376
0.9314	390.78	0.607663	13.414	1.461	14.875	1.225	0.0003	0.0004	0.1122	0.000449
0.9275	390.59	0.607367	12.666	1.434	14.100	1.234	0.0003	0.0004	0.1591	0.000465
0.9230	390.41	0.607088	11.897	1.404	13.301	1.244	0.0003	0.0003	0.2089	0.000427
0.9179	390.24	0.606823	11.128	1.373	12.501	1.256	0.0003	0.0003	0.2587	0.000405
0.9122	390.1	0.606606	10.373	1.341	11.715	1.268	0.0002	0.0003	0.3089	0.000337
0.9056	389.95	0.606372	9.6137	1.308	10.922	1.283	0.0002	0.0003	0.3527	0.000362
0.8979	389.8	0.606139	8.8514	1.272	10.124	1.299	0.0002	0.0003	0.4034	0.00036
0.8890	389.62	0.605859	8.102	1.235	9.3374	1.318	0.0003	0.0003	0.4579	0.000445
0.8783	389.42	0.605548	7.346	1.196	8.5417	1.339	0.0003	0.0004	0.5299	0.000493
0.8655	389.19	0.60519	6.5994	1.154	7.7531	1.365	0.0004	0.0005	0.6177	0.000582
0.858	389.06	0.604988	6.2244	1.131	7.3558	1.388	0.0002	0.0003	0.7303	0.000657
0.8497	388.93	0.604786	5.8529	1.108	6.9613	1.405	0.0002	0.0003	0.7995	0.000664
0.8404	388.79	0.604568	5.4824	1.085	6.567	1.424	0.0002	0.0003	0.8726	0.000723
0.8299	388.65	0.604351	5.1127	1.06	6.1723	1.446	0.0002	0.0003	0.9570	0.000721
0.8180	388.51	0.604133	4.7452	1.034	5.7787	1.47	0.0002	0.0003	1.0462	0.000728
0.8043	388.35	0.603884	4.3772	1.006	5.3833	1.497	0.0002	0.0003	1.1421	0.000842
0.7885	388.17	0.603604	4.0117	0.977	4.989	1.529	0.0003	0.0004	1.2614	0.000966
0.7701	387.96	0.603278	3.6491	0.947	4.596	1.565	0.0003	0.0005	1.4083	0.001154
0.7484	387.72	0.602905	3.2892	0.915	4.2039	1.609	0.0004	0.0005	1.5975	0.001351
0.7223	387.43	0.602454	2.9303	0.88	3.8105	1.66	0.0005	0.0007	1.8383	0.001675
0.7073	387.26	0.602189	2.7527	0.862	3.6147	1.707	0.0003	0.0004	2.1673	0.00202
0.6907	387.08	0.601909	2.5761	0.843	3.4192	1.742	0.0003	0.0004	2.3802	0.002155
0.6721	386.88	0.601598	2.3991	0.823	3.2225	1.782	0.0003	0.0005	2.6199	0.002418
0.6515	386.63	0.60121	2.2248	0.803	3.0277	1.827	0.0004	0.0006	2.9064	0.003167
0.6282	386.34	0.600759	2.0505	0.781	2.8319	1.878	0.0005	0.0007	3.3011	0.003747

第 1 章 有毒化学品蒸气吸附与催化原理

续表

p/p_0	吸附量 v (STP)/ (mL/g)	(液体)/ (mL/g)	r_k/nm	t/nm	r_i/nm	R_i	Δv_i/ (mL/g)	ΔV_i/ ($\times 10^{-2}$ mL/g)	ΔS_j/ (m^2/g)	$\Delta V_i/\Delta r$/ (mL/ nm·g)
0.6019	385.96	0.600168	1.8778	0.759	2.6366	1.938	0.0006	0.0010	3.8019	0.005139
0.5721	385.47	0.599406	1.7070	0.735	2.4421	2.007	0.0008	0.0013	4.5362	0.00692
0.5379	385.08	0.598799	1.5373	0.710	2.2472	2.089	0.0006	0.0010	5.5961	0.005221
0.4987	384.14	0.597338	1.3701	0.683	2.0533	2.188	0.0015	0.0029	6.4641	0.01483
0.4533	380.83	0.592191	1.2048	0.654	1.8593	2.309	0.0051	0.0114	9.1382	0.05862
0.4280	378.63	0.58877	1.1233	0.639	1.7627	2.42	0.0034	0.0076	20.762	0.07899
0.4007	376.66	0.585706	1.0423	0.624	1.6660	2.507	0.0031	0.0067	29.193	0.06929
0.3713	375.30	0.583592	0.9622	0.607	1.5694	2.605	0.0021	0.0042	37.010	0.04309
0.3397	374.00	0.58157	0.8829	0.590	1.4730	2.719	0.0020	0.0038	42.156	0.03968
0.3059	372.03	0.578507	0.8048	0.572	1.3769	2.851	0.0031	0.0067	47.186	0.06956
0.2699	369.14	0.574013	0.7279	0.553	1.2811	3.008	0.0045	0.0108	56.565	0.1127
0.2317	365.01	0.567591	0.6519	0.533	1.1852	3.195	0.0064	0.0166	72.805	0.1728
0.1920	358.91	0.558105	0.5776	0.512	1.0899	3.424	0.0095	0.0264	99.684	0.2766
0.1514	349.83	0.543986	0.505	0.49	0.9947	3.708	0.0141	0.042	146.04	0.4416
0.1113	336.72	0.5236	0.4342	0.466	0.8999	4.07	0.0204	0.0641	226.66	0.6763
0.0737	318.43	0.495159	0.3656	0.44	0.8054	4.546	0.0284	0.093	362.03	0.9841
0.0416	294.86	0.458507	0.2998	0.412	0.7115	5.197	0.0367	0.1183	580.20	1.2593
0.0180	266.51	0.414423	0.2373	0.381	0.6181	6.127	0.0441	0.1267	892.21	1.3580
0.0048	232.12	0.360947	0.1788	0.346	0.5253	7.551	0.0535		1273.5	
0.0005	182.66	0.284036	0.1257	0.308	0.4338	9.922	0.0769			

注:$\dfrac{\sum \Delta V_i}{v_{1.0}} = \dfrac{0.5550}{0.6089} = 0.91$,$\dfrac{\sum \Delta S_i}{S_{\text{BET}}} = \dfrac{1273.5}{1299.9} = 0.97$

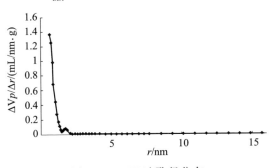

图 1.16 BJH 法孔径分布

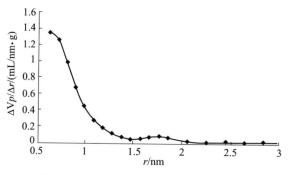

图 1.17　BJH 法 0.5～3nm 部分孔径分布

1.2　催化作用机理

1.2.1　防毒炭对难吸附有毒化学品的金属催化反应机理

虽然各种蒸气状有毒化学品均能不同程度地被活性炭吸附，但摩尔体积小、饱和蒸气压大、分子量小、沸点低的蒸气，如氯化氰、氢氰酸及一氧化碳气体，很难被吸附，所以吸附得相当少。在防毒技术上为弥补这种不足，常采用特殊的吸附技术，即化学吸着或催化作用来补救。具体方法是在活性炭上浸渍化学活性组分或催化剂，使有毒化学品分子与之发生化学反应而被破坏。这种浸有催化剂的活性炭称为活性炭－催化剂，又叫浸渍炭、催化炭。

1. 化学吸着与催化作用的基本原理

化学吸着就是指吸着剂或多孔性物质内附加的化学物质与蒸气或气体分子起化学反应而吸着的过程。实验发现，把活性炭作为载体，将活化物质浸渍其中使之成为高度分散状态，可增加接触反应机会。第二次世界大战以来，各国均大力发展浸渍炭。人们发现用活性炭作载体，把化学活性物质直接负载到活性炭上，既提高了活性炭对难吸附有毒化学品的防护能力，又不致使其对易吸附有毒化学品的防护能力有多大的降低，达到令人满意的结果。例如，对氢氰酸的防护是靠浸渍在炭上的铜的氧化物与之作用而达到防护目的。

$$Cu_2O + 2HCN \rightarrow 2CuCN + H_2O$$

或

$$CuO + 2HCN \rightarrow Cu(CN)_2 + H_2O$$

由于空气中氧的作用,还可能氧化成异氰酸,即

$$2HCN + O_2 \rightarrow 2HOCN$$

异氰酸进一步水解成甲酸铵,即

$$HOCN + 2H_2O \rightarrow HCOONH_4$$

这些反应产物均固着在炭孔表面上。但产物可能分解,如

$$2Cu(CN)_2 \rightarrow Cu_2(CN)_2 + (CN)_2 \uparrow$$

而铬离子能与有害的$(CN)_2$作用,生成络合物,不致使其随气流流出炭层伤害人体。

值得提出的是,上述反应中活性炭不仅起到载体的作用。例如,金属铜或其氧化物,在纯净、通常状态下,对氢氰酸并无明显活性,但当附加在活性炭孔隙表面上以后却能引起反应迅速进行,如果载体换成硅胶、浮石等多孔吸附剂,却没有此类明显的作用。可见活性炭除作为载体作用外,与活性组分之间相互作用产生的催化作用也是不可忽视的。

防毒技术中还采用催化作用来破坏那些难吸附有毒化学品。固体催化剂通常是由活性组分、助催化剂及载体三部分组成。活性组分对催化剂的活性起决定性作用,它可能为单一物质,也可能由几种物质组成,如果各种活性物质浓度大小是成比例的,则称为混合催化剂(或多组分催化剂)。在活性物质中掺入某些含量较低的助催化剂,可增加催化剂的活性、稳定性或选择性。催化剂的载体最重要作用之一是增加有效表面积,提高催化活性。

为了提高面具的防氯化氰能力,在活性炭上负载铜、铬、银的氧化物。它们在炭上的基本形式为氧化铜、氧化亚铜、氧化银和三氧化铬。也有人认为,部分铬是以铜、铬的复合物形式$[CuCrO_4、2Cu(OH)_2]$而存在的。

对氯化氰的催化作用,主要是6价铬与铜对它催化水解作用。首先氯化氰在催化剂表面吸附,然后进行水解,即

$$ClCN + H_2O \xrightarrow{Cr^{6+} \cdot Cu^{2+}} Cl-\overset{\overset{O}{\|}}{C}-NH_2$$

$$Cl-\overset{\overset{O}{\|}}{C}-NH_2 + H_2O \longrightarrow CO_2 + NH_3 + HCl$$

或

$$ClCN + H_2O \xrightarrow{Cr^{6+} \cdot Cu^{2+}} HOCN \xrightarrow{H_2O} CO_2 + NH_3 + HCl$$

产物中的氨和盐酸继续发生反应,有

$$HCl + CuO \rightarrow CuCl_2 + H_2O$$

或

$$HCl + NH_3 \rightarrow NH_4^+ \rightarrow NH_4Cl$$

氯化氰催化水解反应的生成物除二氧化碳外,盐酸和氨都继续反应生成固态产物,并附着在炭孔表面上。这种在使用过程中催化剂表面逐渐被固态反应生成物所覆盖的现象称为催化剂"中毒"现象,会使催化剂的催化作用逐渐降低甚至慢慢失去催化作用。

从反应式看,炭表面的水分对滤除氯化氰的催化反应是有利的。但事实是,面具的过滤部件陈放若干年后,对氯化氰的防毒能力明显下降。虽然理论上催化反应中催化剂并不发生消耗,但是由于陈化作用和催化剂"中毒"现象的影响,利用催化作用防毒的时间也是有限的。

有看法认为,使用物理吸附方法,只是暂时隐藏了有毒化学品,而吸附剂容量总是有限的,不如用化学方法使有毒化学品分子转化为相对无害的物质,发展多相催化方法,滤毒罐就可以实现长期使用。因此,人们对含磷有毒化学品的催化破坏方法进行了大量研究。例如,在高活性的氧化物固态试剂,如氧化镁、三氧化二铁、三氧化钼等和以 pt/Al_2O_3 为代表的一类催化剂上,皆可发生水解、脱烷基及氧化分解等催化反应,使有毒化学品分子破坏。含杂原子的极性产物与金属氧化物结合而被保留,无毒的烃、脂类产物形成后或吸附或随气流流出。

2. 浸渍剂含量的影响

浸渍剂含量对活性炭 – 催化剂的防毒作用有重要影响。

催化炭防氢氰酸的时间随铜含量增加而明显增长。单独的浸渍铜的氧化物的催化炭,铜氧化物含量的变化对氯化氰防毒时间无明显影响。

铬单独存在时对氯化氰无催化作用,对氢氰酸仅有微弱的催化作用。在浸渍炭中同时加入铜和铬,当铜、铬比例为 4∶1 时,可对氢氰酸和氯化氰有最佳防护效果。

少量银的加入主要是提高潮湿条件下防砷化氢的能力,对氯化氰和氢氰酸的防护能力没有重要影响。

目前所使用的浸渍炭是以铜、铬、银为主要活性组分,浸渍炭中铬组分以

Cr^{6+}的形式存在才能对一些毒气起到作用,而Cr^{6+}恰恰是在铬元素中毒性最大的一种价态,其化合物的毒性比Cr^{3+}大100倍。随着科学的发展和社会的进步,人们愈加重视Cr^{6+}对人体的危害,美国于20世纪80年代末,在新的无铬型浸渍炭基炭研制成功后,就很快应用在了军用和民用防护器材中。美国国家职业安全和卫生局从1990年开始已不再为使用含铬装填材料的防毒面具签发使用许可证。其他国家也很重视ASC炭中Cr^{3+}对人体的危害作用,在无铬炭的研究方面做了很多工作。美国实际上在1990年前就开始在军用和民用防护器材中将防毒炭由ASC型向无铬型浸渍炭的更新换代,ASZMT和URC成为Calgon公司在20世纪末军用和民用防护材料的两个主要产品。据报道目前其他发达国家无铬型浸渍炭也有了大量的应用。

随着工艺的发展,目前在新一代防护装备中无铬碳已取代铜铬银浸渍炭。

1.2.2　CO催化氧化反应机理

催化剂(又称霍加拉特剂)是防一氧化碳的主要药剂。它由60%的二氧化锰和40%的氧化铜混合制成。其作用是使一氧化碳与空气中的氧作用,生成二氧化碳,即

$$2CO + O_2 \xrightarrow{\text{催化剂}} 2CO_2$$

催化剂在理论上可长时间使用,但当受水汽中毒时就失去催化作用。在应用时,一般装填层分为两层,按气流方向有害气体经过催化剂层之前先经干燥剂层,干燥剂是浸有氯化钙的活性炭,用来吸收水分,防止催化剂因水汽作用而失效。因此,干燥剂的作用非常重要,它决定氧化罐的使用寿命。

铜锰氧化物催化剂虽然从20世纪20年代已经发现,但是直到现在还不能完全确定它的氧化还原以及失活机理,Schwab和Kanungo认为铜锰氧化物的高活性是由于$CuMn_2O_4$尖晶石的形成,并认为在尖晶石晶格中的电子转移为

$$CO + Mn^{4+} \rightarrow CO_{ads}^+ + Mn^{3+} \tag{1.111}$$

$$1/2 O_2 + Cu^+ \rightarrow Cu^{2+} + O_{ads}^- \tag{1.112}$$

$$CO_{ads}^+ + O_{ads}^- \rightarrow CO_2 \tag{1.113}$$

$$Cu^{2+} + Mn^{3+} \leftrightarrow Cu^+ + Mn^{4+} \tag{1.114}$$

式(1.111)和式(1.112)是反应物在催化剂表面的吸附;式(1.113)是表面

化学反应;式(1.114)是催化剂回到氧化还原活性状态。

D. L. Cocke 和 S. Veprek[15]同意以上的机理并用 Cu2p 的化学位移和协上伴峰与 Mn3sX 射线光电子信号的多重分裂,第一次直接证明了 $Cu^{2+} + Mn^{3+} \rightleftharpoons Cu^+ + Mn^{4+}$ 氧化还原系统,他们还认为无定形的亚锰酸盐是 Hopcalite 催化剂的活性相。G. J. Hutchings 和 P. O. Larsson 认为铜锰氧化物 CO 氧化是铜氧化物和锰氧化物协同作用的结果。F. C. Buciuman 等把 CuO、Mn_2O_3 单晶、$CuMn_2O_4$ 尖晶石、1∶1 的 CuO 和 Mn_2O_3 混合物与霍加拉特催化剂进行比较,发现 1∶1 的 CuO 和 Mn_2O_3 混合物对 H_2 和 CO 有最好的活性。他们提出铜锰氧化物之间存在溢流协同效应,即在锰中心吸附氧、铜中心吸附 CO,吸附氧从氧化锰表面传递到氧化铜表面,把 CO 氧化形成 CO_2。

由于无定形霍加拉特催化剂有高活性,按照 F. C. Buciuman 等提出的溢流机理,CO 氧化霍加拉特催化过程与 Pt/Mn_2O_3 的 CO 氧化过程相似(图 1.18),MnO_x 与气相中的 O_2 结合(A);Cu_2O 从 MnO_x 提取氧(B),被氧化为 CuO;CO 吸附在 CuO 表面(C);活性位可能在 Mn_2O_3 和 CuO 之间的界面,因为在这里 MnO_x 提供了活性氧,在活性位 CO 被氧化成 CO_2(D);在活性位形成的 CO_2 传递到氧化锰表面(E),以 CO_3 的形式存在,然后把 CO_2 释放到空气中(F)。

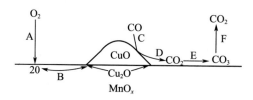

图 1.18 CO 反应路径

由于钯炭催化剂具有很强的催化氧化性能,可以在常温下使一氧化碳与空气中的氧气结合,生成二氧化碳,因而也可以用来催化氧化 CO。

钯炭催化剂净化 CO 的机理为

$$CO + PdCl_2 + H_2O \rightarrow CO_2 + Pd + 2HCl \quad (1.115)$$

$$Pd + 2CuCl_2 \rightarrow PdCl_2 + 2CuCl \quad (1.116)$$

$$2CuCl + 2HCl + 1/2O_2 \rightarrow 2CuCl_2 + H_2O \quad (1.117)$$

此外对 CO 的催化研究还有金催化剂、稀土金属催化剂及稀土与贵金属复合型催化剂,有人比较了这几种催化剂的不同特点,如表 1.8 所列。

表 1.8 室温用 CO 催化剂的比较

种类	适用范围	优点	缺点
霍加拉特剂	与干燥剂配合使用	活性高	易吸潮失效分解
铂、钯系金属	CO 含量较少的场所	抗湿性好,活性较高,寿命长	抗毒性差、高温稳定性不理想、成本高
金催化剂	CO 含量较少的场所	抗湿性好	活性较低
稀土金属	能用作 CO 的催化剂	抗湿性好	活性较其他催化剂低、阻力大
稀土与贵金属复合型催化剂	可用于 80% 湿度的环境	抗湿性好,氧化活性比单一贵金属催化剂有很大的提高	成本高、制备条件对活性影响较大

目前消除 CO 催化剂加强抗潮的研究方向主要集中在贵金属催化剂的应用上,但要降低催化剂的成本,主要是减少配方中贵金属含量。其中一种方法是在催化剂中加入部分稀土和过渡金属来降低催化剂中贵金属的含量,从而降低成本;另一种方法是充分利用传统的霍加拉特剂的高活性,采用贵金属和霍加拉特剂混装法,可以改善现有霍加拉特剂的应用缺陷,从而降低催化剂成本。

1.2.3 光催化反应消除有害气体机理

1. 光催化简介[16]

光催化作用——顾名思义,既需要有催化剂的存在,又需要光的作用,是光化学与催化剂两者的有机结合。光和催化剂是引发和促进光催化氧化还原反应的必要条件,但有时光催化作用还需要在一定的热环境中进行。

光催化作用的定义,即在催化剂的存在下对一光化学反应的促进作用,或者是在催化剂的存在下加速的一个光化学反应。两种说法都可以简化为催化的光化学反应。

2. 光催化作用的类型[17]

起初人们认为,光催化作用中是催化剂先吸收一定能量的光被激活(这类似于热催化过程中作为催化剂的物质先吸收一定热能而被活化),再与反应物分子发生相互作用而使后者活化(伴随着能量的转移或者电子的转移)。活化后的反应物进一步转化为反应产物。然而随着人们对有催化剂和光同时存在条件下进行的反应过程逐步加深的认识中发现,有不少光催化反应过程,并非是催化剂先吸收光进行上述活化反应物分子并最终生成反应物的过程,而是光能先被反应物分子吸收,转变为活化态,催化剂再同被活化了的反应物分子进行作用,最终生成产物,作为催化剂的物质再分离出来。

迄今,可将光催化作用概括为下列 5 种类型。

(1) 反应物分子首先吸收一定能量的光而被激活后,再在催化剂的作用下生成产物,而催化剂本身再分离出来。这类光催化反应可表示为

$$反应物 \xrightarrow{h\nu} 活化的反应物$$

活化的反应物 + 催化剂 ── 反应中间物 ── 反应产物 + 催化剂

根据这个机理,这类反应实际上是催化的光反应(catalyzed photoreaction)。

(2) 催化剂首先吸收一定能量的光被激活,激活的催化剂再同反应物分子起作用而得到产物,催化剂再分离出来。这类光催化反应可表示为

$$催化剂 \xrightarrow{h\nu} 活化的催化剂$$

活化的催化剂 + 反应物 ── 反应中间物 ── 反应产物 + 催化剂

这类反应实质上是敏化的光反应(sensitized photoreaction)。

(3) 催化剂与反应物分子之间由于强相互作用而形成配合物,后者吸收一定能量的光再生成反应产物并将催化剂分离而来。这类反应可表示为

催化剂 + 反应物分子 ── 配合物

$$配合物 \xrightarrow{h\nu} 反应中间物 ── 反应产物 + 催化剂$$

这类光催化反应常以金属有机化合物为催化剂,而且常以均相催化过程进行。

(4) 催化剂首先吸收光而经过几个步骤加以激活,再同反应物分子作用生成中间物,最后生成产物并将催化剂分离出来。这类反应可表示为

$$催化剂 \xrightarrow{h\nu} (催化剂)^* ── (催化剂)'$$

(催化剂)' + 反应物 ── 反应中间物 ── 反应产物 + 催化剂

在这类光催化反应中,催化剂吸收光能后如经过几个激发步骤而形成活化态的过程,称为催化剂的光调节作用。

(5) 光催化氧化-还原反应。这类光催化反应一般的情况是,催化剂先吸收光形成活化态,在活化态催化剂的作用下,两种反应物分子分别被氧化和还

第 1 章 有毒化学品蒸气吸附与催化原理

原,形成产物而将催化剂分离出来。这类反应可表示为

$$催化剂 \longrightarrow 活化态的催化剂$$

$$活化态的催化剂 + A^+ + B^- \longrightarrow A + B + 催化剂$$

上述五类光催化反应的具体基本步骤及反应机理,需要根据具体反应加以分析和讨论。从上述的反应中可以看出,需要回答的最重要的问题有以下几个。

(1) 反应中,首先被光活化的是催化剂还是反应物分子?其活化机理(包括活化态)是什么?

(2) 被活化的催化剂或反应物分子通过什么途径完成整个光催化过程?

3. 光催化反应中两个重要的参数[18]

因为光催化反应就其本质也隶属于光化学反应,所以在研究光催化反应时也需考虑光能的利用率,尤其是可推广到生产规模的光反应还必须考虑光能所占的成本。为此,有必要知道以下两个参数。

1) 爱因斯坦光化当量定律

在光化学反应中,反应分子吸收一定频率的光,进行化学反应。在光化学反应中,初步过程是一个光子活化一个反应分子。这个分子被活化后进行分解或与别的分子化合。在光化学反应中活化 1mol 的反应物分子显然需要吸收 N 个量子(N 为阿伏伽德罗常数)。如用 U 代表 N 个量子的总能量,则

$$U = Nh\nu = \frac{Nhc}{\lambda}$$

式中:c 为光速(3×10^8 m/s);λ 为光的波长(cm)。所以,有

$$U = \frac{6.023 \times 10^{23} \times 6.62 \times 10^{-27} \times 3.0 \times 10^{10} \times 10^8}{\lambda}$$

$$= \frac{1.196 \times 10^{16}}{\lambda} (\text{erg/mol})$$

$$= \frac{1.196 \times 10^9}{\lambda} (\text{J/mol})$$

U 为 1mol 物质所吸收的能量,称为一个爱因斯坦。由上式可知,爱因斯坦的具体数值是由所吸收光的波长决定的。也就是说,对一具体光化学反应,论及反应物的爱因斯坦值时,必须给出所吸收光的波长值。表 1.9 列出一些光的爱因斯坦(U)值。

表1.9 光的爱因斯坦值

颜色	波长/nm	频率/s^{-1}	光子能量/10^5 J	U/(kJ/mol)
紫外	200	1.5×10^{15}	9.93	594.6
紫	300	1.0×10^{15}	6.62	397.8
蓝	420	7.14×10^{14}	4.73	284.7
青	470	6.38×10^{14}	4.22	254.9
绿	530	5.66×10^{14}	3.75	226.1
黄	580	5.17×10^{14}	3.42	206.4
橙	620	4.84×10^{14}	3.20	193.0
红	700	4.28×10^{14}	2.83	170.8

由表1.9可知,光的波长愈短,其能量愈大。所以,紫外光的爱因斯坦值最大,其对化学反应具有较大的效率。

2) 量子产率

其定义为

$$量子产率 \psi = \frac{参加反应分子数}{被吸收的光量子数}$$

根据适用于光化学反应的爱因斯坦光化当量定律,量子产率(quantumyields)应为1。但实际情况表明并非如此。有的光反应过程中,被光活化的分子进一步转化而在生成反应产物之前,可发射较低频率的辐射,或与一个普通分子碰撞而将一部分活化能转化为该普通分子的动能,此活化分子就变为非活化分子,当然,就无法参加反应。即使这种情况不是很多,量子产率也小于1。另一种情况是,如果光活化的分子分解成原子后,后续步骤不易进行,则所分解的原子会再结合成分子,量子产率会更低。

然而在光参与的化学反应中,如被活化的分子进一步反应进行得很快,则会出现量子产率大于1的情况。涉及光吸收的化学反应都需要考虑上述两个参数。

光催化反应除了有光参加外,还有催化剂参加而使反应加速,或提高所需反应产物的选择性,因此还需像讨论普通催化反应一样,要给出所研究的光催化反应有关反应物的转化率和目标产物的选择性及收率。此外,还应该像分析普通催化反应一样,对光催化反应的机理和反应动力学给出相应的结论。

4. 半导体化合物的基本性质

光催化反应也有多相及均相之分。近几年来,多相光催化反应(包括液-固相和气-固相反应)有着较迅猛的发展,而且越来越多地应用半导体化合物作为催化剂。这里仅以这类催化剂为讨论重点。

1) 本征半导体

这类半导体是完全不含有杂质或缺陷的半导体。这种半导体的能级分布特别简单,即只有导带和价带。在绝对零度时,由于完全未被激发,所以价带被电子充满,又称满带;而导带则完全是空的,又称空带,因此这类半导体呈电中性。当温度升高时,半导体可受激发,则价带中的电子可被激发到导带,而同时在价带留下一个空穴。在此条件下,仅发生价带的电子向导带的激发,所以导带中的电子数目等于价带的空穴数目,见图 1.19。在应用半导体材料为光催化剂时,则代替热激发可应用一定能量的光激发。在受光激发时,只要光的能量不小于半导体的禁带宽度,便可实现半导体价带电子向导带跃迁。

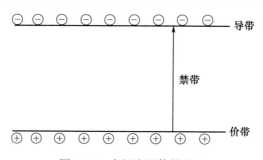

图 1.19　本征半导体能级图

2) n 型半导体和 p 型半导体

非计量化合物半导体和杂质半导体是形成 n 型半导体和 p 型半导体的主体。

(1) 非计量化合物。ZnO 是锌离子过剩,可以产生准自由电子,在适当温度范围内,是 ZnO 导电的来源,所以称为 n 型半导体;相反,NiO 中一般是氧离子过剩,可以产生准自由空穴,在适当温度范围内决定 NiO 的导电性质,所以称其为 p 型半导体。

(2) 杂质半导体。有施主杂质半导体和受主杂质半导体之分。

① 施主杂质半导体。施主杂质半导体的施主能级位于半导体的禁带中靠

近导带底部下端(图 1.20)。在这类半导体中,在一定条件下,除了发生电子由价带向导带激发,即本征激发外,还可以发生施主杂质中的电子向导带激发的过程,这个过程称为杂质电离。显然,在只含施主杂质的半导体化合物中,电子由价带向导带的激发和电子由施主能级向导带的激发,需克服的能量分别是本征半导体的禁带宽度和施主杂质的电离能。这两个能量一般相差两个数量级,而在较低温度下,主要发生的是电子由施主杂质能级向导带激发的电离过程,所以也是 n 型半导体。

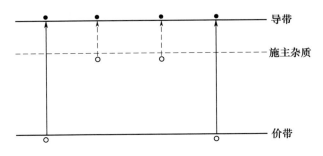

图 1.20　施主杂质半导体能级图

② 受主杂质半导体。受主杂质半导体的受主能级处在半导体禁带中靠近价带顶部上端。在一定温度下,特别是在适合受主杂质电离的温度下,价带的空穴来自受主杂质的电离。导电性质决定于由受主能级激发的空穴,所以称为 p 型半导体,如图 1.21 所示。

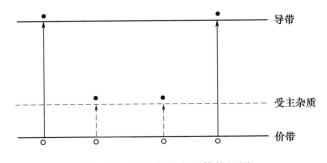

图 1.21　受主杂质半导体能级图

3) 半导体的能带弯曲

当半导体表面吸附其他物质而带正电荷或负电荷时,则在表面附近的一个区域会附有数量相等而电性相反的电荷,这就构成了人们所熟悉的表面空间电

第 1 章　有毒化学品蒸气吸附与催化原理

荷区。显然,表面空间电荷区的外表面所带的电荷可以是正的,也可以是负的。根据理论分析得知,在此空间电荷区内电势 ψ 同距表面的距离 χ（$\chi=0$ 为表面,$\chi=\chi_0$ 为体相边界）呈抛物线的变化关系。如图 1.22 所示,因为电场的方向是从正到负,场强是由大到小的,所以当表面电荷区带有正电荷时,表面电势 $\psi_s<0$,如图 1.22(a)所示。相反,如表面区带有负电荷,则表面电势 $\psi_s>0$。由于表面电荷区内电势的变化,所以在表面电荷区内载流子(电子过空穴)的势能也必然有别于体内载流子的势能。所以,在考虑电子的能量时,必须计入由于表面电荷区电势变化带来的静电势能($-e\psi_s$)。显然,当 $\psi_s>0$ 时,则 $e\psi_s<0$;当 $\psi_s<0$ 时,$e\psi_s>0$。前者导致原有能带向下弯曲,后者导致原有能带向上弯曲。

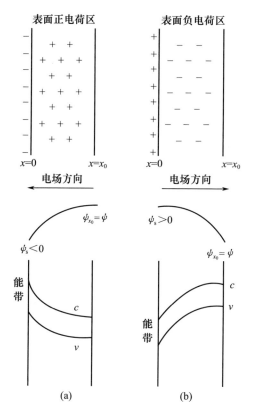

图 1.22　半导体能带弯曲示意图

由于外界环境的改变,特别是杂质的存在,使半导体表面的能带发生弯曲,可导致在表面所发生的反应性能改变。这在半导体催化作用领域(也包括其光催化性能)是经常采用的调变措施。

4) 光激电子和空穴的自发复合及捕获

如前所述,半导体材料受光照激发分别在其导带生成电子、在价带生成空穴,可以发生两类复合过程。

(1) 电子和空穴的简单复合。相当于引发电子和空穴的反过程,也称去激活。

$$e^- + A^{n+1} \longrightarrow A^n$$
$$h^+ + A^n \longrightarrow A^{n+1}$$

由上式可见,这类简单复合过程发生之后,体系中并不发生化学变化,即体系的物种并未改变,仍保持与进行复合前相同。在此例中,电子和空穴复合前后体系中的物种均为 A^n 及 A^{n+1}。

(2) 电子或空穴的捕获。

$$e^- + X^{n+1} \longrightarrow X^n$$
$$h^+ + M^m \longrightarrow M^{m+1}$$

将上述两式合并,则有

$$X^{n+1} + M^m \xrightarrow{h\nu} M^{m+1} + X^n$$

可明显看出,由于这种复合过程的发生,体系的物种发生了变化,即物种 M^m 和 X^{n+1} 分别变为 M^{m+1} 和 X^n。

以 n 型半导体 TiO_2 来说,导带电子被捕获是很快的过程,一般在 30ps($1ps = 10^{-12}s$)内完成;而捕获价带中的空穴则是相当慢的,平均需要 250ns($1ns = 10^{-9}s$)。而生成的空穴同电子再结合对不同的半导体需时不等($10^{-11} \sim 10^{-5}s$)。对一个光催化还原过程,表面的吸附质捕获导带电子的过程必须很快,才能在电子同空穴再结合之前完成光催化还原过程。同样,对一光催化氧化过程,表面的吸附质捕获价带空穴的过程必须快于电子与空穴再结合的过程,才能完成该光催化氧化过程。

5) 抑制光激电子-空穴对再结合的方法

由以上讨论可见,电子与空穴再结合对半导体材料的光催化反应十分不利。所以,必须减缓或者消除这种光激发电子-空穴对的再结合过程。迄今,在半导体材料用作光催化剂的领域中,科学工作者已经找到有效的途径抑制电子-空穴对的再结合过程。以下简单介绍几种方法。

（1）制备具有表面缺陷结构的材料。由于表面上出现不规则的结构，与之对应的则是形成相应的表面电子态，其能量不同于规则结构半导体相应能带上的能量。于是，这种表面电子态便可捕获作为载流子的电子或空穴，从而有利于抑制光激发电子-空穴对的再结合。

（2）减少颗粒大小（即利用量子尺寸效应）。对半导体的微粒子来讲，颗粒大小在 10~100Å（即 1~10nm）范围内会发生量子尺寸效应。这种效应的重要标志是当半导体材料颗粒尺寸在一定范围内小到一定的程度时，会导致其禁带宽度增大，如 CdS 的禁带宽度同其颗粒尺寸之间有一定的变化规则。CdS 体相的禁带宽度为 2.6eV，而表面缺陷形成的类似簇的 CdS，其禁带宽度增至 3.6eV，禁带宽度增大了近 1eV，这就使光激发产生的电子-空穴对的再结合加大了难度。PbS 体相禁带宽度仅为 0.4eV。当其颗粒直径由 15nm 降至 1.3nm 时，其禁带宽度可达 2.8eV。可见，如能设计并合成颗粒直径在几个纳米范围的半导体物质，对开发优良的半导体光催化剂是十分有意义的。

（3）制成复合半导体。现以 $CdS-TiO_2$ 复合半导体为例加以说明。所制复合材料经电镜检测，表明众多的 CdS 颗粒可以同 TiO_2 颗粒表面直接结合。选用仅能激发 CdS 价带电子到其导带的能量显然不能使 TiO_2 价带电子被激活（因二者的禁带宽度不同）。但在 CdS 导带生成的光激电子却可转移到 TiO_2 导带，这就会十分明显地增大电荷的分享并提高光催化剂的效率。

（4）掺杂染料分子作为光敏剂以改进半导体作为光催化剂的效率。例如，在 n 型半导体 TiO_2 上先吸附一些有机染料分子，如氧杂萘邻酮（cumarin）

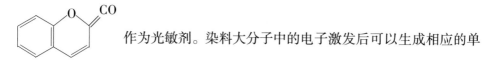

作为光敏剂。染料大分子中的电子激发后可以生成相应的单重和三重激发态。处于激发态染料分子中的电子便有可能进入半导体 TiO_2 的导带。此时如有有机电子受体物质存在，则可很方便地接受来自半导体导带的电子。

（5）掺杂金属离子的半导体催化剂

实验证明，在 TiO_2 半导体中掺杂原子分数为 0.2%~10% 的 Fe^{3+} 形成的光催化剂，对

$$N_2 + 3H_2O \longrightarrow 2NH_3 + \frac{3}{2}O_2$$

反应是有效的。但纯的 TiO_2 和 Fe_2O_3 对此反应都是没有活性的。

5. 光催化作用举例

(1) CO 在 ZnO 半导体催化剂上与 O_2 反应生成 CO_2 的反应。

将 ZnO 经紫外光照射激发产生了电子和空穴,所产生的空穴可与 CO 作用生成中间物种 CO^+,而产生的 e 则与 O 原子结合生成 O^-,最后 CO^+ 与 O^- 复合便得到 CO_2。这个反应过程可分步为

$$ZnO \xrightarrow{h\nu} ZnO + e^- + h^+$$
$$h + CO \longrightarrow CO^+$$
$$O + e^- \longrightarrow O^-$$
$$CO^+ + O^- \longrightarrow CO_2$$

还需指出,将 O_2 分解成 O 必须在加热情况下进行,所以此反应需在一定温度(473K)下进行,以保证

$$O_2 \xrightarrow[\Delta]{473K} 2O$$

动力学研究结果表明,此反应的速率方程为

$$r_{CO_2} = k P_{CO} P_{O_2}$$

如果使用 N_2O 代替 O_2,将 CO 氧化成 CO_2,其反应速率方程为

$$r_{CO_2} = K' P_{CO}^{0.4} P_{N_2O}^{0.4}$$

此反应的有关步骤为

$$ZnO \xrightarrow{h\nu} ZnO + e^- + h^+$$
$$h^+ + CO \longrightarrow CO^+$$
$$N_2O + e^- \longrightarrow N_2 + O^-$$
$$CO^+ + O^- \longrightarrow CO_2$$

总的反应为

$$CO + N_2O \xrightarrow[ZnO]{h\nu} CO_2 + N_2$$

比较以上两反应的速率方程可见,应用不同氧化剂,即使都以 ZnO 为催化剂,其反应的机理也是不同的。

第1章 有毒化学品蒸气吸附与催化原理

除了 ZnO 外,TiO_2、SnO_2、WO_3 等在 373~603K 温度范围内对 CO 同 O_2 作用氧化成 CO_2 有很好的光催化性能。

通过上例还可看出,一个光催化过程有时需在一定的温度条件下进行,但并非都如此。

(2) 光催化分解水生成 H_2 和 O_2 的反应。

应用 n 型半导体 TiO_2 粉末,以波长为 400nm(能量约为 3eV)的光照射,在半导体的导带生成 e^-,而在其价带形成 h^+。水经解离而生成的 H^+ 被 e^- 还原而得到 H_2,而 OH^- 可被 h^+ 氧化成 O^-,最终达到光解水制 H_2 和 O_2 的目的。

为了提高应用半导体催化剂进行光解水制 H_2 及 O_2 的效率,人们还采取以金属或金属氧化物修饰的 TiO_2 半导体催化剂。例如,将 Pt 胶粒附于 TiO_2 材料上,在光的作用下,H_2O 可通过以下过程被分解而得到 H_2 和 O_2。如图 1.23 所示,TiO_2 材料受光照后在导带形成的 e^- 可迁移到金属 Pt 上,将 H^+ 还原成 $1/2H_2$,而价带上形成的 h^+,则将 H_2O 解离生成的 OH^- 离子氧化成 $1/2O_2$,总的反应则是

$$H_2O \xrightarrow[TiO_2-Pt]{h\nu} \frac{1}{2}O_2 + H_2$$

当将金属氧化物如 RuO_2 添加到 TiO_2 中进行光解水制 H_2 和 O_2 时,可发生图 1.24 所示的反应。

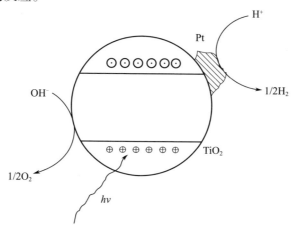

图 1.23 Pt-TiO_2 杂质半导体上 H_2O 光解水制氢和氧

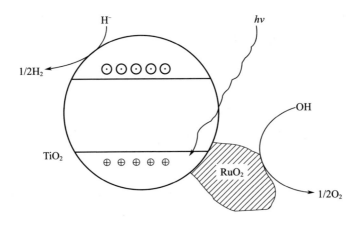

图 1.24　RuO_2-TiO_2 杂质半导体上 H_2O 光解水制氢和氧

光激发 TiO_2 导带生成的 e^- 同 H^+ 作用生成 $1/2H_2$,而在价带生成的 h^+ 可迁移到 RuO_2 表面,从而将 OH^- 氧化成 $1/2O_2$。所以,可把这个光催化反应过程表示为

$$H_2O \xrightarrow[TiO_2-RuO_2]{h\nu} \frac{1}{2}O_2 + H_2$$

此外,也可应用 $Pt-RuO_2-TiO_2$ 修饰型半导体催化剂进行光解水制 H_2 和 O_2。在此反应中光激发 TiO_2 后在其价带生成 h^+,而在其导带生成 e^-,h^+ 和 e^- 分别迁移到 TiO_2 表面上的 RuO_2 和 Pt,并分别将水分子解离生成的 OH^- 和 H^+ 氧化成 O_2 和还原为 H_2。而 TiO_2 只起到光敏剂的作用,其上所附的 Pt 及 RuO_2 才是严格意义上的光催化剂。

(3) 以 TiO_2 作为光催化剂的其他类型的反应。

① 氧化反应,即

$$CH_3CN_2OH \xrightarrow[O_2]{TiO_2^*} CH_3CHO$$

$$Cl\diagup\!\!\!\diagup S\diagdown\!\!\!\diagdown \xrightarrow[CH_3CN,O_2]{TiO_2^*} Cl\diagup\!\!\!\diagup \overset{O}{\underset{\|}{S}}\diagdown\!\!\!\diagdown$$

$$\underset{Ph}{\overset{Ph}{>}}=\xrightarrow[CH_3CN,O_2]{TiO_2^*} \underset{Ph}{\overset{Ph}{>}}=O+HCHO$$

TiO_2 光催化降解甲醛气体时,活性羟基自由基(OH)和超氧阴离子自由基

(O_2^-)共同起氧化作用,先将甲醛氧化为羟酸,最终降解为二氧化碳和水。其可能的降解机理推测如下:首先羟基自由基抽取甲醛中的氢生成碳氢氧自由基(CHO);碳氢氧自由基可按两种途径进一步氧化为羧酸;羧酸进一步氧化分解为二氧化碳和水。

$$HCHO + OH \rightarrow COH + H_2O \qquad (1)$$

$$CHO + OH \rightarrow HCOOH \qquad (2)$$

$$CHO + O_2^- \xrightarrow{+H^+} HCO_3^- \xrightarrow{+HCHO} HCOOOH \rightarrow HCOOH \qquad (3)$$

$$HCOOH \xrightarrow{-H^+} HCOO^- \xrightarrow{-OH} H_2O + CO_2^- \qquad (4)$$

$$HCOO^- \xrightarrow{H^+} H^+ + CO_2^- \qquad (5)$$

$$CO_2^- \xrightarrow{[OH], h^+} CO_2 \qquad (6)$$

② 还原反应。

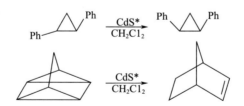

③ 异构化反应。

④ 取代反应。

⑤ 聚合反应。

$$\text{(苯乙烯)} \xrightarrow[O_2, CH_3CN]{Pt/TiO_2, h\nu} \text{(苯甲醛)} + \text{(聚合物)}_n$$

此外,在环境治理方面,应用半导体材料进行光催化转化的也有不少。通过光催化作用可脱除污水中的有机化合物,使其转化为 CO_2、H_2O、N_2 以及其他物质。人们使用半导体光催化剂的另一个原因是这类材料价格比较便宜、无毒害且能够连续使用而不失活。

迄今,悬浮在含有空气的水中的 TiO_2 对水中许多有机污染物的消除是最活泼的光催化剂,而且锐钛矿型的构型比金红石构型的 TiO_2 有更高的活性。例如,2 - 乙氧基乙醇在光照的 TiO_2 催化作用下,可被有效地除去。但在相同条件下,CdS 和 ZnS 消除这种有机物质的光催化活性就比较差。

⑥ H_2S 光催化反应机理探讨。当紫外光灯 UV 辐射到二氧化钛表面时,价带电子被激发可以跃迁至导带,在价带之间形成空穴,进而生成光生电子 - 空穴对,由于其具有强氧化性,当迁移到二氧化钛表面时,可以将二氧化钛表面的 OH^- 和 H_2O 分子氧化成强氧化剂的羟基自由基 OH·,将反应的污染气体氧化,并将其在表面扩散,经过一系列的氧化还原过程形成最终无害产物——二氧化碳和水。当二氧化钛负载到活性炭纤维上,其主要反应由活性炭纤维的吸附和强氧化剂的催化氧化组成[19]。

吸附反应:当硫化氢气体通过活性炭纤维时,先被丰富的微孔吸附捕集到其表面上。

催化氧化,即

$$TiO_2 + h\nu \rightarrow h^+ + e^- \quad (1.118)$$

羟基自由基的形成,即

$$h^+ + H_2O_{ads吸附} \rightarrow OH\cdot + H^+ \quad (1.119)$$

$$h^+ + O_{H-superf表面} \rightarrow OH\cdot \quad (1.120)$$

硫化氢气体与羟基自由基反应之后,由式(1.122)可知被氧化成硫单质,即

$$H_2S_{(ads)} + OH\cdot \rightarrow HS\cdot_{(ads)} + H_2O \quad (1.121)$$

第1章 有毒化学品蒸气吸附与催化原理

$$HS \cdot_{(ads)} + OH \cdot \rightarrow S_{(ads)} + H_2O \tag{1.122}$$

改性中加入的铁离子可以作为空穴和电子进入二氧化钛晶格,从3价铁离子 Fe^{3+} 转化为2价铁离子 Fe^{2+},取代部分4价钛原子 Ti^{4+},形成4价铁离子 Fe^{4+},从而降低电子与空穴的复合率,提高光催化活性,按照下列反应铁离子在二氧化钛晶格能担任重组中心,反应式为

$$Fe^{3+} + e^- \rightarrow Fe^{2+} \tag{1.123}$$

$$Fe^{2+} + O_2(abs) \rightarrow Fe^{3+} + O_2^- \tag{1.124}$$

$$Fe^{2+} + Ti^{4+} \rightarrow Fe^{3+} + Ti^{3+} \tag{1.125}$$

$$Fe^{3+} + h_{vb}^+ \rightarrow Fe^{4+} \tag{1.126}$$

但是,当铁离子掺杂浓度较大时,在二氧化钛的晶格中却对电子-空穴对起到重组作用,发生的是下式反应,即

$$Fe^{3+} + e^- \rightarrow Fe^{2+} \tag{1.127}$$

$$Fe^{2+} + h_{vb}^+ \rightarrow Fe^{3+} \tag{1.128}$$

$$Fe^{3+} + h_{vb}^+ \rightarrow Fe^{4+} \tag{1.129}$$

$$Fe^{4+} + e^- \rightarrow Fe^{3+} \tag{1.130}$$

从上述反应中可以看出,铁离子的存在,尤其是掺杂水平较低的情况下,会降低电子-空穴对的重组概率,并且提高了光催化活性;但当铁离子掺杂浓度较大时,铁离子却成为复合中心,反而降低了光催化效率。

改性中同时加入的是低于 Ti^{4+} 的3价铈离子 Ce^{3+},二者离子半径相差很多,因此容易进入晶格取代 Ti,使晶格结构发生畸变,有利于电子-空穴对的分离,浓度低的情况下导致 TiO_2 中的空穴增加,n 型响应降低,由于铈离子的两种价态在 TiO_2 中可以处于共存状态,所以适当加入量的改变可以有利于价态由 Ce^{3+} 向 Ce^{4+} 的转化,在 Ce^{4+} 的状态下被光照激发的电子-空穴对能有效地分离,可以使 TiO_2 半导体 n 型光响应形成 p 响应,与 TiO_2 内核接触形成 p-n 结,同时 f 轨道能与被降解底物产生配位作用,能够降低电子-空穴对的复合概率,从而提高光催化活性,如果掺杂量过多,会加强空间电荷的响应,反而会使光催化活性降低,进而导致效率下降。

$$Ce^{3+} + h_{vb}^+ \rightarrow Ce^{4+} \tag{1.131}$$

铁离子和铈离子共掺后,使得二氧化钛表面出现了大量的可以捕获电子中

心的氧缺位,提高了催化剂的光学活性。

⑦ SO_2 氧化反应机理。井立强等[20]根据实验结果和文献报道,可推测 ZnO 上 SO_2 光催化氧化反应的机理为:无 ZnO 存在时,发生均相光化学反应,$^3SO_2$ ($^1SO_2$ 为单线态 SO_2,SO_2 在紫外光照射下形成的 $^3SO_2$ 为三线态 SO_2)在其中起着关键的作用。

$$SO_2 + h\nu \rightarrow {}^1SO_2 (240 \sim 330nm)$$

$$SO_2 + h\nu \rightarrow {}^3SO_2 (340 \sim 400nm)$$

$$^1SO_2 + SO_2 \rightarrow {}^3SO_2 + SO_2$$

$$^3SO_2 + SO_2 \rightarrow SO_3 + SO$$

$$^3SO_2 + O_2 \rightarrow SO_3 + O$$

$$^3SO_2 + O \rightarrow SO_3$$

$$SO + O_2 \rightarrow SO_3$$

引入 ZnO 后,发生均相光化学反应和多相光催化反应,$^3SO_2$、$O*$(活性氧)和 $\cdot OH$ 在其中起着关键的作用。

光生电子-空穴及 $^3SO_2$ 的生成,即

$$ZnO + h\nu \rightarrow e^- + h^+$$

$$SO_2 + h\nu \rightarrow {}^1SO_2 + {}^3SO_2$$

反应物的吸附,即

$$O_2(g) \leftrightarrow O_2(ad)$$

$$SO_2(g) \leftrightarrow SO_2(ad)$$

活性物种的产生,即

$$O_2(ad) + e^- \rightarrow O_2^-(ad)$$

$$h^+ + O_2^-(ad) \rightarrow O*$$

$$h^+ + OH^- \rightarrow \cdot OH$$

$$h^+ + H_2O \rightarrow \cdot OH + H^+$$

中间产物及最终产物的生成,即

$$^3SO_2 + SO_2 \rightarrow SO_3 + SO$$

$$^3SO_2 + O_2 \rightarrow SO_3 + O$$

$$^3SO_2 + O \rightarrow SO_3$$
$$SO_2 + O^* \rightarrow SO_3$$
$$\cdot OH + SO_2 \rightarrow \cdot HSO_3$$

由此可见，光照是 SO_2 发生氧化反应的必要条件。在无水及无 ZnO 的条件下，$^3SO_2$ 是 SO_2 氧化反应的关键，它决定均相光化学反应的速度，氧化反应是零级。引入 ZnO 后，$^3SO_2$ 和 O^* 决定 SO_2 氧化反应的速度。由于吸附氧是光致电子的捕获剂，产生活性氧物种（O^*），致使 SO_2 氧化反应加快。当引入水蒸气后，由于它是空穴的捕获剂，可产生活性物种·OH（强氧化剂），从而进一步加快 SO_2 的氧化。O^* 和·OH 使 SO_2 浓度与时间的线性相关程度降低，反应的级数却由零级向一级过渡。这说明 O^* 和·OH 在氧化反应中的作用比 $^3SO_2$ 更大。由于产物 SO_3 吸附在 ZnO 催化剂的表面，从而导致 SO_2 氧化后期的反应速度减缓，故在整个氧化过程中表现为一级反应。

1.3 床层吸附动力学

吸附动力学分为颗粒吸附动力学和床层吸附动力学。颗粒吸附动力学研究吸附量随时间的变化关系，回答吸附剂的吸附速度等基础性问题。而床层吸附动力学考察相互移动的两相（其中之一为固相）之间组分的时空分布。凡借助于固体吸附剂实现的一切净化和回收过程，都是以床层吸附动力学原理为基础的，因此床层吸附动力学更侧重于实际应用。

活性炭装填层在气流中对有毒化学品、有机蒸气及其他气体的吸附是一个动态过程。动态吸附比静态平衡吸附在吸附性能的影响因素上要复杂。一方面，当需要装填层有较长的防护时间时，活性炭装填层必须有较大的动态吸附容量；另一方面，在实际应用上，气流中的蒸气物质只能与装填层有很短的接触时间，在很短的时间里要使蒸气物质被吸附，就需要活性炭有较高的吸附速率，而影响吸附速率的因素是很多的。

1.3.1 动态吸附的基本概念

1. 研究动态吸附的基本方法

在讨论有关动态吸附过程影响因素之前，首先应对如何进行动态吸附过程的研究有一般的了解。为了获得一定的实验条件和动态吸附的动态结果,通常利用图 1.25 所示的动力仪进行实验。

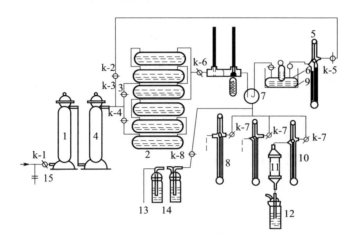

图 1.25　动力仪器示意图

1—过滤器;2—调湿器;3—干湿球温度计;4—干燥器;5,10—流量计;
6—舟形瓶;7—混合器;8—流量计;9—恒温水浴;11—动力管;
12—穿透指示剂;13—马利奥托瓶;14—取样瓶;15—放空夹具。

压缩空气进入动力仪前,先经过装有活性炭和棉花的过滤罐清除空气中的油污和灰尘,然后进入湿度调节器。压缩空气的流量可通过开关和质量流量计调节。湿度调节器由两组串联的玻璃管组成,一组的每根管装半管浓硫酸,另一组各装半管蒸馏水,空气的湿度通过两组的流量比控制。经调湿的清洁空气进入混合器。

另一路未经调湿的空气,通过装有变色硅胶的干燥塔和流量计进入装有液态有毒化学品的蒸气发生器(如舟形瓶),将有毒化学品带出,然后进入混合器与调湿的清洁空气混合,造成一定浓度的染毒空气流。可通过调节两路流量比和蒸气发生器的温度控制浓度。当实验用易气化的有毒化学品(氯化氰、氢氰酸)时,可用钢瓶将有毒化学品蒸气直接放出,经流量计和连接管路直接进入混合器与调湿的清洁空气混合。

具有一定浓度和湿度的染毒空气流经流量计计量后进入装有待检验的炭催化剂防毒时间测定管(动力管)。透过炭催化剂的气体进入装有指示剂的指示瓶中,或取样分析透过浓度。

用动力仪可以进行下列动态吸附过程的研究。

1) 测定炭装填层的防毒时间

从有毒化学品蒸气通过炭装填层开始,到层后出现对人员最低伤害剂量为止(实验采用累积浓度指示法),这段时间称为炭装填层的防毒时间或称防毒有效期、动活性,以 t_b 或 $\theta(\min)$ 表示。

2) 测定不同厚度炭装填层的防毒时间

即研究防毒时间随炭装填层厚度的变化关系。图1.26就是在一定实验条件下,炭催化剂对氯化氰和氢氰酸的 $t_b - L$ 关系曲线,又称 $L - \theta$ 曲线。

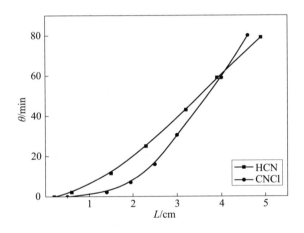

图1.26 炭催化剂对有毒化学品的 $t_b - L$ 关系曲线

实验证明,$t_b - L$ 关系曲线在起始部分总是弯曲的,只有在一定的炭层厚度以后,防毒时间才开始随厚度呈直线上升。而且随有毒化学品可吸附性能和炭的吸附性能不同,曲线的弯曲程度和直线部分的斜率也不同。但是无论曲线的弯曲程度如何,$t_b - L$ 关系曲线的直线部分向 L 轴的延长线总能在 L 轴上截取一定的数值,研究该值大小的影响因素,对于滤毒罐炭装填层的设计有着非常重要的意义。该值的大小随气流的流动状态、炭的本性、吸附剂颗粒大小、装填层结构参数、有毒化学品的毒性、有毒化学品的可吸附性及湿度等而异。在设计薄炭层的轻便面具时,该值的大小对防毒时间有决定性影响。

3) 研究炭装填层后有毒化学品浓度随时间变化的规律（即用穿透曲线研究动态吸附过程）

利用穿透曲线可以判定炭装填层被有毒化学品蒸气穿透后的危险性、吸着剂对某种有毒化学品的吸附速度和吸着剂的利用率等。图 1.27 表示几种不同吸着过程的穿透曲线。

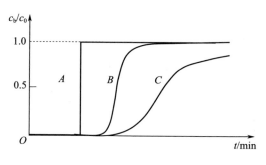

图 1.27 穿透曲线

可以对以上 3 种不同形式的穿透曲线进行定性的描述。曲线 A 表明，由于吸附速度无限大，进入装填层的蒸气在极短的时间内被完全吸附，在一定的时间内穿透浓度为零，而一旦穿透，则穿透浓度 c_b 在瞬间达到 c_0，即一旦穿透，穿透浓度 c_b 将在瞬时达到初始浓度 c_0，这种情况实际是没有的。多数情况下穿透曲线以曲线 B 的形式出现，即开始穿透时的浓度很低，经过一段时间后，穿透浓度才达到初始浓度。这说明在动态吸附情况下，当穿透浓度达到人员最低伤害值（此时炭装填层从防护意义上说已经失效）时，吸着剂并未被充分利用，它仍有一定的吸着能力，只是这对防护来讲没有实际意义了。最后，曲线 C 代表的常常是化学吸着和催化吸着情况下的穿透曲线。曲线上升极为缓慢，在相当长的时间内，吸着剂达不到饱和值。由此可见，化学吸着和催化吸着在炭层达到穿透浓度时，吸着剂的利用率是比较低的。有毒化学品蒸气穿透炭层后的剩余吸着容量为

$$M = q_v \int_{t_b}^{t_s} c(t) \mathrm{d}t \qquad (1.132)$$

式中：q_v 为流量（L/min）；t_b 为炭层的防毒时间（min）；t_s 为达到 $c_b = c_0$ 的时间（min）。

利用穿透曲线法研究动态吸着过程比用 $t_b - L$ 曲线方法有其优点：$t_b - L$ 曲线法需要做多种厚度的实验才能完成一条曲线，费时较多，而且各次装填的差

异也会影响实验的准确性。用穿透曲线 c–t 法,只要做一种厚度的穿透曲线就可完成同样的任务,而且实验条件容易控制,所以是一种快速、准确的方法。

4)利用动力仪还可以研究实验条件变化对动态吸着过程的影响

如研究有毒化学品浓度、气体流量、空气温度、湿度、吸着剂颗粒度等因素对防毒时间及穿透浓度增长的影响。

2. 关于工作层和动态吸附容量的概念

如果把经动态吸附实验后的吸着剂取一系列的 ΔL 厚度的单元层,定量分析各单元层中有毒化学品分布情况,就会发现有毒化学品的吸着量在各层中是不均匀的,各单元层的吸着量是时间 t 和厚度 L 的函数。对某一层来说,吸着量是时间 t 的函数,即随通入染毒空气时间的增加,炭层的吸着量也增加;如通毒时间不变,则吸着量是层厚 L 的函数。实验分析结果显示,吸着量沿炭装填层的分布如图 1.28 所示。

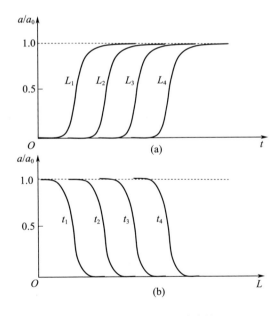

图 1.28 吸着量沿炭层分布情况

图 1.28(a)说明,在某一厚度上(如 L_1),吸着量随通毒时间的增加而增加,并逐渐达到饱和。图 1.28(b)在一定的通毒时间内,靠近染毒空气进口处的炭层首先吸附饱和,而其后的各层吸附量逐渐减少至 0。在炭层内有毒化学品浓

度分布如图 1.29 所示。

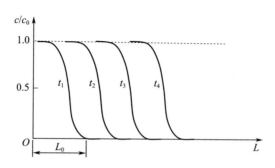

图 1.29 有毒化学品浓度在炭层内的分布

当通毒时间为 t_1 时,靠近有毒化学品蒸气进口处的炭层首先吸附饱和,其炭颗粒之间的浓度达到 c_0。随着炭层厚度的增加,颗粒间的浓度逐渐降低,直至为 0。通毒时间延长到 t_2 时,饱和吸附层向后推移,因而颗粒间浓度为 c_0 的炭层也向后推移。将有毒化学品浓度由 c_0 降至 0 或炭层吸附量由饱和降至 0 的这一段床层称为工作层,以 L_0 表示。工作层厚度取决于吸附速度大小。如果吸附速度大,则工作层就薄;反之,工作层就厚。在整个吸附过程中,随着通毒时间的延长,工作层不断沿气流方向移动,炭被不断饱和直至炭层后出现最低伤害浓度为止,此时炭层失效。这时单位体积吸着剂的平均吸着量称为动态饱和吸附容量。当有毒化学品穿透以后,因整个炭层并未完全饱和,它仍能对有毒化学品蒸气进行吸附。如果继续通入有毒化学品蒸气,层后的蒸气浓度将逐渐上升直到与初始浓度相同,此时,单位体积吸着剂的吸附量称动态饱和吸附容量。动态饱和吸附容量比同样条件下(浓度和温度)的静态平衡吸附量要小。因为在炭层后面达到穿透浓度的瞬间,炭层最后面的一部分活性炭还没来得及达到吸附平衡。实验表明,在通常的气流速度下,动态饱和吸附容量约为静态平衡吸附量的 85% ~95%。

3. 动态吸着过程中的气流速度

气流速度对动态吸着过程有很大影响,所以对气流速度的概念应当明确。关于气流速度有以下几种表示方法。

(1) 流量。单位时间内流经炭层的气体体积称为流量,以 q_v(L/min) 表示。q_v 也称为体积流速。

(2)比速。流量的概念还不能准确表示动态吸着的气流流动特点。因为在不同炭层横断面积下,相同流量的气流在炭层内流动状况不同。为此必须给出比速的概念,即单位时间流过单位横断面积吸着剂层的流量称为比速,以 $v(\text{L}/(\text{cm}^2 \cdot \text{min}))$ 表示。比速和流量的关系为

$$v = \frac{q_v}{S} \quad (1.133)$$

式中:S 为吸着剂层的横断面积(cm^2)。

比速 v 具有线速度的量纲,但是不能认为空气就是以此速度通过吸着剂颗粒间空隙的。因为,颗粒间空隙的断面积远远小于吸着剂层的断面积。

(3)空间速度。进入炭层的气体流量与炭层体积之比称为空间速度,以 $W(\text{cm}^3/(\text{cm}^3 \cdot \text{min}))$ 表示。在空间速度相等的情况下,进入气体与吸着剂接触时间相等。

综上所述可以看出,动态吸着过程比静态吸着要复杂得多,这种特点主要是吸着速度的有限性决定的,而影响吸着速度的因素又是多种多样的,在防毒面具的研究和使用中应充分注意这些影响因素,提高其防毒性能。如炭层的防毒时间与流量、有毒化学品浓度、吸着剂的结构特性、吸着剂的颗粒大小、空气温湿度等的关系都是研究动态吸着过程时所要注意的。与静态吸着的另一个差别是,当炭层被有毒化学品蒸气穿透时,吸着剂并未被蒸气所饱和,所以动态调节下吸着剂的利用率比静态低。如何提高动态条件下吸着剂的利用率是我们研究的主要课题之一。通过吸附动力学的介绍将有助于对这个问题的了解。

1.3.2 $t_b - L$ 曲线方程

$t_b - L$ 曲线方程是表示炭装填层厚度与装填层防毒时间 t_b 的经验式,是由苏联学者希洛夫和麦克林伯格提出[2]。尽管 $t_b - L$ 方程在推导过程中对吸附动力学的描述极其简单,但用于说明炭装填层的防毒过程却是很实用的,而且成为目前吸附器装填层设计的主要依据。

1. 吸附速度无限大时的 $t_b - L$ 曲线方程

当一定流量和浓度的蒸气-空气混合气流通过活性炭装填层时,蒸气浓度在吸附剂层中沿气流方向逐渐降低,直到距装填层进口某一距离上浓度降为零

为止。随着气流的不断通入,靠近进口处的吸附剂逐渐达到吸附饱和,从饱和层透出的蒸气进入下一层,蒸气浓度与初始浓度 c_0 相同,如图 1.30 中 L_S 段所示。从饱和层透出的蒸气依靠后面的炭层来吸附。前面已经提到,将蒸气浓度由起始浓度 c_0 降至为零的一段吸附剂层称为工作层(图 1.30 中的 L_0)。随着吸附剂层的逐渐饱和,工作层不断后移,当工作层移到最末端时,便有蒸气透过装填层。当穿透装填的蒸气浓度达到对人员最低伤害浓度值时,该装填层失效。

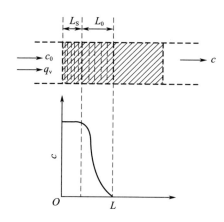

图 1.30 蒸气浓度沿装填层厚度的分布

c_0—进口浓度;c—出口浓度;q_v—混合气体流量;L_S—饱和层厚度;L_0—工作层厚度。

现在设一个装填层如图 1.30 所示,进入炭层的蒸气浓度为 c_0(mg/L),气流流量为 q_v(L/min),在防毒时间 t_b 的一段时间内,进入装填层的蒸气量为

$$m_1 = c_0 q_v t_b \tag{1.134}$$

若蒸气浓度为 c 时,吸附剂对该蒸气的饱和吸附量为 a_0(mg/cm³),炭层厚度为 L(cm),截面积为 S(cm²),并假设进入炭层的蒸气瞬间即被吸着(吸着速度无限大),在 t_b 防毒时间内炭层中的吸附剂全部被饱和,在此情况下炭装填层吸着有毒化学品的总量是

$$m_2 = a_0 S L \tag{1.135}$$

根据物料平衡,$m_1 = m_2$,所以

$$t_b = \frac{a_0 S}{c_0 q_v} L \tag{1.136}$$

因为

$$\frac{q_v}{S} = v$$

则式(1.136)变为

$$t_b = \frac{a_0}{c_0 v} \cdot L \tag{1.137}$$

令

$$K = \frac{a_0}{c_0 v} \tag{1.138}$$

式(1.137)变为

$$t_b = KL \tag{1.139}$$

式中：K 为防毒系数，表示单位装填厚度的防毒时间。K 的量纲与速度量纲成倒数关系，故可表示为

$$\frac{1}{K} = \frac{L}{t_b} = u \tag{1.140}$$

参数 u 的物理意义是吸附波正面或工作层在装填层中的移动速度。式(1.140)也可写为

$$u = c_0 \frac{v}{a_0} \quad \text{或} \quad \frac{u}{v} = \frac{c_0}{a_0} \tag{1.141}$$

式(1.141)表明，工作层的移动速度与进入装填层的蒸气量成正比，与动态饱和容量成反比，或者说，进口蒸气浓度 c_0 是动态饱和吸附容量 a_0 的多少分之一，工作层的移动速度就是流速的多少分之一。如某活性炭装填层对苯蒸气动态吸附时，$c_0 = 18\text{mg/L}$，$v = 0.25\text{L}/(\text{cm}^2 \cdot \text{min})$，气流相对湿度 $\Phi = 50\%\text{ RH}$，在该条件下动力管实验测定炭的动态饱和吸附容量 $a_0 = 136.8\text{mg/cm}^3$。工作层在该炭层中的移动速度为

$$u = c_0 \frac{v}{a_0} = \frac{18 \times 0.25}{136.8} = 0.033 \, (\text{cm/min})$$

如果吸附速度为无限大，对于 $L = 4\text{cm}$ 的炭层，其防毒时间为

$$t_b = \frac{L}{u} = \frac{4.0}{0.033} = 121 \, (\text{min})$$

而实测时间为 $t_b = 118\text{min}$。时间的差异是因为实际吸附速度是有限的。

2. 有限吸附速度时的 $t_b - L$ 曲线方程

前面介绍的无限大吸附速度的动态吸附,在实际中很难遇到。因为就物理吸附本身,其速度可以是无限大,但由于在吸附之前被吸附分子必须通过外扩散、粒内扩散才能到达多孔吸附剂的孔隙表面,这样最终吸附速度将取决于传质过程中最慢的一步,故吸附总是以有限速度进行。

在有限吸附速度下,当穿透装填层的蒸气浓度达到 c_b 时,装填层中的吸附剂不能达到全部吸附饱和,而是沿装填层厚度有不同的吸附量分布,如图 1.31 所示。

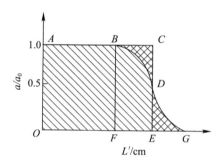

图 1.31 吸附量在装填层中的分布

靠近进口部位的 OF 段在防毒时间 t_b 内已完全吸附饱和,在大于 OF 段的层中吸附量沿气流方向逐渐减少。假定在装填层的末端有一厚度为 EG 的炭层,其中所吸附的蒸气量恰好等于 FE 段达到饱和吸附的差值,如果将 EG 段炭层所吸附的蒸气完全取出,补给 FE 段,则整个 OE 段炭层就完全吸附饱和,而 EG 段炭层则完全没有吸附。这样,在防毒时间 t_b 内,装填层所吸附的有毒化学品量为

$$m_2 = a_0 S(L - EG) \tag{1.142}$$

在 t_b 时间内进入装填层的蒸气量为

$$m_1 = c_0 q_v t_b \tag{1.143}$$

因 $m_1 = m_2$,所以

$$t_b = \frac{a_0}{c_0 v}(L - h) \tag{1.144}$$

式中:$h = EG$;$v = q_v/S$。

式(1.144)为有限吸附速度时的t_b-L曲线方程。从上述分析可看出,有限吸附速度时的t_b-L曲线方程是用两种极端的情况处理的,即整个装填层中,一段炭层的吸附速度假定为无限大,而另一段炭层吸附速度为零,两种情况的组合表示有限吸附速度。吸附速度为零的一段炭层完全没有吸附,似乎是无效的,因此该段厚度称为"无效厚度"或称为"死层厚度"。无效厚度是为处理问题方便而虚构的概念,实际炭层中并不存在这种界限清晰的死层。

由于$a_0/c_0 v = K$,所以式(1.144)变为

$$t_b = K(L - h) \tag{1.145}$$

或

$$t_b = KL - \tau \tag{1.146}$$

$$t = Kh \tag{1.147}$$

式中:τ为因吸附速度有限性引起无效厚度而损失的防毒时间(min)。

从式(1.144)可看出,在实验条件c_0、v、T等一定时,装填层防毒时间主要取决于L、h和a_0。

t_b-L曲线方程中的几个动力学参数可用实验求得。方法是:在相同实验条件下,分别测定不同炭层厚度时的防毒时间,以t_b-L作图,如图1.32所示。

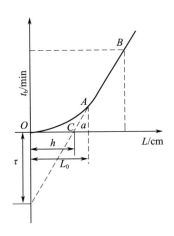

图1.32 t_b-L曲线

h—无效厚度;τ—损失防毒时间;L_0—工作层厚度;OA—曲线部分;AB—线性部分。

通常所见到的t_b-L曲线,在薄炭层段是弯曲的,只有当$L \geqslant L_0$后才呈线性变

化,此时为稳态吸附,吸附波正面在吸附过程中平行移动。在特殊情况下,如炭是干燥的,吸附易吸附的蒸气(如苯、沙林等)时,$t_b - L$ 曲线则可以是完全的直线。

不管 $t_b - L$ 曲线是否出现弯曲,在近似的情况下,直线部分的延长线总能在 L 轴上截取一定的厚度值,该值即为装填层的无效厚度 h,直线在 t_b 轴上截取的值为损失防毒时间 τ。直线的斜率为

$$K = \frac{t_b}{L - h} \quad (1.148)$$

由斜率 K 求得炭的动态饱和吸附量 a_0,即

$$a_0 = Kc_0 v \quad (1.149)$$

$t_b - L$ 曲线弯曲部分在 L 轴上的投影为工作层厚度 L_0。$t_b - L$ 曲线中弯曲部分的曲率与吸附性能有关。一般微孔发达的炭对易吸附蒸气吸附时曲率半径较小,因此其无效厚度和工作层厚度较薄;对难吸附性蒸气的物理吸附或化学、催化吸附情况则相反。

$t_b - L$ 曲线方程是在物理吸附基础上建立的,但实验证明,该方程也适用于化学或催化吸着。

3. $t_b - L$ 曲线方程的动力学示性数

由前述可知,在用 $t_b - L$ 曲线方程计算防毒时间与装填层厚度的关系时,须通过实验确定方程中的有关参数,而有些参数值依实验条件改变而改变,所以方程只能计算相同条件下的防毒时间随装填层厚度的变化。这在方程的应用上就受到了限制。

经实验发现,式(1.145)、式(1.146)中的 K、τ、h、L_0 可用经验式表示,即

$$K = \frac{B_1}{v} \quad (1.150)$$

$$\tau = B_2 \frac{d}{v^{\frac{1}{2}}} \quad (1.151)$$

$$h = Hdv^{\frac{1}{2}} \left(H = \frac{B_2}{B_1} \right) \quad (1.152)$$

$$L_0 = B_3 dv^{\frac{1}{2}} \quad (1.153)$$

式中:d 为活性炭颗粒直径(mm);B_1、B_2、B_3、H 为动力学示性数。

第 1 章 有毒化学品蒸气吸附与催化原理

对于一定的活性炭 – 蒸气体系,在进口蒸气浓度不变时,动力学示性数不随气流比速和颗粒直径而改变,均为常数。通过实验数据可以看出动力学示性数的这种性质。

在 c_0 不变的情况下动力学示性数 B_1、B_2、B_3、H 及动态饱和吸附容量 a_0 为不随比速变化的常数。不同浓度时的 K、h 不为常数,在气流比速 v 一定时的 $B_1 = Kv$ 也不是常数。因为工作层厚度 L_0 随浓度变化规律与 h 相同,不是常数,故 $B_3 = L_0/dv^{0.5}$ 也不是常数。

计算表明,不同浓度下装填层动态饱和吸附量 a_0 在一定浓度范围内随浓度的增加呈线性增加,如图 1.33 所示。

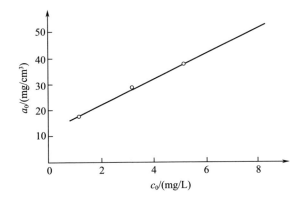

图 1.33 动态饱和吸附量随浓度变化曲线

综上所述,可以把动力学示性数代入式(1.144)或式(1.146),于是得到

$$t_b = \frac{B_1}{v}(L - Hdv^{\frac{1}{2}}) \tag{1.154}$$

或

$$t_b = \frac{B_1}{v}(L - B_2 dv^{-\frac{1}{2}}) \tag{1.155}$$

根据式(1.154)和式(1.155),可以计算在已知动力学示性数情况下,改变气流比速和吸着剂颗粒大小时装填层的防毒时间。

需要说明,以上计算是在动力管小样实验基础上进行的,其结果与面具滤毒罐的实际防毒时间、阻力会有差异。因为防毒时间、阻力还与罐子的结构因素有关。尽管如此,这种评比对方案选择还是有帮助的。

4. 含炭织物装填层的 $t_b - N$ 曲线方程

$t_b - L$ 曲线方程是描述粒状活性炭装填层动态吸着过程的经验式。近年来发展起来的非粒状活性炭复合材料,如活性炭纤维织物、活性炭浸渍布、喷涂炭布等材料在防毒和环境治理中得到广泛应用。实验表明,这种材料装填层的动态吸着过程也可用类似 $t_b - L$ 的曲线方程描述,即

$$t_b = \frac{a_0}{c_0 v}(N - n) \tag{1.156}$$

式中:a_0 为单层织物的动态饱和吸附容量(mg/cm^2);N 为织物的层数;n 为无效织物层数。

1.3.3 穿透曲线模型

吸附质蒸气在床层内的时空分布难以用实验测量,通常研究在床层末端的穿透浓度 c 随时间 t 的变化关系,即穿透曲线。它与蒸气浓度在床层中的空间分布存在某种程度的镜像对称关系,因此穿透曲线对研究床层吸附动力学有着非常重要的意义。

由于化学武器在第一次世界大战中的大规模使用,利用床层吸附技术防毒被广泛使用。期间,大批科学家深入研究了穿透曲线,得到许多穿透曲线模型。归纳起来可分为两大类:一类是化工模型;另一类是反应动力学模型[22]。

化工模型把吸附床层看作一个反应器,基于物料衡算和能量衡算,来描述吸附动力学。物料平衡方程是化工模型的基本方程[23]。

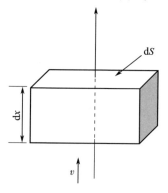

图 1.34 微元分析示意图

如图 1-34 所示,通常假设:

① 仅吸附气体中的一种组分。

② 流动相不可压缩,其中吸附质浓度如此之小,以至可以忽略气流密度因吸附质浓度的变化而带来的变化。

③ 吸附过程的非等温性不改变气流密度。

④ 气流以平稳流速(v)沿一个方向流动(x方向)。

在 dt 时间内,通过微元面积 dS 的质量变化:

$$进入 = vc \cdot \mathrm{d}S \cdot \mathrm{d}t$$

$$出去 = v\left(c + \frac{\partial c}{\partial x} \cdot \mathrm{d}x\right) \cdot \mathrm{d}S \cdot \mathrm{d}t$$

$$变化 = -v \frac{\partial c}{\partial x} \cdot \mathrm{d}x \cdot \mathrm{d}S \cdot \mathrm{d}t$$

该变化 = 吸附剂内的变化 + 气流中的浓度变化

$$= \frac{\partial a}{\partial t} \cdot \mathrm{d}t \cdot \mathrm{d}x \cdot \mathrm{d}S + \frac{\partial c}{\partial t} \cdot \mathrm{d}t \cdot \mathrm{d}x \cdot \mathrm{d}S$$

微元体积总的物料平衡为

$$-v \frac{\partial c}{\partial x} \cdot \mathrm{d}x \cdot \mathrm{d}S \cdot \mathrm{d}t = \frac{\partial a}{\partial t} \cdot \mathrm{d}t \cdot \mathrm{d}x \cdot \mathrm{d}S + \frac{\partial c}{\partial t} \cdot \mathrm{d}t \cdot \mathrm{d}x \cdot \mathrm{d}S \quad (1.157)$$

$$\frac{\partial a}{\partial t} + \frac{\partial c}{\partial t} + v \frac{\partial c}{\partial x} = 0 \quad (1.158)$$

考虑纵向扩散引起的浓度变化,即

$$\frac{\partial a}{\partial t} + \frac{\partial c}{\partial t} + v \frac{\partial c}{\partial x} = D^* \frac{\partial^2 c}{\partial x^2} \quad (1.159)$$

式中:D^* 为纵向扩散系数。纵向扩散是在柱塞流基础上的叠加项,表示柱塞流被破坏的程度。

式(1.159)即为物料平衡方程,解此方程需要联立颗粒吸附动力学方程(a 与 t 的关系)和吸附等温线方程(a 与 c 的关系)。非等温情况还要考虑热平衡方程和热传递方程。只有在非常理想的情况下,才能得到方程式(1.159)的解析解,比如扩散系数为 $D^*=0$ 或为常数,吸附等温线为 Henry 线性模型等。即便如此,得到的解析解还通常是非常复杂而难以应用的。因此,一般情况下基于化工模型研究吸附动力学通常采用数值解。

反应模型将吸附看作化学反应,并据此研究床层吸附动力学。首先由 Bohart 和 Adams[24] 在 1920 年提出,后经 Wheeler、Jonas[25-29] 大量应用并发展。目前防毒领域主要基于这类模型,研究防毒时间与一些变数(如吸着剂层的厚度、气流比速、吸着剂颗粒大小及蒸气浓度等)之间的关系。下面重点讨论反应模型。

1. Bohart–Adams 模型

Bohart 和 Adams 研究了 Cl_2 在活性炭层中的吸附,并提出了 7 种不同的吸附穿透曲线。针对对称的 S 型吸附穿透曲线,得到了床层中气相和吸附相中吸附质分子的时空分布。

Bohart 和 Adams 将吸附看作吸附剂的活性空位和吸附质分子的二级反应。定义 c 为床层中 x 位置处的吸附质浓度,n 为 t 时刻剩余的吸附空位数,v 为气流速度。那么吸附速度可表示为 kcn。

考虑一段吸附剂床层,剩余的吸附空位数(n)的变化速度可表达为

$$\frac{\partial n}{\partial t} = -kcn \tag{1.160}$$

式中:c 和 n 分别为 x 处的吸附质浓度和剩余的吸附空位数。由于新鲜吸附质气流的不断补充,c 随着时间的延长会越来越大;由于吸附的进行,n 随着时间的延长会越来越小。

考虑一段吸附质气流,那么吸附质浓度的变化速度可表达为

$$\frac{\partial c}{\partial x} = -\frac{k}{v}cn \tag{1.161}$$

式中:c 和 n 分别为该段气流中的吸附质浓度和气流经过的位置处的吸附剂剩余空位数。由于吸附质不断被吸附,c 随着时间的延长会越来越小;而气流流向新鲜的吸附剂床层,n 随着时间的延长会越来越大。

定义吸附质的初始浓度为 c_0,初始的吸附空位数为 n_0,并作以下无量纲化处理,$n' = n/n_0$,$c' = c/c_0$,$x' = kn_0 x/v$,$t' = kc_0 t$。

式(1.160)和式(1.161)可变为

$$\frac{\partial n'}{\partial t'} = -c'n' \tag{1.162}$$

$$\frac{\partial n'}{\partial x'} = -c'x' \tag{1.163}$$

那么有

$$\frac{\partial \ln n'}{\partial t'} = -c' \tag{1.164}$$

$$\frac{\partial \ln c'}{\partial x'} = -x' \tag{1.165}$$

当 $t'=0$ 时,$a'=1$,积分式(1.164)有

$$n' = \exp(-t') \tag{1.166}$$

当 $x'=0$ 时,$c'=1$,积分式(1.165)有

$$c' = \exp(-x') \tag{1.167}$$

对式(1.164)和式(1.165)分别取导数,有

$$\frac{\partial^2 \ln n'}{\partial t' \partial x'} = -\frac{\partial c'}{\partial x'} = -c'n' \tag{1.168}$$

$$\frac{\partial^2 \ln c'}{\partial x' \partial t'} = -\frac{\partial n'}{\partial x'} = -c'n' \tag{1.169}$$

比较式(1.168)和式(1.169)可得

$$\frac{\partial^2 \ln \frac{c'}{n'}}{\partial x' \partial t'} = 0 \tag{1.170}$$

必然有

$$\ln \frac{c'}{n'} = f(x') + f(t') \tag{1.171}$$

考虑到初始和边界条件式(1.166)、式(1.167),必然有

$$\ln \frac{c'}{n'} = t' - x' \tag{1.172}$$

$$\frac{c'}{n'} = \exp(t' - x') \tag{1.173}$$

式(1.162)和式(1.163)可变形为

$$-\frac{\frac{\partial n'}{n'^2}}{\partial t'} = \frac{c'}{n'} = \exp(t' - x') \tag{1.174}$$

$$-\frac{\frac{\partial c'}{\partial x'}}{c'^2} = \frac{n'}{c'} = \exp(x' - t') \tag{1.175}$$

积分可得

$$\frac{1}{n'} = \exp(t' - x') + f(x') \tag{1.176}$$

$$\frac{1}{c'} = \exp(x' - t') + f(t') \tag{1.177}$$

考虑边界条件式(1.166)、式(1.167),可得

$$\frac{1}{n'} = \exp(t' - x') - \exp(-x') + 1 \tag{1.178}$$

$$\frac{1}{n'} = \exp(x' - t') - \exp(-t') + 1 \tag{1.179}$$

即

$$c' = \frac{e^{t'}}{e^{x'} - 1 + e^{t'}} \tag{1.180}$$

$$n' = \frac{e^{x'}}{e^{x'} - 1 + e^{t'}} \tag{1.181}$$

一般情况下,上面两式中分母的中间项是可以忽略不计的,那么式(1.180)和式(1.181)可变为

$$c' = \frac{1}{e^{x'-t'} + 1} \tag{1.182}$$

$$n' = 1 - c' \tag{1.183}$$

被占有的吸附空位数 $n_0 - n$ 与吸附量 a 是成对应关系的。因此,有

$$1 - n' = \frac{n_0 - n}{n_0} = \frac{a}{a_0} = a' = c' \tag{1.184}$$

可见,吸附量 a 与吸附质浓度 c 是呈线性关系的。将变换关系 $x' = ka_0 x/v$、$t' = kc_0 t$ 代入式(1.182),有

$$\frac{c}{c_0} = \frac{a}{a_0} = \frac{1}{1 + \exp\left(\frac{ka_0 x}{v} - kc_0 t\right)} \tag{1.185}$$

$$\frac{c}{c_0} = \frac{1}{1 + \exp\left(\frac{ka_0 L}{v} - kc_0 t\right)} \tag{1.186}$$

第1章 有毒化学品蒸气吸附与催化原理

最初针对中毒的催化剂床层导出,该方程假设:速率控制的脱除过程是一级的和不可逆的。根据进入装填层的蒸气量与被吸附蒸气量和穿透的蒸气量之间的质量守恒,所导出的低浓度渗出曲线方程,也称惠勒(Wheeler)方程表示为

$$t_b = \frac{a_0}{c_0 v}\left[L - \frac{v \times 10^3}{k_v}\ln\left(\frac{c_0}{c_b}\right)\right] \tag{1.187}$$

式中:a_0 为动态饱和吸附量(mg/cm³);v 为气流比速(L/(cm²·min));k_v 为假一级吸附速率常数(1/min);c_0、c_b 为进口与出口浓度(mg/L)。

比较式(1.186)和(1.187)不难发现,Wheeler 方程其实是 Bohart - Adams 模型在低浓度穿透阶段的省略形式,因为在这一阶段,$\ln(c_0/c_b - 1) \approx \ln(c_0/c_b)$。且有 $k_v = ka_0$。

低浓度穿透曲线方程有两种线性化关系:一是保持 c_0/c_b 不变时,防毒时间 t_b 与炭层厚度 L 的线性关系,以 $t_b - L$ 作图为一直线。直线的斜率 K 为

$$K = \frac{a_0}{c_0 v} \tag{1.188}$$

在已知 c_0、v 时,根据 K 值可计算出动态饱和吸附量 a_0。直线在 t_b 轴上的截距为

$$E = \frac{10^3 a_0}{c_0 k_v}\ln\left(\frac{c_0}{c_b}\right) \tag{1.189}$$

利用截距值和已经求得的 a_0 可计算出假一级吸附率常数 k_v。

低浓度穿透曲线方程与前面介绍的 $t_b - L$ 方程形式相同,但在以瞬时穿透浓度表示 c_b 时低浓度穿透曲线方程的 $t_b - L$ 曲线在薄炭层范围内不出现弯曲,在整个层厚范围内为直线。

低浓度穿透曲线方程的另一种线性关系是防毒时间 t_b 与穿透浓度 c_b 的关系式。固定炭层厚度,测定不同时间的穿透浓度 c_b,以 $t_b \sim \ln(c_0/c_b)$ 作图得一直线。直线斜率 K 为

$$K = \frac{10^3 a_0}{c_0 k_v} \tag{1.190}$$

直线在 t_b 轴上的截距为

$$E = \frac{a_0 L}{c_0 v} \tag{1.191}$$

根据直线的截距和斜率可求出 a_0 和 k_v。

当炭装填层厚度等于某一值时,使透过该层的蒸气浓度在瞬间达到 c_b(对人员最低伤害浓度),此时该厚度炭层的防毒时间为零,于是有

$$\frac{a_0}{c_0 v}\left[L - \frac{v \times 10^3}{k_v}\ln\left(\frac{c_0}{c_b}\right)\right] = 0 \quad (1.192)$$

因为 $a_0/c_0 v \neq 0$,所以有

$$L - \frac{v \times 10^3}{k_v}\ln\left(\frac{c_0}{c_b}\right) = 0 \quad (1.193)$$

$$L = \frac{v \times 10^3}{k_v}\ln\left(\frac{c_0}{c_b}\right) = L_c \quad (1.194)$$

L_c 称为临界层厚度,与无效厚度有相同的物理意义。在 c_0、c_b 一定时,临界层厚度与流比速成正比,与吸附速度常数成反比。

2. 动力学参数一致性的讨论

1) 两种线性关系所得到的动力学参数的一致性

通过实验说明低浓度穿透曲线方程的两种线性化关系所求得的动力学参数是否有一致性。以某型活性炭装基层对苯蒸气的动态吸附为例,测定不同炭层厚度的防毒时间,以 $t_b - L$ 作图,如图 1.35 所示。

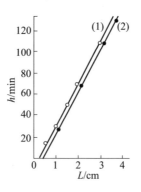

图 1.35 某型活性炭对苯蒸气的 $t_b - L$ 曲线

实验条件:$c_0 = 6\text{mg/L}$;$v = 0.5\text{L}/(\text{cm}^2 \cdot \text{min})$;$T = 20\text{℃}$

(1) $c_b/c_0 = 10^{-3}$;(2) $c_b/c_0 = 10^{-5}$。

由图 1.35 可看出,实验数据用式(1.185)处理有良好的线性关系,说明穿

透曲线方程与实验是符合的。直线(1)的斜率为

$$K = \frac{a_0}{c_0}v = 36.8$$

所以

$$a_0 = Kc_0v = 36.8 \times 6 \times 0.5 = 110.4 \text{mg/cm}^3$$

直线(1)在 L 轴上的截距为

$$E = L_c = h = 0.25 \text{cm}$$

按式(1.187),得

$$E = \frac{v \times 10^3}{k_v}\ln\left(\frac{c_0}{c_b}\right) = 0.25 \text{(cm)}$$

所以

$$k_v = \frac{v \times 10^3}{E}\ln\left(\frac{c_0}{c_b}\right) = \frac{0.5 \times 10^3}{0.25} \times 6.91 = 13.8 \times 10^3 \text{ (min}^{-1})$$

在上述实验条件下,作某型活性炭装填层对苯蒸气的穿透曲线,炭层厚度 $L=1.0\text{cm}$,以 $t_b \sim \ln(c_b/c_0)$ 作图,如图 1.36 所示。$L=1.0\text{cm}$ 的 $t_b \sim \ln(c_b/c_0)$ 曲线的直线部分在 t_b 轴上的截距为 $E=36.0$。

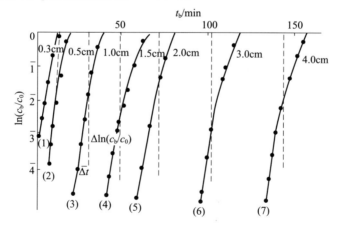

图 1.36 不同炭层厚度对苯蒸气穿透曲线的 $t_b \sim \ln(c_b/c_0)$ 图

实验条件:$c_0=6\text{mg/L}$;$v=0.5\text{L/(cm}^2 \cdot \text{min)}$;$T=20℃$

(1) $L=0.3\text{cm}$;(2) $L=0.5\text{cm}$;(3) $L=1.0\text{cm}$;(4) $L=1.5\text{cm}$;
(5) $L=2.0\text{cm}$;(6) $L=3.0\text{cm}$;(7) $L=4.0\text{cm}$。

按式(1.185), $E = a_0 L/c_0 v = 36.0$

所以
$$a_0 = 36.0 c_0 v/L = 36.0 \times 6.0 \times 0.5/1.0 = 108 (\text{mg/cm}^3)$$

直线的斜率为: $K = 1.43$

按式(1.188), $K = 10^3 a_0/c_0 k_v = 1.43$

所以
$$k_v = \frac{108 \times 10^3}{6.0 \times 1.43} = 12.59 \times 10^3 (\text{min}^{-1})$$

按式(1.194)计算 $c_b/c_0 = 10^{-3}$ 时临界层厚度为
$$L_c = \frac{v \times 10^3}{k_v} \ln\left(\frac{c_0}{c_b}\right) = \frac{0.5 \times 10^3}{12.56 \times 10^3} \times 6.91 = 0.275 (\text{cm})$$

实验结果表明,低浓度穿透曲线方程的两种线性关系解析求得的动力学参数有较好的一致性。

2) 不同厚度炭层穿透曲线动力学参数的一致性

用苯蒸气分别测定7个不同厚度的某型活性炭的穿透曲线,按式(1.185)作 $t_b \sim \ln(c_b/c_0)$ 图,如图1.36所示。解析求得不同炭层厚度穿透曲线的动力学参数列于表1.10中。

表1.10 不同炭层厚度穿透曲线的动力学参数比较

L/cm	k_v/min^{-1}	$a_0/(\text{mg/cm}^3)$	L_c/cm
0.3	12560	110.0	0.27
0.5	12420	108.0	0.28
1.0	12560	108.0	0.27
1.5	13570	118.0	0.27
2.0	13690	119.0	0.25
3.0	12880	112.0	0.25
4.0	12880	112.0	0.27
平均值	12950	112.4	0.27

表1.10中的数据说明,以不同炭层厚度测得的穿透曲线处理得到的吸附动力学参数为常数。这样,就可以在某一实验条件下,测定某一厚度炭层的穿透曲线,用解析得到的吸附动力学参数计算该实验条件的任意厚度炭装填层的

防毒时间。

应当指出,低浓度穿透曲线方程是建立在活性炭对蒸气进行物理吸附基础上的,且外扩散传质是吸附速度的控制步骤。对于化学或催化吸着,如果吸附速度由粒内过程控制,则方程就不适用了。如活性炭-催化剂对氯化氰蒸气的动态催化吸着,其动态饱和吸附量 a_0 随炭层厚度的增加而增加。

3. 对吸附动力学参数的影响因素

在恒定的蒸气进口浓度下,动态饱和吸附量随气流速度和活性炭粒径的变化情况[30]列于表1.11中。

表1.11 动态饱和吸附量与粒径及气流速度的关系

平均炭粒直径 d/cm	动态饱和吸附量 a_0/(g/g)					
	线速度 v_L/(cm/s)				
	2	4	10	30	60
0.144	0.323	0.357	0.333	0.334	0.363
0.102	0.431	0.372	0.310	0.362	0.343
0.072	0.399	0.430	0.365	0.360	0.399
0.051	0.321	0.364	0.349	0.368	0.332
0.036	0.305	0.325	0.379	0.370	0.351
0.027	0.294	0.367	0.355	0.376	0.355
0.023	0.294	0.290	0.264	0.404	0.342
0.019	0.281	0.310	0.310	0.370	0.320
平均值 $a_0 = 0.347$(g/g)						

表1.11中的数据说明,动态饱和吸附量为不随流速、粒径变化的常数。

吸附速率常数的影响因素在不同的流速下,以不同粒度的BPL活性炭对DMMP(甲基膦酸二甲酯)蒸气进行动态吸附,根据穿透曲线计算出吸附速率常数。表1.12给出了吸附速率常数与流速和活性炭粒径的关系。

由表1.12中的数据可知,在相同粒度下,吸附速率常数随流速增大而增大;相同流速下吸附速率常数随粒径减小而增大。吸附速率常数与粒径和流速的关系反映了吸附速度是由外扩散传质控制的特征。流速增大时,颗粒外表面气体滞留层的厚度减少,导致外扩散传质速度提高,k_v 增大;粒度减小,使单位体积活性炭颗粒的外表面积增大,外扩散传质速度随之增大,k_v 也增大。

表 1.12　流速、粒径对吸附速率常数的影响

平均炭粒直径 d/cm	吸附速率常数 k_v/s^{-1}				
	气流线速度 v_L/(cm/s)				
	2	4	10	30	60
0.144	70	101	117	187	354
0.102	92	138	188	302	421
0.072	165	244	309	401	605
0.051	211	371	485	360	805
0.036	461	619	758	1287	1430
0.027	813	974	1034	1485	1949
0.023	1509	1548	1635	1671	2313
0.019	2405	2477	2577	2628	2595

4. 计算吸附速率常数的经验式

对于一定的活性炭-蒸气体系[30]，吸附速率常数随气流速度增加有极限值存在。如 BPL 炭(12~30 目)对苯蒸气和 DMMP 的动态吸附，k_v 与 v_L 的关系示于图 1.37 中。图中曲线表明，当 $v_L \to \infty$（理论上）时，k_v 有极大值。对于苯蒸气吸附，$v_L = 10$ cm/s 时 k_v 已接近极大值，而对 DMMP，$v_L = 30$ cm/s 接近极大值。

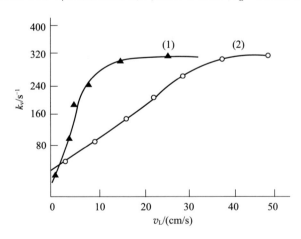

图 1.37　吸附速率常数与流速的关系
(1) 苯蒸气；(2) DMMP 蒸气。

吸附速率常数极限值与吸附剂颗粒直径的关系列于图 1.38 中。

第 1 章 有毒化学品蒸气吸附与催化原理

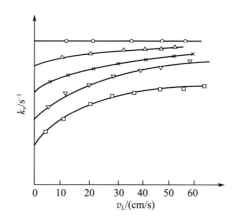

图 1.38　吸附速率常数极限值与粒径的关系
○—0.019cm；△—0.023cm；×—0.027cm；▽—0.036cm；□—0.051cm。

从图 1.38 所示的一组曲线可看出，当 $v_L=0$ 或 $v_L\to\infty$ 时，k_v 存在极小值或极大值，但粒度不同极限值也不同，而且当粒径小到一定值后 k_v 与流速无关。

根据吸附速率常数极限值与流速和粒径的实验结果，惠勒提出了极限吸附速率常数与流速和粒径关系的经验式。惠勒在推导时假设，气体在颗粒内部的扩散和吸附非常迅速，吸附速度是由气体分子向颗粒外表面传质速度控制；在吸附的最初阶段不发生可逆性的解吸；所有被实验的气体有大致相同的施密特（Schmidt）准数。

$$S_c = \frac{\mu}{\rho D_g}$$

式中：S_c 为施密特准数；μ 为混合气体黏度（g/(cm·s)）；D_g 为吸附质蒸气分子扩散系数（cm²/s）；ρ 为空气–蒸气混合气体密度（g/cm³）。

根据上述假设，吸附速率常数极限值经验式表示为

$$k_\infty = 100\left(\frac{v_L}{\bar{M}d_p^3 p_T}\right)^{\frac{1}{2}} \tag{1.195}$$

式中：k_∞ 为极限吸附速率常数（s⁻¹）；v_L 为气流线速度（cm/s）；$\bar{M}$ 为混合气体平均相对分子质量（g/mol）；d_p 为颗粒当量直径（cm）；p_T 为气流总压力（kPa）。

由于空气–蒸气混合气中蒸气浓度一般较低，故混合气流的平均相对分子质量可看成空气的相对分子质量 $\bar{M}=28.8$（g/mol）；混合气的总压力近似为 $p_T=100$kPa。于是，式（1.193）可简化为

$$k_\infty = 1 \times 86 v_L^{0.5} d_p^{-1.5} \quad \text{s}^{-1} \tag{1.196}$$

或

$$k_\infty = 111 \times 6 v^{0.5} d_p^{-1.5} \quad \text{min}^{-1} \tag{1.197}$$

气流速度采用防毒技术中惯用的比速单位 $v(\text{L}/(\text{cm}^2 \cdot \text{min}))$ 时，式(1.194)和式(1.195)变为

$$k_\infty = 7 \times 6 v^{0.5} d_p^{-1.5} \quad \text{s}^{-1} \tag{1.198}$$

或

$$k_\infty = 456 v^{0.5} d_p^{-1.5} \quad \text{min}^{-1} \tag{1.199}$$

式中，d_p 用颗粒当量直径表示。对于球形颗粒，直径 $d = d_p$。对于圆柱形颗粒，当量直径表示为与圆柱形颗粒外表面积相等的球形颗粒的直径，即

$$\pi d_p^2 = \pi D_c H_c + \frac{\pi}{2} D_c^2 \tag{1.200}$$

$$d_p = \sqrt{D_c H_c + \frac{D_c^2}{2}} \tag{1.201}$$

式中：D_c 为圆柱的直径(cm)；H_c 为圆柱的高度(cm)。

如 111 型活性炭，$D_c = 0.075\text{cm}$，$H_c = 2D_c = 0.15\text{cm}$，其当量直径为

$$d_p = \sqrt{0.075 \times 0.15 + \frac{1}{2}(0.075)^2} = 0.119(\text{cm})$$

乔纳斯等在研究二氯甲烷、硝基甲烷、DMMP、IMPF(甲基膦酸异丙酯)和苯蒸气在 BPL 活性炭上动态吸附时的极限吸附速率常数时指出，吸附速率常数极限值 k_∞ 与蒸气的物化性质无关，见表 1.13。

表 1.13 不同蒸气吸附速率常数极限值的计算值与实验值比较

气体种类	吸附速率常数极限值 k_∞/min^{-1}	
	实验值	按式(1.195)计算值
CH_2Cl_2	22869	23528
CH_2NO_2	27991	
C_6H_6	24197	
DMMP	24882	
IMEF	20631	
	平均 24114	

第1章 有毒化学品蒸气吸附与催化原理

不同吸附质气体具有大致相同吸附速率常数极限值的事实说明,惠勒建立吸附速率常数极限值经验式时所做的假设是成立的。

应用吸附速率常数极限值经验式计算高流速和低流速两种极端情况下的吸附速率常数时,计算值与实验值有较好的一致性。但是,当流速在中间范围时误差很大,如表1.14中数据所列。

表1.14　不同流速下吸附速率常数计算值与实验值比较

流速 v_L/(cm/s)	吸附速率常数 k_v/s^{-1}	
	实验值	按式(1.195)计算值
2.0	84.7	78.4
4.0	124.5	110.9
8.0	255.3	156.9
10.0	302.7	175.2
15.0	387.9	214.5
50.0	403.3	391.9

k_v 与 v_L 之间关系的一般式可以用来解决极限吸附速率常数计算中出现的问题。该一般式根据 k_v 对 v_L 的实验数据作图得到的 S 形曲线进行数学方法拟合确定,k_v 与 v_L 的关系式表示为

$$k_v = \frac{a+b}{1+\left(\frac{a}{b}\right)\exp[-(a+b)cv_L]} \quad (1.202)$$

式中:a、b、c 为体系常数,其值由实验条件、活性炭-蒸气组合特性等因素决定。根据极限分析,有

$$v_L \to 0 \quad \lim k_v = \frac{a+b}{1+\frac{a}{b}} = b \quad (1.203)$$

$$v_L \to \infty \quad \lim k_v = a+b \quad (1.204)$$

例如,对 BPL 活性炭-苯蒸气组合体系,在 $c_0 = 2$mg/L,$T = 25$℃,$d_p = 0.104$cm 条件下,以不同流速进行动态吸附实验。由穿透曲线计算出吸附速率常数 k_v,以 k_v-v_L 作图得到 S 形曲线,根据曲线用计算机求得 a、b、c 三常数[31]

$$a = 372.96$$
$$b = 51.21$$

$$c = 6.89 \times 10^{-4}$$

于是,得到 BPL 活性炭 - 苯蒸气体系在规定条件下 $k_v - v_L$ 关系的一般式为

$$k_v = \frac{424.17}{1 + 7.283\exp(-0.292v_L)} \quad (1.205)$$

按式(1.200)计算不同流速的 k_v 与实验值的比较列于表 1.15 中。

表 1.15　不同流速的 k_v 计算值与实验值比较

流速 v_L/(cm/s)	吸附速率常数 k_v/s^{-1}	
	实验值	按式(1.200)计算值
2.0	84.7	33.8
4.0	124.5	130.0
6.0	188.7	187.6
8.0	255.3	249.0
10.0	302.7	304.8
15.0	387.9	388.9

5. 吸附速率常数与温度的关系

吸附速率常数是温度的函数。当气体分子被活性炭吸附时存在吸附和解吸附两种状态的平衡,从动力学出发,这种平衡可用表征吸附速率的 k_v 和表征解吸速率的 k_d 间的 Langmuir 平衡常数表示[27],即

$$K_L = \frac{k_v}{k_d} \quad (1.206)$$

平衡常数 K_L 与温度的关系符合 Gibbs - Helmhoth 方程,即

$$\frac{\mathrm{d}\ln K_L}{\mathrm{d}T} = \frac{\Delta H}{RT^2} \quad (1.207)$$

式中:ΔH 为吸附热(kJ/mol);R 为气体常数。

将式(1.205)在两限积分,在温度变化不太大时,ΔH 可视为常数,有

$$\int_{K_{L(1)}}^{K_{L(2)}} \mathrm{d}\ln K_L = \frac{\Delta H}{R} \int_{T_1}^{T_2} \frac{1}{T^2} \mathrm{d}T$$

$$\ln\left[\frac{K_{L(2)}}{K_{L(1)}}\right] = -\frac{\Delta H}{R}\left(\frac{1}{T_2} - \frac{1}{T_1}\right) \quad (1.208)$$

物理吸附时,吸附热 ΔH 为负值。在已知吸附热时,可将 ΔH 代入式(1.206)求出平衡常数的比值 $K_{L(2)}/K_{L(1)}$;否则,吸附热的近似值可由蒸气压与

温度的关系式得到,即

$$\ln p = -\left(\frac{\Delta H}{RT}\right) + C \quad (1.209)$$

以 $\ln p - 1/T$ 作图得一直线,直线斜率 $K = \Delta H/R$,截距为 C。

蒸气压与温度的关系可从相关的手册查知或用实验获得的经验式计算,即

$$\lg p = \frac{A}{T} + B \quad (1.210)$$

以 $\lg p - 1/T$ 作图得一直线,由直线的斜率和截距确定常数 A、B。如沙林(GB)在 $0 \sim 60$℃范围内 $A = -2850.9$、$B = 12.024$;DMMP 在 $7 \sim 62$℃范围内 $A = -2807.7$、$B = 11.493$。

从式(1.204)可以得到

$$\frac{K_{L(2)}}{K_{L(1)}} = \frac{k_{v(2)} k_{d(1)}}{k_{v(1)} \cdot k_{d(2)}} \quad (1.211)$$

根据分子动力学理论知道,气体或蒸气分子的扩散值与热力学温度的 1.5 次方成正比[32],假定蒸气从活性炭上的解吸速度与扩散系数有近似的直线关系,于是下式成立,即

$$\frac{k_{d(2)}}{k_{d(1)}} = \left(\frac{T_2}{T_1}\right)^{1.5} \quad (1.212)$$

将式(1.210)代入式(1.209),得到

$$\frac{k_{v(2)}}{k_{v(1)}} = \frac{K_{L(2)}}{K_{L(1)}} \left(\frac{T_2}{T_1}\right)^{1.5} \quad (1.213)$$

在已知温度 T_1 时的吸附速率常数 $k_{v(1)}$ 的情况下,可用式(1.211)预测温度为 T_2 时的吸附速率常数 $k_{v(2)}$。

例如,BPL 活性炭对 DMMP 蒸气动态吸附,$T_1 = 298.2$K,$k_{v(1)} = 23.645 \times 10^3 \mathrm{min}^{-1}$,计算 $T_2 = 313.5$K 的吸附速率常数 $k_{v(2)}$。

(1)温度在 $7 \sim 62$℃范围内 DMMP 的蒸气压与温度间的经验式为

$$\lg p = -\frac{2807.7}{T} + 11.493 \quad (1.214)$$

按式(1.212)计算出几个温度下的蒸气压力 p,以 $\lg p - 1/T$ 作图,从直线的斜率求得吸附热 ΔH 为 -53696J/mol。

(2) 计算平衡常数比,即

$$\ln\left(\frac{K_{L(2)}}{K_{L(1)}}\right) = -\frac{\Delta H}{R}\left(\frac{1}{T_2} - \frac{1}{T_1}\right)$$

$$= -\frac{-53696}{8.314}\left(\frac{1}{313.5} - \frac{1}{298.2}\right) = -1.057$$

所以

$$\frac{K_{L(2)}}{K_{L(1)}} = 0.3470$$

(3) $\left(\frac{T_2}{T_1}\right)^{3/2} = (313.5/298.2)^{3/2} = 1.0779$

(4) 计算 $T_2 = 313.5K$ 时的 $k_{v(2)}$,即

$$k_{v(2)} = k_{v(1)} \cdot \frac{K_{L(2)}}{K_{L(1)}}\left(\frac{T_2}{T_1}\right)^{3/2}$$

$$= 23.645 \times 10^3 \times 0.3470 \times 1.0779 = 8.844 \times 10^3 \ (\text{min}^{-1})$$

用实验方法验证吸附速率常数随温度变化结果的正确性。用 BPL 浸渍活性炭装填层对 DMMP 蒸气进行动态穿透实验。实验条件 $c_0 = 5\text{mg/L}$,气流比速 $v = 136\text{L/(cm}^2 \cdot \text{min)}$,达到防毒时间 t_b 时的浓度比 $c_0/c_b = 1.21 \times 10^5$,装填层密度 $\rho_B = 0.633\text{g/cm}^3$,温度 $T = 25℃$。根据穿透曲线数据,计算得到该条件下的动态饱和吸附容量 $a_0 = 189\text{mg/cm}^3$,$k_v = 23.645 \times 10^3 \text{min}^{-1}$。

按本节前面介绍的方法,计算得到 35℃ 时的吸附速率常数 $k_v = 12.295 \times 10^3 \text{min}^{-1}$;按 Dubinin 方程计算得到该温度下的静态平衡吸附量 m_e,即

$$m_e = d_{L(T)} V_0 \exp\left[-B\frac{T^2}{\beta^2}\left(\lg\frac{c_s}{c_0}\right)^2\right] \tag{1.215}$$

式中:m_e 为静态平衡吸附量(g/g);$d_{L(T)}$ 为实验温度下吸附质液态密度(g/cm^3);V_0、B 为 BPL 炭的孔结构常数,$V_0 = 0.259\text{cm}^3/\text{g}$,$B = 0.93 \times 10^{-6}$。

计算得 $m_e = 0.296\text{g/g}$。以静态平衡吸附量近似代替动态饱和吸附量,换算单位后得到动态饱和吸附量为

$$a_0 = m_e \rho_B = 0.296 \times 0.633 = 187.4\text{mg/cm}^3$$

按上述条件,估算炭层厚度为 7cm 的某过滤器对 DMMP 的防毒时间。按式(1.185),25℃时

$$t_b = \frac{a_0}{c_0 v}\left[L - \frac{v \times 10^3}{k_v}\ln\left(\frac{c_0}{c_b}\right)\right]$$

$$= \frac{189}{5 \times 1.36}\left[7 - \frac{1.36 \times 10^3}{23.645 \times 10^3}\ln(1.21 \times 10^5)\right] = 176(\text{min})$$

在计算 $T_2 = 35℃$ 时炭装填层的防护时间时，除由于温度变化而影响吸附速率常数和动态饱和吸附量外，还应考虑由于温度升高，引起气体体积膨胀而导致流速增加和进口浓度下降对于防毒时间的影响。假定，空气 – DMMP 混合气为理想气体，温度变化引起体积的变化可用下式计算，即

$$q_{v(2)} = q_{v(1)}\frac{T_2}{T_1} \tag{1.216}$$

25℃时通过炭层的气体流量 $q_{v(1)} = 4245\text{L/min}$，则 35℃时的流量为

$$q_{v(2)} = 4245 \times \frac{308.2}{298.2} = 4387(\text{L/min})$$

装填层截面积 $S = 3130\text{cm}^2$，相当的气流比速为 $v_2 = 1.4\text{L}(\text{L}/(\text{cm}^2 \cdot \text{min}))$。

依据质量守恒原理，不同温度下入口浓度 c_0 与体积流量 q_v 的乘积为常数，则

$$c_{02} \cdot q_{v(2)} = c_{01}q_{v(1)}$$

所以

$$c_{0\,2} = \frac{c_0 q_{v(1)}}{q_{v(2)}} = \frac{5 \times 4245}{4387} = 4.8(\text{mg/L})$$

于是，$T_2 = 35℃$ 时装填层的防毒时间为

$$t_b = \frac{a_0}{c_{02}v_2}\left[L - \frac{v_2 \times 10^3}{k_{v(2)}}\ln\left(\frac{c_{02}}{c_b}\right)\right]$$

$$= \frac{187.4}{4.8 \times 1.4}\left[7 - \frac{1.4 \times 10^3}{12.295 \times 10^3}\ln(1.16 \times 10^5)\right] = 159(\text{min})$$

实验测定过滤器在 35℃时的防毒时间为 $t_b = 152\text{min}$。

就防毒时间的计算值而言，温度提高 10℃防毒时间减少了 16min。分析表明，87%（14min）是由于吸附速率减慢，9%（1.4min）是由于吸附容量减少，4%（0.6min）是由于气体体积膨胀而对流速和浓度影响造成的。

1.3.4 克劳兹方程

在研究炭装填层吸附动力学时,许多人对临界层厚度的有关理论和计算方法予以重视,早在1920年,关于临界层厚度的计算方法就散见于许多文献中。克劳兹(Klotz)等在归纳美、英等国的研究成果基础上得出了计算临界层厚度的克劳兹方程[19]。该方程在指导炭过滤器装填层设计和炭层吸附动力学研究方面具有实用价值。我国在防毒技术研究中,应用该方程计算炭层对含磷有毒化学品及其他有毒蒸气的防护时间取得了满意的结果。

炭装填层对蒸气进行动态吸附时临界层厚度的大小是由吸附速度决定的,而吸附速度则由以下几个过程决定。

(1) 蒸气分子从气相向吸附剂外表面扩散传质速度,即外扩散速度。

(2) 蒸气分子在吸附剂颗粒内,由大、中孔向微孔中的扩散速度,即内扩散速度。

(3) 蒸气分子在孔隙中的吸附速度。

(4) 如果存在化学吸着,则有化学反应速度。哈特(Hurt)和克劳兹认为,吸附速度的控制步骤分为两步比较合适,即①蒸气分子从气相向吸附剂外面扩散阶段;② 粒内过程(包括内扩散、吸附或化学反应)阶段。

由于外扩散速度缓慢性所造成的临界层厚度以 δ_t(cm) 表示。粒内过程的缓慢性所造成的临界层厚度以 δ_r 表示。当吸附速度多阶段控制时,临界层厚度具有加和性,即总临界厚度为

$$\delta = \delta_t + \delta_r \tag{1.217}$$

1. 外扩散速度为控制步骤时的临界层厚度 δ_t

对于外扩散速度起控制作用的吸附过程,蒸气分子向吸附剂外表面的扩散量可表示为

$$N = k_g \alpha (p_{Ag} - p_{Ai})_{\text{平均值}} V \tag{1.218}$$

式中:N 为蒸气向外表面的扩散量(mol/s);p_{Ag} 为蒸气、空气混合气流中 A 组分物质的分压(kPa);p_{Ai} 为 A 组分物质在外表面上的分压(kPa);α 为单位体积吸附剂颗粒的外表面积(cm²/cm³);V 为吸附剂层的体积(cm³);k_g 为外扩散传质

系数($mol/(s \cdot kPa \cdot cm^2)$)。

式(1.216)中,$(p_{Ag} - p_{Ai})$平均表示组分 A 在气相中的分压与在颗粒外表面上的分压差,此差值看作外扩散传质的动力;分压差的平均值是吸附剂层的进口分压差与出口分压差$(p_{Ag} - p_{Ai}) = \Delta p_{ex}$的对数平均值,即

$$(p_{Ag} - p_{Ai})_{平均值} = \frac{\Delta p_{in} - \Delta p_{ex}}{\ln\left(\frac{\Delta p_{in}}{\Delta P_{ex}}\right)} \tag{1.219}$$

为了求得传质系数k_g,在化工中经常用实验方法求得包括k_g在内的一个数群与雷诺(Reynolds)准数 Re 的关系,包括传质系数k_g在内的数群称为传质因子J,即

$$J = \frac{k_g p_{gf} M_m}{q_m} \left(\frac{\mu}{\rho \cdot D_V}\right)^{0.67} \tag{1.220}$$

式中:p_{gf}为载气(如空气)的对数平均分压(装填层进出口端分压的对数平均值)(kPa);M_m为混合气体的平均相对分子质量(g/mol);μ 为混合气体黏度(g/(cm·s));ρ 为混合气体的密度(g/cm^3);D_V为吸附质分子扩散系数(cm^2/s);q_m为混合气体的质量流速($g/(cm^2 \cdot s)$)。

盖姆森等在研究气体吸收、干燥时得到传质因子的经验式为

$$J = 0.989 \left(\frac{d_p \cdot q_m}{\mu}\right)^{-0.41} \tag{1.221}$$

由式(1.215)、式(1.216)得到k_g的表达式

$$k_g = 0.989 \left(\frac{d_p q_m}{\mu}\right)^{-0.41} \left(\frac{\mu}{\rho D_V}\right)^{-0.67} \cdot \frac{q_m}{M_m \cdot p_{gf}} \tag{1.222}$$

式中:$d_p q_m / \mu = Re$ 为雷诺准数;$\mu/\rho D_V = Sc$ 为施密特准数。

将式(1.220)代入式(1.216)得到

$$N = 0.989 Re^{-0.41} Sc^{-0.67} \left(\frac{q_m}{M_m p_{gf}}\right) \alpha (p_{Ag} - p_{Ai})_{平均值} \cdot V \tag{1.223}$$

因为临界层厚度是气流经炭层的短暂时间出现的,并已假定吸附速度是由外扩散传质成速度控制的,即粒内过程(内扩散、吸附或反应)的速度极快。蒸气分子一经到达外表面就能以极快的速度扩散到颗粒内部而被吸附或反应,蒸气在外表面没有停留,所以蒸气在外表面上的分压 $p_{Ai} = 0$。气流中蒸气的分压

p_{Ag}是变化的,从进口处的p_{Ag}正比于c_0逐渐降至$p_{Ag}=0$。这样,就可以在炭层中找到蒸气浓度为c_b的断面,从炭层的进口端到$c=c_b$断面之间的距离为临界层厚度δ_t。设炭层的截面积为S,则临界层的体积V为

$$V = \delta_t S \tag{1.224}$$

在起始吸附的瞬间,进入炭层的蒸气,实际上完全被δ_t段相应体积的炭层吸附(因$c_0 \gg c_b$),在这一瞬间里,进入炭层的总蒸气量应等于混合体物质的量乘以蒸气在气流中的分压,即

$$N = \frac{q_m \cdot s}{M_m} \cdot p_{in} \tag{1.225}$$

进入炭层的蒸气总量等于向颗粒外表面的扩散量,于是将式(1.222)、式(1.223)代入式(1.221)得到

$$\frac{q_m \cdot S}{M_m} p_{in} = 0.989 Re^{-0.41} \cdot Sc^{-0.67} \left(\frac{q_m}{M_m p_{gf}} \right) \alpha (p_{Ag})_{平均} \delta_t \cdot S) \tag{1.226}$$

经整理得到

$$\delta_t = \frac{1}{0.989} \cdot \frac{p_{in}}{(P_{Ag})_{平均}} \cdot \frac{P_{gf}}{\alpha} Re^{0.41} \cdot Sc^{0.67} \tag{1.227}$$

因为在混合气体中蒸气浓度一般很低,对空气的压力影响很小。故p_{gf}近似等于大气压力。又因为新考虑的只是δ_t一般很薄的炭层,其始末两端空气压力变化不大,因蒸气的浓度与其分压成正比,在$c_b \ll c_0$的情况下,有

$$\frac{p_{in}}{(p_{Ag})_{平均}} = \frac{c_0}{\frac{c_0-c_b}{\ln\left(\frac{c_0}{c_b}\right)}} \approx \ln\left(\frac{c_0}{c_b}\right) \tag{1.228}$$

将式(1.226)代入式(1.225),并将$1/0.989$近似等于1.0,于是得到

$$\delta_t = \frac{1}{\alpha} Re^{0.41} Sc^{0.67} \ln\left(\frac{c_0}{c_b}\right) \tag{1.229}$$

式(1.227)即为由外扩散传质速度控制条件下的临界层厚度的计算式。由此可知,在该条件下的装填层临界层厚度与活性炭的孔隙特性无关,而与空气-蒸气混合气体的物理性质、颗粒大小和流速有关。一般情况下,活性炭对易吸附性的有毒化学品或有机蒸气,在吸附的初期阶段吸附速度由外扩散传质

第1章 有毒化学品蒸气吸附与催化原理

速度控制。

2. 粒内过程为吸附速度控制步骤时的临界层厚度 δ_r

粒内过程的速度包括吸附质分子在吸附剂孔隙内扩散速度、物理吸附或化学反应速度。单纯物理吸附速度是极快的,若吸附过程没有化学反应,则粒内过程的速度主要由内扩散传质速度决定。当吸附速度完全由内扩散速度控制时,克劳兹给出了以下经验式,即

$$\delta_r = kq_m \ln\left(\frac{c_0}{c_b}\right) \tag{1.230}$$

式中:k 为与活性炭的孔隙特性、吸附质分子的扩散系数、炭颗粒大小有关的常数;q_m 为混合气体质量流速($g/(cm^2 \cdot s)$)。

存在内扩散传质影响时,如果吸附或反应速度大于内扩散传质速度,则蒸气浓度沿孔隙深度形成一个浓度梯度,孔隙深处表面上的蒸气浓度将靠近孔口处和外表面上的浓度。这样,在等温条件下孔内的平均反应速度将低于不受内扩散传质影响时的反应速度。因此,内扩散传质速度对吸附或反应速度的影响可用颗粒孔隙内表面的有效利用率 η 表示,即

$$\eta = \frac{w_s}{w_0} \tag{1.231}$$

式中:w_s 为颗粒内真正(实际)的吸附或反应速度;w_0 为极限反应速度(孔隙内表面全部暴露于与颗粒外表面的浓度和温度相同的反应物中时的反应速度)。

经推导,孔隙内表面有效利用率表示为

$$\eta = \frac{3}{\Phi_s}\left(\frac{1}{\tanh\Phi_s} - \frac{1}{\Phi_s}\right) \tag{1.232}$$

式(1.230)中的 Φ_s 为一无量纲量,称为模数。对于球形吸附剂颗粒,在一级反应的情况下,Φ_s 表示为

$$\Phi_s = R\left(\frac{k_v}{D_e}\right)^{-1/2} \tag{1.233}$$

式中:R 为球形颗粒半径;k_v 为单位体积颗粒表面反应速度常数;D_e 为总有效扩散系数。

从式(1.230)和式(1.231)看出,表面利用率是颗粒大小、反应速度和气体在孔中的扩散系数的函数。下面讨论两种极端情况下的 η 值。为了方便,给出

不同 Φ 时的双曲线正切函数值,见表 1.16。

表 1.16 模数 Φ_s 与 $\tanh\Phi_s$ 的对应值

Φ_s	$\tanh\Phi_s$	Φ_s	$\tanh\Phi_s$
0.1	0.010	0.8	0.664
0.2	0.197	0.9	0.716
0.3	0.297	1.0	0.762
0.4	0.380	1.5	0.905
0.5	0.460	2.0	0.964
0.6	0.540	3.0	0.995
0.7	0.604	4.0	0.999

Φ_s 很小,$\Phi_s < 0.3$ 时,$\tanh\Phi_s \approx \Phi_s$。

Φ_s 很大,$\Phi_s > 2$ 时,$\tanh\Phi_s \approx 1.0$。

Φ_s 很小,表示球形颗粒半径 R 或反应速度常数 k_v 很小,或气体分子在孔中的扩散系数很大的情况,此时表面利用率接近于 1.0。实际上,当 $\Phi_s < 1.0$ 时,$\eta = 0.94$,内扩散传质限制已可忽略不计。

Φ_s 很小,表示颗粒半径很大或 k_v 很大或有效扩散系数 D_e 很小的情况,在此情况下表面利用率降低,有

$$\eta \approx \frac{3}{\Phi_s} = \frac{3}{R}\left(\frac{k_v}{D_e}\right)^{-1/2} \quad (1.234)$$

对于一个给定的颗粒内部动力学表达式,在等温条件下,颗粒内扩散传质的影响程度的大小只由模数 Φ_s 决定,而不是由单独的 R、k_v 或 D_e 决定。表面利用率反映出内扩散传质阻力对动力学过程的影响,这种影响在活性炭装填层对蒸气的动态吸着中,集中表现在对临界层厚度 δ_r 的影响上。经推导,在存在内扩散传质限制时,临界层厚度 δ_r 可表示为

$$\delta_r = \frac{q_m}{(1-\varepsilon)k_v\eta}\ln\left(\frac{c_0}{c_b}\right) \quad (1.235)$$

式中:ε 为活性炭颗粒装填层的空隙率。

式(1.233)与式(1.228)比较看出,式(1.228)的常数 k 为

$$k = \frac{1}{(1-\varepsilon)k_v\eta} \quad (1.236)$$

第 1 章 有毒化学品蒸气吸附与催化原理

3. 吸附速度由外扩散和粒内过程联合控制时的总临界层厚度 δ

当外扩散和粒内过程的传质限制均不可忽略时,克劳兹给出了临界层厚度的表达式,即

$$\delta = \left(\frac{1}{\alpha}Re^{0.41} \cdot Sc^{0.87} + kq_m\right)\ln\left(\frac{c_0}{c_b}\right) \tag{1.237}$$

正如前面所介绍的,k 中包含的参数 k_v 和 η 必须由实验决定,而测定方法也颇为复杂。方便的办法是利用 $t_b - L$ 曲线数据,按式(1.144)处理得到无效厚度 h,因 $h = \delta$,则 $\delta_r = \delta - \delta_t$。$\delta_t$ 按式(1.227)计算得到。利用 δ_t 和 δ_r 值的比较可大致判断外扩散和内扩散对吸附速度的影响。

将式(1.235)稍加变化,即在实验时只把气流速度 q_m(或 v)作为变数,其余各量为常数,得到

$$\frac{1}{\alpha}\left(\frac{d_p}{\mu}\right)^{0.41} \cdot \left(\frac{\mu}{\rho D_V}\right)^{0.87} \ln\left(\frac{c_0}{c_b}\right) = k_1 \tag{1.238}$$

$$k\ln\left(\frac{c_0}{c_b}\right) = k_2 \tag{1.239}$$

于是式(1.235)变为

$$\delta = \delta_t + \delta_r = k_1 q_m^{0.41} + k_2 q_m \tag{1.240}$$

或

$$\delta = k_3 v^{0.41} + k_4 v \tag{1.241}$$

式(1.239)两端同除以 v,得到

$$\frac{\delta}{v} = k_3 v^{-0.59} + k_4 \tag{1.242}$$

以 $\delta/v \sim v^{-0.59}$ 作用得一直线,直线的斜率 k_3 为 δ_t 的相对量度、截距 k_4 为 δ_r 的相对量度分别为

$$\delta_t = k_3 v^{0.41} \tag{1.243}$$

$$\delta_r = k_4 v \tag{1.244}$$

在正常气流比速下,活性炭催化剂对氯化氰的动态催化吸着,外扩散和粒内过程的缓慢性都对临界层厚度产生影响,但它们的相对作用随炭的不同而有所差别。粒度大的炭外扩散缓慢性引起的 δ_t 比粒内过程缓慢性造成的 δ_r 大,而粒径小的炭,在同样流速下外扩散传质速度提高,δ_t 在总临界层厚度中所占比例下降。

如果炭装填层在一定相对湿度的气流中工作,且与空气中水蒸气达成吸湿

平衡,在这种情况下外扩散传质和粒内过程的缓慢性会有怎样的变化也是人们关心的。

炭吸湿后对外扩散传质速度影响很小,而对粒内过程影响明显。其原因是,炭吸湿后,部分微孔和中孔被凝聚的水蒸气充满,大孔表面也部分被水覆盖,使蒸气分子在孔中扩散受阻。同时,氯化氰分子必须通过水分子覆盖层才能与催化剂起反应,所以粒内过程的速度减慢引起了 δ_r 增大。

通过实验,考察活性炭对苯蒸气物理吸附时 δ_t 与 δ_r 的相互关系,分别用两种炭催化剂对苯蒸气进行动态吸附,δ 与流速 v 的实验数据列于表1.17中。

表1.17 两种炭催化剂对苯蒸气的 δ 与 v 的关系

$v/(L/cm^2 \cdot min)$		0.25	0.5	1.0
$v^{-0.59}$		2.3	1.5	1.0
1号炭催化剂	δ/cm	0.7	0.9	1.1
	δ/v	2.8	1.8	1.1
2号炭催化剂	δ/cm	0.2	0.3	0.4
	δ/v	0.8	0.6	0.4

从图1.39可看出,两条直线 δ/v 轴上的截距 k_4 都接近于零,表明活性炭对苯蒸气进行物理吸附时,粒内过程(内扩散、吸附)与外扩散传质速度相比快得多,粒内过程缓慢度比1号炭小得多,其直线斜率也比1号炭直线斜率小得多,故在相同流速下,根据式(1-244),2号比1号炭的外扩散传质速度快,δ_r 小。

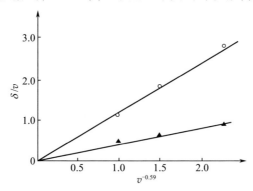

图1.39 1号与2号炭催化剂对苯蒸气的 $\delta/v - v^{-0.59}$ 图

○—1号炭催化剂;▲—2号炭催化剂;$T = 20℃$;$c_0 = 18mg/L$;湿度:"0~50"。

实验表明,具有发达微孔和适当大、中孔容积的活性炭对易吸附的有毒化学品或有机蒸气进行物理吸附时,其吸附速度多数情况下是由外扩散传质速度控制的。

4. δ_t 的计算方法

利用式(1.227)计算 δ_t 时,除给定的实验条件下的混合气体的有关物理常数 μ、ρ、D_V 可从相关手册查到外,还必须知道装填层中吸附剂颗粒的外比表面积 α 和装填层的空隙率 ε。

(1) 装填层的空隙率 ε,指装填层中吸附剂颗粒间隙体积与装填层的体积之比,即

$$\varepsilon = \frac{V_1}{V} \tag{1.245}$$

式中:V_1 为吸附剂颗粒间的空隙体积(cm^3);V 为装填层的体积(cm^3)。

设装填层上所有颗粒的总体积为 V_t,则 $V_t = V - V_1$,所以有

$$\varepsilon = 1 - \frac{V_t}{V} \tag{1.246}$$

颗粒体积 V_t 是活性炭表观密度 ρ_m 的倒数,而装填层体积 V 是炭层堆密度 ρ_B 的倒数,故

$$\varepsilon = 1 - \frac{\rho_B}{\rho_m} \tag{1.247}$$

例如,某型活性炭,装填层的堆密度 $\rho_B = 0.482\text{g} \cdot \text{cm}^3$,炭的表观密度 $\rho_m = 0.74\text{g/cm}^3$,装填层的空隙率为

$$\varepsilon = 1 - \frac{\rho_B}{\rho_m} = 1 - \frac{0.482}{0.748} = 0.36$$

(2) 吸附剂颗粒的外比表面积。按不同需要,外比表面积可表示为单位体积吸附颗粒的外表面积或单位质量吸附剂颗粒的外表面积。以前者表示,设颗粒装填层的体积为 V,其中所有颗粒的总外表面积为 S_t,则外比表面积为

$$\alpha = \frac{S_t}{V} \tag{1.248}$$

根据式(1.244),有

$$V = \frac{V_t}{1-\varepsilon} \tag{1.249}$$

设颗粒为球形、体积为 V 的装填层中的 n 个颗粒,其直径为 d,则所有颗粒的总外表面积为

$$S_t = n\pi d^2 \tag{1.250}$$

n 个球形颗粒的总体积为

$$V_t = \frac{1}{6}n\pi d^3 \tag{1.251}$$

综合式(1.246)至式(1.249)得到单位体积装填层内球形颗粒的外表面积为

$$\alpha = \frac{6}{d}(1-\varepsilon) \tag{1.252}$$

将式(1.245)代入式(1.250)得到

$$\alpha = \frac{6}{d} \cdot \frac{\rho_B}{\rho_m} \tag{1.253}$$

同样,对于圆柱形颗粒,圆柱直径为 D_C,当圆柱高 $H_C = 2D_C$ 时,其外比表面积为

$$\alpha = \frac{5}{D_C} \cdot \frac{\rho_B}{\rho_m} \tag{1.254}$$

例如,某型活性炭,堆密度 $\rho_B = 0.482$,表观密度 $\rho_m = 0.748$,$D_C = 0.075\text{cm}$,其外比表面积为

$$\alpha = \frac{5}{D_C} \cdot \frac{\rho_B}{\rho_m} = \frac{5}{0.075} \cdot \frac{0.482}{0.748} = 43.0(\text{cm}^2/\text{cm}^3)$$

(3) 计算 δ_t

$$\delta_t = \frac{1}{\alpha}\left(\frac{d_p q_m}{m}\right)^{0.41}\left(\frac{\mu}{\rho D_V}\right)^{0.67}\ln\left(\frac{c_0}{c_b}\right)$$

当吸附速度完全由外扩散传质速度控制时,可将式(1.227)与希洛夫方程式(1.144)联合使用,以预测炭装填层的防毒时间,即

$$t_b = \frac{a_0}{c_0 v}\left[L - \frac{1}{\alpha}\left(\frac{d_p q_m}{m}\right)^{0.41}\left(\frac{\mu}{\rho D_V}\right)^{0.67}\ln\left(\frac{c_0}{c_b}\right)\right] \tag{1.255}$$

第1章 有毒化学品蒸气吸附与催化原理

参考文献

[1] Brunauer S, Deming L S. On the theory of the van der waals adsorption of gases[J]. J. Am. Chem. Soc., 1940,62:1723-1732.

[2] Langmuir J. The adsorption of gases on plane surfaces of glass, mica and platinum[J]. J. Am. Chem. Soc., 1918,40:1361-1403.

[3] Brunauer S, Emmett P H, Edward Teller. Adsorption of gases in muticomponent layers[J]. J. Am. Chem. Soc.,1938,60:309-319.

[4] 黄振兴. 活性炭技术基础[M]. 北京:兵器工业出版社,2006.

[5] 吸附技术基础翻译组. 吸附技术基础(中译本)[M]. 凯里泽夫 H. B. 太原:新华化工厂设计研究所,1983.

[6] 赵振国. 吸附作用应用原理[M]. 北京:化学工业出版社,2005.

[7] Ponec V. Adsorption on Solids[M]. London:Butterworths press,1974.

[8] Jaroniec M. 非均匀固体上的物理吸附[M]. 北京:化学工业出版社,1997.

[9] 孙建建,汤华民. 热力学平衡吸附特征曲线的三角函数模型[J]. 防化学报,2006,4:25-27.

[10] 谢自立,郭坤敏. 对微孔容积充填吸附理论的研究[J]. 化工学报,1995,4:15-20.

[11] Dean J A. 兰氏化学手册[M]. 北京:科学出版社,2003.

[12] Wood G O. Affinity coefficients of the Polanyi/Dubinin adsorption isotherm equations[J]. Carbon,2001,39:343-356.

[13] 金彦任,黄振兴. 吸附与孔径分布[M]. 北京:国防大学出版社,2015.

[14] 严继民,张启元. 吸附与凝聚[M]. 北京:科学出版社,1979.

[15] Cocke D L, Veprek S, 1st direct evidence of a solid state change-transfer redox system Cu^{+2}, Mn^{+3}, reversible Cu^{1+}, Mn^{4+} in copper manganese oxide[J]. chemi. Infor,1986,17:39.

[16] 甄开吉,王国甲,毕颖丽,等. 催化作用基础[M]. 北京:科学出版社,2005.

[17] 吴越. 催化化学[M]. 北京:科学出版社,1998.

[18] 黄子卿. 物理化学[M]. 北京:高等教育出版社,2002.

[19] Martra G, Coluccia S. The role of H_2O in the photocatalytic oxidation of toluene in vapour phase on anatase TiO_2 catalyst[J]. Catal, Today,1999,53(4):695-702.

[20] 井立强,孙晓君,徐自力,等. ZnO超微粒子光催化氧化SO_2的研究[J],催化学报,2002,23(1):37.

[21] Klotz M. The adsorption wave[J]. Chem Rev,1946,39(2):241-268.

[22] Lodewyckx P. Adsorption of chemical warfare agents. In:Teresa JB, editors. Activated carbon surfaces in environmental remediation[J]. Amsterdam:Elsevier,2006:511-516.

[23] 程代云,史喜成. 军用吸附技术[M]. 北京:国防工业出版社,2012.

[24] Bohart G S, Adams E Q. Some aspects of the behavior of charcoal with respect to chlorine[J]. J Am Chem Soc,1920,42(3):523-544.

[25] Jonas L A, Rehrmann J A. The kinetics of adsorption of organophosphorus vapors from air mixtures by activated carbons[J]. Carbon,1972,10(6):657-663.

[26] Jonas L A, Rehrmann J A. Predictive equations in gas adsorption kinetics[J]. Carbon,1973,11(1):59-64.

[27] Jonas L A, Boardway J C, Meseke E L. The prediction of carbon adsorption capabilities[J]. J Colloid Interf Sci,1975,50(3):538-544.

[28] Jonas L A, Tewari Y B. Prediction of adsorption rate constants of activated carbon for various vapors[J]. Carbon,1979,17(4):345-349.

[29] Wheeler A. Performance of fixed-bed catalytic reactors with poison in the feed[J]. J Catal,1969,13(3):299-305.

[30] Rehrmann J A, Jonas L A. Dependence of gas adsorption rates on carbon granule size and linear flow velocity[J]. Carbon,1978,16:47-51.

[31] 高虎章. 吸附速率常数经验式的求解及应用[J]. 防化学院学报,1984,1:1.

[32] 吉林大学化学系《催化作用基础》编写组. 催化作用基础[M]. 北京:科学出版社,1980.

第2章
气溶胶过滤原理

固体或液体微粒稳定地悬浮于气体介质中形成的分散体系称为气溶胶,其中的气体介质称为连续相,通常为空气;微粒称为分散相,通常包括烟尘、烟、烟雾、雾等。战场上使用的烟(固体微粒)、雾(液体微粒)状毒剂、核爆炸产生的放射性微粒以及含细菌、病毒等具有生物活性的微粒等,均称有害气溶胶。除了毒剂气溶胶外,微生物气溶胶、放射性微粒也可造成呼吸道伤害。微生物气溶胶是气溶胶中有生命活性的部分,依生物学种类可划分为细菌、真菌、病毒、立克次体、衣原体、毒素气溶胶等。气溶胶分散体系在其通过多孔介质运动时的分离过程称为过滤;在过滤时悬浮的固体或液体粒子被多孔介质(纤维层或颗粒床)滞留,而气体完全通过。气溶胶流在过滤材料内被多次分散为细小的流束,并不断汇合、环绕材料微元体流动,使得粒子接近微元体表面并沉积在纤维表面。微生物气溶胶有生物衰减,即由于各种环境因素造成微生物的失活,微生物气溶胶的失活对生物的杀伤效应减弱,而使过滤效果增益。[1] 同样,过滤放射性微粒时的放射性衰减,也使过滤效果增益。本章以毒剂气溶胶、微生物气溶胶、放射性微粒共同具有的物理性质和运动特性为出发点,介绍了气溶胶粒子绕圆柱体运动的速度场、在圆柱体上的沉积机理、纤维滤器的过滤效率及其影响因素。由于微生物失活、放射性衰减引起过滤效果增益的影响因素复杂,某些微生物气溶胶甚至未建立衰亡期模型,本章未涉及微生物气溶胶过滤效率增益的内容,同样,放射性微粒放射性衰减与过滤效率影响规律,这两方面理论研究很少,本章暂且也未涉及。

2.1 气溶胶过滤过程概述

气溶胶的过滤分离通常采用具有阻隔性质的滤器实现,也可采用电力分离的方法。目前的高效纤维滤器（High Efficiency Particulate Air Filter – HEPA Filter）滤芯为超细玻璃纤维折叠形滤纸，滤纸由瓦楞状的隔板隔开，或者用热熔胶、丝线、玻璃纤维纸条作为滤纸间分隔物，以保证气流在多褶滤纸间的畅通（图2.1）。

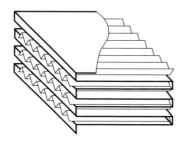

图2.1　有隔板高效过滤器示意图

2.1.1　过滤的基本过程

粒子的捕获效率、流体阻力和容尘量（或更换与再生时间）是描述气溶胶过滤器特性的参数。过滤过程的理论和试验研究的方向是建立这些参数与滤料的结构特性、被捕获粒子的性质和气流状态的相互关系，这些规律性的关系确定是过滤理论的基本问题。

在很多过滤器中，被捕获的固体粒子沉积在孔隙中或在滤芯表面形成灰尘层（图2.2），相对于之后通过的粒子，它成了过滤介质的一部分。但是随着粒

图2.2　玻璃纤维过滤器中纤维及其进口处沉积于纤维的滑石粉扫描电镜图
（a）玻璃纤维过滤器纤织；（b）沉积于纤维的滑石粉。

子的积聚,滤芯的孔隙尺寸和总孔隙率不可避免地减小,而气体的运动阻力加大,因此到一定时间必须清除这些灰尘层(为了减小压力和保持初始过滤速度)。有时需要更换被堵塞的过滤器或重新配备新的过滤材料。

通常过滤过程分为两个阶段。[2]第一阶段为定常过滤阶段。粒子一旦接触纤维即发生沉积,且被沉积粒子的积累或其他原因所引起的滤层中的结构变化较小,以至可忽略它们的影响。捕获效率和流体阻力不随时间改变,过滤过程是稳态的。定常过滤阶段对于在很低气溶胶浓度下工作的过滤器实际上是很重要的。

过滤的第二阶段叫作非定常阶段,它的特征是捕获效率和流体阻力在过滤过程中发生变化。这是粒子的积累、水蒸气和腐蚀性气体的作用及其他现象造成的。很多工业过滤器使用条件下,处于第一阶段的时间较短,第二阶段具有一定的实际意义,但由于次级过程的复杂性和多样性,对这个阶段研究起步较晚。

2.1.2 微粒沉积的机理

空气过滤理论的研究早在19世纪已经开始,而空气过滤器的研制与发展只有近几十年的历史,对微细颗粒运动规律的认识起源于19世纪初叶对微细颗粒悬浮在液体中的运动(布朗运动)研究,但到20世纪20年代才由Freundlich发展了气溶胶过滤规律,提出在 $0.1 \sim 0.2 \mu m$ 半径范围内气溶胶颗粒存在最大透过率。1931年Albrecht率先研究气流通过单一圆柱纤维运动,建立了Albrecht理论,随后Sell对其进行了必要的改进。1936年Kaufmann首先把布朗运动和惯性沉积的概念一同应用到纤维过滤理论中,推导出过滤作用的数学公式。Langmuir对过滤理论进行系统研究,提出孤立纤维法,得到广泛应用。1952年Davies用公式把扩散、截留和惯性等3种机制结合起来表示,从而建立了新的过滤理论——孤立纤维理论。1958年Friedlander、1967年Yoshioka及其同事发展了独立纤维理论,研究了较大Reynold数情况下颗粒的惯性和扩散沉积及包括重力效应和过滤器阻塞现象。1967年Pickaar和Clarenburg试图提出一个纤维过滤器微孔结构的数学理论,1987年Pich和1993年Brown在其专著中描述了过滤理论的最新发展。

空气过滤技术实践也证实了过滤绝非简单的"筛分"过程,而是由于其他更复杂因素作用的结果。在多数纤维过滤器中,纤维之间的距离都超过被捕获粒子直径的 5~10 倍,甚至更多,例如 K49 型与 K59 型高效空气过滤纸纤维平均孔隙直径分别为 2.36μm 与 2.13μm。如果按照筛分捕获机理,在筛子中被截留的粒子的直径应大于筛眼的直径。气溶胶气流内部可能出现的只是其直径比纤维间距离小的粒子,而实际上这一点并未得到证实。却发现直径为 0.1~0.2μm 的粒子是最易穿透的,而更大的或更小的粒子却被沉积下来。目前过滤理论认为过滤机理是截留效应、布朗扩散效应、惯性碰撞效应、静电效应、沉淀(重力)等。

过滤理论研究尚待完善,下面来讨论粒子在纤维上可能的沉积机理,如图 2.3 所示。

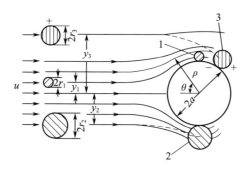

图 2.3 环绕圆柱体流动的流线和到达圆柱体表面的粒子的运动轨迹
1—靠接触效应而沉积的粒子;2—靠惯性而沉积的粒子;3—靠静电力而沉积的粒子。

(1)接触(截留)效应。当粒子与其一起运动的流线经过障碍物表面(粒子中心到纤维表面距离等于或小于粒子半径时),两者发生多次碰撞而被截留(图 2.3,位置 1)。如果粒子直径大于孔隙直径,则发生筛分作用。筛分效应是接触作用的特殊情况,靠几何效应(直接接触或钩住效应)被捕获。

(2)惯性效应。产生的原因是,当粒子质量和运动速度相当大时,在流线剧烈弯曲时粒子便不可能跟随流线运动(此时流线绕过障碍物)。粒子力图按惯性继续沿着自己的直线轨迹运动,从而离开流线(图 2.3,位置 2)发生沉积。

(3)扩散效应。高度分散性粒子的布朗运动或热运动。这是气体分子与粒子表面碰撞的结果。这种运动与粒子在过滤器中沿流线的运动相叠加,粒子直径越小,粒子离开流线越强烈,沉积在环绕固体上的概率越大。这种沉积机理与分子扩散传质相似。

(4) 重力沉降。重力导致粒子有一定的沉降,在粒子通过过滤器时,受重力作用离开流线发生的沉积。

(5) 静电沉积。过滤器纤维和流经过滤器的粒子有可能带上电荷,电荷间的相互作用可以使粒子发生沉积。

粒子被捕集或是多种机理的集合效应,或是单独效应的结果,对于一定直径的粒子,一种机理或另一种机理可能占优势。粒子可由几种机理同时作用发生沉积;每种机理作用的大小决定于粒子的直径和密度,纤维直径、纤维层的孔隙率、气流速度等。

2.2 绕纤维圆柱体流动的速度场

过滤理论研究中,最先建立了纤维的孤立圆柱体理想化模型。这种方法将高孔隙率的纤维当成孤立的圆柱体,忽略周边纤维的影响,将含有气溶胶粒子的气流在纤维孔道内的运动,认为是一种绕纤维圆柱体的流动,基于黏性流体运动方程,求解纳维-斯托克斯方程,计算速度场,然后计算在各种机理作用下粒子在圆柱体上的捕获效率。所得到的规律用于纤维过滤器时再进行经验修正。由于纳维-斯托克斯方程精确解复杂且不便应用,发展出近似方法,称为奥森近似计算。目前,计算机技术的发展促进了利用数值求解探索纤维过滤机理、找到满足过滤材料工程化所需要的数值解的研究。实验流体力学研究方法在过滤理论中也得到了广泛应用。这种方法能得到可应用于工业材料的关系式。根据相似理论,粒子在圆柱体上的每种沉积机理的总捕获效率可以定量地用相应的无因次参数来表征,通过它们估算每种形式的捕获效率。粒子在过滤器中的总捕获效率可以表示为这些参数的函数,即

$$\eta = f(D, St, R, G, K, Re) \tag{2.1}$$

式中:D、St、R、G、K 为粒子借助扩散效应、截留效应、沉降、重力、静电力沉积的无因次参数;Re 为雷诺数。

这些参数将在下面予以介绍。

按照孤立圆柱体模型,粒子被孤立圆柱体捕获的效率决定于相聚集起来的

气流截面积(聚集起来的气流就是能把其中的粒子全部捕获的气流流线范围)与圆柱体在流动方向上的投影面积之比(以单位分率表示),即

$$\eta' = \frac{y}{a} \tag{2.2}$$

式中:y 为从中心流线到未被障碍物所搅乱的气流中的粒子轨迹之间的距离,这个距离内的粒子将由于沉积机理中的一种作用而接触圆柱体的表面(图2.3);a 为圆柱体的半径。

为了计算粒子被纤维捕获的效率,进而计算过滤器的捕获效率,必须有孤立圆柱体周围速度场和圆柱体系统中速度场的数据。

气流在纤维附近的流动可以认为是平行流绕圆柱体运动,有两种基本流动型式,即位势流和黏滞流。图2.4 为气流环绕圆柱体时位势流和黏滞流的流线及速度图。

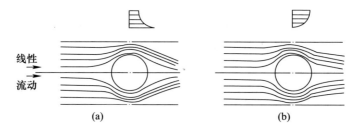

图2.4 围绕圆柱体流动时气体流线图
(a)位势流情况;(b)黏滞流情况。

2.2.1 理想流体的速度场

雷诺数(式(2.3))决定了流体的流动状态,纤维过滤器纤维直径、形状、填充率、气体黏性各不相同,因此,在过滤器中气体的流动状态可能是层流、湍流或过渡流。

$$Re = \frac{2av\rho_{\text{气}}}{\mu} \tag{2.3}$$

式中:$\rho_{\text{气}}$ 为气体的密度;μ 为气体黏度。

在高 Re 时,位势流近似为理想流体,图2.4(a)描绘一流体围绕一无限长

第 2 章　气溶胶过滤原理

固定圆柱的位势流。因为没有黏度,故势流将足够精确地环绕过圆柱体传递到它的阵面方向。在圆柱体的势流环绕的情况下的速度分量由下面表达式确定:

$$v_\rho = -v\left(1 - \frac{a^2}{\rho^2}\right)\cos\theta \tag{2.4}$$

$$v_\theta = v\left(1 + \frac{a^2}{\rho^2}\right)\sin\theta \tag{2.5}$$

式中:v_ρ、v_θ 为径向速度和切向速度;v 为在离圆柱体无穷大距离上向 $\theta = \pi$ 方向流动的气流速度;θ 为半径向量与水平轴之间的夹角;ρ 为从圆柱体轴到所关注流线的距离。

2.2.2　低雷诺数时的拉姆速度场[3]

对于黏性流体,拉姆(Lamb)根据奥森(Ossen)方程导出流函数方程,在 $Re < 1$ 的情况下,在圆柱体表面附近得出流体速度分量:

$$v_\rho = -\frac{v\cos\theta}{2(2 - \ln Re)}\left(1 - \frac{a^2}{\rho^2} - 2\ln\frac{\rho}{a}\right) \tag{2.6}$$

$$v_\theta = \frac{v\sin\theta}{2(2 - \ln Re)}\left(1 - \frac{a^2}{\rho^2} + 2\ln\frac{\rho}{a}\right) \tag{2.7}$$

引入很稀的平行配置圆柱体系统(装填密度 $\alpha < 0.10$)的圆柱体周围的两维速度场,对垂直于圆柱体轴线流动的气流,由下面的关系式确定,即

$$\psi(\rho,\theta) = \frac{\alpha v\sin\theta}{2(-0.5\ln\alpha - c)}\left(\frac{a}{\rho} - \frac{\rho}{a} + \frac{2\rho}{a}\ln\frac{\rho}{a}\right) \tag{2.8}$$

式中:$\psi(\rho,\theta)$ 为流函数,它与分速度的关系由公式 $v_\rho = \frac{\partial\psi}{\rho\partial\theta}$ 和 $v_\theta = \frac{\partial\psi}{\partial\rho}$ 确定;c 为常数,按哈普别里(Хаппель),$c = 0.5$;按库瓦巴尔(КуВабар),$c = 0.75$);α 为圆柱体在过滤器中的装填密度。[4]

从图 2.4 可见,在高 Re 时,流线绕过圆柱体比低 Re 时剧烈得多。在黏滞流流动的情况下,粒子的轨迹开始移向远离圆柱体的方向,与高 Re 比较起来减小了惯性碰撞的概率。

2.2.3 桑原 – 黑派尔场

以上讨论的是对孤立圆柱体的研究结果,没有考虑圆柱体之间的互相影响。对于纤维过滤来说,纤维之间不是孤立的,为了考虑它们之间的相互影响,有必要对孤立圆柱体的研究结果加以修正。

桑原和黑派尔分别研究规则平行均匀排列的圆柱体的速度场并取得成功,这两位学者获得了同样的结果,仅常数值不同。

设圆柱体半径为 a,圆柱体轴线间距为 $2b$,垂直于气流排列,结构是不规则的但是均匀的,气流速度为 v_0,并设 $F_u = \dfrac{a}{b}$。

对二维不可压缩稳定流动,Navier – Stokes 方程的 Stokes 近似可以写为

$$\Delta\Delta\psi = 0 \tag{2.9}$$

式中:$\Delta = \dfrac{\partial^2}{\partial^2 \rho} + \dfrac{1}{\rho}\dfrac{\partial}{\partial \rho} + \dfrac{1}{\rho^2}\dfrac{\partial^2}{\partial \theta^2}$ 为柱坐标 (ρ, θ) 的拉普拉斯算子表达式。

设式(2.9)有下列形式的特解,即

$$\psi = f(\rho)\sin\theta \tag{2.10}$$

那么从式(2.9)可得

$$\Delta\Delta\psi = \left(\dfrac{d^2 \varphi}{d\rho^2} + \dfrac{1}{\rho}\dfrac{d\varphi}{d\rho} + \dfrac{1}{\rho^2}\varphi\right)\sin\theta = 0 \tag{2.11}$$

其中,

$$\varphi(\rho) = \dfrac{d^2 f}{d\rho^2} + \dfrac{1}{\rho}\dfrac{df}{d\rho} - \dfrac{1}{\rho^2}f \tag{2.12}$$

式(2.11)的解为

$$\varphi(\rho) = C_1 \rho + C_2 \dfrac{1}{\rho} \tag{2.13}$$

式中:C_1、C_2 为任意常数。由于式(2.13),式(2.12)的解为

$$f(\rho) = A\dfrac{1}{\rho} + B\rho + C\rho\ln\rho + D\rho^3 \tag{2.14}$$

因此,式(2.9)的特解为

$$\psi = \left(A\dfrac{1}{\rho} + B\rho + C\rho\ln\rho + D\rho^3\right)\sin\theta \tag{2.15}$$

第 2 章 气溶胶过滤原理

A、B、C、D 是可以由边界条件决定的任意常数。那么,按下列边界条件决定这些任意常数。

$$对 \rho = 1, \nu_\rho = 0, \nu_\theta = 0 \tag{2.16}$$

对 $\rho = b/a = 1/F_u$

$$R_v t v = \omega = \frac{1}{\rho}\nu_\theta + \frac{\partial \nu_\theta}{\partial \rho} - \frac{1}{\rho}\frac{\partial \nu_\rho}{\partial \theta} = -\Delta\varphi = 0 \tag{2.17}$$

$$\nu_\rho = \nu_0 \cos\theta \tag{2.18}$$

由式(2.15)及条件式(2.16)至式(2.18),得到常数 A、B、C、D 的方程组为

$$\begin{cases} A F_u^4 + B F_u^2 - C F_u^2 \ln F_u + D = \nu_0 F_u \\ 2CF_u^2 + 8D = 0 \\ A + B + D = 0 \\ A - B - C - 3D = 0 \end{cases} \tag{2.19}$$

解方程组式(2.19)可得

$$\begin{cases} A = \dfrac{\nu_0 F_u - 2\nu_0}{2F_u^4 + 3F_u^2 + 3 + 4\ln F_u} \\ B = \dfrac{2\nu_0 - 2\nu_0 F_u^2}{2F_u^4 + 3F_u^2 + 3 + 4\ln F_u} \\ C = \dfrac{-4\nu_0}{2F_u^4 + 3F_u^2 + 3 + 4\ln F_u} \\ D = \dfrac{\nu_0 F_u^2}{2F_u^4 + 3F_u^2 + 3 + 4\ln F_u} \end{cases} \tag{2.20}$$

把式(2.20)代入式(2.15),并整理可得

$$\psi = \frac{\nu_0 a \sin\theta}{2(\beta - \frac{3}{4} - \frac{\beta^2}{4} - \frac{1}{2}\ln\beta)}\left[2\frac{\rho}{a}\ln\frac{\rho}{a} - \frac{\rho}{a}(1-\beta) + \frac{a}{\rho}\left(1 - \frac{\beta}{2}\right) - \frac{\beta}{2}\left(\frac{\rho}{a}\right)^3\right] \tag{2.21}$$

把式(2.21)简化,得

$$\psi = \frac{a\nu_0 \sin\theta}{2\left(-\frac{1}{2}\ln\beta - C\right)}\left[\frac{a}{\rho} - \frac{\rho}{a} + 2\frac{\rho}{a}\ln\frac{\rho}{a}\right] \tag{2.22}$$

式中:β 为填充率,$\beta = 1 - \varepsilon = F_u^2$;$\varepsilon$ 为纤维过滤器孔隙率;C 为常数,按桑原场 $c = 0.75$,按黑派尔场 $C = 0.5$。

把式(2.22)与式(2.6)进行比较,可以看出以下几点。

(1) 在柱坐标系中,流函数均可由 ρ、θ 表示,即 $\psi = \psi(\rho,\theta)$,这一点桑原 - 黑派尔场与拉姆勃场是相同的。

(2) 拉姆勃场中包括 Re,而在桑原 - 黑派尔场中包括 β 数,适当选择 β 与 Re,流场是相同的,如在 $\beta = 0.001$ 时的桑原 - 黑派尔场与 $Re = 0.495$ 时的拉姆勃场是相同的。

(3) 当用桑原 - 黑派尔场来表示纤维系统中的速度场时,邻近纤维的影响同时被考虑进去了,对干扰效果不必进行修正。

速度分量分别为

$$\begin{cases} v_\rho = \dfrac{1}{\rho}\dfrac{\partial \psi}{\partial \theta} = \dfrac{v_0}{2\left(-\dfrac{1}{2}\ln\beta - C\right)}\left[2\ln\dfrac{\rho}{a} - 1 + \beta + \dfrac{\rho^2}{a^2}\left(1 - \dfrac{\beta}{2}\right) - \dfrac{\beta}{2}\dfrac{\rho^2}{a^2}\right]\cos\theta \\ v_\theta = -\dfrac{\partial \psi}{\partial \rho} = \dfrac{v_0}{2\left(-\dfrac{1}{2}\ln\beta - C\right)}\left[2\ln\dfrac{\rho}{a} + 1 + \beta - \dfrac{a^2}{\rho^2}\left(1 - \dfrac{\beta}{2}\right) - \dfrac{3\beta}{2}\dfrac{\rho^2}{a^2}\right]\sin\theta \end{cases}$$

(2.23)

在纤维表面 $\rho = a$ 处,$\psi = v_\rho = v_\theta = 0$。

在圆 $\rho = b$ 上,有

$$\begin{cases} \psi = v_0\sin\theta \cdot b = yv_0 \\ v_\rho = v_0\cos\theta \\ v_\theta = -v_0\sin\theta\left[1 + \dfrac{(1-\beta)^2}{2\left(-\dfrac{1}{2}\ln\beta - C\right)}\right] \end{cases}$$

(2.24)

式(2.24)中的 β、Ku、b/a 的数值见表 2.1,其中 $Ku = \left(-\dfrac{1}{2}\ln\beta - C\right)$。

表 2.1 β、Ku 与 b/a 的数值关系

β	K_u	b/a	β	K_u	b/a
0.001	2.7049	31.6	0.05	0.7973	4.47
0.002	2.3593	22.4	0.1	0.4988	3.16
0.005	1.9042	14.1	0.2	0.2447	2.24
0.01	1.5626	10.0	0.5	0.0391	1.41
0.02	1.2259	7.07	—	—	—

第 2 章 气溶胶过滤原理

对大多数纤维过滤器而言,$0.005 < \beta < 0.2$,$14.1 < b/a < 2.24$。

2.2.4 皮切对桑原-黑派尔场的扩展

皮切考虑到空气在纤维表面的滑动因素,把桑原-黑派尔的理论加以普遍化,并在桑原-黑派尔的理论中取纤维表面上的切线速度及法向速度为零,保留在 $\rho = 1$ 时,$v_\rho = 0$,而 v_θ 为:

$$v_\theta = \xi' \left(\frac{\partial v_\theta}{\partial \rho} + \frac{1}{\rho} \frac{\partial v_\rho}{\partial \theta} - \frac{1}{\rho} v_\theta \right)_{\rho=1} \quad (2.25)$$

式中:$\xi' = \xi / a$ 为相对滑动系数,其他条件保持不变。这时方程式(2.15)中的 A、B、C、D 系数的方程组变为

$$\begin{cases} A + B + D = 0 \\ -A(1 + 4\xi') + B + C + D(3 - 4\xi') = 0 \\ AF_u^4 + BF_u^2 - CF_u^2 \ln F_u + D = v_0 F_u \\ 2CF_u^2 + 8D = 0 \end{cases} \quad (2.26)$$

解方程组式(2.26),得

$$\begin{cases} A = \dfrac{v_0}{J}(F_u^2 - 2 - 2F_u^2 \xi') \\ B = \dfrac{v_0}{J}(2 - 2F_u^2) \\ C = -\dfrac{4v_0}{J}(1 + 2\xi') \\ D = -\dfrac{v_0}{J}F_u^2(1 + 2\xi') \end{cases} \quad (2.27)$$

麦克斯维尔和艾波斯坦推得空气的滑动系数为

$$\xi = 0.998 \left(\frac{2-f}{f} \right) \lambda \quad (2.28)$$

式中:λ 为分子自由程;f 为系数。

当 $f = 1$ 时,有

$$\frac{\xi}{a} = 0.998 K_n \quad (2.29)$$

式中:K_n 为努森数,$K_n = \lambda / a$。

又

$$J = 3 + 4\ln F_u - 4F_u^2 + F_u^4 + \frac{a}{\xi}(2 + 8\ln F_u - 2F_u^4),$$

对 $\beta = 1 - \varepsilon \leqslant 1, (\rho - a)/a \leqslant 1$,流函数为

$$\psi = \frac{v_0 \alpha \sin\theta \left[\dfrac{a}{\rho} - \dfrac{\rho}{\xi} + 2\left(1 + 2\dfrac{\xi}{a}\right)\dfrac{\rho}{a}\ln\dfrac{\rho}{a} \right]}{2\dfrac{\xi}{a}(-\ln\beta - 2C + 1) - \ln\beta - 2C} \tag{2.30}$$

同样 $C = 0.75$ 或 $C = 0.5$,ξ 是滑动系数,在忽略滑动的情况下($K_n \to 0, \xi \to 0$),式(2.30)就化成了式(2.22)表示的桑原-黑派尔场。

2.3 纤维过滤器效率计算

2.3.1 单根纤维截留效应过滤效率

截留机理认为粒子忽略惯性力和布朗运动影响后,无质量、有大小,因此不同粒径的粒子沿其气体流线一致的方向环绕障碍物运动,存在一条极限流线,粒子流线中心点到捕集体表面距离正好等于粒子半径,此流线以下到极坐标极轴线范围内的粒子均被拦截。对于纤维过滤,可近似看成圆柱状捕集体,其流动符合低雷诺数黏性流情况。

按照截留定义,极限流线内的所有粒子都被撞击到纤维表面而被截留捕获,此粒子数目与流向圆柱体的粒子数目之比即为截留捕获效率(η_R'),可以表示为

$$\eta_R' = \frac{\psi}{av} \tag{2.31}$$

按桑原-黑派尔场计算得到截留捕集效率 η_R' 的方程式:

$$\eta_R = \frac{1}{2Ku} \begin{bmatrix} 2\left(1 + \dfrac{r}{a}\right)\ln\left(1 + \dfrac{r}{a}\right) - \left(1 + \dfrac{r}{a}\right) + \dfrac{1}{1 + \dfrac{r}{a}} + \\ \beta\left(1 + \dfrac{r}{a}\right) - \dfrac{\beta}{2}\left(1 + \dfrac{r}{a}\right)^{-1} - \dfrac{\beta}{2}\left(1 + \dfrac{r}{a}\right)^3 \end{bmatrix} \tag{2.32}$$

式中:填充率满足 $\beta = a^2/b^2$;b 为圆柱体间平均距离的一半。

按拉姆场计算得到黏性流截留捕集效率 η_R' 的方程式:

$$\eta'_R = \frac{1}{(2 - \ln Re)}\left[(1+R)\ln(1+R) - \frac{R(2+R)}{2(1+R)}\right] \quad (2.33)$$

式中:R 为截留参数,表示为

$$R = \frac{r}{a} \quad (2.34)$$

式中:r 为粒子半径。式(2.33)近似为

$$\eta'_R = \frac{R^2}{2 - \ln Re} \quad (R<0.07 \text{ 时}, Re \ll 0.5) \quad (2.35)$$

还得到了:

$$\eta'_R \approx R^2 Re^{0.0625} \quad (2.36)$$

对于环绕孤立圆柱体的势流,截留捕获粒子的方程为

$$\eta'_R = (1+R) - \frac{1}{1+R} \quad (2.37)$$

按照式(2.37)得到了比式(2.34)高的 η'_R 值。从上面列出的方程可知:按粒子的截留机理得到的捕获效率与速度无关,只与截留参数 R 和流动型式有关。

2.3.2 单根纤维扩散沉积过滤效率

气溶胶微粒受到做布朗运动的气流中空气分子的撞击,发生显著不均衡的位移。这种微粒的无规则运动现象称为微粒的扩散运动。气溶胶微粒的扩散运动类似于气体分子的扩散过程,也符合一般扩散规律,微粒在给定方向上 t 时间内均方根扩散位移量 X 可表示为

$$\bar{X}^2 = 2Dt \quad (2.38)$$

式中:D 为微粒的扩散系数,可表示为

$$D = \frac{kTC}{6\pi\mu r} \quad (2.39)$$

其中:k 为玻尔兹曼常数,$k = 1.38 \times 10^{-23}$ J/K;T 为热力学温度;C 为肯宁汉(Conningham)滑动修正系数,它是对直径与气体分子平均自由程 λ 差不多或更小的粒子迁移率提高的修正。

修正系数按下式计算,即

$$C = 1 + \frac{\lambda}{r}(1.257 + 0.4e^{-1.1r/\lambda}) \qquad (2.40)$$

$$\lambda = \frac{\mu}{\rho_{\text{气}}}\left(\frac{\pi M}{2RT}\right)^{\frac{1}{2}} \qquad (2.41)$$

式中：$\rho_{\text{气}}$ 为气体的密度（kg/m³）；M 为气体分子的摩尔质量（kg/mol）；R 为摩尔气体常数（J/(mol·K)）；r 为粒子半径（m）；μ 为气体黏度（Pa·s）；λ 为气体分子平均自由程，通常取 6.5×10^{-8} m（对于空气，在 $t = 20$ ℃和标准大气压下）。

表2.2列出了根据式（2.40）计算的粒子滑动的修正系数 C 的值。

表2.2 粒子滑动的修正系数

粒子直径 $2r/\mu m$	0.003	0.01	0.03	0.1	0.3	0.5	1.0	3.0	10.0
滑动修正系数 C	72.37	22.12	7.79	2.86	1.56	1.57	1.16	1.05	1.02

图2.5示出了球形粒子的扩散系数（D）与其直径的关系。从图2.5可见，D 随粒子直径的减小而急剧增加。例如，在通常条件下，直径 $2r = 0.1\mu m$ 的粒子的扩散位移是 $36.61\mu m/s$，而 $2r = 1\mu m$ 粒子的扩散位移仅为 $7.35\mu m/s$。

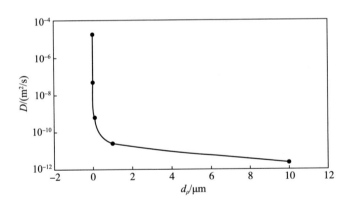

图2.5 球形粒子的扩散系数与其直径的关系（20℃，标准大气压下）

因此，对于直径小于 $0.1\mu m$ 的粒子，扩散系数是相当大的。直径为 $0.3 \sim 1\mu m$ 的粒子扩散系数相当小。直径为 $0.3 \sim 1\mu m$ 的粒子在常用过滤速度（$u < 1$m/s）的条件下，其惯性效应很小，因而，这样的粒子就难以捕获。

悬浮着的高度分散的粒子极其混乱地运动，它向所有的方向自由移动；如果在这样的气溶胶中放置物体（如圆柱体），粒子将在圆柱体的所有表面上沉积，而从邻近的气体层中分离出来。利用随机运动理论，朗格缪尔（Langmuir）

计算了气溶胶静止层的厚度 x_0,经过时间 t 后由于扩散作用粒子从这层完全被沉积下来:

$$x_0 = \left(\frac{4Dt}{\pi}\right)^{\frac{1}{2}} \qquad (2.42)$$

就是亚微米粒子的扩散速度与气体分子的扩散速度比较起来也是很小的,所以粒子的扩散系数(D)要比气体分子的扩散系数小几个数量级。

实验结果表明,在 $r \leqslant 0.11\mu m$ 的粒子过滤时,当流速不大时($u \leqslant 1m/s$),粒子的惯性沉积可以忽略不计。如果在这种情况下,静电效应的影响不大,那么在计算纤维过滤器时,只考虑粒子的扩散作用,但在某些情况下(粒子直径为 $1\mu m$ 左右和更细的纤维)还要考虑接触效应。

为了计算粒子被孤立纤维靠布朗扩散捕获的效率,朗格缪尔利用式(2.1),并假定在 $\theta = \pi/2$ 时全部粒子得以靠扩散而从其中分离出来的气溶胶的厚度等于 x_0:

$$\eta'_{\text{扩散}} = \frac{1}{2(2-\ln Re)}\left[2\left(1+\frac{x_0}{a}\right)\ln\left(1+\frac{x_0}{a}\right) - \left(1+\frac{x_0}{a}\right) + \frac{1}{1+\frac{x_0}{a}}\right] \qquad (2.43)$$

为了计算 x_0,假定扩散沉积的进行时间为 t,粒子流沿着流线从 $\theta = \pi/6$ 运动到 $\theta = 5\pi/6$。利用流线式(2.4),这个时间确定为

$$t = \frac{1.112a^2(2-\ln Re)}{ux_0}$$

式中:x_0 为在粒子从 $\theta = \pi/2$ 运动到 $\theta = 5\pi/6$ 时,粒子离圆柱体表面的均方距离(图2.6)[4]。

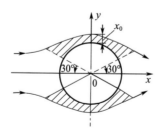

图 2.6　接近于圆柱体表面的区域
(根据朗格缪尔理论粒子靠扩散作用从这个区域沉积)

将 t 的值代入式(2.42)中,得

$$\frac{x_0}{a} = 1.12\left[\frac{(2-\ln Re)D}{au}\right]^{1/3} \tag{2.44}$$

也可以写成: $\frac{x_0}{a} = 1.308(2-\ln Re)^{1/3}Pe^{-1/3}$, 将 x_0/a 的数值代入式(2.43)便可计算 $\eta'_{扩散}$。$x_0/a \ll 1$ 时, 式(2.43)可以表达为

$$\eta'_{扩散} = \frac{1.71 Pe^{-2/3}}{(2-\ln Re)^{1/3}} \tag{2.45}$$

式中: $Pe = \frac{2au}{D}$ 为皮克莱(Péclet)数。

对于黏性流, 弗里德兰德(Friedlander)和纳坦森(Natanson)分别导出以下相似公式:

$$\eta'_{扩散} = \frac{C'Pe^{-2/3}}{(2-\ln Re)^{1/3}} \tag{2.46}$$

式中: C' 在弗里德兰德公式中为 2.22, 在纳坦森(Natanson)公式中为 2.92。

对于位势流, 纳坦森在高雷诺数时给出捕获效率:

$$\eta'_{扩散} = 3.19 Pe^{-1/2} \tag{2.47}$$

代入 Pe 值, 式(2.46)可以表示成更简单的形式:

$$\eta'_{扩散} \approx \frac{A}{(aur)^{2/3}} \tag{2.48}$$

式中: A 为系数。

根据式(2.48), 扩散捕获效率与粒子和纤维直径以及过滤速度成反比。

2.3.3 微粒在单根纤维上惯性沉积

通常, 气溶胶微粒随气流一起流动时, 微粒的速度(方向和大小)都是和气流相一致的。但是当气流通过滤烟层时, 被分割成若干细流, 这些细流在滤烟层弯曲的孔道里运动, 在接近纤维圆柱体表面时, 流体微元体偏离而环绕过圆柱体, 而其中的微粒不可能马上获得在流线弯曲处气流的速度, 往往脱离气流的主体, 而以自身惯性运动的方向和速度运动。这是因为气溶胶微粒的质量比空气分子的质量大得多(几乎是空气中分子质量的 10^7 倍左右), 所以运动着的微粒惯性也比空气中分子大得多。惯性使微粒努力保持原有的直线运动, 在弯

曲的孔道内不易改变方向,这样就容易脱离气流主体而撞击在纤维表面上。而同时,环绕流也阻碍微粒保持自身惯性运动的方向和速度运动,所以微粒受到合力作用,不考虑气流作用并忽略重力沉降,即依靠惯性做减速运动。微粒在以 u 作水平运动时,按牛顿定律,粒子的运动可表示为

$$m \frac{\mathrm{d}u}{\mathrm{d}t} = F_\mathrm{e} - F_\mathrm{D} \tag{2.49}$$

式中:m 为粒子的质量;u 为粒子的向量速度;F_e 为作用在粒子上的外力,在惯性力情况下为零;F_D 为流体阻力。

假定粒子受到的阻力用斯托克斯定律描述,即 F_D 可从下式确定:

$$F_\mathrm{D} = \frac{6\pi\mu r}{C}(u - v) \tag{2.50}$$

式中:$u - v$ 为粒子的相对向量速度;C 为肯宁汉滑动修正系数。

如忽略外力及气体密度,以无因次形式表示方程(2.49),可得:

$$\frac{2Cv\rho_{\text{粒子}}r^2}{9\mu a} \cdot \frac{\mathrm{d}u}{\mathrm{d}t} = St \frac{\mathrm{d}u}{\mathrm{d}t} = -(u - v) \tag{2.51}$$

式中:St 为无量纲的惯性沉积参数,即

$$St = \frac{mvC}{6\pi\mu r} = \frac{2Cv\rho_{\text{粒子}}r^2}{9\mu a} \tag{2.52}$$

无量纲的惯性沉积参数 St,通常简单地称为斯托克斯(Stokes)准数或斯托克斯数,其物理意义是指作用于微粒的惯性力和空气阻力之比,在数值上等于初速为 v 的粒子在静止的空气中行进直至停止所通过的距离与所环绕的圆柱体的特征半径 a 之比。

解式(2.51)这个非线性微分方程获得曲线运动的微粒的极限轨迹 y 很困难,通常需要进行数值求解,或者采用半经验公式。通常捕获效率 η'_{St} 的计算公式形式为

$$\eta'_{St} = f(St, R_\mathrm{e}) \tag{2.33}$$

在文献中发表了极限轨迹和 η'_{St} 的计算结果,包括圆柱体、球体、平板和其他几何形状的障碍物。计算结果表明,对于有限尺寸粒子的 η'_{St},对于各种流动状态,仅与 St、Re 和 $R\left(\dfrac{r}{a}\right)$ 有关。

图 2.7、图 2.8[4]和图 2.9 列举了一些关于惯性捕获效率与 St 关系的数据。从图 2.8 列举的曲线可以看出,如果 St 不超过 0.1 数量级,惯性捕获效率是很小的。但是不管气体流动状态和障碍物的几何形状如何,惯性捕获效率均随 St 的增大而增大,即随着流动速度、粒子直径和密度的增大以及圆柱体直径的减小而增大。

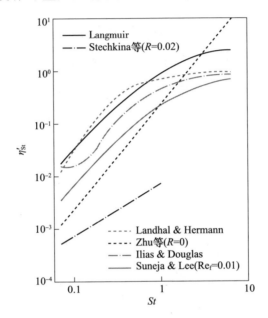

图 2.7　粒子的惯性捕获效率(η'_{St})与斯托克斯数(St)关系的计算曲线(在不同形状的孤立物体上)

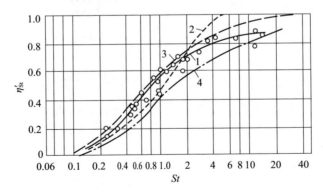

图 2.8　在孤立的圆柱体上惯性捕获效率(η'_{St})与斯托克斯数(St)的计算与实验的关系

1—May 和 Clifford 的数据;2—Wony、Ranz 和 Johustane 的数据;

3—根据 Langmuir 和 Blodgett 的计算;4—格里高利的数据。

第 2 章 气溶胶过滤原理

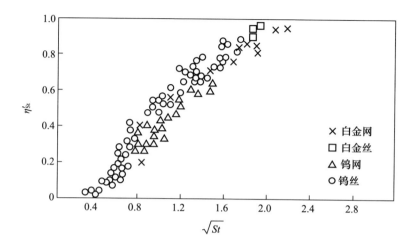

图 2.9 球粒对纤维线的惯性效率实验结果

兰达尔(Landahl)和赫曼(Hemann)在 $Re = 10$ 时得到以下的 η'_{St} 经验式：

$$\eta'_{St} = \frac{St^3}{St^3 + 0.77St^2 + 0.22} \tag{2.53}$$

式(2.51)和式(2.52)表明：惯性捕集效率随着 St 数值的增加，即随气流速度、微粒半径的增加及纤维半径的减少而增加，假使 St 数值不超过 0.1，则惯性捕集效率很小(见图 2.7 与图 2.8)。当 $St \to 0$ 时，惯性力消失，微粒和气流速度趋于一致；而当在一个极小的 St 值(称为临界惯性沉积参数 St_{cr})时，微粒的惯性不能克服气流对它的吸引，因而不能在纤维表面沉积下来。或更精确地说，粒子在大于其粒子半径的距离上在圆柱体表面的外面通过。在 $St < St_{cr}$ 时，纯粹的惯性捕获是不可能的，即 $\eta'_{St} = 0$。对于每种速度场，都存在相应的 St_{cr}。

Langmuir 和 Blodgett 对势流的圆柱绕流得到：

$$St_{cr} = \frac{1}{16} \tag{2.54}$$

纳坦森(Natanson)对黏性流在 $Re = 0.1$ 时得到：

$$St_{cr} = 2.15 \pm 0.05 \tag{2.55}$$

在图 2.10 上示出了不同接触参数值 $R\left(\dfrac{r}{a}\right)$ 的计算曲线，即惯性和接触机理联合存在时的捕获作用。

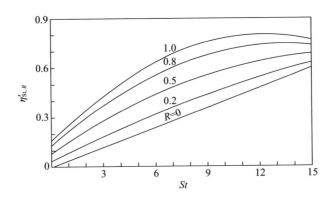

图2.10 在 $Re=2$ 和不同的 $R=r/a$ 值时粒子被圆柱体惯性捕获的效率

根据所列举的惯性和接触作用的联合作用下捕获效率的图解关系,戴维斯得到在 $Re=0.2$ 时的表达式为

$$\eta'_{St+R} = 0.16[R + (0.25 + 0.4R)St - 0.0263RSt^2] \quad (2.56)$$

式(2.56)表明,惯性和接触联合作用时的捕获效率高于单独靠惯性和接触作用的捕获效率之和。

2.3.4 孤立圆柱体捕获粒子的总捕获效率

气溶胶气流环绕圆柱体流动时,如果截留、扩散、惯性等捕获机理单独起作用,则总捕获效率等于各分效率之和,即 $\eta'_\Sigma = \eta'_{扩散} + \eta'_R + \eta'_{St}$。实际上,像这样的总和只是在某些情况下才得出近似的结果。人们试图估算各种机理同时作用对 η'_Σ 的影响,虽然已经得到了两种或三种机理联合出现情况下捕获效率计算的近似数据。但是,目前还未导出总方程 $\eta'_\Sigma = f(D,R,St,G)$ 的精确解法。

在 D 和 St 较小的条件下,有时认为总捕获效率等于扩散和接触联合作用或惯性与接触联合作用的捕获效率。所以,单根纤维对微粒的总捕集效率又可表示为

$$\eta'_\Sigma = \eta'_{St,R} + \eta'_{D,R} \quad (2.57)$$

如果惯性作用下微粒没有和纤维发生接触,则应不被捕集;但其轨迹(中心线)若正好达到纤维表面距离 r 的程度,则由于截留效应起作用,仍可被捕集,即纤维可以捕集到微粒的轨迹,扩大到两种效应(即惯性、截留效应)同时存在

的捕集效率 $\eta'_{St,R}$。同样,在扩散效应作用下,微粒轨迹未达到纤维表面,而是达到表面为 r 的范围,也将由于截留效应使微粒被捕集,即扩散截留效应,其捕集效率也是二者同时存在的 $\eta'_{D,R}$。$\eta'_{St,R}$ 与 $\eta'_{D,R}$ 的具体表达式可参见相应的专门论述。

纤维滤烟层内部情况比单根纤维要复杂得多,纤维的空间方向、密度、相互的组合形式都不相同,纤维周围的速度场和单根纤维也不同。因此,需对单根纤维的效率进行纤维干涉的修正。文献介绍修正计算方法较多,陈家镛提出以下修正公式:

$$\eta_\Sigma = \eta'_\Sigma(1 + 4.5\beta) \tag{2.58}$$

由于填充密度越大,这种干涉影响就越大,故在修正系数中包含有填充率 β。这种用实验方法确定的滤烟层中单根纤维在纤维干涉影响下的捕集效率与孤立单根纤维捕集效率之间的关系的方法,称为实验系数法。η_Σ 按式(2.58)计算。目前,文献中给出的其他计算效率公式较多,由于式(2.58)简单,便于使用,且已证实实验结果与之接近,故在有关文献中常采用。

2.3.5 气溶胶对数穿透定律

下面研究纤维过滤器中粒子的捕获效率(η)和纤维层中单位长度纤维捕获粒子的总捕获效率(η'_Σ)的关系。

计算纤维过滤器的效率 η,需应用对数穿透定律。假设纤维滤烟层由若干单元层组成且符合下列条件:

(1)纤维的排列是规则的;
(2)每一层纤维网在捕集微粒时,都具有相同的几率;
(3)微粒一旦沉积在纤维上,不再发生吹逸、飞散。

根据物料衡算,推导出以下结果:

$$\ln K' = 2 - \frac{0.55\beta H \eta''_\Sigma}{(1-\beta)d_f} \tag{2.59}$$

式中:K' 为透过系数(%),指经过过滤层后的气溶胶浓度与初始浓度之比;H 为过滤器纤维层厚度;η''_Σ 为过滤器中的单位长度纤维在所有捕获机理作用下的粒子捕获效率;d_f 为纤维直径。

式(2.59)为均匀过滤器捕获粒子的基本规律。

参 考 文 献

[1] 刘敏,齐秀丽. 生物武器及其防护[M]. 北京:北京理工大学出版社,2020.

[2] 许钟麟. 空气洁净技术原理[M]. 北京:中国建筑工业出版社,1983.

[3] 张国权. 气溶胶力学——除尘净化理论基础[M]. 北京:中国环境科学出版社,1987.

[4] 程代云,史喜成. 集体防护装备技术基础[M]. 北京:国防工业出版社,2008.

第3章

有毒化学品液滴渗透原理

液滴是战场上有毒化学品造成人员皮肤伤害的主要战斗状态[1]。目前主要采用含碳纤维织物[2]或者高分子薄膜等防毒材料分别设计制成防毒服或者防毒衣进行有效防护,一是依靠材料的吸附或抗渗透作用,二是通过设计防毒服或者防毒衣结构气密性达到防护目的。液滴与防毒材料的渗透作用过程比较复杂,大体可分为浸润、铺展、溶胀溶解、扩散、解吸等阶段,本章重点介绍这些过程的基本理论。

3.1 液滴在织物表面的浸润与铺展

3.1.1 液滴对织物的润湿

1. 润湿发生的条件

浸润是一种流体从固体表面置换另一种流体的过程。最常见的浸润现象是一种流体从固体表面置换空气。图 3.1 是液滴与理想光滑表面接触系统的剖面示意图,设想在平衡位置附近,接触线有一位移 dx,对每单位长度接触线引起的能量改变的总和可以表示为方程式(3.1),平衡时 F_a 取最小值 ($dF_a/dx = 0$),由此得到杨氏(Young)关系为式(3.2)。

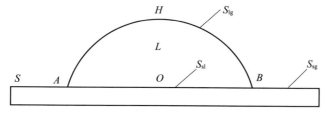

图 3.1 固-液-气接触系统

$$dF_a = (\gamma_{sl} - \gamma_{sg})dx + \gamma_{lg}\cos\theta dx \qquad (3.1)$$

$$\cos\theta = \frac{(v_{sg} - v_{sl})}{\gamma_{lg}} \qquad (3.2)$$

$$dF_a = r(\gamma_{sl} - \gamma_{sg})dx + \gamma_{lg}\cos\theta^* dx \qquad (3.3)$$

对于实际固体表面,总是存在物理缺陷(表面粗糙)或者化学缺陷(各点的化学组成不同),表面粗糙对液滴浸润产生影响。Wenzel 模型试图确定表观接触角,设定定域接触角由杨氏关系给定(方程式(3.2)),表观接触角为 θ^*,假定粗糙尺寸远小于液滴尺寸,则单位长度内的表面能变化量与移动距离 dx 之间满足式(3.3),式中 r 为固体表面粗糙度,$r=1$ 时(理想光滑固体表面)即为杨氏关系。$r>1$ 时,浸润达到平衡时,$\cos\theta^* = r\cos\theta$,可以推断亲水性与疏水性均被粗糙度所加强。

例如,有毒化学品液滴在图 3.2 所示的凹槽中,凹槽的伸展方向为 X 轴方向,当液滴在凹槽中伸展时,界面面积随 X 而变化,则单位长度内的表面能变化量与移动距离 dx 之间满足式(3.4),由于表面上有小凹槽,液滴扩展时,S_{sl} 增大就会大于 S_{lg} 的增大,利于润湿。

$$\frac{dF_a}{dx} = \gamma_{lg}\frac{dS_{lg}}{dx} - (\gamma_{sg} - \gamma_{sl})\frac{dS_{sl}}{dx} = \gamma_{lg} \cdot BC - (\gamma_{sg} - \gamma_{sl}) \cdot 2AB \qquad (3.4)$$

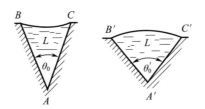

图 3.2 液体在沟槽中的断面示意图

由方程式(3.4)可见,即 $BC/2AB < (\gamma_{sg} - \gamma_{sl})/\gamma_{lg}$ 即 $BC/2AB < \cos\theta$ 时,F_a 减小,此时液体才能在凹槽中伸展。其中 $BC/2AB$ 永远是一个大于零的值,因此固有接触角 $\theta < 90°$,是液体在凹槽中伸展的必要条件。另外,凹槽的顶角 θ_a 的大小对润湿也有影响,并且还存在一个临界顶角 θ_c,其值为 $\sin(\theta_c/2) = \cos\theta$,即当顶角 $\theta_a < \theta_c$ 时,液体才能在凹槽中自发伸展。

根据方程式(3.4)可以计算有毒化学品液滴在两根平行的圆柱形纤维间的伸展。纤维的截面如图 3.3 所示,设纤维的轴线方向为 X,则液体在两根纤维间

第 3 章　有毒化学品液滴渗透原理

沿 X 前进方向单位长度内的表面能变化量与移动距离 $\mathrm{d}x$ 之间满足方程为

$$\frac{\mathrm{d}F_\mathrm{a}}{\mathrm{d}x} = \gamma_\mathrm{lg} \cdot 2AB - (\gamma_\mathrm{sg} - \gamma_\mathrm{sl}) \cdot 2AA' \tag{3.5}$$

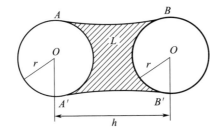

图 3.3　液体在两根平行纤维间的断面示意图

液体处于两个直径很小的纤维柱面之间,可近似认为 $AB = h$,$AA' = \pi r$。当 $P = \dfrac{\mathrm{d}F_\mathrm{a}}{\mathrm{d}x} = 0$ 时,两纤维的中心距为临界距 h_c,由式(3.5)可得

$$h_\mathrm{c} = 3.14 r \cos\theta \tag{3.6}$$

显然,只有当两根纤维间距离小于 $3.14 r \cos\theta$ 时,有毒化学品液滴才能在其间自发伸展。因此,适当减小纤维间距离,利于液滴在其中的铺展。

2. 润湿速率

彻瑞(Cherry)在 1964 年首先对润湿的速率[3]进行了研究。假设一个有毒化学品液滴置于平直的皮防材料表面上,若有毒化学品液滴则用 $\cos\theta_1$ 表示的轮廓移动到用 $\cos\theta_2$ 表示的轮廓,这一移动的表面自由能变化为 $\mathrm{d}F_\mathrm{a}$;再假设有毒化学品液滴与皮防材料表面接触的界面为圆,其半径为 r,液滴边缘的长度为 y,若液滴边缘向外移动的距离为 $\mathrm{d}r$,则

$$\mathrm{d}S_\mathrm{sl} = y\mathrm{d}r = -\mathrm{d}S_\mathrm{sg}$$
$$\mathrm{d}S_\mathrm{lg} = \mathrm{d}S_\mathrm{sl}\cos\theta_\mathrm{t} = y\mathrm{d}r\cos\theta_\mathrm{t}$$

因此

$$\mathrm{d}F_\mathrm{a} = \int_{\cos\theta_1}^{\cos\theta_2}(\gamma_\mathrm{lg}\cos\theta_\mathrm{t} + \gamma_\mathrm{sl} - \gamma_\mathrm{sg})y\mathrm{d}r$$

又因为

$$\cos\theta = \left(\frac{\gamma_\mathrm{sg} - \gamma_\mathrm{sl}}{\gamma_\mathrm{lg}}\right)$$

$$\mathrm{d}F_\mathrm{a} = \int_{\cos\theta_1}^{\cos\theta_2}\gamma_\mathrm{lg}y(\cos\theta_\mathrm{t} - \cos\theta)\mathrm{d}r \tag{3.7}$$

式中:θ_t 为液滴轮廓移动中某一时刻的实际接触角。

由于两个邻近的亚稳定平衡位置之间,液滴向前移动引起 θ_t 的变化是很小的,所以可近似地把 $\cos\theta_t$ 看作在 $\cos\theta_1 \sim \cos\theta_2$ 之间随 r 成线性变化,即

$$\cos\theta_t = \cos\theta_1 + c'(\cos\theta_2 - \cos\theta_1) \tag{3.8}$$

式(3.8)中,$c' = (r' - r_1)/(r_2 - r_1)$。若令 $x = r_2 - r_1$,则 $\mathrm{d}r = x\mathrm{d}c$,因而式(3.7)可以写成

$$\mathrm{d}F_a = -\gamma_{\mathrm{lg}} xy \int_0^1 [\cos\theta - \cos\theta_1 - c(\cos\theta_2 - \cos\theta_1)]\mathrm{d}c$$

又因 $(\cos\theta - \cos\theta_1) \gg (\cos\theta_2 - \cos\theta_1)$

则

$$\mathrm{d}F_a = -\gamma_{\mathrm{lg}} xy(\cos\theta - \cos\theta_t) \tag{3.9}$$

根据格拉斯顿(Glasstone)等在1941年提出的液滴边缘向前流动的速率常数方程[4]为

$$k_a = \frac{2kT}{h}\left[\mathrm{e}^{-\Delta E\eta/(kT)} \cdot \sinh\left(-\frac{\mathrm{d}F_a}{2kT}\right)\right]$$

由于 $\mathrm{d}F_a \ll 2kT$,所以可得

$$k_a = \frac{2kT}{h}\mathrm{e}^{-\frac{\Delta E\eta}{(kT)}} \tag{3.10}$$

再根据艾灵(Eyring)对黏性流动提出的黏度方程,即

$$\eta = \frac{h}{V}\mathrm{e}^{\frac{\Delta E\eta}{(kT)}} \tag{3.11}$$

式中:V 为活化体积,可表示为 $V = x \cdot y \cdot l$,其中 l 是单位流体在流动方向上流动的距离。结合式(3.9)至式(3.11),并令 $k_a = \mathrm{d}\cos\theta_t/\mathrm{d}t$,则

$$\frac{\mathrm{d}\cos\theta_t}{\mathrm{d}t} = \frac{\gamma_{\mathrm{lg}}}{\eta l}(\cos\theta - \cos\theta_t) \tag{3.12}$$

式(3.12)是有毒化学品液滴在皮防材料表面润湿速率方程,并被大量的实验所证明。由式(3.12)可见,有毒化学品液滴在皮防材料的水平表面上向外扩展的速度,与液体的表面张力成正比,与液体的黏度以及单位体积液体流动的距离成反比,并且越接近平衡时的接触角,其移动速率越低。显然,当液滴轮廓与平衡轮廓相等,甚至 $\cos\theta < \cos\theta_t$ 时,则液滴不再向外扩展,甚至向里

第 3 章 有毒化学品液滴渗透原理

收缩。

3.1.2 有毒化学品液滴在织物上的铺展

1. 有毒化学品液滴在织物中的毛细渗透方程[5-6]

将液滴在织物上的铺展看成液体在织物中的毛细渗透过程,华西本(Washbarn)方程按照黏性流体在毛细管中的层流流动处理,假设有二:一是忽略渗透过程初始的瞬时速率与整个过程的差异;其次固液动态接触角稳定不变,毛细渗透简化为一个准稳态流体流动过程。因此,流体流量可表示为

$$Q = \frac{r^4 \Delta p}{8\eta h} \tag{3.13}$$

式中:$\Delta p = \Delta p_c + \Delta p_g$,$\Delta p_c = 2\gamma_{lg}\cos\theta/r$(由拉普拉斯(Laplace)方程得到);$\Delta p_g = \pm \rho g h$(负号表示向上流,正号表示向下流);$\Delta p_c$ 为毛细压力;Δp 为流体的压降;Δp_g 为流体静力学压;r 为毛细管半径;η 为液体的黏度;g 为重力加速度;ρ 为液体的密度。

以液体在毛细管中流动的线速度表示方程式(3.13),可写成

$$\frac{\mathrm{d}h}{\mathrm{d}t} = \frac{r^2}{8\eta h}\left(\frac{2\gamma_{lg}\cos\theta}{r} \pm \rho g h\right) \tag{3.14}$$

或者

$$\frac{\mathrm{d}h}{\mathrm{d}t} = \frac{r\gamma_{lg}\cos\theta}{4\eta h} \quad (\text{水平毛细管}) \tag{3.15}$$

式中:$\frac{\mathrm{d}h}{\mathrm{d}t}$ 为有毒化学品液体在毛细管中的流动速度;r 为毛细管半径;η 为有毒化学品液体的黏度;g 为重力加速度;ρ 为液体的密度。

2. 液滴在纱线上的毛细迁移

织物纱线与液滴接触分为两个过程:首先是式(3.14)和式(3.15)描述的液体在毛细管中的流动过程;其次是液体全部进入纱线后毛细流动不因液源耗尽而停止,仍会继续向前流动一定距离的过程。液源耗尽后的毛细运动,是液体从每单位体积具有较小固−液界面面积的空间,向具有较大液−固界面面积空间的运动,即液体从半径较大的毛细管流向半径较小的毛细管。若一个小毛细管 A 与一大毛细管 B 相连接,则液体移出大毛细管进入小毛细管的净作用力为

$$\Delta p = p_A - p_B = \frac{2\gamma_{lg}\cos\theta_A}{r_A} - \frac{2\gamma_{lg}\cos\theta_B}{r_B} \tag{3.16}$$

从热力学平衡接触角的观点看,在纱线中 $\theta_A = \theta_B$,由于 $r_A < r_B$,因此 $\Delta p > 0$,则液体从大毛细管一直全部移到小毛细管内才能停止。然而液体在毛细管中前进、后退时,接触角要发生滞后,即前进接触角要大于平衡接触角,后退接触角要小于平衡接触角。因此,导致 $\theta_A > \theta_B$,当液体在毛细管中停止流动时 $\Delta p = 0$,则

$$\frac{\cos\theta_A}{\cos\theta_B} = \frac{r_A}{r_B} \tag{3.17}$$

纱线由许多根纤维纺制而成,各纤维间距离不同,所形成的许多毛细管大小不等,所以液源耗尽后,液体仍要向前继续迁移一段距离,一直到满足方程式(3.17)的关系时,毛细迁移才停止。

3. 有毒化学品液滴在织物上的铺展

纺织布是由经纱和纬纱垂直交叉,按一定方式编织而成。在液滴和织物的表观接触角 $\theta_s < 90°$ 条件下,液滴与织物接触的瞬间便开始进入织物内部。液体首先是进入固-液界面面积下的纱线和纱线相互交叉形成的小空格内,并同时在纱线内、外向外发生迁移。纱线外小格内的液体,先由较大的小格向相邻的较小的小格迁移,然后再进一步向交叉点附近的凹口状沟道中迁移和进入纱线,最后小格内的液体被抽空;而纱线内的液体则按前面所介绍的规律向外发生毛细迁移。液体在纱线内的迁移不受垂直交叉线的影响,当液体通过交叉点后,经过一段短的时间,液体会通过交叉点进入与之相垂直的另一纱线,并以相同速率在垂直纱线中向两端迁移。在液体完全沉入纺织布后,液源耗尽,但毛细迁移不会立即停止,仍将继续发生由大毛细管向小毛细管的迁移,在液斑再向外扩展一定距离后才停止。由于纺织布的结构不均匀,各向不同性,因此,在目前还不能定量地描述液滴在纺织布上的铺展。

4. 液滴在各向同性透气薄层皮防材料中的宏观流动

纤维集合体作为一种特殊的多孔材料,液体在纤维集合体内存在两种尺度的流动。近年来无纺布在防护中得到应用。无纺布的纤维处于杂乱无章的排列状态,各向同性,可以当成整体研究液体的流动。这类材料表面对液滴表现

第 3 章　有毒化学品液滴渗透原理

出两种行为：一种是当两纤维间距比纤维直径大得多时，表现出疏液性能；另一种是当 $\theta_s < 90°$、$h_c < 3.14r\cos\theta$ 时，表现出铺展性能。

液滴在各向同性透气薄层材料上的铺展可分为两个阶段，第一阶段是液体以扁平液滴沉入介质（图3.4(a)），一般速度较快，其铺展面积依赖于液滴大小和介质的液容量（即单位体积介质所能吸收的最大液体量）；第二阶段从表面液体消失开始，液体在介质内部由大毛细管向边缘小毛细管流动（图3.4(b)）。

第一阶段液体流动可用毛细渗透方程式(3.15)描述，第二阶段的铺展过程按照纤维集合体宏观流动处理。吉勒斯湃（Gillespie）[7]假设在第二阶段开始时，湿斑中央是饱和的，即所有细孔都被液体充满。而湿斑的铺展是由毛细作用引起，液体首先从湿斑中央较大的毛细孔拉出进入边缘较小毛细孔中。这种缓慢流动，雷诺准数小于1，其流动规律类似扩散，满足 Darcy 定律，即

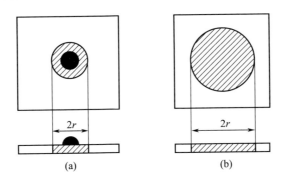

图 3.4　液滴铺展的两个阶段

$$\nabla \cdot (k_D \nabla p) = \eta \frac{\partial c}{\partial t} \tag{3.18}$$

液滴在无纺布或滤纸上的铺展应该是三维空间铺展，但这类透气皮防材料很薄，在液滴接触的瞬间就已透过。实际测量也表明，在铺展过程中，正、反两面湿斑半径相等，因此可以认为在厚度方向上不存在浓度梯度，则三维铺展简化为二维铺展。通常液滴在二维空间铺展形成一个圆形湿斑，则式(3.18)可写成

$$\frac{\partial c}{\partial t} = \frac{1}{\eta r} \frac{\partial \left(r k_D \dfrac{dp}{dr} \right)}{\partial r} \tag{3.19}$$

因为液体在多孔材料中,任何点上的压力 p 依赖于自由液体表面的两个主要曲率半径,并由该点的浓度和浓度梯度来确定,其压力梯度不随时间而变化,且压力梯度可按线性情况处理,所以

$$\frac{\partial p}{\partial t} = 0$$

$$\nabla^2 p = 0$$

湿斑的径向压力梯度难以直接测定,只能根据大量的实践结果给出压力梯度方程,即

$$\frac{dp}{dr} = \frac{b\gamma_{lg}\cos\theta}{r} \tag{3.20}$$

式中:b 为材料性质的常数。

式(3.19)中渗透性参数 k_D,采用维考夫(Wyckoff)在研究气液混合流过多孔的未固结的沙的过程中所得到的方程式,即

$$k_D = k_0 \left(\frac{c}{c_s}\right)^3 \tag{3.21}$$

式中:c_s 为流体在细孔介质中的饱和浓度;k_0 为真空条件下流体在细孔介质中的渗透性系数。

结合式(3.19)至式(3.21),可得

$$\frac{\partial c}{\partial t} = \frac{k_1 \partial c^3}{r \partial r} \tag{3.22}$$

其中,

$$k_1 = \frac{bk_0\gamma_{lg}\cos\theta}{c_s^3 \eta}$$

设湿斑的半径为 r_b,其铺展的边界条件为

$$c(0,0) = c_s \tag{3.23}$$

$$c(r_b,t) = 0 \tag{3.24}$$

根据边界条件解式(3.22),可得铺展过程中任一时刻圆形湿斑中的液体分布方程式为

$$c = c_0 \left(1 - \frac{r^2}{r_b^2}\right)^{\frac{1}{2}} \tag{3.25}$$

其中，

$$c_0 = c_s \left(1 + \frac{6k_1 c_s^2 t}{r_b^2}\right)^{-\frac{1}{2}} \quad (3.26)$$

在湿斑中，若假设液体不发生挥发，则液体的体积是一个常数，用 V 表示，即

$$V = 2\pi c_0 \delta \int_0^{r_b} \left(1 - \frac{r^2}{r_b^2}\right)^{\frac{1}{2}} r \mathrm{d}r \quad (3.27)$$

因此

$$r_b^2(r_b^4 - r_0^4) = 6k_1 \left(\frac{3V}{2\pi \delta}\right)^2 t \quad (3.28)$$

式中：r_0 为在时间 $t=0$ 时湿斑的半径。

式(3.25)、式(3.26)、式(3.28)描述了液滴在沉入介质后铺展过程中各参数之间的关系，并在实验中得到证实。

根据式(3.28)可以得到以湿斑直径 D_e 和液滴直径 d_e 表示的关系式，即

$$\left(\frac{D_e}{d_e}\right)^6 = \left(\frac{D_e}{c_s \delta}\right)^2 + \frac{24 k_1 t}{\delta^2} \quad (3.29)$$

式(3.29)给出了液滴大小对铺展的影响。根据假设，只有较大的液滴才能保证液滴与介质接触的瞬间就到达介质的背面，当液滴很微小时，液滴不能立即到达背面，即不能忽略厚度方向的扩散，但在这种情况下，一般已无需再考虑压透问题。另外，上述描写铺展过程的方程式，只适用于难挥发的液体，随着液滴的铺展会使挥发量增大，会明显引起液滴体积的变化以及铺展规律的变化，但有关挥发如何对铺展发生影响还有待进一步研究。

3.1.3 织物表面的疏液机理

1. 有毒化学品液滴与皮防材料表面的接触性质

将一滴有毒化学品静置于水平放置的皮防材料表面上，当液滴达到热力学平衡时，这一染毒表面系统的表面总自由能变化为零，即

$$\Delta F_a = \sum_{i=1}^{n} \gamma_i S_i = 0 \quad (3.30)$$

式中：ΔF_a 为表面系统的总表面自由能变化；γ_i 为组分的表面张力；S_i 为组分的表

面积。

若令 v_{sl}、v_{sg}、v_{lg} 分别表示固-液、固-气、液-气的界面张力，以 θ 表示界面间的接触角，假设液滴边缘是半径为 R 的圆(图3.5)，若液滴边缘从 B 推进到 C，则液滴周边由 AB 推进到 AC，其边缘半径增加了 dR，因此自由能变化为

$$\Delta F_a = -2\pi R dR \gamma_{sg} + 2\pi R dR \gamma_{sl} + 2\pi R dR \gamma_{lg}$$

由图3.5静置于皮防材料表面上的液滴可见，$dS = dR\cos\theta'$，因此有

$$\Delta F_a = 2\pi R dR(-\gamma_{sg} + \gamma_{sl} + \gamma_{lg}\cos\theta)$$

当达到平衡时，$\Delta F_a = 0$，$\theta' = \theta$，有

$$\gamma_{sg} - \gamma_{sl} = \gamma_{lg}\cos\theta$$

$$\cos\theta = \frac{(\gamma_{sg} - \gamma_{sl})}{\gamma_{lg}} \quad (3.31)$$

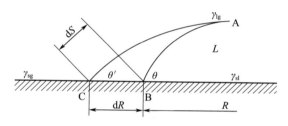

图3.5 静置于皮防材料表面上的液滴

显然，当有毒化学品液滴在皮防材料表面达热力学平衡时，若 $\theta = 0°$，则有毒化学品液滴能充分润湿皮防材料，处于理想的润湿状态；若 $\theta = 180°$，则有毒化学品液滴完全不能润湿皮防材料，是理想的疏液状态。但在实践中，大多数都处于两者之间。由式(3.31)可知，θ 的大小是由 γ_{sg}、γ_{sl} 和 γ_{lg} 的大小所决定。而 γ_{sg}、γ_{sl} 和 γ_{lg} 都是由材料性质所决定的参数。在化学防护中，皮肤中毒性有毒化学品是给定的，则 γ_{lg} 是一个定值，所以 θ 值取决于皮防材料的 γ_{sg} 和与有毒化学品接触的 γ_{sl}。具体地说：

当 $\gamma_{sg} - \gamma_{sl}$ 等于 γ_{lg} 时，才能使 $\cos\theta = 1$，$\theta = 0°$，有毒化学品液滴对皮防材料发生理想润湿。

当 $\gamma_{sg} - \gamma_{sl}$ 为正值，且小于 γ_{lg} 时，$\cos\theta$ 在 1~0 之间，即 $0° < \theta < 90°$，此时有毒化学品液滴对皮防材料发生部分润湿。

当 $\gamma_{sl} > \gamma_{sg}$，$\gamma_{sg} - \gamma_{sl}$ 为负值时，$\cos\theta < 0°$，$\theta > 90°$，皮防材料表面对有毒化学品液滴产生疏液作用，而且 $|\gamma_{sg} - \gamma_{sl}|$ 越接近 γ_{lg}，则疏液性越强。

2. 皮防材料表面疏液性能的估计

疏油性是研究和评价铺展—疏油—吸附型透气防毒服的重要指标，式(3.31)是研究、计算固-液表面接触系统疏液性的最重要和最基本的方程式。在式(3.31)的4个参数中，有毒化学品液体的液-气界面张力 γ_{lg} 可以直接通过界面张力仪测定，并且在许多资料中都可查到，这里不再赘述，只对影响疏油性的另外3个重要参数 γ_{sg}、γ_{sl} 和 θ 进行详细讨论。

1) 防毒材料的固-气界面张力 γ_{sg}

在固体表面上有无气相存在，对表面的张力影响很小，这种影响通常可以忽略。在物质的表面性质上，固体与液体有所不同。根据热力学理论，若各向同性固体表面进行扩展，在单位长度上所必需的力为 γ，扩展的面积为 dS 则扩展过程所做的功为 γdS，它应等于总表面能的增加，用 dF_a 表示，设单位面积的表面能为 f_a，则 $dF_a = d(S \cdot f_a)$，因此

$$\gamma dS = d(S \cdot f_a)$$
$$\gamma = f_a + s\left(\frac{df_a}{dS}\right) \tag{3.32}$$

由式(3.32)可见，当固体表面发生伸展时，表面分子密度发生改变，$df_a/dS \neq 0$，固体表面张力不等于单位面积自由能。因此，固体表面张力不能用测液体表面张力的方法进行测定，而且到目前为止还未找到直接测定固体表面张力的方法。

1952年兹斯曼(Zisman)发现，在给定的固体表面上，用已知表面张力的液体同系物，测定固-液接触角，然后用 $\cos\theta$ 对 γ_l 作图，通常得到一条直线(图3.6)，并定义把 $\cos\theta$ 对 γ_l 直线外推到 $\cos\theta = 1$ 时所对应的 γ_l 值，称为固体表面的临界表面张力 γ_c，通常可用 γ_c 近似代替 γ_s 或 γ_{sg}。

为揭示材料表面疏液性能的本质，古德(Good)等从理论上对固体表面张力进行了研究。他们假设用一个平面把一个单位截面积的圆柱体沿横截面方向分成两部分，如图3.7所示。显然，分离这两个面，克服分子间作用力所必须做的功应等于表面能的2倍值。已知两个分子之间的相互作用能 E 为

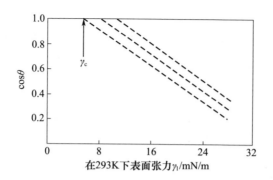

图 3.6 不同氟化物表面与正链烷液体的接触角

$$E = -\frac{A}{r^6} + \frac{B}{r^{12}} \tag{3.33}$$

式中:r 为分子间分隔的距离;A、B 为相互作用常数。

将分子间作用力的表达形式写成

$$Fr = \frac{\partial E}{\partial r} = \frac{6A}{r^7} - \frac{12B}{r^{13}}$$

如果圆柱体的分子密度 ρ 与它们的位置无关,则图 3.7 中阴影环形部分的分子总数 M 为

$$M = 2\pi r \sin\theta \left(\frac{\mathrm{d}r}{\sin\theta}\right)\rho \mathrm{d}f$$

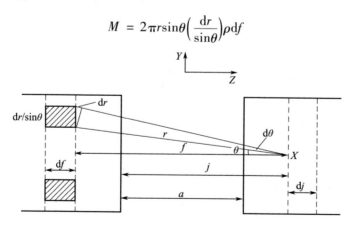

图 3.7 分界面两边分子间作用力

a—分界面之间的距离;f—界面两侧圆珠笔柱内任意两薄片间的距离;
j—左边界面与右边薄片间的距离;r—右边薄片上一点 X 与左边薄片上任一点距离;
θ—r 与 f 间的夹角。

第 3 章 有毒化学品液滴渗透原理

由图 3.7 可以看出,处于 X 处的一个分子,对于环形体中所有分子在 Z 方向上所行使的力,可由 $F_a = MF_r\cos\theta = MF_r(f/r)$ 给出,因此在厚度为 df 的片上所有分子对 X 处一个分子的力 F_s 为

$$F_s = 2\pi\rho f df \int_f^\infty \left(\frac{6A}{r^7} - \frac{12B}{r^{13}}\right) dr$$

因此,左边块体中所有分子,作用在 X 处的这一分子上的力,可用 $F_b = \int_j^\infty F_s df$ 给出。设 a 为两个块体之间分离的距离,则两个块体之间所有分子间的作用总力可表示为 $F_t = \int_a^\infty F_b \rho dj$。

根据古德的假设,当两表面从分开前的平衡距离 r_0 开始分离,到两个分离面相距无限远时,原始截面单位面积所做的功应等于 2 倍的比表面能(即单位面积上的表面能),则 $2\gamma = \int_{r_0}^\infty F_t da$,有

$$\gamma = \frac{\pi\rho^2}{24 r_0^2}\left(A - \frac{B}{30 r_0^6}\right) \tag{3.34}$$

因为 r_0 是两物体间的平衡距离,因为在 $a = r_0$ 时,它们之间的净力为零,即

$$B = \frac{15}{2} A r_0^6 \tag{3.35}$$

将式(3.35)代入式(3.34),可得

$$\gamma = \frac{\pi\rho^2 A}{32 r_0^2} \tag{3.36}$$

从式(3.36)可以看出,表面张力与材料分子的密度的平方成正比,与分子间的平衡距离的平方成反比。因此,应选用低密度和平衡距离大的材料作为皮肤防护的疏油材料。

2)染毒系统的固 – 液界面张力 γ_{sl}

目前还无法直接测量有毒化学品液滴与皮防材料接触的界面张力。但在有毒化学品液滴与皮防材料的接触界面上存在着范德华力的相互作用,使系统的亥姆霍兹自由能减少,这种减少称为附着功,用 W_a 表示。若用 γ_s 表示皮防材料表面张力,用 γ_l 表示皮肤有毒化学品液体的表面张力,则两相接触的界面张力 γ_{sl} 为

$$\gamma_{sl} = \gamma_s + \gamma_l - W_a \tag{3.37}$$

根据式(3.36),若两个相同表面结合,其亥姆霍兹自由能减少为内聚功 W_c,则防护材料的内聚功为 $(W_c)_s$ 为

$$(W_c)_s = 2\gamma_s = \frac{\pi\rho_s^2 A_s}{(16 r_s^2)}$$

皮肤有毒化学品液体的内聚功 $(W_c)_l$ 为

$$(W_c)_l = 2\gamma_l = \frac{\pi\rho_l^2 A_l}{(16 r_l^2)}$$

再按推导式(3.36)的类似方法,可得有毒化学品液滴在皮防材料表面的附着功 $(W_a)_{sl}$,即

$$(W_a)_{sl} = \frac{\pi\rho_s\rho_l A_{sl}}{(16 r_{sl}^2)}$$

因而,附着功与各自内聚功的几何平均值之比 ϕ 为

$$\phi = \frac{(W_a)_{sl}}{[(w_c)_s \cdot (w_c)_l]^{\frac{1}{2}}} = \frac{A_{sl} r_s r_l}{(A_s A_l)^{\frac{1}{2}} \cdot r_{sl}^2}$$

古德等发现,当分子间作用仅是色散力时,$A_{sl} = (A_s \cdot A_l)^{1/2}$,再经简单变换可得

$$\phi = \frac{4(V_{m,s} \cdot V_{m,l})^{1/3}}{(V_{m,s}^{1/3} + V_{m,l}^{1/3})^2} \qquad (3.38)$$

式中:$V_{m,s}$ 为皮防材料的摩尔体积;$V_{m,l}$ 为皮肤有毒化学品液体的摩尔体积。

由表面张力、界面张力与内聚功、附着功的关系,ϕ 又可表示为

$$\phi = \frac{(\gamma_s + \gamma_l - \gamma_{sl})}{2(\gamma_s\gamma_l)^{1/2}}$$

因此,界面张力为

$$\gamma_{sl} = \gamma_s + \gamma_l - 2\phi(\gamma_s\gamma_l)^{1/2} \qquad (3.39)$$

在忽略气相对固、液表面张力的影响下,将式(3.39)代入式(3.31)可得

$$\cos\theta = 2\phi\left(\frac{\gamma_s}{\gamma_l}\right)^{\frac{1}{2}} - 1 \qquad (3.40)$$

式(3.40)中消去了 γ_{sl} 项,这样为评价和研究材料的疏油性提供了很大的方便。

3) 染毒系统的固-液接触角 θ 的计算

固-液接触角可直接用接触角测定仪测量,但实验要在染毒条件下进行,

第 3 章 有毒化学品液滴渗透原理

且测量过程费时费力,为适应选择、研究新材料的需要,人们提出多种计算表面张力和接触角的方法,这里介绍常用的等张比容法。

1924年苏格登(Sugden)首先引入等张比容的概念,定义为

$$C_c = C_v^{1/4} M \tag{3.41}$$

式中:M 为相对分子质量;C_v 为常数,$C_v = v/\rho^4$。

后来在大量的实验中得到表面张力 γ、等张比容 C_c 和基团摩尔体积 V_i 有以下关系,即

$$\gamma = \left(\frac{C_c}{V_m}\right)^4 \quad \mathrm{mJ/m^2} \tag{3.42}$$

皮防材料的等张比容和摩尔体积均可由构成材料的基团或原子的对等张比容和摩尔体积的贡献值来求得,表 3.1 列出了材料的原子和结构对等张比容的贡献值,表 3.2 列出了基团和原子对材料摩尔体积的贡献值,表 3.2 中 V_g 表示玻璃态聚合物的基团和原子对摩尔体积的贡献值,V_r 表示橡胶态聚合物的基团和原子对摩尔体积的贡献值。

表 3.1 原子和结构对等张比容的贡献值

单元	$C_c/[(\mathrm{cm^3/mol}) \cdot (\mathrm{mJ/m^2})^{1/4}]$	单元	$C_c/[(\mathrm{cm^3/mol}) \cdot (\mathrm{mJ/m^2})^{1/4}]$
CH_2	39.0	Br	68.0
C	4.8	I	91.0
H	17.1	双键	23.2
O	20.0	三键	46.4
O_2(酯中)	60.0	三元环	16.7
N	12.5	四元环	11.6
S	48.2	五元环	8.6
F	25.7	六元环	6.1
Cl	54.3	—	—

表 3.2 基团和原子对 V_g 和 V_r 的贡献值

基团	$V_g/(\mathrm{cm^3/mol})$	$V_r/(\mathrm{cm^3/mol})$	基团	$V_g/(\mathrm{cm^3/mol})$	$V_r/(\mathrm{cm^3/mol})$
—CH_3	23.9	22.8	—F	10.9	10.0
—C_6H_5	72.7	64.65	—Cl	19.9	18.4
—C_6H_{11}	90.7	—	—CN	19.5	—

续表

基团	V_g/(cm³/mol)	V_r/(cm³/mol)	基团	V_g/(cm³/mol)	V_r/(cm³/mol)
—CH₂—	15.85	16.45	—OH	9.7	—
—CH(CH₃)—	33.35	32.65	—O—	10.0	8.5
—C(CH₃)₂—	52.4	50.35	—CO—	13.4	—
—C₆H₄—	65.5	61.4	—COO—	23.0	24.6
—CHC₆H₅—	82.15	74.5	—COO—	18.25	21.0
—C₆H₃(CH₃)—	83.4	—	—O—CO—O—	31.4	—
—C₆H₁₀	87.8	—	—CH(OH)—	19.15	—
—CH(C₆H₁₁)—	100.15	—	—CONH—	24.9	—
—C₆H₂(CH₃)₂—	104.1	—	—S—	17.8	15.0
—CHF—	20.35	19.85	—CH(CN)—	28.95	—
—CHCl—	29.35	28.25	—CH=CH—	—	27.75
—CH	9.45	9.85	—CH=C—	—	20
—C₆H₃—(1,2,4位)	56.5	—	—C₆H₂—(1,2,4,6位)	56.3	—
—C—	4.6	4.75	—	—	—
C	10.0	10.0	Cl	16.0	15.0
H	3.3	3.2	O(酯)	10.0	8.5
双键	—	0	O(其他)	5.4	6.4
环	-7.3	-13.2	N	6.0	—
F	7.0	6.6	S	17.8	15.0

3. 织物表面的疏油性能

从前文对影响疏油性的几个参数的分析可知,$\theta > 90°$时才具有疏油性,并且$(v_s - v_{sl})/v_1$值越接近-1时,疏油性能越好。然而,即使$\theta = 90°$的材料都不很多。目前已知的几种主要皮肤有毒化学品的表面张力在$26.5 \sim 43.2 \text{mN/m}$之间,并将具有低表面能的聚合物材料及其表面张力列于表3.3中,由表3.3可见,现有聚合物的最低表面张力可达18mN/m,由方程式(3.40)可计算出皮肤有毒化学品液滴与最低表面张力材料的接触角在$49° \sim 73°$之间,不能疏油。若用氟整理剂形成理想的—CF₃表面结构,可使皮防材料的表面张力降到6mN/m,与有毒化学品液滴形成的接触角,也只在$92° \sim 105°$之间,其疏油性也

第 3 章 有毒化学品液滴渗透原理

不是很好。显然,为了提高皮防材料的疏油性,要寻找具有更低表面张力的材料或整理剂是困难的,只能另辟途径。

表 3.3 某些聚合物的临界表面张力

聚合物	v_c/(mN/m)	聚合物	v_c/(mN/m)
聚四氟乙烯	18	聚乙烯醇	37
聚三氟乙烯	22	聚氯乙烯	39
聚偏二氟乙烯	25	聚偏二氯乙烯	40
聚氟乙烯	26	聚对苯二甲酸乙二酯	43
聚乙烯	31	尼龙66	46
聚苯乙烯	33	棉	>72

通过对世界的仔细观察可以发现,鸭子羽毛具有极好的疏水性能,实测表明,鸭子羽毛上没有什么出色的疏水剂,关键是它的特殊结构。鸭羽是一种细丝覆盖形式,细丝直径约为 $8\mu m$,相邻两细丝中心距是细丝直径的 5 倍。鸭羽对水的固有接触角只有 60°,而这种细丝结构却使鸭羽与水的接触角猛增为 130°,这表明材料结构对疏液性有很大影响。

对材料结构的进一步研究得知,当材料表面粗糙度不断增加时,使液体不能浸润材料表面的整个沟道,则在固-液界面之间会产生液气界面,人们将这种固-液、液-气混合并存的界面定义为混合界面(图 3.8),混合界面是引起疏液性能大幅度提高的真正原因。

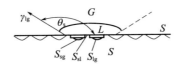

图 3.8 混合界面的形成

根据图 3.8 所示,若设混合界面的总面积为 S,则混合界面的面积 S 为其中固液界面 S_{sl} 和液气界面 S_{lg} 之和。若令 $S_1 = S_{sl}/S$,$S_2 = S_{lg}/S$,则根据润湿和附着的热力学概念可得

$$\gamma_{lg}\cos\theta_s = S_1(\gamma_{sg} - \gamma_{sl}) - S_2\gamma_{lg} \tag{3.43}$$

再将式(3.31)代入式(3.43)可得

$$\cos\theta_s = S_1\cos\theta - S_2 \tag{3.44}$$

式中:θ_s 为混合界面表观接触角;θ 为固－液界面固有接触角。

巴格斯特(Baxter)等提出,方程式(3.44)是混合界面表观接触角通用方程的特殊情况,对于混合界面固有接触角是 θ_1 和 θ_2,则混合接触角应为

$$\cos\theta_s = S_1\cos\theta_1 - S_2\cos\theta_2 \tag{3.45}$$

而方程式(3.44)是方程式(3.45)中 $\theta_2 = 180°$ 的情况。

由方程式(3.45)可见,当混合界面中液－气界面所占面积为零时,$S_{sl} = 1$,$\theta_s = \theta$;而当混合界面中液－气界面面积 $S_{lg} > 0$ 时,必然引起 $\cos\theta_s$ 值的减小,即表观接触角 θ_s 增大,液体对固体表面润湿性下降,固体表面的疏液能力提高。当 $S_{lg} > \cos\theta/(1+\cos\theta)$ 时,$\theta_s > 90°$,则完全不发生润湿,并且 S_{lg} 越大,所显示的疏液性能越好。若用式(3.44)对鸭羽疏水性进行计算,有

$$\cos\theta_s = 0.2 \times \cos60° - 0.8 = -0.7$$
$$\cos\theta_s = 135°$$

则计算结果与实测结果一致,证明混合界面理论的正确,也就从理论上和实践上为采用合理织物结构,大大提高疏油性能提供了依据。透气防毒服所采用的拉绒结构和无纺布结构就是根据这一原理设计的。

3.2 有毒化学品对致密高分子材料的溶解作用

3.2.1 内聚能密度或溶度参数相近原则判定溶解能力

高分子与溶剂分子尺寸相差悬殊,两者的分子运动速度也差别很大,与低分子溶解过程相比差异较大[8-9]。由于聚合物内聚集的高分子链都比低分子大得多,而且分子量又存在多分散性,所以溶解现象比低分子复杂得多。溶剂分子能较快地渗入高聚物,而大分子向溶剂的扩散则甚慢。溶剂分子在高聚物表面起溶剂化作用的同时,溶剂分子也由于高分子链段的运动,而能扩散到高分子溶质的内部去,使内部的链段逐步溶剂化,使高分子溶质产生胀大,这种体积膨胀现象称为"溶胀",随着溶剂分子不断向内扩散,必然使更多的链段松动,外面的高分子链首先达到全部被溶剂化而溶解,里面又出现新表面,溶剂又对新表面进行溶剂化,进而使之溶解,直至最后所有的高分子都转入溶液,形成均相体系。所以,溶胀是溶解前必经的阶段,是聚合物在溶液解过程所特有的现

象。对于交联高聚物,与溶剂接触发生溶胀后,由于交联化学键的存在,不能进一步溶解,只能停留在溶胀阶段。溶胀达到的极限程度称为溶胀平衡,此极限程度也称为溶胀度。

对线性非晶态聚合物来说,溶解度与分子量有关,分子量大的溶解度小,分子量小的溶解度过大。对交联聚合物来说,溶解度与交联度有关,交联度大的溶解度小,交联度小的溶解度大。结晶聚合物的溶解度不仅和分子量的大小有关,更重要的是和结晶度有关,结晶度越高,则溶解度越小。

1. 溶度参数相近相溶液原理

当一块溶质投入一溶剂中,两者的分子间将产生一定的作用力 F_{12}(1 代表溶剂,2 代表溶质)。若此力大过原来两者分子各自间的作用力 F_{11} 和 F_{22},即不同分子的相互作用力大于同种分子的自聚力,则两者相溶,溶质溶解;若 $F_{12} < F_{11}$、F_{22},则两者趋于自聚,而不相容。将作用力写成能量的形式,则溶解过程的能量变化为

$$\Delta E = N_{12}\left(\frac{W_{11}}{2} + \frac{W_{22}}{2} - W_{12}\right) \tag{3.46}$$

式中:N_{12} 为溶解中 1、2 分子结合的分子数。对于非极性分子体系,混合过程无热或吸热,赫尔德布兰德(Hildebrand)认为,在这种情况下 W_{12} 等于 W_{11}、W_{22} 的几何平均值,即

$$(W_{12}) = \sqrt{W_{11} W_{22}} \tag{3.47}$$

则式(3.46)可写成为

$$\Delta E = N_{12}\left(\frac{W_{11}}{2} + \frac{W_{22}}{2} - \sqrt{W_{11} W_{22}}\right)$$

$$= N_{12}\left(\left(\frac{W_{11}}{2}\right)^{\frac{1}{2}} - \left(\frac{W_{22}}{2}\right)^{\frac{1}{2}}\right)^2 \tag{3.48}$$

最后得出溶解过程的混合热 ΔH(以克分子函数表示),即

$$\Delta H = \frac{n_1 V_1 n_2 V_2}{n_1 V_1 + n_2 V_2}\left[\left(\frac{\Delta E_1}{V_1}\right)^{\frac{1}{2}} - \left(\frac{\Delta E_2}{V_2}\right)^{\frac{1}{2}}\right]^2 \tag{3.49}$$

式中:n_1、n_2 为 1、2 的克分子数;V_1、V_2 为 1、2 克分子体积;ΔE_1、ΔE_2 为各自的内聚能,通常采用可测求的克分子蒸发热表示。$\left(\frac{\Delta E}{V}\right)$ 称为内聚能密度,而 $\left(\frac{\Delta E}{V}\right)^{\frac{1}{2}}$

有一个专门名称即溶解度参数,以 δ 表示。于是式(3.49)变成为

$$\Delta H = \frac{n_1 V_1 n_2 V_2}{n_1 V_1 + n_2 V_2}[\delta_1 - \delta_2]^2 \qquad (3.50)$$

对于一个溶解过程,从热力学观点看其能否自动进行,主要看其混合自由能是否减小,即

$$\Delta F = \Delta H - T\Delta S < 0$$

式中:T 为温度;ΔS 为混合熵。由于 ΔS 在溶解中总是增大的,故 $T\Delta S$ 总是使 ΔF 减小。再由式(3.50)可见,ΔH 总是正值,要 ΔF 小于零,则要求 ΔH 尽可能小,因此要求$|\delta_1 - \delta_2|$应小,即1、2两者的溶解度参数应尽量接近才有利于溶解;反之则难溶解。通常对聚合物溶解来说,$|\delta_1 - \delta_2| \leq 2(cal/cm^3)^{1/2}$ 即 $|\delta_1 - \delta_2| \leq 4.09(J/cm^3)^{1/2}$,当 δ_1 与 δ_2 的差值越大时就越不能互溶。

许多资料上都发表有各种溶剂、聚合物的 δ 值,现摘录于表3.4中。

表3.4 几种常见溶剂和高聚物的溶解度参数

溶剂	$\delta_1/(J/cm^3)^{1/2}$	高聚物	$\delta_2/(J/cm^3)^{1/2}$
正己烷	14.80	聚乙烯	16.15
环己烷	16.87	天然橡胶	16.15
四氯化碳	17.54	聚苯乙烯	17.58
丁酮	18.48	丁苯橡胶	17.58
苯	18.71	聚甲基丙烯酸甲酯	18.60
氯仿	18.89	聚氯乙烯	19.42
硝基苯	19.59	丁腈橡胶	19.42
丙酮	19.85	聚对苯二甲酸乙二酯	21.88
二甲基甲酰胺	24.74	醋酸纤维素	22.29
乙醇	26.17	尼龙66	27.81
甲醇	29.65	聚丙烯醇	31.49
水	47.86	聚乙烯醇	47.84
CEES[10]	19.4	DMS	26.4
CEPS[10]	20.7	DMSO	27.4

在判断聚合物和溶剂之间的互溶性时,除了参照表3.4所列数据外,往往混合溶剂具有更大的溶解能力。例如,氯乙烯与醋酸乙烯的共聚物,其溶解度

参数约为 21.3$(J/cm^3)^{1/2}$,而溶剂乙醚的溶解度参数为 15.1$(J/cm^3)^{1/2}$,乙腈的溶解度参数为 24.3$(J/cm^3)^{1/2}$,两者单独均不能使上述共聚物溶解,但若采用两者的混合溶剂(按体积比:乙醚 33% 与乙腈 67% 混合,其混合溶剂的溶解度参数 δ_m = 21.3$(J/cm^3)^{1/2}$,则可溶解该共聚物。所以,混入有毒化学品中的溶剂,会提高有毒化学品对皮防材料的溶解能力,使防毒能力下降[10,11]。

已知混合溶剂的溶解度参数是其中各种纯溶剂溶解度的线性加合,并且混合溶剂的溶解度参数 δ_m 可按下式计算,即

$$\delta_m = \Phi_1\delta_1 + \Phi_2\delta_2 \tag{3.51}$$

式中:δ_1、δ_2 为分别为两组分的溶解度参数;Φ_1、Φ_2 为分别为两组分的体积分数。

赫尔德布兰德的推导只限于非极性分子混合时无热或吸热的体系,对于分子极性较强的体系,如生成氢键,混合放热者则不适用。例如,聚氯乙烯的溶解参数 δ = 19.42$(J/cm^3)^{1/2}$,可溶于环己酮(20.42$(J/cm^3)^{1/2}$)和四氢呋喃(18.81$(J/cm^3)^{1/2}$),而聚碳酸酯的溶解参数 δ = 19.42$(J/cm^3)^{1/2}$,可溶于氯仿(18.89$(J/cm^3)^{1/2}$)和二氯甲烷 19.83$(J/cm^3)^{1/2}$。当将上述两聚合物的溶剂进行互换,从溶解度参数看似乎变化不大,应不影响互溶液性。其实不然,溶解情况很不好,这是由于氢键作用所致,应该从溶剂化原则考虑。

上述判断溶解的三原则,并不是彼此孤立无关的,而是分别从不同角度,在实践中总结出来的一些规律。这些规律是相互有联系的,所以实际判断可溶性时,应将三原则综合起来考虑,并结合一定的试验,才可能得到比较正确的结果。

2. 内聚能的测定

对于相对分子质量低的液体,内聚能(ΔE)密切联系于(给定温度下)摩尔蒸发热 ΔH_{vap},即

$$\Delta E = \Delta U_{vap} = \Delta H_{vap} - p\Delta V \approx \Delta H_{vap} - RT \tag{3.52}$$

所以,对于相对分子质量低的物质,从蒸发热或蒸气压力对温度的函数关系中很容易计算出 ΔE。但因聚合物不能蒸发,因此只能用间接的方法来测定内聚能,即在内聚能密度已知的液体中进行溶胀和溶解的比较试验。此方法如图 3.9 所示。

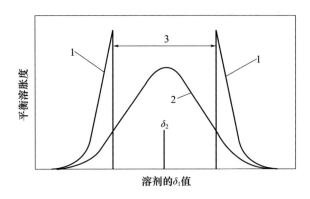

图 3.9 线型和交联聚苯乙烯的平衡溶胀度随溶剂溶解度参数的变化
1—线型聚合物；2—网状聚合物；3—无限混溶区。

3. 溶解度参数的计算

因为溶解度参数是与物质结构有关的,近年来,为了预示物质的内聚能,已经发展到根据物质结构基团可加性的方法来计算。1953 年斯莫尔(Small)把组合量 $[\Delta EV_{(298)}]^{1/2}F$ 称为克分子吸引常数,他证明了无论是低分子还是高分子物质,都是一种有用的可加量。由溶解度参数的定义就可得到以下近似关系式,即

$$\delta_{高分子} = \frac{\rho \sum F}{M_u} \tag{3.53}$$

式中:ρ 为高聚物密度;M_u 为链节的分子量。

表 3.5 列出了各种基团或原子的克分子吸引常数,供计算时查阅。

表 3.5　各种基团的克分子吸引能常数

基团	$F/(J \cdot cm^3)^{\frac{1}{2}}$	基团	$F/(J \cdot cm^3)^{\frac{1}{2}}$
—CH$_3$	438	>CO 酮类	562
—CH$_2$—	272	—COO— 酯类	634
—CH<	57	—CN	838
>C<	—190	—Cl(平均)	532
CH$_2$=	388	—Cl(单)	552
—CH=	227	Cl(双)>CCl	532
>C=	39	Cl(叁)—CCl$_3$	511

续表

基团	$F/(\text{J}\cdot\text{cm}^3)^{\frac{1}{2}}$	基团	$F/(\text{J}\cdot\text{cm}^3)^{\frac{1}{2}}$
CH≡C—	583	Br(单)	695
—C≡C—	454	I(单)	869
C_6H_5—	1503	CF_2	307
—C_6H_4—（邻,间,对）	1345	CF_3	560
$C_4H_4C_6H_3$（邻间位稠环）	2343	SH	644
五元环	215～235	ONO_2（硝酸酯）	～900
六元环	194～215	NO_2（脂肪硝基物）	～900
共轭	4161	PO_4	～1124
H	164～204	S	460
O 醚类	143	Si	～78

现举例计算聚氯乙烯的溶解度参数。

$$—(—CH_2—CHCl—)_n—$$

链节的分子量 $M_u = 62.5$。

聚氯乙烯密度 $\rho = 1.4$。

$$\delta_{聚氯乙烯} = \frac{\rho \sum F}{M_u} = \frac{1.4(272 + 57 + 552)}{62.5} = 19.7\,((\text{J/cm}^3)^{1/2})$$

显然,聚氯乙烯的溶解度参数计算值和表3.4中的实测值$19.42(\text{J/cm}^3)^{1/2}$非常相近。但应当指出,实测的溶解度参数及摩尔吸引常数数据尚不太多,所以除了参照已有数据来判断溶解性外,还要做一些试探性实验加以确定。

3.2.2 交联高聚物的溶胀

1. 交联高聚物的溶胀平衡

线型和支链型结构的高聚物能被溶剂溶解,形成高分子溶液。而具有网状结构的高聚物不能被溶剂所溶解,但能吸收大量溶剂而溶胀,形成溶胀的条件与线型高聚物形成溶液相同,溶胀的凝胶实际上是高聚物的浓溶液。交联高聚物的溶胀过程,实际上是两种相反趋势的平衡过程:溶剂力图渗入高聚物内使体积膨胀,从而引起三维分子网的伸展,而交联点之间分子链的伸展降低了它的构象熵值,引起了分子网的弹性收缩力,力图使分子网收缩,当这两种相反的倾向相互抵销时,就达到了溶胀平衡。

溶胀过程中,溶胀体内自由能变化应为

$$\Delta F = \Delta F_M + \Delta F_{el} < 0 \quad (3.54)$$

式中:ΔF_M 为高分子 – 溶剂混合自由能,根据 Flory – Huggins 理论可知

$$\Delta F_M = RT(n_1 \ln\phi_1 + n_2 \ln\phi_2 + x_1 n_1 \phi_2) \quad (3.55)$$

式中:ΔF_{el} 为分子网的弹性自由能,从高弹性统计理论导出,即

$$\Delta F_{el} = \frac{1}{2} NKT(\lambda_1^2 + \lambda_2^2 + \lambda_3^2 - 3) \quad (3.56)$$

当达到溶胀平衡时,有

$$\Delta F = 0$$

对于交联高聚物来说,一块试样就是一个大分子,因此 $x \to \infty$,由下式

$$\Delta F = RT(n_1 \ln\phi_1 + n_2 \ln\varphi_2 + x_1 n_1 \phi_2) \quad (3.57)$$

得到

$$\Delta \mu_1^M = \frac{\partial(\Delta F_M)}{\partial n_1} = RT[\ln(1 - \phi_2) + \phi_2 + x_1 \phi_2^2] \quad (3.58)$$

交联高聚物的溶胀过程类似于橡皮的形变过程,设试样溶胀前是一个单位立方体,若是各向同性的自由溶胀,溶胀后每边长为 λ(图 3.10),则

$$\lambda = \left(\frac{1}{\phi_2}\right)^{\frac{1}{3}} \quad (3.59)$$

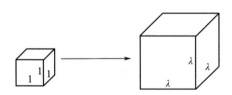

图 3.10 交联高聚物的溶胀示意图

将式(3.59)代入式(3.56),得

$$\Delta F_{el} = \frac{3}{2} NKT(\phi_2^{-\frac{2}{3}} - 1) \quad (3.60)$$

式中:N 为单位体积内交联高聚物的"有效链"数目(相邻两交联点之间的链称为一个"有效链")可用交联点间链的平均分子量 $\overline{M_C}$ 表示,它们之间有下列关系,即

$$\frac{N_1 \overline{M_C}}{\overline{N}} = \rho_2 \qquad (3.61)$$

式中：$\overline{N}$ 为阿伏伽德罗常数；ρ_2 为高聚物密度。所以

$$\Delta F_{el} = \frac{3\rho_2 RT}{2M_C}(\phi_2^{-\frac{2}{3}} - 1) \qquad (3.62)$$

因此，偏微克分子弹性自由能为

$$\Delta \mu_1^{el} = \frac{\partial(\Delta F_{el})}{\partial n_1} = \frac{\rho_2 V_1 RT}{M_C}\phi_2^{\frac{1}{3}} \qquad (3.63)$$

当达溶胀平衡时，有

$$\Delta \mu_1 = \Delta \mu_1^M + \Delta \mu_1^{el} = 0$$

$$\ln(1-\phi_2) + \phi_2 + x_1\phi_2^2 + \frac{\rho_2 V_1 RT}{M_C}\phi_2^{\frac{1}{3}} = 0 \qquad (3.64)$$

式中：V_1 为溶剂的摩尔体积；ϕ_2 为高聚物在溶胀体中所占的体积分数，也就是平衡溶胀比 Q 的倒数，即

$$\phi_2 = \frac{1}{Q}$$

对于交联度不高的聚合物，$\overline{M_C}$ 较大，在良溶剂中 Q 可以超过 10，ϕ_2 很大，将 $\ell n(1-\phi_2)$ 展开，略去高次项可得

$$\frac{\overline{M_C}}{\rho_2 V_1}\left(\frac{1}{2} - x_1\right) = Q^{\frac{5}{3}} \qquad (3.65)$$

式（3.65）提供了一个高聚物交联点间平均分子量、高分子－溶剂相互作用参数和平衡溶胀比 3 个量的近似关系式，虽然这一理论是建立于理想条件基础上的，有许多不足之处，但目前还没有更完整的理论，所以在目前对高聚物交联材料的研究中被广泛应用。

2. 高聚物溶胀动力学方程

高聚物在溶胀过程中，体积膨胀，质量增加。某一时刻的溶胀程度可表示为

$$C_t = \frac{m - m_0}{m_0} \qquad (3.66)$$

式中:C_t 为高聚物在 t 时刻的溶胀程度;m_0 为高聚物溶胀前的质量;m 为高聚物溶胀 t 时刻的质量。

当溶胀达到平衡时,溶胀达最大值,通常用 C_{max} 表示。通过溶胀实验可得聚合物溶胀程度随溶胀时间的变化曲线,聚合物开始溶胀时速率很大,并随溶胀时间 t 的增加而减小,最后当 $C_t \to C_{max}$ 时,$dc/dt \to 0$。因此,高聚物溶胀速率可用化学动力学中的一级反应式表示,即

$$dc/dt = k_v(C_{max} - C_t)$$

$$C_t = C_{max}(1 - e^{-k_v t}) \tag{3.67}$$

式中:k_v 为溶胀速度常数。

为进一步了解方程式(3.67)的意义,考虑到用于皮肤防护的聚合物材料均为薄膜材料,假设溶胀过程中聚合物薄膜完全浸泡于溶剂中,薄膜的面积远大于薄膜的厚度,则溶胀过程可忽略薄膜周边的三维扩散影响,而按一维扩散处理,因此根据菲克(Fick)第二定律可得

$$C_t = C_{max}\left[1 - \frac{8}{\pi^2}\sum_{n=1}^{\infty}\frac{1}{(2n-1)^2}e^{-(2n-1)^2\pi^2\delta^{-2}Dt}\right] \tag{3.68}$$

简化式(3.68),得

$$C_t = C_{max}(1 - 0.811 e^{-\pi^2\delta^{-2}Dt}) \tag{3.69}$$

式中:δ 为聚合物薄膜厚度(cm);D 为溶剂在聚合物中的扩散系数(cm^2/s);t 为溶胀时间(s)。

式(3.69)与式(3.67)具有相同的形式,说明溶胀过程符合一级反应动力学形式,并且溶胀速度常数是一个由薄膜厚度与扩散系数决定的常数。另外,将式(3.69)进行适当整理,可得到用溶胀法测定溶剂在聚合物中的扩散系数的计算方程,即

$$D = \frac{2.3}{\pi^2 t}\delta^2 \lg\frac{0.811 C_{max}}{C_{max} - C_t} \tag{3.70}$$

溶胀动力学方程式只给出了溶胀程度与溶胀最大值、扩散系数、材料厚度和溶胀时间的数学关系,而没有给出与防毒能力的关系。有人曾想以溶胀最大值来判断聚合物薄膜的防毒能力,如天然橡胶溶胀最大值大,防毒能力弱,聚酰胺溶胀最大值小,防毒能力强,但仍有很多例外。显然,只用溶胀最大值来描述

材料的防毒能力是不够的。

3.3 有毒化学品在致密高分子材料中的扩散

3.3.1 有毒化学品分子在聚合物中的扩散定律

扩散是由分子的热运动引起的使两种物体发生相互渗透的现象。它普遍存在于各种物质之间和它自己的内部。通常可分为稳态扩散和非稳态扩散两种。

在稳态扩散中,单位时间内通过垂直于给定方向的单位面积的净原子数（称为通量）不随时间变化,如图 3.11 所示。

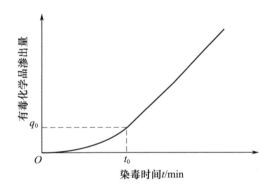

图 3.11　稳态扩散

由菲克（Fick）第一定律可知,通量 J 与浓度梯度成正比,因此可得

$$J_x = -D\frac{\Delta C}{\Delta x} = -DS\frac{dC}{dx} \tag{3.71}$$

式中:$\frac{\Delta C}{\Delta x}$ 或 $\frac{dC}{dx}$ 为浓度梯度（g/cm^4）;J_x 为在 X 方向上的扩散通量（$g/(cm^2 \cdot s)$）;D 为扩散系数（cm^2/s）。

它是由有毒化学品分子和高聚物的本性所决定的,对给定的系统为一常数。

在非稳态扩散中,通量随时间而变化。为了解有毒化学品在聚合物皮肤防护材料中的非稳态扩散规律,首先在有毒化学品分子对高聚物皮防材料进行非稳态扩散的体系中,任选一块边长为 Δx、Δy、Δz 的体积元(图 3.12),然后在这个体积元中根据扩散物质的质量平衡可知

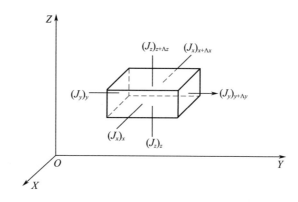

图 3.12 非稳态扩散的体积元

有毒化学品分子的蓄积速度 = 有毒化学品分子的流入速度 − 有毒化学品分子的流出速度

若以质量作用为基准,则

$$\text{有毒化学品分子的蓄积速度} = \frac{\partial C}{\partial t} \cdot \Delta x \cdot \Delta y \cdot \Delta z$$

式中:C 为浓度,即在单位体积的高聚物中有毒化学品分子物的含量。

在 $x = x$ 处,由垂直于 X 轴的面流入的速度为

$$(J_x)_{x=x} \cdot \Delta y \cdot \Delta z$$

式中:J_x 为在 X 方向上,单位时间内通过单位面积上有毒化学品量。

在 $x = x + \Delta x$ 处,由垂直于 X 轴的面流出的速度为

$$(J_x)_{x=x+\Delta x} \cdot \Delta y \cdot \Delta z$$

另外,由垂直于 Y 轴、Z 轴的面流入和流出速度也作同样考虑,因而体积元内关于有毒化学品小分子的质量扩散平衡为

$$\frac{\partial C}{\partial t} \cdot \Delta x \cdot \Delta y \cdot \Delta z = \left[(J_x)_x - (J_x)_{x+\Delta x}\right] \cdot \Delta y \cdot \Delta z + \left[(J_y)_y - (J_y)_{y+\Delta y}\right] \cdot \Delta x \cdot \Delta z + \left[(J_z)_z - (J_z)_{z+\Delta z}\right] \cdot \Delta x \cdot \Delta y$$

上式两边同时除以 $\Delta x \cdot \Delta y \cdot \Delta z$,并取 Δx、Δy、Δz 分别趋近于零的极限,则可得到方程

第 3 章 有毒化学品液滴渗透原理

$$\frac{\partial C}{\partial t} = -\left(\frac{\partial J_x}{\partial x} + \frac{\partial J_y}{\partial y} + \frac{\partial J_z}{\partial z}\right) \tag{3.72}$$

由菲克第一定律,即将式(3.71)代入式(3.72)可得

$$\frac{\partial C}{\partial t} = D\left(\frac{\partial^2 C}{\partial x^2} + \frac{\partial^2 C}{\partial y^2} + \frac{\partial^2 C}{\partial z^2}\right) \tag{3.73}$$

如果大量的有毒化学品小分子物质沿着垂直于薄膜表面的方向由高聚物薄膜材料的一面同时向另一面扩散时,则式(3.73)可简化为

$$\frac{\partial C}{\partial t} = D\frac{\partial^2 C}{\partial x^2} \tag{3.74}$$

式中:$\frac{\partial C}{\partial t}$ 为高聚物中给定点 x 处的浓度随时间的变化率。式(3.74)就是著名的 Fick 扩散第二定律。

以上扩散定律的两个公式是求解渗透量的理论计算依据,稳态和非稳态扩散之差只是高聚物中浓度梯度 $\frac{\partial C}{\partial x}$ 随时间是常量还是变量的差别,其通过高聚物薄膜渗透量公式都为

$$q = -D\frac{\partial C}{\partial x}At \tag{3.75}$$

式中:q 为有毒化学品分子的透过量;D 为扩散系数;x 为高聚物薄膜厚度;C 为有毒化学品分子扩散的浓度;A 为薄膜的面积;t 为扩散时间。

3.3.2 小分子气体(或蒸气)在聚合物中的传递

在气体-聚合物系统中,气体压力 P 和溶于聚合物中气体的浓度 C 之间有一个简单的平衡关系,可用亨利(Henry)定律 $C = SP$ 表示,则式(3.71)成为

$$J_x = -D\frac{\Delta C}{\Delta x} = -DS\frac{\Delta P}{\Delta x} \tag{3.76}$$

令 $P_g = DS$,则

$$J_x = -P_g\frac{\Delta P}{\Delta x} \tag{3.77}$$

$$P_g = -J_x\frac{\Delta x}{\Delta P} \tag{3.78}$$

式中：S 为气体在薄膜中的溶解系数（或溶解度），表示在单位压力下单位体积的高聚物中溶解的气体量；P_g 为单位时间内、单位压力差下，透过单位厚度，单位面积薄膜的气体量（标准状况下），称为透气系数；ΔP 为驱动压力差；Δx 为薄膜厚度。

3.3.3 有毒化学品渗透曲线方程

1. 渗透曲线

实验证明，当液体或蒸气状有毒化学品作用于聚合物薄膜正面时，经过一段时间后，就发现其背面出现有毒化学品[12-14]。同时，有毒化学品在薄膜背面的渗出量随时间逐渐增长。若渗透过程是在恒定条件下，经过较长时间，最后会达到平衡状态，即单位时间内单位面积上透过有毒化学品的量保持恒定。单位面积上有毒化学品透过量 q 随作用时间 t 的增长曲线称为"渗透曲线"。有毒化学品对聚合物薄膜的渗透曲线的一般形状如图 3.13 所示。

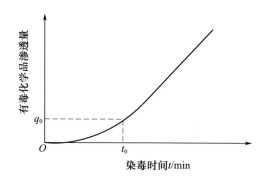

图 3.13 有毒化学品渗透聚合物薄膜曲线

在图 3.13 中，q_0 表示单位面积上最大允许有毒化学品透过量（即在单位面积上引起对人员发生伤害的最小量），t_0 表示防毒能力，即在渗透曲线上与单位面积最大允许有毒化学品透过量 q_0 所对应的时间。

2. 扩散方程

根据渗透曲线可求得防毒能力 t_0，以及有毒化学品透过量 q 随时间 t 的变化情况。隔绝材料的渗透曲线可以利用五号仪从实验中测出。为了求出渗透曲线方程，必须深入了解有毒化学品渗透隔绝式皮肤防护器材的薄膜的过程。

第 3 章　有毒化学品液滴渗透原理

通常在有毒化学品接触皮防薄膜之前,薄膜中不含有毒化学品,当有毒化学品液体与薄膜表面接触时,在薄膜厚度为零的表面上的分子,必然与有毒化学品液体发生充分接触,在接触瞬间有毒化学品在聚合物表面浓度达最大值,即溶胀极限值 C_{max}。与此同时,在聚合物中从表面到内部形成含有毒化学品的浓度差,并引起有毒化学品分子从高浓度向低浓度扩散,最后有毒化学品分子达到薄膜背面,向背面无毒空间挥发和被人体皮肤吸收。当透过有毒化学品累积量超过最大允许量时,就可能引起人员中毒。对于这一渗透过程,首先是由英捷巴乌姆(Индебаум)根据扩散定律推导出渗透曲线方程[1]。他根据渗透过程提出图 3.14 所示的渗透模型,并为推导渗透曲线方程提出以下 4 点假设。

(1)在薄膜正面所接触的有毒化学品始终保持过量,在接触的瞬间,在 $x=0$ 的薄膜表面上有毒化学品浓度达 C_{max},并且在渗透过程中始终为 C_{max}。

(2)渗透到背面的有毒化学品及时被清除(如用气流带走),则在 $x=\delta$ 处的有毒化学品浓度始终为零。

(3)扩散系数 D 为常数,不随浓度改变。

(4)聚合物薄膜厚度 δ 在渗透过程中的改变忽略不计。

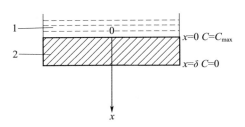

图 3.14　有毒化学品在聚合物薄膜上的扩散渗透模型
1—有毒化学品;2—聚合物薄膜。

根据渗透模型和 4 点假设,对于组成均匀的聚合物薄膜材料,有毒化学品的渗透过程是有毒化学品均匀地从薄膜表面向薄膜背面的一维扩散过程。这一扩散过程又可分为稳态扩散和非稳态扩散。稳态扩散是指渗透曲线上的直线部分,此种扩散有毒化学品的浓度梯度不随时间变化,即 $\partial C/\partial x$ = 常数,$\partial^2 C/\partial x^2 = 0$;而非稳态扩散是指渗透曲线上的初始曲线部分,有毒化学品的浓度随时间变化。在皮肤防护中有毒化学品的最大允许透过量很小,远未达到稳态扩散区,所以这里重点研究有毒化学品在聚合物薄膜中的非稳态扩散过程。

在有毒化学品渗透厚度为 δ 的聚合物薄膜的扩散过程中,由扩散理论可知,在 $\mathrm{d}t$ 时间内,透过垂直于扩散方向、距离原点为 δ 的平面的有毒化学品量为 $\mathrm{d}m$,与该平面的面积和有毒化学品通过该平面的浓度梯度成正比。若设比例常数为 D,则

$$\mathrm{d}m_t = - DS_0 \left(\frac{\partial C}{\partial x}\right)_{x=\delta} \mathrm{d}t \tag{3.79}$$

式中:D 为扩散系数,其物理意义是指在单位时间、单位浓度梯度下,在扩散方向上,通过单位横截面积的物质的质量。

对方程式(3.79)积分,可得在 t 时间内渗透厚度为 δ 的薄膜的有毒化学品量 m_t,即

$$m_t = - DS_0 \int_0^t \left(\frac{\partial C}{\partial x}\right)_{x=\delta} \mathrm{d}t \tag{3.80}$$

式中:D 为扩散系数(cm^2/s);$\partial C/\partial x$ 为浓度梯度($\mathrm{g/cm}^4$);S_0 为面积(cm^2)。

在非稳态扩散中,式(3.80)中的浓度梯度是一个随时间和渗透方向的坐标值 x 变化的变量,根据英捷巴乌姆所建模型和 4 点假设确定初始条件和边界条件,可由菲克第二定律求出定解。

当有毒化学品和聚合物接触前,即 $t=0$ 时,在薄膜内厚度方向上的任意点 x 处,其有毒化学品浓度为零。故初始条件为

$$C(x,0) = 0 \tag{3.81}$$

当有毒化学品与聚合物薄膜正面接触后,在 $t>0$ 的任意时刻,其表面 $x=0$ 处的有毒化学品浓度为 $C_{\max}$。同时由于渗透到背面的有毒化学品及时被清除,故在 $x=\delta$ 处的有毒化学品浓度在任何时间 t 时均为零,则可得边界条件

$$C(x,t) = C_{\max} \tag{3.82}$$
$$C(\delta,t) = 0 \tag{3.83}$$

根据初始条件式(3.81)和边界条件式(3.82)及式(3.83),则

$$C(x,t) = C_{\max} - \frac{C_{\max}}{\delta}x - \frac{2C_{\max}}{\pi}\sum_{n=1}^{\infty}\frac{1}{n}\mathrm{e}^{-n^2\pi^2\delta^{-2}Dt} \cdot \sin\frac{n\pi}{\delta}x \tag{3.84}$$

因此,在 $x=\delta$ 处的浓度梯度为

$$\left(\frac{\partial C}{\partial x}\right)_{x=\delta} = -\frac{C_{\max}}{\delta}\left[1 - 2\sum_{n=1}^{\infty}(-1)^{n+1}\mathrm{e}^{-n^2\pi^2\delta^{-2}Dt}\right] \tag{3.85}$$

将式(3.85)代入式(3.79),经积分整理可得

$$m_t = \frac{2\delta S_0 C_{max}}{\pi^2}\left[\frac{\pi^2 D}{2\delta^2}t - \frac{\pi^2}{12} - \sum_{n=1}^{\infty}\frac{(-1)^n}{n^2}e^{-n^2\pi^2\delta^{-2}Dt}\right] \tag{3.86}$$

对于单位面积上的有毒化学品透过量,即

$$q = \frac{2\delta C_{max}}{\pi^2}\left[\frac{\pi^2 D}{2\delta^2}t - \frac{\pi^2}{12} - \sum_{n=1}^{\infty}\frac{(-1)^n}{n^2}e^{-n^2\pi^2\delta^{-2}Dt}\right] \tag{3.87}$$

式中:q 为时间 t 内渗透过单位面积薄膜的有毒化学品量(g/cm^2);D 为扩散系数(cm^2/s);t 为时间(s);δ 为薄膜厚度(cm);C_{max} 为薄膜材料在有毒化学品中的最大溶胀值(g/cm^3)。

式(3.87)即是所求渗透曲线方程,它可确定防毒能力与各种参数之间的关系。为便于应用,可做进一步简化,令

$$\beta = \pi^{-2}D\delta^{-2} \tag{3.88}$$

$$A = 2\delta C_{max} \cdot \pi^{-2} \tag{3.89}$$

则式(3.89)简化为

$$B_t = \frac{\beta t}{2} - \frac{\pi^2}{12} - \sum_{n=1}^{\infty}\frac{(-1)^n}{n^2}e^{-n^2\beta t} \tag{3.90}$$

$$q = AB_t \tag{3.91}$$

3. 渗透曲线方程的解析

1)防毒能力的判断

在讨论渗透曲线时已经指出,当渗透量 $q = q_0$ 时,所对应的渗透时间 t 即为防毒时间 t_0,显然当各种参数确定后,就可用式(3.90)计算薄膜材料的防毒能力。但式(3.90)很复杂,若借助计算机可很方便地进行计算。从式(3.90)出发,视自变量 βt 为 B_t 的函数,列出 βt 与 B_t 的对应数据表,如表 3.6 所列,从而为直接应用式(3.90)提供方便。

表 3.6 自变量 βt 的函数 B_t 值

βt	B_t	βt	B_t
0.2	0.0000006	1.0	0.0408
0.3	0.000027	1.5	0.150
0.4	0.000313	2.0	0.313

续表

βt	B_t	βt	B_t
0.5	0.00154	3.0	0.727
0.6	0.00416	4.0	1.20
0.7	0.00912	5.0	1.68
0.8	0.0167	7.5	2.93
0.9	0.0273	10.0	4.18

当已知 C_{max} 和 δ，并令 $q = q_0$，则由 $B_t = \pi^2 q_0/(2\delta C_{max})$ 计算出 B_t，查表 3.6 可得 B_t 值对应的 βt 值，即 βt_0 值，再根据 $\beta = \pi^2 D \delta^{-2}$ 算出 β 值，进而可算出防毒能力 t_0 值。

2）聚合物薄膜防毒能力与其厚度的关系

式（3.90）没有明显给出防毒能力与厚度的关系，但可通过简单的量纲分析求得 t_0 与 δ 的关系。根据渗透方程建立条件，假定渗透过程中厚度不变，渗透过程为扩散过程，有毒化学品在薄膜中扩散是沿厚度 δ 方向上的平均位移，在等温条件下，应为 D 和 t 的函数，而与 C_{max} 无关。显然与扩散有关的量纲为 $[D]$ 为 cm^2/s、$[t_0]$ 为 s、$[\delta]$ 为 cm，根据相似准则，有

$$\prod_1 = [D]^a [t_0]^b [\delta]^c = [cm^2/s]^a [s]^b [cm]^c$$

令 $a = -1$，则 $b = -1, c = 2$，因此

$$\prod_1 = \frac{\delta^2}{Dt_0} = k, t_0 = \frac{\delta^2}{kD} \tag{3.92}$$

再令 $1/(kD) = b$，对于给定的材料 b 是常数，通常称为防毒系数。因此，得到 t_0 与 δ 的关系方程为

$$t_0 = b\delta^2 \tag{3.93}$$

3）防毒能力与扩散系数和溶胀值的关系

用五号仪可直接测出渗出曲线，当实验进入稳态扩散时，渗出曲线呈直线形式，设直线斜率 $k_0 = \Delta q/\Delta t$，直线与时间轴的交点为 t_c，则

$$D = \frac{\delta^2}{6t_c} \tag{3.94}$$

$$C_{\max} = \frac{k_0 \delta}{D} \qquad (3.95)$$

实践证明,扩散系数越小,其防毒能力越高,但材料要受各种因素的限制,目前用于隔绝式皮肤防护的材料,D 值通常在 $10^{-10} \sim 10^{-6}$ 之间。渗出曲线方程清楚地告诉我们,D 和 $C_{\max}$ 都很小的薄膜材料的防毒能力必然很高;反之则防毒能力必然很低。在大多数情况下,$C_{\max}$ 和 D 对防毒能力的影响是一致的,因此用 $C_{\max}$ 来判断防毒性能是正确的。但有不少反常现象,即 $C_{\max}$ 大的材料反而比 $C_{\max}$ 小的材料防毒能力强,这是因为 $C_{\max}$ 只对 A 发生影响,而 D 对 B_t 发生影响,而 B_t 在防毒能力中起决定性作用,所以在判断防毒能力中 D 是主要的。实际上,$C_{\max}$ 只反映材料溶胀程度,不反映溶胀快慢,而 D 反映了有毒化学品在薄膜中的渗透速率,即渗透所需时间。

英捷巴乌姆在推导建立渗出曲线方程中,忽略了 D 和 δ 的变化与影响。通常用稳态下测定的 D 代替非稳态下的 D,用未接触有毒化学品前的薄膜厚度代替有毒化学品渗透中的厚度来计算防毒能力,其结果却令人满意。原因是薄膜的 $C_{\max}$ 比较小,所造成的影响在误差范围内而被忽略。实际上,非稳态下扩散系数比稳态下要小,使计算的防毒能力偏低;其厚度在接触有毒化学品后比接触前也有所增加,一方面由于渗透路径加大而加大了防毒能力,另一方面由于增塑,有毒化学品渗透阻力下降,使防毒能力减小。显然,实际的 D 和 δ 与真实的 D 和 δ 之间有差距,且影响是复杂的,使用中应注意,特别是 $C_{\max}$ 很大的材料,这些差别就不能轻易忽略。

3.3.4 聚合物薄膜对有毒化学品吸收与解吸的过程

1. 吸收与解吸曲线方程[15-17]

在隔绝式皮肤防护中,从有毒化学品与聚合物薄膜接触的瞬间开始,到进入稳态扩散之前,薄膜内有毒化学品浓度从零开始一直增加,进入薄膜的有毒化学品量远大于渗出量。当达到稳态扩散时,薄膜内含毒量不再增加,吸入量与渗出量相等,系统处于动态平衡。显然,非稳态扩散过程也是聚合物薄膜对有毒化学品的吸收过程。

在五号仪实验中测定不同时间染毒样品的含毒量 q_a,再用 q_a 对染毒时间 t

作图,可得薄膜对有毒化学品的吸收曲线,如图3.15所示。

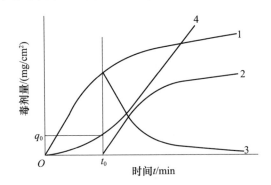

图3.15 聚合物薄膜对有毒化学品吸收与解吸曲线
1—吸收曲线;2—解吸曲线;3—残存量曲线;4—渗出曲线。

根据英捷巴乌姆方程的假设和推导,只需对薄膜含毒浓度式(3.96)在$0 \sim \delta$区间积分,就可得到单位面积上的吸收曲线方程,即

$$q_a = \int_0^\delta C(x,t)\,\mathrm{d}x = \frac{4\delta C_{\max}}{\pi^2}\left[\frac{\pi^2}{8} - \sum_{n=1}^{\infty}\frac{1}{(2n-1)^2}\mathrm{e}^{-(2n-1)^2\pi^2\delta^{-2}Dt}\right] \quad (3.96)$$

隔绝式皮肤防护器材在染毒后,必须经过彻底洗消,在彻底清除器材表面和器材内部的有毒化学品后方能再次使用。若洗消不彻底,一方面会导致再次使用时的防毒时间大大缩短,另一方面薄膜内的有毒化学品多,还会引起再次使用人员发生中毒。因为隔绝式皮肤防护器材是有机高分子薄膜材料,目前已知的皮肤中毒有毒化学品均是良好的有机溶剂,所以在被皮肤有毒化学品染毒时,有大量的有毒化学品进入聚合物材料的内部,给洗消带来困难。聚合物内的有毒化学品最好消除方法是用能进入聚合物内的有机液体做介质进行萃取消毒,但实际情况中要洗消大量的防毒衣,用有机液体是不能实现的。只有用水作为洗消液才是可实现的,在这种方法中,由于现用隔绝式皮肤材料都是疏水的,水不能通过溶解进入聚合物内部,也就不能直接消除聚合物内部有毒化学品,只能消除防毒衣表面上的有毒化学品,而内部有毒化学品只能依靠自身向外扩散来消除,其过程很慢,洗消达到什么程度很难确定,为此必须对解吸曲线和解吸曲线方程进行分析。

染毒皮防薄膜材料在洗消晾置过程中,薄膜表面的有毒化学品被清除,薄

膜表面的有毒化学品浓度下降为零,则薄膜内有毒化学品浓度高于表面浓度,有毒化学品在浓度梯度的驱动下,由薄膜内部向表面扩散,再由表面向含毒浓度为零的环境挥发,这一过程是薄膜内有毒化学品向外释放的过程,即聚合物薄膜内有毒化学品的解吸过程。通过对薄膜解吸有毒化学品量的测定,可得到有毒化学品解吸曲线(图 3.15 曲线(2))和薄膜内有毒化学品残存量曲线(图 3.15 曲线(3))。为了建立解吸曲线和残存量曲线的动力学方程,崔俊鸣[6]根据解吸过程提出图 3.16 所示的解吸模型,并提出以下 4 点假设。

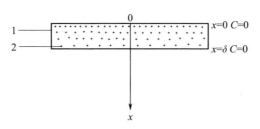

图 3.16　薄膜材料中有毒化学品的解吸过程
1—聚合物薄膜;2—有毒化学品。

(1)假设薄膜对有毒化学品吸收过程的终止,即解吸过程的开始,并在此瞬间,在 $x=0$ 的薄膜表面上,有毒化学品浓度瞬时达到零,且在解吸过程中始终为零。

(2)在薄膜的背面 $x=\delta$ 处,解吸的有毒化学品及时被清除,有毒化学品的浓度始终为零。

(3)假设解吸过程的扩散系数 D_1 为常数,不随含毒浓度改变。

(4)聚合物薄膜的厚度 δ 在吸收和解吸过程中的改变可忽略不计。

有毒化学品从聚合物薄膜内部沿着薄膜厚度的方向,由内向正反两个表面均匀扩散,然后离开表面而被清除,这一过程亦是一维扩散过程,同样可用菲克第二定律来描述。

根据解吸模型和 4 点假设,可得解吸过程的初始条件和边界条件,在解吸过程开始前 $t=0$ 的时刻,正是薄膜吸收有毒化学品过程的终了时刻 t_0,因此在 $t=0$ 时,薄膜中有毒化学品的初始浓度为吸收过程 t_0 时刻薄膜中有毒化学品的浓度,所以由式(3.87)可得到解吸过程的初始条件,即

$$C(x,0) = C(x,t_0) = C_{\max} - \frac{C_{\max}}{\delta}x - \frac{2C_{\max}}{\pi}\sum_{n=1}^{\infty}\frac{1}{n}e^{-n^2\pi^2\delta^{-2}Dt}\cdot\sin\frac{n\pi}{\delta}x$$

(3.97)

通常隔绝式皮防器材的消毒是先用消毒液泡洗后晾置通风处,则解吸始于消毒,由于薄膜正面和背面解吸的有毒化学品及时被清除,所以在 $t>0$ 的任意时刻,x 在 $=0$ 和 $x=\delta$ 处,有毒化学品浓度始终为零,即

$$C(0,t) = 0, C(\delta,t) = 0$$

可得

$$C(x,t) = \frac{2C_{\max}}{\pi}\sum_{n=1}^{\infty}\frac{1}{n}(1-e^{-n^2\pi^2\delta^{-2}Dt_0})e^{-n^2\pi^2\delta^{-2}D_1 t}\cdot\sin\frac{n\pi}{\delta}x \quad (3.98)$$

则解吸曲线方程为聚合物薄膜正面与背面解吸量方程之和,因此单位面积上的解吸量 q_b 为

$$q_b = D_1\int_0^t\left(\frac{\partial C}{\partial x}\right)_{x=0}\mathrm{d}t + \left[-D_1\int_0^t\left(\frac{\partial C}{\partial x}\right)_{x=\delta}\mathrm{d}t\right]$$

$$= \frac{4\delta C_{\max}}{\pi^2}\sum_{n=1}^{\infty}\frac{1}{(2n-1)^2}(1-e^{-(2n-1)^2\pi^2\delta^{-2}Dt_0})(1-e^{-(2n-1)^2\pi^2\delta^{-2}D_1 t}) \quad (3.99)$$

在解吸过程中,设任一时刻单位面积薄膜中有毒化学品残存量为 q_c,则有毒化学品残存量曲线方程为

$$q_c = \int_0^t c(x,t)\mathrm{d}x = \frac{4\delta C_{\max}}{\pi^2}\sum_{n=1}^{\infty}\frac{1}{(2n-1)^2}(1-e^{-(2n-1)^2\pi^2\delta^{-2}Dt_0})e^{-(2n-1)^2\pi^2\delta^{-2}D_1 t}$$

(3.100)

在化学防护中,人们总是希望尽量提高皮防器材的利用率,减少消毒所需时间。因此在器材研究中,不但要考虑提高材料的防毒能力,而且也必须要考虑减少材料所需消毒时间。式(3.99)和式(3.100)为研究缩短消毒时间提供了理论依据。

2. 解吸动力学方程的解析

1)消毒晾置时间的计算

由实践可知,式(3.100)在取一级近似后,引起的误差在 1% 以下,这就为简化提供了可能。再由扩散理论可知,在扩散解吸中,薄膜内有毒化学品含量只能越来越接近于零,而不能等于零,通常规定,聚合物薄膜含毒量在达到某一

安全量以下时,就认为消毒完成。因此,令薄膜内最大允许含毒量为 q_p,则所对应的时间 t 为所需消毒时间,对方程式(3.100)简化整理可得染毒薄膜消毒晾置所需时间计算方程式,即

$$t = \frac{\delta^2}{\pi^2 D_1} \ell n \left[\frac{4\delta C_{max}}{\pi^2 q_p} (1 - e^{-\pi^2 \delta^{-2} D t_0}) \right] \quad (3.101)$$

2)染毒时间对消毒时间的影响

某厚度的丁基胶薄膜,在 308K 下的消毒晾置时间与染毒时间的关系如图 3.17 所示。由图 3.17 可见,曲线开始上升很快,后来逐渐平缓,而防毒有效期处于曲线的前部上升较快的区域。这一现象说明:①消毒晾置所需时间远大于染毒时间;②对染毒的皮防器材,在完成任务后应立即洗消,不应放置,这样利于缩短消毒晾置所需时间。虽然在接近防毒能力时曲线上升已平缓,但消毒晾置时间增加仍大于放置时间的增加。

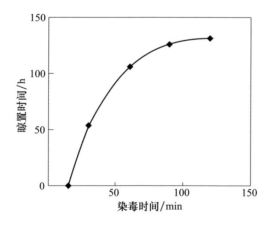

图 3.17 消毒晾置时间与染毒时间关系

3)消毒晾置时间与材料性质的关系

(1)薄膜中的含毒量多少会明显地影响所需消毒晾置时间,由式(3.100)可见,薄膜中有毒化学品的残存量与薄膜材料的厚度 δ 和溶胀值 C_{max} 成正比,因此减少薄膜的厚度,选择 C_{max} 小的材料做隔绝式皮防器材对缩短消毒晾置时间是有利的。

(2)染毒薄膜的消毒晾置过程是有毒化学品由薄膜内向薄膜表面的扩散过程,有毒化学品通过的路径即材料的厚度越大,所需时间必然越长,由

式(3.101)可见,t 和 δ 呈现大于平方的关系,因此厚度的增加对消毒是非常不利的,以增加薄膜材料厚度来提高防毒能力是不可取的。

(3) 影响有毒化学品在薄膜中扩散的另一个重要参数是扩散系数,扩散系数越大的材料越易于消毒,但扩散系数大的材料防毒能力差,不宜用作皮防材料。然而实践告诉我们,可以通过改变消毒环境和消毒方法来提高扩散系数,并能大幅度缩短消毒所需时间。将染毒器材置于沸水中消毒可使扩散系数比常温增加一个多数量级,使消毒时间缩短到常温消毒时间的 1/10 以下,但用此法时必须注意器材能否抗沸水引起的热老化。在热空气流中消毒,实质也是通过升温提高扩散系数,而且此法可根据染毒器材的耐高温情况调节热空气的温度。

参 考 文 献

[1] 何启泰,高虎章,崔俊鸣. 化学防护技术基础[M]. 北京:兵器工业出版社,1990.

[2] 李和国,刘斌,李雷,等. 生化防护服材料技术[J]. 中国个体防护装备,2006,03:25-28.

[3] Cherry B W. Polymer surfaces[M]. Oxfordcity:Cambridge University Press,1981.

[4] Glasstone S,Laidler J K,Eyning H. The theory of rate processes:International Chemical Series [M]. London:McGraw-Hill Company,1941.

[5] Buckles L C,Wulkow E A. Pathways of capillary migration of liquids in textile assemblies[J]. American Dyestuff Reporter,1959,12,931-949.

[6] Wulkow E A,Buchles L C. The migration of liquids in textile assemblies [J]. Textile Research Journal,1959,12,931-949.

[7] Gillespie T. The spreading of low vapor pressure liquids in paper [J]. Journal of Colloid Science,1958,13,32-50.

[8] 金眆,华幼卿. 高分子物理[M]. 北京:化学工业出版社,2008.

[9] 何平笙. 新编高聚物结构与性能[M]. 北京:科学出版社,2009.

[10] 严春晓. 芥子气及混合物渗透皮肤防护材料研究与应用[R]. 国防科技报告,2012,11.

[11] 齐佩云,严春晓. 芥路混合物渗透 XJ 橡胶薄膜研究[C]. 无锡:第六届全国"公共安全领域中的化学问题"学术会议,2017,10.

[12] 范志伟. 高聚物薄膜材料对 DMS"液-气"防毒性能评价[D]. 北京:陆军防化学院,2003.

[13] 李书海. 两种混合芥子气溶液对氯化丁基胶渗透曲线的研究[D]. 北京:陆军防化学院,2010.

[14] 郭辉. 芥子气及其模拟剂在氯化丁基橡胶上渗透曲线研究[D]. 北京:陆军防化学院,2010.

第 3 章　有毒化学品液滴渗透原理

［15］崔俊鸣. 隔绝式皮肤防护器材对有毒化学品吸收与解吸的理论研究［J］. 防化学报,1987(2)：69－79.

［16］刘军. 高聚物薄膜对有毒化学品渗透解吸动力学的研究［D］. 北京:陆军防化学院,1988.

［17］杜国梁. 关于隔绝式皮肤防护器材对有毒化学品吸收与解吸的数值分析［J］. 防化学报,1988(2)：1－7.

第4章
气体流动与压缩

防护装备或工事中,常会遇到气体在管路设备,如通风管道、喷管、扩压管、节流阀内的流动过程。例如,正压空气呼吸器使高压空气,通过逐级减压,先后流过高压软管、中压软管,流到面罩内形成微正压,供人员呼吸。在过滤式防毒面具使用中,受染空气流过面具的过滤部件等,流到面罩内供人员呼吸。集防系统中通风管道输送空气。

防护技术中有的装备或场合下要使用压缩气体。例如,正压空气呼吸器需要充满高压空气,进入有毒有害环境作业,使用后的气瓶要利用充气机补充空气;防护工事、集防系统通过鼓风使空间产生正压时,也应用压缩空气。此外,在风动工具、工厂生产中,也需要用压缩气体。

4.1 气体流动过程

本节主要讨论气体流动时气流参数变化与流道截面积的关系及流动过程中气体能量传递和转化等问题,还将概略讨论绝热节流过程的一般问题。

流体在流经空间任何一点时,其全部参数都不随时间而变化的流动过程,称为稳定流动。工程中,最常见的工质流动都是稳定的或接近稳定的流动。严格地说,运动流体在流道的同一截面上的不同点,由于受摩擦力及传热等的影响,流速、压力、温度等参数也有所不同,但为研究问题简便起见,常取同一截面上某参数的平均值作为该截面上各点该参数的值,这样问题就可简化为沿流动方向上的一维问题。实际流动问题都是不可逆的,而且流动过程中工质可能与外界有热量交换。但是,一般热力管道外都包有隔热保温材料,而且流体流过如喷管这样的设备的时间很短,与外界的换热也很少,为简便起见,把问题看成

第4章 气体流动与压缩

可逆绝热过程,由此而造成的误差利用实验系数修正。因此,本节主要讨论可逆绝热的一维稳定流动。

4.1.1 稳定流动的基本方程式

1. 连续性方程

稳定流动中,任一截面的一切参数均不随时间而变化,故流经一定截面的质量流量应为定值,不随时间而变化。设图4.1中流经截面1—1和2—2的质量流量分别为q_{m1}、q_{m2},流速为c_{f1}和c_{f2},比体积为ν_1和ν_2,流道截面面积为A_1、A_2。

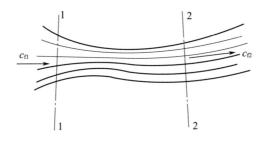

图4.1 一维稳定流动

若在此两截面间没有引进或排出流体,则据质量守恒原理有

$$q_{m1} = q_{m2} = q_m = \frac{A_1 c_{f1}}{\nu_1} = \frac{A_2 c_{f2}}{\nu_2} = \frac{A c_f}{\nu} = 常数 \tag{4.1}$$

式中:q_m 为质量流量 kg/s;c_f 为流速(m/s);ν 为比体积(m^3/kg);A 为面积(m^2)。

将式(4.1)进行微分,并整理得

$$\frac{dA}{A} + \frac{dc_f}{c_f} - \frac{d\nu}{\nu} = 0 \tag{4.2}$$

2. 稳定流动能量方程式

在任一流道内做稳定流动的气体或蒸气,服从稳定流动能量方程,即

$$q = \Delta h + \frac{1}{2}\Delta c_f^2 + g\Delta z + w_i \tag{4.3}$$

式中:q 为热量交换(J/kg);Δh 为焓变(J/kg);g 为重力加速度(m/s^2);Δz 为位差(m);w_i 做功(J/kg)。

一般情况下,流道的位置高度改变不大,气体工质的密度也较小,因此气体

位能的改变极小,可以忽略不计。如在流动中气体与外界没有热量交换,又不对外做轴功,则式(4.3)可简化为

$$h_2 + \frac{c_{f2}^2}{2} = h_1 + \frac{c_{f1}^2}{2} = h + \frac{c_f^2}{2} = 常数 \tag{4.4}$$

对于微元过程,式(4.4)可写为

$$dh + d\left(\frac{c_f^2}{2}\right) = 0 \tag{4.5}$$

式(4.4)表明,气体在绝热不做外功的稳定流动过程中,任一截面上的焓与其动能之和保持不变,气体动能的增加等于气流的焓降。式(4.5)是研究喷管内流动时能量变化的基本关系式,无论过程是否可逆均适用。

气体在绝热流动过程中,因受到物体阻碍流速降低至零的过程称为绝热滞止过程。

据能量方程式(4.4),任一截面上气体的焓和气体流动动能之和恒为常数。当气体绝热滞止时,速度为零,故滞止时气体的焓 h_0 为

$$h_0 = h_1 + \frac{c_{f1}^2}{2} = h_2 + \frac{c_{f2}^2}{2} = h + \frac{c_f^2}{2} \tag{4.6}$$

式中:h_0 为总焓或滞止焓,它等于任一截面上气流的焓和其动能的总和。

气流滞止时的温度和压力分别称为滞止温度和滞止压力,用 T_0 和 p_0 表示。

绝热滞止对气流所起的作用与绝热压缩无异,若过程可逆,则过程中熵不变,也可按可逆绝热过程的方法计算其他滞止参数。对于理想气体,若比热容近似为定值,由式(4.6)可得

$$c_p T_0 = c_p T_1 + \frac{c_{f1}^2}{2} = c_p T_2 + \frac{c_{f2}^2}{2} = h + \frac{c_f^2}{2}$$

所以

$$T_0 = T + \frac{c_f^2}{2c_p} \tag{4.7}$$

式中:T 为热力学温度;c_f 为流速。它们是气流在任一截面上的参数。

根据绝热过程方程式,理想气体比热容近似为定值时,滞止压力为

$$p_0 = p \frac{T_0^{k/(k-1)}}{T} \tag{4.8}$$

式中:p 为压力;T 为温度。它们是气流在任一截面上的参数。

对于水蒸气,据式(4.6)计算出 h_0 后,其他滞止参数可从 $h-s$ 图上读出。如图 4.2 所示,点 1 代表工质在截面 1—1 的状态。从点 1 向上作垂线,取线段 01,使其长度 $\overline{01} = h_0 - h_1 = \frac{1}{2}c_{f1}^2$。

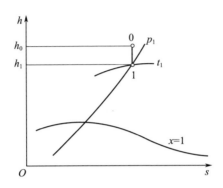

图 4.2 水蒸气的滞止状态

图 4.2 中点 0 即为滞止状态的状态点,可以从它读出滞止温度、滞止压力等其他滞止参数。

式(4.7)、式(4.8)表明滞止温度高于气流温度,滞止压力高于气流压力,且气流速度越大,这种差别也越大。例如,双原子气体,当流速达声速时,滞止温度 T_0 可比气流温度 T 大 20%;流速是声速 3 倍时,T_0 几乎可达 T 的 2.8 倍。因此,在处理高速气流问题时,滞止参数很重要。

3. 过程方程式

气体在稳定流动过程中若与外界没有热量交换,且气体流经相邻两截面时各参数是连续变化的,同时又无摩擦和扰动,则该过程是可逆绝热过程。由于稳定流动中任一截面上的参数均不随时间而变化,所以任意两截面上气体的压力和比体积的关系可用可逆绝热过程方程式描述,对理想气体取定比热容时,比热容比 $k = c_p/c_v$,则有

$$p_1 v_1^k = p_2 v_2^k = pv^k$$

对上式微分得

$$\frac{\mathrm{d}p}{p} + k\frac{\mathrm{d}v}{v} = 0 \tag{4.9}$$

式(4.9)原则上只适用于理想气体定比热容可逆绝热流动过程,但也用于表示变比热容的理想气体绝热过程,此时 k 是过程范围内的平均值。对水蒸气一类的实际气体在喷管内做可逆绝热流动分析时也近似采用上述关系式,不过式中 k 是纯粹经验值,不具有比热容比的含义。

4. 声速方程

由物理学已经知道,声速是微弱扰动在连续介质中所产生的压力波传播的速度。在气体介质中,压力波的传播过程可近似看作定熵过程,拉普拉斯声速方程为

$$c = \frac{p}{\rho_s} = -v^2 \frac{p}{v_s}$$

据式(4.9),对于理想气体定熵过程有

$$\frac{p}{v_s} = -k\frac{p}{v}$$

所以

$$c = kpv = kR_g T \qquad (4.10)$$

因此,声速不是一个固定不变的常数,它与气体的性质及其状态有关,也是状态参数。在流动过程中,流道各个截面上气体的状态在不断地变化着,所以各个截面上的声速也在不断地变化。为了区分不同状态下气体的声速,引入"当地声速"来表示所考虑的流道某一截面上的声速。

在研究气体流动时,气体的流速与当地声速之比称为马赫数,用符号 Ma 表示,即

$$Ma = \frac{c_f}{c} \qquad (4.11)$$

马赫数是研究气体流动特性的一个重要数值。当 $Ma < 1$,即气流速度小于当地声速时,称为亚声速;当 $Ma = 1$ 时,气流速度等于当地声速;当 $Ma > 1$ 时,气流速度大于当地声速,气流为超声速。亚声速流动与超声速流动的特性有原则的区别,将在后面做进一步讨论。

连续性方程、可逆绝热过程方程式、稳定流动能量方程和声速方程式是分析流体一维、稳定、不做功的可逆绝热流动过程的基本方程组。

4.1.2 流速改变的条件

从力学角度考虑,气体流速的改变是由压力差引起的。一般而言,气体流经喷管时,只要进出口截面之间有足够的压差,气体流速就会增大,不管过程是否可逆。如果此时流道截面积的变化能与气体体积变化相适应,则膨胀过程的不可逆损失会减少,动能的增加量就大,喷管出口截面上的气体流速就会更大。以下讨论喷管截面上的压力变化、喷管截面积变化与气流速度变化之间的关系,建立气体流速 c_f 与压力 p 及流通截面积 A 之间的关系,导出气流流速改变的力学条件和几何条件。

1. 力学条件

比较流动能量方程式 $q = (h_2 - h_1) + \frac{1}{2}(c_{f2}^2 - c_{f1}^2)$ 和热力学第一定律解析式 $q = (h_2 - h_1) - \int_1^2 v\mathrm{d}p$ 可得

$$\frac{1}{2}(c_{f2}^2 - c_{f1}^2) = -\int_1^2 v\mathrm{d}p \tag{4.12a}$$

式(4.12a)表明气流的动能增加和技术功相当。工质在管道内流动膨胀时并不对外做功,膨胀中产生的机械能和流进流出的推动功之差的代数和,即技术功,均未向外传出,而是全部转换为气流的动能。

将式(a)写成微分形式,即

$$c_f \mathrm{d}c_f = -v\mathrm{d}p \tag{4.12b}$$

式(4.12b)两端各乘以 $1/c_f^2$,右端分子、分母各乘以 k、p,得

$$\frac{\mathrm{d}c_f}{c_f} = -\frac{kpv}{kc_f^2}\frac{\mathrm{d}p}{p} \tag{4.12c}$$

将声速方程式(4.11)代入式(4.20c),并用马赫数表示,得

$$\frac{\mathrm{d}p}{p} = -kMa^2 \frac{\mathrm{d}c_f}{c_f} \tag{4.13}$$

式(4.13)即气体流速发生改变的力学条件。从式(4.13)中可知, $\mathrm{d}c_f$ 和 $\mathrm{d}p$ 的符号始终相反。这说明,气体在流动中如果流速增加,则压力必降低;如压力升高,则流速必降低。对这一结论可换一种理解方式:压力降低时技术功为正,

故气流动能增加、流速增加;压力升高时技术功是负,故气流动能减少、流速降低。

如要使气流的速度增加,必须使气流实现某种条件下膨胀以降低其压力,火箭的尾喷管、汽轮机的喷管就是使气流膨胀以获得高速流动的设备;反之,如要获得高压气流,则必须使高速气流在某种条件下降低流速。叶轮式压气机以及涡轮喷气式发动机和引射式压缩器的扩压管,就是使高速气流降低速度而获得高压气体的设备。

2. 几何条件

流速变化时,气流截面的变化规律体现了利于流速变化的几何条件。

将绝热过程方程式的微分式(4.9)代入式(4.13),可得

$$\frac{\mathrm{d}v}{v} = Ma^2 \frac{\mathrm{d}c_\mathrm{f}}{c_\mathrm{f}} \tag{4.14}$$

式(4.14)揭示了定熵流动中气体比体积的变化率和流速变化率之间的关系与气流马赫数有关。在亚声速流动范围内,因 $Ma<1$,所以 $\mathrm{d}v/v < \mathrm{d}c_\mathrm{f}/c_\mathrm{f}$,即比体积的变化率小于流速变化率;在超声速流动范围内,由于 $Ma>1$,$\mathrm{d}v/v > \mathrm{d}c_\mathrm{f}/c_\mathrm{f}$,即比体积的变化率大于流速变化率。可见,亚声速流动和超声速流动的特性不同。

将式(4.14)代入连续性方程式(4.2)并移项、整理,可得

$$\frac{\mathrm{d}A}{A} = (Ma^2 - 1)\frac{\mathrm{d}c_\mathrm{f}}{c_\mathrm{f}} \tag{4.15}$$

从式(4.15)可见,当流速变化时,气流截面面积的变化规律不但与流速是高于当地声速还是低于当地声速有关,还与流速是增加还是降低,即是喷管还是扩压管有关。

若气流通过喷管,此时气体因绝热膨胀,压力降低、流速增加,所以气流截面的变化规律是:$Ma<1$,亚声速流动,$\mathrm{d}A<0$,气流截面收缩;$Ma=1$,声速流动,$\mathrm{d}A=0$,气流截面缩至最小;$Ma>1$,超声速流动,$\mathrm{d}A>0$,气流截面扩张。

相应地,对喷管的要求是:对亚声速气流要做成渐缩喷管;对超声速气流要做成渐扩喷管;对气流由亚声速连续增加至超声速时要做成渐缩渐扩喷管(缩放喷管),或称为拉伐尔喷管。喷管截面形状与气流截面形状相符

合,才能保证气流在喷管中充分膨胀,达到理想的加速效果。拉伐尔喷管的最小截面处称为喉部,喉部处气流速度即是声速。各种喷管的形状如图4.3所示。

气流截面发生这种变化的原因如下。

从连续性方程,即

$$\frac{\mathrm{d}A}{A} + \frac{\mathrm{d}c_f}{c_f} - \frac{\mathrm{d}v}{v} = 0$$

可知,$\mathrm{d}A$ 的正负取决于比体积的增长率 $\mathrm{d}v/v$ 和速度增长率 $\mathrm{d}c_f/c_f$ 的大小。由式(4.13),$Ma < 1$ 时 $\mathrm{d}v/v < \mathrm{d}c_f/c_f$,故 $\mathrm{d}A$ 为负,截面面积减小;$Ma > 1$ 时 $\mathrm{d}v/v > \mathrm{d}c_f/c_f$,$\mathrm{d}A$ 为正,截面面积增大。

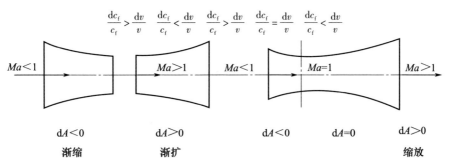

图 4.3 喷管($\mathrm{d}p < 0, \mathrm{d}v > 0, \mathrm{d}c_f > 0$)

缩放喷管的喉部截面是气流从 $Ma < 1$ 向 $Ma > 1$ 的转换面,所以喉部截面也叫临界截面,截面上各参数均称临界参数,临界参数用相应参数加下标 cr 表示,如临界压力 p_{cr}、临界温度 T_{cr}、临界比体积 v_{cr} 和临界流速 $c_{f,cr}$ 等。临界截面上 $c_{f,cr} = c$,即 $Ma = 1$,所以

$$c_{f,cr} = \sqrt{kp_{cr}v_{cr}} \tag{4.16}$$

从上面的分析可以看出,喷管进、出口截面的压力差恰当时,在渐缩喷管中气体流速的最大值只能达到当地声速,而且只可能出现在出口截面上;要使气体流速由亚声速转变到超声速,必须采用缩放喷管,缩放喷管的喉部截面是临界截面,其上速度达到当地声速。

气体流经喷管做充分膨胀时,各参数的变化关系如图4.4所示。

若气流通过扩压管,此时气体因绝热压缩,压力升高、流速降低,气流截面

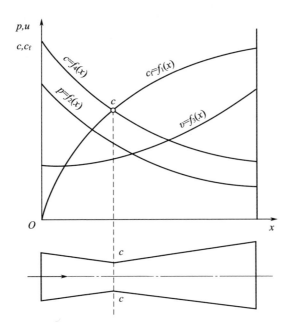

图 4.4 喷管内参数变化示意图

的变化规律是:$Ma>1$,超声速流动,$dA<0$,气流截面收缩;$Ma=1$,声速流动,$dA=0$,气流截面缩至最小;$Ma<1$,亚声速流动,$dA>0$,气流截面扩张。

同样,对扩压管的要求:对超声速气流要制成渐缩形;对亚声速气流要制成渐扩形;当气流由超声速连续降至亚声速时,要做成渐缩渐扩形扩压管,如图 4.5 所示。但这种扩压管中气流流动情况复杂,不能按理想的可逆绝热流动规律实现由超声速到亚声速的连续转变。

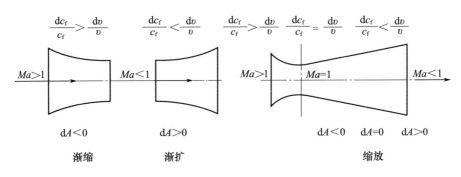

图 4.5 扩压管($dp>0, dv<0, dc_f<0$)

第 4 章 气体流动与压缩

4.1.3 喷管的计算

喷管的计算通常有设计型和校核型两类。设计型计算是依据已知工质初态参数和背压(即喷管出口截面处的工作压力),根据给定的流量等条件,通过设计计算选择合适的喷管外形及确定几何尺寸。校核型计算是根据已有的喷管外形和尺寸,计算选取合适的使用条件,即确定喷管的出口流速及流量。

1. 流速

1) 流速的计算式

根据式(4.6) $h_0 = h_1 + \frac{c_{f1}^2}{2} = h_2 + \frac{c_{f2}^2}{2} = h + \frac{c_f^2}{2}$,气体在喷管中绝热流动时任一截面上的流速可由 $c_f \approx \sqrt{2(h_0 - h)}$ 计算,因此,出口截面上流速为

$$c_{f2} = \sqrt{2(h_0 - h_2)} = \sqrt{2(h_1 - h_2) + c_{f1}^2} \tag{4.17}$$

式中:c_{f1} 和 c_{f2} 分别为喷管进、出口截面上的气流速度(m/s);h_1、h_2、h_0 分别为喷管进、出口截面上气流的焓值和滞止焓(J/kg);$(h_1 - h_2)$ 为绝热焓降,又叫可用焓差。

入口速度 c_{f1} 较小时,式(4.16)中的 c_{f1}^2 可忽略不计,于是有

$$c_{f2} \approx \sqrt{2(h_1 - h_2)} \tag{4.18}$$

式(4.17)对理想气体和实际气体均适用,而与过程是否可逆无关。如果理想气体可逆绝热流经喷管,可据初态参数 p_1、T_1 及速度 c_{f1} 求取滞止参数 p_0、T_0。然后结合出口截面参数如 p_2,按要求精度不同采用变比热容或定比热容求出 T_2,从而计算 h_2 再求得 c_{f2}。水蒸气可逆绝热流经喷管时,可以利用 $h-s$ 图或借助专用程序求出 h_1 和 h_2,代入式(4.17)即可求得出口流速。

2) 状态参数对流速的影响

在满足几何条件的情况下,对理想气体,且比热容不变,流动可逆情况,分析状态参数对流速的影响,所得结论可定性地应用于水蒸气等实际气体。根据式(4.17),有

$$c_{f2} = \sqrt{2(h_0 - h_2)} = \sqrt{2c_p(T_0 - T_2)}$$

由迈耶方程 $C_p - C_v = R$ 和 $k = C_p/C_v$，可得 $C_p = Rk/(k-1)$，故

$$c_{f2} = \sqrt{2\frac{k}{k-1}R_g(T_0 - T_2)} = \sqrt{2\frac{k}{k-1}R_g T_0 \left(1 - \frac{p_2}{p_0}\right)^{(k-1)/k}} \quad (4.19)$$

或

$$c_{f2} = \sqrt{2\frac{k}{k-1}p_0 v_0 \left(1 - \frac{p_2}{p_0}\right)^{(k-1)/k}} \quad (4.20)$$

式(4.20)也可从气流的动能增加与技术功相当出发导得，此处不再详述推导过程。

式(4.19)及式(4.20)中，p_0、T_0 及 v_0 是气流的滞止参数，p_2 是出口截面上的压力。由于滞止参数取决于进口截面上气体的初参数，故出口截面的流速决定于工质在喷管进、出口截面上的参数。当初态一定时，流速依出口截面上的压力与滞止压力之比而变化，如图 4.6 所示。当 c_{f1} 较小时，可用进口截面上的压力代替滞止压力。

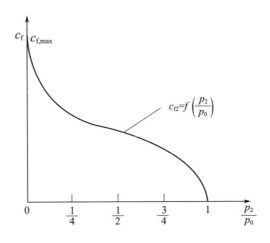

图 4.6　喷管出口流速 c_{f2}

$p_2/p_0 = 1$，即出口截面压力等于滞止压力时，$c_{f2} = 0$，气体不会流动；当 p_2/p_0 逐渐减小时，c_{f2} 逐渐增加，初期增加较快，以后逐渐减慢。按式(4.20)，当 p_2 趋向于零时，流速趋近其最大值，即

$$c_{f2,max} = \sqrt{2\frac{k}{k-1}p_0 v_0} = \sqrt{2\frac{k}{k-1}R_g T_0}$$

此速度实际上不可能达到，因压力趋于零时比体积趋于无穷大，要求出口截面面积无穷大，显然是不可能的。

3) 临界压力比 β_{cr}

临界截面上的流速等于当地声速 $c_{f,cr}$，将临界参数代入式(4.20)得

$$c_{f,cr} = \sqrt{2\frac{k}{k-1}p_0 v_0 \left(1 - \frac{p_{cr}}{p_0}\right)^{(k-1)/k}} \qquad (4.21a)$$

当地声速为

$$c_{f,cr} = \sqrt{kp_{cr}v_{cr}}$$

故可得

$$\sqrt{2\frac{k}{k-1}p_0 v_0 \left(1 - \frac{p_{cr}}{p_0}\right)^{(k-1)/k}} = \sqrt{kp_{cr}v_{cr}} \qquad (4.21b)$$

将 $v_{cr} = v_0 \left(\dfrac{p_0}{p_{cr}}\right)^{1/k}$ 代入式(4.21b)，得

$$\sqrt{2\frac{k}{k-1}p_0 v_0 \left(1 - \frac{p_{cr}}{p_0}\right)^{(k-1)/k}} = \sqrt{kp_0 v_0 \left(\frac{p_{cr}}{p_0}\right)^{(k-1)/k}} \qquad (4.21c)$$

式中：p_{cr}/p_0 为临界压力比，常用 β_{cr} 表示，是流速达到当地声速时工质的压力与滞止压力之比。从式(4.21c)可得

$$\frac{2}{k-1}\left[1 - \beta_{cr}^{\frac{k-1}{k}}\right] = \beta_{cr}^{\frac{k-1}{k}} \qquad (4.21d)$$

移项并简化，最后可得

$$\frac{p_{cr}}{p_0} = \beta_{cr} = \frac{2}{k+1}^{\frac{k}{k+1}} \qquad (4.22)$$

截面上工质的压力与滞止压力之比等于临界压力比，是分析管内流动的一个重要参数，是气流速度从亚声速到超声速的转折点。从式(4.22)可知，临界压力比仅与工质性质有关。对于理想气体，如取定值比热容，则双原子气体的 $k=1.4$，$\beta_{cr}=0.528$。对于水蒸气，如取过热蒸汽的 $k=1.3$，则 $\beta_{cr}=0.546$；对于干饱和蒸汽，如取 $k=1.135$，则 $\beta_{cr}=0.577$。

以上分析，原则上只适用于定比热容理想气体的可逆绝热流动，因推导中利用了 $pv=R_gT$ 和 $pv^k=$ 常数等这类仅适用于理想气体的关系式；但如果把其中的 k 值按过程变化的温度范围内取平均值后，就也可用于分析理想气体变比热

容的情况了。类似地,也可用于分析水蒸气的可逆绝热流动,而此时式中 k 值不再具有 c_p/c_v 的意义,而仅作纯经验参数理解。

将临界压力比公式(4.22)代入式(4.19),得临界速度为

$$c_{\mathrm{f,cr}} = \sqrt{2\,\frac{k}{k+1}p_0 v_0} \qquad (4.23)$$

则理想气体为

$$c_{\mathrm{f,cr}} = \sqrt{2\,\frac{k}{k+1}R_{\mathrm{g}} T_0} \qquad (4.24)$$

由于滞止参数由初态参数确定,故而临界流速只决定于进口截面上的初态参数,对于理想气体则仅决定于滞止温度。

2. 流量

根据气体稳定流动的连续性方程,气体通过喷管任何截面的质量流量 q_{m} 都是相同的。因此,无论按哪一个截面计算流量,所得的结果都应该一样。但是,各种形式喷管的流量大小都受其最小截面控制,所以常常按最小截面(即收缩喷管的出口截面、缩放喷管的喉部截面)来计算流量,根据式(4.1),有

$$q_{\mathrm{m}} = \frac{A_2 c_{\mathrm{f2}}}{v} \text{ 或 } q_{\mathrm{m}} = \frac{A_{\mathrm{cr}} c_{\mathrm{f,cr}}}{v_{\mathrm{cr}}}$$

式中:A_2、A_{cr} 分别为收缩喷管出口截面面积和缩放喷管喉部截面面积(m^2);c_{f2}、$c_{\mathrm{f,cr}}$ 分别为收缩喷管出口截面上的速度和缩放喷管喉部截面上的速度($\mathrm{m/s}$);v_2、v_{cr} 分别为收缩喷管出口截面上气体的比体积和缩放喷管喉部截面上气体的比体积(m^3/kg)。

为了揭示喷管中流量随工作条件而变化的关系,假定工质为理想气体并取定值比热容而做进一步推导。将式(4.20)和 $p_2 v_2^k = p_0 v_0^k$ 代入式(4.1),化简整理后得

$$q_{\mathrm{m}} = A_2 \sqrt{2\,\frac{k}{k-1}p_0 v_0 \left(1 - \frac{p_2}{p_0}\right)^{(k-1)/k}} \qquad (4.25)$$

由式(4.25)可知,当 A_2、p_0、v_0 及 k 保持不变时,流量仅随出口压力比 β 变化,如图 4.7 所示。

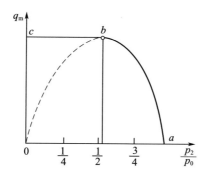

图 4.7 喷管流量 q_m

对于收缩喷管,当背压 p_b(喷管出口截面外压力)从大于临界压力 p_{cr} 逐渐降低时,出口截面上的压力 p_2 也逐渐下降且数值上与 p_b 相等,此时 q_m 逐渐增大;到 $p_b = v_{cr} p_0$,即背压等于临界压力时,p_2 仍等于 p_b,q_m 达到最大值,如图 4.7 中曲线 ab 所示。若 p_b 继续下降,p_2 不随之下降,而仍维持等于 p_{cr},q_m 也保持不变,为 b 点的值。因为,若气流继续膨胀,气流的速度要增至超声速,气流的截面要逐渐扩大,而渐缩喷管不能提供气流展开所需的空间,故气流在渐缩喷管中只能膨胀到 $p_2 = p_{cr}$ 为止,出口截面上的流速也只能达到当地声速 $c_{f2} = c_{f,cr} = \sqrt{2\dfrac{k}{k+1}p_0 v_0}$,故而流量 q_m 维持达临界时的值不变。将此时的压力比,即临界压力比代入式(4.25),即得

$$q_{m,\max} = A_2 \sqrt{2\frac{k}{k-1}\left(\frac{2}{k+1}\right)^{2/(k-1)}\frac{p_0}{v_0}} \tag{4.26}$$

如喷管为缩放喷管,在正常工作条件下 $p_b < p_{cr}$,在喷管最小截面处压力为 p_{cr},流速为当地声速 $c_{f,cr}$。尽管在喷管最小截面以后气流速度达超声速,喷管截面面积扩大,但据质量守恒原理,其截面上的质量流量与最小截面处相等。降低背压,最小截面处压力及流速不变,所以虽然出口截面的压力下降,出口截面面积增大,出口流速也增大,但流量保持不变,如图 4.7 中曲线 bc 所示。但若出口截面面积 A_2 是定值,随 p_2 降低,实际需要的喉部流通面积会减小,则会出现流量减小,如图 4.7 中虚线所示。

3. 喷管外形选择和尺寸计算

在给定条件下进行喷管的设计,首先需要确定喷管的几何形状,然后再按

照给定的流量计算截面的尺寸。其目的是使喷管的外形和截面尺寸完全符合气流在可逆膨胀中体积变化的需要,保证气流得到充分膨胀,尽可能减少不可逆损失。

1)外形选择

综合前文的论述可知,在背压 $p_b \geqslant p_{cr}$ 时出口截面上的压力 $p_2 = p_b \geqslant p_{cr}$,气流速度在亚声速范围内,其截面始终是渐缩的,因此应采用渐缩喷管;若 $p_b < p_{cr}$,气流充分膨胀到 $p_2 = p_b < p_{cr}$,其流速将超过声速,即气流速度包括亚声速和超声速两个范围,故而应采用缩放喷管以适应气流截面渐缩至最小然后扩大的需要。因此,喷管外形的选择取决于滞止压力 p_0 和背压 p_b,因 p_0 取决于进口截面参数 p_1、T_1 等,所以也就是取决于进口截面参数和背压。归纳起来,当 $p_b \geqslant p_{cr}$ 时采用渐缩喷管;当 $p_b < p_{cr}$ 时采用缩放喷管。

2)尺寸计算

对于渐缩喷管,尺寸计算主要是求出口截面面积。当流量及初参数和背压力(此时应等于气流出口截面压力)给定时,截面面积计算为

$$A_2 = q_m \frac{v_2}{c_{f2}} \tag{4.27}$$

式中:q_m 为给定的质量流量(kg/s);v_2 为出口截面上气流的比体积(m³/kg);c_{f2} 为出口流速(m/s)。

对于缩放喷管,尺寸计算需求得喉部截面面积 A_{min}、出口截面面积 A_2 及扩展部分长度 l。

$$A_{min} = q_m \frac{v_{cr}}{c_{f,cr}} \text{ 或 } A_2 = q_m \frac{v_2}{c_{f2}} \tag{4.28}$$

式中:v_{cr}、v_2 分别为最小截面和出口截面处的比体积(m³/kg);$c_{f,cr}$、c_{f2} 分别为最小截面和出口截面处的流速(m/s)。

扩展部分长度无一定标准,依经验而定。如选择过短,则气流扩张过快,易引起扰动而增加内部摩擦损失;如选择过长,则气流与壁面摩擦损失增加,也不利。通常取顶锥角(图4.8),φ 在 10°~12°之间,并有 $l = \dfrac{d_2 - d_{min}}{2\tan\dfrac{\varphi}{2}}$。

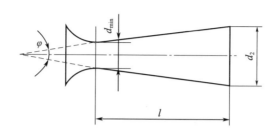

图 4.8 缩放喷管的顶锥角

从前面的分析可以看出,气体在喷管内可逆流动时,所经历的状态位于同一条等熵线上,流动过程中各点的滞止参数是相同的,从而临界状态也是唯一确定的。所以,只要知道了流动过程的初始状态及喷管的工作条件(如背压),即可通过求出该流动过程的滞止参数及临界压力而确定喷管的形式及出口截面的压力,进而计算流速、流量或截面积。

[**例 4.1**] 空气由输气管送来,管端接一出口截面面积 $A_2 = 10\text{cm}^2$ 的渐缩喷管,进入喷管前空气的压力 $p_1 = 2.5\text{MPa}$,温度 $T_1 = 353\text{K}$,速度 $c_{f1} = 35\text{m/s}$。已知喷管出口处背压 $p_b = 1.5\text{MPa}$。若空气可作为理想气体,比热容取定值,且 $c_p = 1.004\text{kJ/(kg·K)}$,试确定空气经喷管射出的速度、流量以及出口截面上空气的比体积 v_2 和温度 T_2。

解:首先求滞止参数。因空气作为理想气体且比热容为定值,则

$$T_0 = T_1 + \frac{c_{f1}^2}{2c_p} = 353\text{K} + \frac{(35\text{m/s})^2}{2 \times 1004\text{J/(kg·K)}} = 353.6\text{K}$$

$$p_0 = p_1 \left(\frac{T_0}{T_1}\right)^{k/(k-1)} = 2.5 \times 10^6\text{Pa} \times \left(\frac{353.6\text{K}}{353\text{K}}\right)^{1.4/(1.4-1)} = 2.515 \times 10^6\text{Pa}$$

$$v_0 = \frac{R_g T_0}{p_0} = \frac{287\text{J/(kg·K)} \times 353.6\text{K}}{2.515 \times 10^6\text{Pa}} = 0.0404\text{m}^3/\text{kg}$$

计算临界压力,即

$$p_{cr} = v_{cr} p_0 = 0.528 \times 2.515 \times 10^6\text{Pa} = 1.328 \times 10^6\text{Pa}$$

因为 $p_{cr} < p_b$,所以空气在喷管内只能膨胀到 $p_2 = p_b$,即 $p_2 = 1.5\text{MPa}$。
计算出口截面状态参数:

$$v_2 = v_0 \left(\frac{p_0}{p_2}\right)^{1/k} = 0.0404\text{m}^3/\text{kg} \times \left(\frac{2.515\text{MPa}}{1.5\text{MPa}}\right)^{1/1.4} = 0.0584\text{m}^3/\text{kg}$$

$$T_2 = \frac{p_2 v_2}{R_g} = \frac{1.5 \times 10^6 \text{Pa} \times 0.0584 \text{m}^3/\text{kg}}{287 \text{J}/(\text{kg} \cdot \text{k})} = 305.2 \text{K}$$

计算出口截面上的流速和喷管流量,即

$$c_{f2} = \sqrt{2(h_0 - h_2)} = \sqrt{2c_p(T_0 - T_2)}$$
$$= \sqrt{2 \times 1004 \text{J}/(\text{kg} \cdot \text{K}) \times (353.8 \text{K} - 305.2 \text{K})} = 311.7 \text{m/s}$$

$$q_m = \frac{A_2 c_{f2}}{v_2} = \frac{10 \times 10^{-4} \text{m}^2 \times 311.7 \text{m/s}}{0.0584 \text{m}^3/\text{kg}} = 5.34 \text{kg/s}$$

本例中,若忽略进口截面初速 c_{f1} 的影响,可求得 $c_{f2} = 310.5 \text{m/s}$, $q_m = 5.32 \text{kg/s}$(读者可自行计算),与考虑 c_{f1} 所得计算结果误差分别为 0.54% 和 0.56%。因此 c_{f1} 较小时,可以忽略不计 c_{f1} 的影响,近似取进口截面参数为滞止参数。

[**例 4.2**] 初速 $c_{f1} = 100 \text{m/s}$、压力 $p_1 = 2.0 \text{MPa}$、温度 $t_1 = 300 ℃$ 的水蒸气,经过一拉伐尔喷管流入压力为 0.1 MPa 的大空间中,喷管的最小截面面积 $A_{\min} = 20 \text{cm}^2$。试求临界速度、出口速度、每秒流量及出口截面面积。

解:根据 $p_1 = 2.0 \text{MPa}$、$t_1 = 300℃$,可在 $h-s$ 图上确定其初态是过热蒸汽,故取临界压力比 $v_{cr} = 0.546$。通过初态点 1 作等熵线,如图 4.9 所示。流动过程中各状态点均在此垂线上。向上截取 01,使

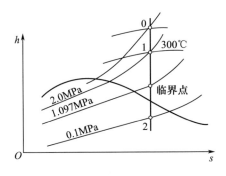

图 4.9 例 4.2 附图

$$\overline{01} = \frac{mc_{f1}^2}{2} = \frac{1 \text{kg} \times (100 \text{m/s})^2}{2}$$
$$= 5000 \text{J} = 5 \text{kJ}$$

点 0 即为滞止点,并由此查得:$p_0 = 2.01 \text{MPa}$,$h_0 = 3025 \text{kJ/kg}$。

临界压力 $p_{cr} = v_{cr} p_0 = 0.546 \times 2.01 \times 10^6 \text{Pa} = 1.097 \times 10^6 \text{Pa}$

第 4 章 气体流动与压缩

等压线 p_{cr} 与通过点 1 的垂线的交点即为喷管中临界截面的状态点,如图 4.9 所示。由图得 $h_{cr}=2865\text{kJ/kg}, v_{cr}=0.219\text{m}^3/\text{kg}$。同样,据 $p_2=p_b=0.1\text{MPa}$ 可确定点 2 为出口截面处的状态点,由图查得 $h_2=2420\text{kJ/kg}, v_2=1.55\text{m}^3/\text{kg}$。所以

$$c_{f,cr}=\sqrt{2(h_0-h_{cr})}=\sqrt{2\times(3025-2865)\times10^3\text{J/kg}}=565.7\text{m/s}$$

$$q_m=\frac{A_{\min}c_{f,cr}}{v_{cr}}=\frac{20\times10^{-4}\text{m}^2\times565.7\text{m/s}}{0.219\text{m}^3/\text{kg}}=5.17\text{kg/s}$$

$$c_{f2}=\sqrt{2(h_0-h_2)}=\sqrt{2\times(3025-2420)\times10^3\text{J/kg}}=1100\text{m/s}$$

$$A_2=\frac{q_m c_{f2}}{v_2}=\frac{5.17\text{kg/s}\times1100\text{m/s}}{1.55\text{m}^3/\text{kg}}=7.29\times10^{-3}\text{m}^2=72.9\text{cm}^2$$

4.1.4 背压变化时喷管内流动

前面讨论喷管的设计计算,此时由已知进口参数、背压和流量,按气体在喷管内实现完全膨胀、喷管出口截面上压力 p_2 等于背压 p_b 确定喷管外形,计算出口截面参数及截面面积等。但喷管运行时工作条件常会发生变化,下面简要讨论背压变化时喷管内的流动情况。

1. 渐缩喷管

由前面的讨论可知,在背压 p_b 不小于临界压力 p_{cr} 时,渐缩喷管内气体能够膨胀到出口截面上的压力等于背压。因此,当喷管外背压发生变化时,只要背压仍大于临界压力,即 $p_b>p_{cr}$,理论上喷管内气体总是能够完全膨胀,出口截面上的压力 p_2 维持等于背压,即 $p_2=p_b>p_{cr}$,如图 4.10 中曲线 AB 所示。当然,其流量及出口截面上的流速均小于对应进口参数下可以达到的最大值。

当背压 p_b 变化到正好等于 p_{cr} 时,喷管内气体完全膨胀到 $p_2=p_b=p_{cr}$,如图 4.10 中曲线 AC 所示。这时喷管出口流速达到 $c_{f,cr}$,流量达到相应条件下的最大值 $q_{m,\max}$。

如背压进一步变化到 $p_b<p_{cr}$,据前面分析,渐缩喷管出口截面上的气体压力 p_2 不能降低到 p_{cr} 以下,故喷管内气体不能充分膨胀到背压 p_b,p_2 仍维持等于 p_{cr}。气流在喷管外发生自由膨胀,压力由 p_{cr} 降低到 p_b,如图 4.10 中 ACD 所示。这种自由膨胀是不可逆的,其压降不能有效地用来增加气体流速,喷管出口流

速仍保持 $c_{f,cr}$，流量保持 $q_{m,max}$，这就是所谓的膨胀不足。

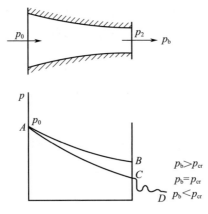

图 4.10　渐缩喷管中的压力变化曲线

2. 渐缩渐放喷管

在设计工况下，渐缩渐放喷管的喉部截面处的气流达到临界状态，气流速度在收缩段是亚声速的，到最小截面处等于当地声速，在扩张段达到超声速。设计工况下气体在喷管内的压力变化如图 4.11 中曲线 ABC 所示。

若降低背压 p_b，使之小于原出口截面设计压力 p_2，此时喉部截面处的气流仍为临界状态，故喷管流量不变。但按喷管内气体实现完全膨胀的情况，通过相同的流量要求更大的出口截面面积，故喷管内气体只能膨胀到原设计出口截面压力 p_2，而不能继续膨胀到 p_b。气体流出喷管后，在管外自由膨胀，降压至 p_b，情况与渐缩喷管相似，也称为膨胀不足。

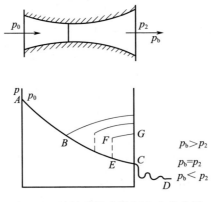

图 4.11　缩放喷管中的压力变化曲线

第 4 章 气体流动与压缩

若背压 p_b 升高,则缩放喷管的工作将受到阻碍。这时喷管内的气体流动情况较为复杂,读者可参阅气体动力学的有关书籍,这里仅简要说明。研究表明,当 p_b 比原设计压力 p_2 高时,喷管内气体可膨胀到比 p_b 低的压力,此即过度膨胀,如图 4.11 中曲线 ABE 所示。在扩张段,气流速度增至超声速,然后在某一截面处产生冲击波,使压力跃升,如图 4.11 中虚线 EF 所示,气流速度急剧降至亚声速,再按扩压管方式升压至背压流出喷管,此时流量仍等于设计流量。冲击波产生截面的位置随背压 p_b 的升高而逐渐向内迁移,直至喉部截面。因为发生冲击波的过程是不可逆过程,故应避免发生这种情况。

4.1.5 具有摩擦阻力的流动

前面讨论了气流在喷管内的可逆绝热流动。实际上,由于存在摩擦,流动过程中发生能量耗散,部分动能重又转化成热能被气流吸收,故实际过程是不可逆的。若忽略与外界的热交换,则过程中熵流为零 ($S_f = 0$)。由于摩擦引起的熵增大于零 ($S_g > 0$),因而过程中熵变大于零 ($\Delta S = S_f + S_g > 0$)。同时,由于动能减少,气流出口速度将变小,因此有摩擦的流动较之相同压降范围内的可逆流动,出口速度要小。稳定流动能量方程式(4.6)仅要求过程绝热和不做功,对过程是否可逆及工质性质无任何限制,故也可用于气体的不可逆绝热流动,此时式(4.6)可写成

$$h_0 = h_1 + \frac{c_{f1}^2}{2} = h_2 + \frac{c_{f2}^2}{2} = h_{2'} + \frac{c_{f2'}^2}{2}$$

式中:$h_{2'}$ 和 $c_{f2'}$ 分别为出口截面上气流的实际焓值和速度。从上式可知,出口动能的减小引起出口焓值的增大,焓的增加量 $(h_{2'} - h_2)$ 即为动能的减小值 $\frac{1}{2}(c_{f2}^2 - c_{f2'}^2)$。

工程上常用速度系数 ϕ 及能量损失系数 ζ 分别表示气流出口速度的下降和动能的减少。

速度系数的定义为

$$\phi = \frac{c_{f2'}}{c_{f2}} \tag{4.29}$$

式中:$c_{f2'}$ 为喷管出口截面上的实际流速;c_{f2} 为理想可逆流动时的流速。

能量损失系数定义为

$$\zeta = \frac{\text{损失的动能}}{\text{理想动能}} = \frac{c_{f2}^2 - c_{f2'}^2}{c_{f2}^2} = 1 - \phi^2 \quad (4.30)$$

速度系数依喷管的形式、材料及加工精度等而定,一般在 0.92~0.98 之间。渐缩喷管的速度系数较大,缩放喷管则较小(因缩放喷管相对较长,且超声速气流的摩擦损耗较大)。工程计算中常先按理想情况求出 c_{f2},再根据速度系数 ϕ 由式(4.29)求得 $c_{f2'}$。或者据 $c_{f2'} = \sqrt{2(h_0 - h_{2'})}$ 求得流速,其中 $h_{2'}$ 的值可由实测 p_2 及 $t_{2'}$ 确定,也可由能量损失系数 ζ 及理想情况下的焓值 h_2 求出。因为摩擦损耗的动能转化为热能,而这部分热能又被气流所吸收,使其焓值增大,故 $h_{2'} = h_2 + \zeta(h_0 - h_2)$。出口截面上气体的其他参数值可由 p_2 及 $h_{2'}$ 确定。

4.1.6 绝热节流

流体在管道内流动,流经阀门、孔板等设备时,由于局部阻力使流体压力降低,这种现象称为节流现象。节流过程中如果流体与外界没有热量交换,则为绝热节流,也简称节流。

节流过程是典型的不可逆过程。如图 4.12 所示,流体在孔口附近发生强烈的扰动及涡流,处于极度不平衡状态,故不能用平衡态热力学方法分析孔口附近的状况。但在距孔口较远的截面 1—1 和 2—2 处,流体仍可处于平衡状态。若取管段 1—2 为控制容积,应用绝热流动的能量方程式,整理得

$$h_1 = h_2 + \frac{1}{2}(c_{f2}^2 - c_{f1}^2)$$

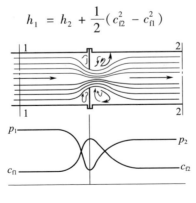

图 4.12 绝热节流

第 4 章 气体流动与压缩

通常情况下,节流前后流速 c_{f1} 和 c_{f2} 的差别不大,流体动能差与 h_1 及 h_2 相比极小,可忽略不计,故得

$$h_1 = h_2 \tag{4.31}$$

式(4.29)表明,经节流后流体焓值仍回复到原值。由于在截面 1—1 和截面 2—2 之间流体处于不平衡状态,因而不能确定各截面的焓值。因此,尽管 $h_1 = h_2$,但不能把节流过程看作定焓过程。

节流过程是不可逆绝热过程,过程中有熵增,即

$$s_2 > s_1 \tag{4.32}$$

对于理想气体,$h = f(T)$,焓值不变,则温度也不变,即 $T_2 = T_1$。节流后的其他状态参数可依据 p_2 及 T_2 求得。实际气体节流过程的温度变化比较复杂,节流后温度可以降低,可以升高,也可以不变,视节流时气体所处的状态及压降的大小而定。

节流过程的温度变化,可从分析焓值不变时温度对压力的依变关系即焦耳-汤姆逊系数 $\mu_J = \left(\dfrac{\partial T}{\partial P}\right)_h$ 入手。根据气体热力学关系式 $\mathrm{d}h = C_p\mathrm{d}T - \left[T\left(\dfrac{\partial v}{\partial T}\right)_p - v\right]\mathrm{d}p$,对等焓过程 $\mathrm{d}h = 0$,μ_J 的表达式改写为

$$\mu_J = \left(\frac{\partial T}{\partial P}\right)_h = \frac{1}{C_p}\left[T\left(\frac{\partial v}{\partial T}\right)_p - v\right] \tag{4.33}$$

系数 μ_J 也称为节流的微分效应,即气流在节流中压力变化为 $\mathrm{d}p$ 时的温度变化。当压力变化为一定数值时,节流所产生的温度差称为节流的积分效应 $\left(T_2 - T_1 = \int_1^2 \mu_J \mathrm{d}p\right)$。按状态方程式求得 $(v/T)_p$ 并与气体的 T、v 一起代入式(4.33),由于节流过程压力下降($\mathrm{d}p < 0$),所以:若 $T\left(\dfrac{\partial v}{\partial T}\right)_p - v > 0$,$\mu_J$ 取正值,节流后温度降低;若 $T\left(\dfrac{\partial v}{\partial T}\right)_p - v < 0$,$\mu_J$ 取负值,节流后温度升高;若 $T\left(\dfrac{\partial v}{\partial T}\right)_p - v = 0$,$\mu_J = 0$,节流后温度不变。

例如,理想气体状态方程为 $pv = R_g T$,$\left(\dfrac{\partial v}{\partial T}\right)_p = \dfrac{R_g}{p}$,$T\left(\dfrac{\partial v}{\partial T}\right)_p - v = 0$,所以理想气体在任何状态下绝热节流,$\mu_J \equiv 0$,故 $T_2 \equiv T_1$,而实际气体则应根据状态方

程的具体形式和节流前气体状态而定。

实际气体若满足范德华方程 $\left(p + \dfrac{a}{v^2}\right)(v - b) = R_g T$，根据热力学关系式，有 $dh = Tds + vdp$。

将式(4.33)进一步改写形式，得

$$\mu_J = \dfrac{1}{C_p}\left[\dfrac{T}{\rho^2}\dfrac{\left(\dfrac{\partial p}{\partial T}\right)_\rho}{\left(\dfrac{\partial p}{\partial \rho}\right)_T} - \dfrac{1}{\rho}\right] \tag{4.34}$$

并将范德华方程改写为

$$p = \dfrac{R_g T}{v}\left(1 - \dfrac{b}{v}\right)^{-1} - \dfrac{a}{v^2} \tag{4.35}$$

展开式(4.35)中二项式并忽略 b/v（其值小于1）的二次以上的高次项，得

$$p = \dfrac{R_g T}{v}\left(1 + \dfrac{b}{v} + \dfrac{b^2}{v^2} + \cdots\right) - \dfrac{a}{v^2} \approx \dfrac{R_g T}{v}\left(1 + \dfrac{b}{v}\right) - \dfrac{a}{v^2}$$

改写，得

$$p = \rho R_g T + \rho^2 (bR_g T - a) \tag{4.36}$$

式中：p 为压力(Pa)；ρ 为密度(kg/m³)；R_g 为气体常数(J/(kg·K))；T 为温度(K)，a、b 均为范德华方程常数。

将 p 分别对 T 和 ρ 取偏导数，得

$$\left(\dfrac{\partial p}{\partial T}\right)_\rho = \rho p + \rho^2 bR_g, \quad \left(\dfrac{\partial p}{\partial \rho}\right)_T = 2\rho(bR_g T - a)$$

将此两个偏导数代入绝热节流系数式(4.34)，即得范德华实际气体的绝热节流系数，即

$$\mu_J = \dfrac{1}{C}\left[\dfrac{T}{\rho^2}\dfrac{\rho p + \rho^2 bR_g}{2\rho(bR_g T - a)} - \dfrac{1}{\rho}\right] \tag{4.37}$$

节流后温度不变的气流温度称为转换温度，用 T_i 表示。已知气体的状态方程，利用 $T\left(\dfrac{\partial v}{\partial T}\right)_p - v = 0$ 的关系，可求出不同压力下的转换温度。在 $T-p$ 图上把不同压力下的转换温度连接起来，就得到一条连续曲线，称为转换曲线（有的文献称为转回曲线），如图4.13(a)所示。

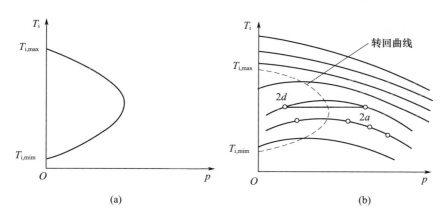

图 4.13 转回曲线

转回温度也可由实验测定。在某一给定的进口状态下通过控制阀门的开度而形成不同的局部阻力,以获得不同的出口压力。测出不同压力对应的温度值,即可在 $T-p$ 坐标图中标出若干点,连接这些点就得到一条定焓线。然后改变进口状态,重复进行上述步骤,就可得到一系列的定焓线。每条定焓线上任意一点切线的斜率 $\left(\dfrac{\partial T}{\partial P}\right)_h$ 即是该点的 μ_J 的值。由图 4.13 可见,每条定焓线上有一点达到温度的最大值,此点的节流微分效应 $\mu_J = \left(\dfrac{\partial T}{\partial P}\right)_h = 0$,该点的温度即为转回温度。连接每条定焓线上的转回温度,就得到一条实验转回曲线。转回曲线把 $T-p$ 图分划成两个区域:在曲线与温度轴所包围的区域内部,节流的微分效应 $\mu_J > 0$,此区域称为冷效应区;在曲线与温度轴所包围的区域之外,节流的微分效应 $\mu_J < 0$,此区域称为热效应区。初始状态处于冷效应区域的气体,节流后无论压力改变一个微量 dp,或是压力下降较大,温度总是下降,且压力下降越大温度下降越多。初始状态处于热效应区域的气体,节流后当压力改变一个微量 dp,或是压力下降较小时,温度则上升,只是当压力下降较大,如图 4.13(b) 中由 $2a$ 经节流后压力下降到 $2d$ 的压力以下时温度才开始下降。可见,节流的微分效应和节流的积分效应不尽相同。转回曲线与温度轴上方交点的温度是最大转回温度 $T_{i,max}$,下方交点的温度是最小转回温度 $T_{i,min}$。流体温度高于最大转回温度或是低于最小转回温度时不可能发生节流冷效应。

根据范德华气体的临界温度 $T_{cr} = \dfrac{8}{27} \dfrac{a}{R_g b}$，与气体的最大转回温度 $T_{i,max} = \dfrac{2a}{R_g b}$ 相比，可知范德华气体的 $T_{i,max} = 6.75 T_{cr}$。由于实际气体并不完全符合范德华方程，所以这一结果仅在定性上与实验相符，只能用来近似估计各种气体的转回温度。按式(4.35)计算得氮气的转回曲线如图4.14所示。

对于一般临界温度不太低的气体，$T_{i,max}$ 有很高的数值，大多数气体节流后温度是降低的，利用这一关系可使气体节流降温而获得低温和使气体液化。对于临界温度极低的气体，如 H_2 和 H_e，它们的最大转回温度很低，约为 -80℃ 和 -236℃，故在常温下节流后的温度不但不降低，反而会升高。所以，应该先用其他方法把它们冷却到比各自的最大转回温度更低的温度，然后再节流降温进行液化。

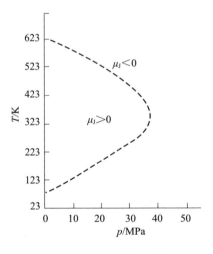

图4.14　氮气的转回曲线

对于水蒸气的节流过程，利用 h-s 图计算是非常方便的。如图4.15所示，根据节流前状态 (T_1, p_1) 可定出点1，从点1作水平线与节流后压力为 p_1 的定压线相交于 $1'$，此即节流后的状态点 $(h_1 = h_{1'})$，此时温度 $T_{1'}$ 低于 T_1，同时 $s_{1'} > s_1$。从图4.15可清楚地看出，节流前的水蒸气经可逆绝热膨胀到 p_2 时的技术功为 $h_1 - h_2$；节流后的水蒸气同样膨胀到 p_2 时的技术功为 $h_{1'} - h_{2'}$。显然，$h_{1'} - h_{2'} < h_1 - h_2$，技术功的减少量为 $\Delta w_t = h_{2'} - h_2$。

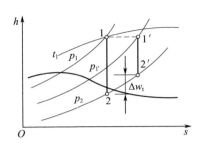

图 4.15 水蒸气节流

节流过程的工程应用除利用其冷效应进行制冷外,还可以用来调节发动机的功率、测量气体或流体的流量等。因为绝热节流是不可逆绝热过程,所以工质熵必然增加,因此节流后工质的做功能力必将减小,故节流是简易可行的调节发动机功率的方法。工程上常用的孔板流量计是利用节流现象测量流体流量的常用仪器。它利用孔板使流体产生节流,再用压差计测定孔板前后的压力差,从而精确地计算出流体流量。

节流现象还可用来帮助建立实际气体的状态方程式。前已述及,节流的微分效应 μ_J 为 p、T 的函数,即

$$\mu_J = \frac{1}{C_p}\left[T\left(\frac{\partial v}{\partial T}\right)_p - v\right]$$

将之改写为

$$\mu_J = \frac{1}{C_p}\left[T^2\frac{\partial}{\partial T}\left(\frac{v}{T}\right)_p\right] \tag{4.38a}$$

移项可得

$$\frac{\partial}{\partial T}\left(\frac{v}{T}\right)_p = \frac{\mu_J C_p}{T^2} \tag{4.38b}$$

如用实验方法测得在各种温度和压力下的节流效应,将它整理成 $\mu_J = \mu_J(p,T)$,结合根据 c_p 的数据而得的 $c_p = c_p(p,T)$,则式(4.38b)可在 p = 定值下对 T 积分,得

$$\frac{v}{T} = \int_T \frac{\mu_J(p,T)c_p(p,T)}{T^2}\mathrm{d}T + \phi(p) \tag{4.38c}$$

式中的 $\phi(p)$ 可从边界条件求得。在 $p \rightarrow 0$ 时,实际气体趋近于理想气体。

对于理想气体，$\mu_J = 0$，故可根据 $pv = R_g T$ 得

$$\phi(p) = \frac{R_g}{p} \tag{4.38d}$$

代入式(4.38c)，最后得

$$\frac{v}{T} = \int_T \frac{\mu_J(p,T) c_p(p,T)}{T^2} \mathrm{d}T + \frac{R_g}{p} \tag{4.39}$$

式(4.39)即为某实际气体的状态方程式。

[**例 4.3**] 如图 4.16 所示，来自锅炉的过热蒸汽参数为 $p_1 = 4\mathrm{MPa}$、$t_1 = 450\mathrm{℃}$。蒸汽首先经过一个阀门节流到 3MPa，然后以 100m/s 的初速度流入一个缩放喷管。已知喷管出口截面的压力为 1MPa，蒸汽的质量流量为 0.5kg/s，忽略喷管的摩擦损失，试求：(1)喷管的喉部截面面积和出口截面面积；(2)节流造成的技术功损失；(3)节流造成的做功能力损失(环境温度 $t_0 = 20\mathrm{℃}$)。

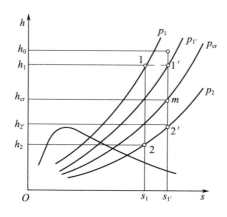

图 4.16 例 4.3 附图

解：(1)由 $p_1 = 4\mathrm{MPa}$、$t_1 = 450\mathrm{℃}$ 在 $h-s$ 图上确定点 1 的位置，查得 $h_1 = 3330\mathrm{kJ/kg}$，$s_1 = 6.938\mathrm{J/(kg \cdot K)}$ 通过点 1 作垂线和水平线，分别与 $p_2 = 1\mathrm{MPa}$ 的等压线交于点 2 和与 $p_{1'} = 3\mathrm{MPa}$ 的等压线交于点 1'。读得

$$h_2 = 2947\mathrm{kJ/kg}, s_{1'} = 7.066\mathrm{J/(kg \cdot K)}$$

$$h_0 = h_{1'} + \frac{c_{f1}^2}{2} = 3330\mathrm{kJ/kg} + \frac{(100\mathrm{m/s})^2}{2 \times 10^3} = 3335\mathrm{kJ/kg}$$

且 $s_0 = s_{1'}$，所以可查得 $p_0 = 3.05\text{MPa}$。由于是过热蒸汽，故取 $v_{cr} = 0.546$，所以

$$p_{cr} = p_0 v_{cr} = 3.05\text{MPa} \times 0.546 = 1.665\text{MPa}。$$

过点 $1'$ 作垂线，分别与 $p_{cr} = 1.665\text{MPa}$ 和 $p_2 = 1\text{MPa}$ 的等压线交于点 m 和点 $2'$，即分别为喷管喉部截面和出口截面。查得

$$h_{cr} = 3148\text{kJ/kg}, v_{cr} = 0.172\text{m}^3/\text{kg}, h_{2'} = 3012\text{kJ/kg}, v_{2'} = 0.250\text{m}^3/\text{kg}$$

$$c_{f,cr} = \sqrt{2(h_0 - h_{cr})} = \sqrt{2 \times (3335\text{kJ/kg} - 3148\text{kJ/kg}) \times 10^3} = 611.6\text{m/s}$$

$$c_{f2} = \sqrt{2(h_0 - h_{2'})} = \sqrt{2 \times (3335\text{kJ/kg} - 3012\text{kJ/kg}) \times 10^3} = 803.7\text{m/s}$$

$$A_{cr} = \frac{q_m v_{cr}}{c_{f,cr}} = \frac{0.5\text{kg/s} \times 0.172\text{m}^3/\text{kg}}{611.6\text{m/s}} = 1.41 \times 10^{-4}\text{m}^2$$

$$A_2 = \frac{q_m v_2}{c_{f2}} = \frac{0.5\text{kg/s} \times 0.250\text{m}^3/\text{kg}}{803.7\text{m/s}} = 1.56 \times 10^{-4}\text{m}^2$$

（2）技术功损失。

$$\Delta W_t = (H_1 - H_2) - (H_{1'} - H_{2'}) = H_{2'} - H_2 = q_m \times (h_{2'} - h_2)$$
$$= 0.5\text{kg/s} \times (3012\text{kJ/kg} - 2947\text{kJ/kg}) = 325\text{kJ/s}$$

（3）做功能力损失。

$$I = T_0(S_{1'} - S_1) = q_m T_0 (s_{1'} - s_1) = 0.5\text{kg/s} \times 293.15\text{K} \times$$
$$[7.066\text{kJ/(kg·K)} - 6.938\text{kJ/(kg·K)}] = 18.8\text{kJ/s}$$

从本例可知，节流后水蒸气技术功的减少量并非其做功能力损失，请自行分析原因。

4.2 气体压缩过程

压气机是生产压缩气体的设备，它不是动力机，而是用消耗机械能来得到压缩气体的一种工作机。压气机，按其动作原理及构造可分为活塞式压气机、叶轮式压气机以及特殊的引射式压缩机；依其产生压缩气体的压力范围，习惯上常分为通风机（0.01MPa 表压以下）、鼓风机（0.1～0.3MPa 表压）和压气机（0.3MPa 表压以上）。

活塞式压气机和叶轮式压气机的结构和工作原理虽然不同，但从热力学观点来看，气体状态变化过程并没有本质的不同，都是消耗外功。使气体压缩升压的过程，在正常工况下都可以视为稳定流动过程。下面以活塞式压气机为重

点,分析压缩气体生产过程的热力学特性。

4.2.1 压气机

1. 压气机的工作原理

以单级活塞式压气机为例,图4.17所示为工作原理示意图及示功图。图中所示过程,$f-1$ 为气体引入气缸;$1-2$ 为气体在气缸内进行压缩;$2-g$ 为气体流出气缸,输向储气筒。其中 $f-1$ 和 $2-g$,即进气和排气过程都不是热力过程,只是气体的移动过程,气体状态不发生变化,缸内气体的数量发生变化;$1-2$ 是热力过程,气体的参数发生变化。压缩过程的耗功可由图中过程线 $1-2$ 与 V 轴所包围的面积表示。

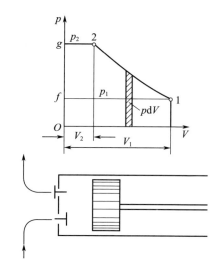

图4.17 活塞式压气机示功图

压缩过程有两种极限情况:一为过程进行极快,气缸散热较差,气体与外界的换热可以忽略不计,过程可视作绝热过程,如图4.18中的 $1-2_s$ 所示;另一为过程进行得十分缓慢,且气缸散热条件良好,压缩过程中气体的温度始终保持与初温相同,可视为定温压缩过程,如图4.18中 $1-2_T$ 所示。压气机中进行的实际压缩过程通常在上述两者之间,压缩过程中有热量传出,气体温度也有所升高,即实际过程是 n 介于 $1 \sim k$ 之间的多变过程,如图4.18中 $1-2_n$ 所示。

第 4 章 气体流动与压缩

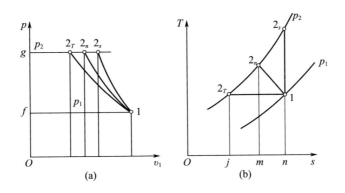

图 4.18 压缩过程的 $p - v_1$ 图和 $T - s$ 图

(a) $p - v$ 图；(b) $T - s$ 图。

2. 压气机的理论功耗

压缩气体的生产过程包括气体的流入、压缩和输出，所以压气机耗功应以技术功计。通常用符号 W_C 表示压气机的耗功，并令 $W_C = -W_t$，对 1kg 工质，可写成 $w_C = -w_t$

因此，压气机所需功的多少因压缩过程不同而异，根据技术功的表达式，结合压缩过程的方程，可导出针对上述 3 种情况的理论耗功。对定值比热容理想气体，根据热力学关系有以下公式。

（1）可逆绝热压缩，即

$$w_{C,s} = -w_{t,s} = \frac{k}{k-1}(p_2 v_2 - p_1 v_1) = \frac{k}{k-1} R_g T_1 \left[\left(\frac{p_2}{p_1} \right)^{(k-1)/k} - 1 \right]$$

(4.40)

（2）可逆多变压缩，即

$$w_{C,n} = -w_{t,n} = \frac{n}{n-1}(p_2 v_2 - p_1 v_1) = \frac{n}{n-1} R_g T_1 \left[\left(\frac{p_2}{p_1} \right)^{(n-1)/n} - 1 \right]$$

(4.41)

（3）可逆定温压缩，即

$$w_{C,T} = -w_{t,T} = -R_g T_1 \ln\left(\frac{v_2}{v_1}\right) = R_g T_1 \ln\left(\frac{p_2}{p_1}\right)$$

(4.42)

上述各式中，p_2/p_1 是压缩过程中气体终压和初压之比，称为增压比，用 π 表示。

分析图 4.18(a)和图 4.18(b),可看出

$$w_{C,s} > w_{C,n} > w_{C,T}, T_{2,s} > T_{2,n} > T_{2,T}, v_{2,s} > v_{2,n} > v_{2,T}$$

这就是说,把一定量的气体从相同的初态压缩到相同的终压,绝热压缩所消耗的功最多,定温压缩最少,多变压缩介于两者之间,并随 n 的减小而减少。同时,绝热压缩后气体的温度升高较多,这对机器的安全运行是不利的。此外,绝热压缩后气体的比体积较大,储气筒体积较大也是不利的。所以,尽量减少压缩过程的多变指数 n,使过程接近于定温过程是有利的。然而,活塞式压气机即使采用水套冷却,也不能使气体的压缩过程成为定温过程,对于单级活塞式压气机,通常多变指数 $n = 1.2 \sim 1.3$。

4.2.2 余隙容积的影响

在实际的活塞式压气机中,因为制造公差、金属材料的热膨胀及安装进排气阀等零件的需要,当活塞运动到上死点位置时,在活塞顶面与汽缸盖间留有一定的空隙,该空隙的容积称为余隙容积。图 4.19 是考虑了余隙容积后的示功图。图中 V_c 表示余隙容积,$V_h = V_1 - V_3$,是活塞从上死点运动到下死点时活塞扫过的容积,称为汽缸的排量。图 4.19 中,过程 1—2 为压缩,过程 2—3 为排气,过程 3—4 为余隙容积中剩余气体的膨胀,过程 4—1 表示有效进气。

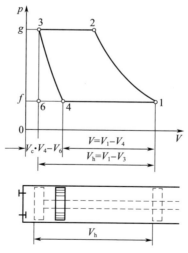

图 4.19 有余隙容积时的示功图

第 4 章 气体流动与压缩

余隙容积的影响可从以下两个方面讨论。

1. 生产量

由图 4.20 可以看出,由于有余隙容积 V_c 的影响,使活塞在右行之初,因余隙容积内所剩余的气体压力大于压气机进气口外气体压力而不能进气,直到汽缸内气体体积从 V_3 膨胀到 V_4 才开始进气。汽缸实际进气容积 V 称有效吸气容积,$V = V_1 - V_4$。可见,由于余隙容积的存在,不但余隙容积 V_c 本身不起压气作用,而且使另一部分汽缸容积也不起压缩作用。

因此,有效吸气容积 V 小于汽缸排量 V_h,两者之比称为容积效率,以 η_V 表示,即

$$\eta_V = \frac{V}{V_h}$$

如图 4.20 所示,在相同的余隙容积下,如增压比增大,则有效吸气容积减少,容积效率降低,达到某一极限时将完全不能进气。下面导出容积效率与增压比 π 的关系为

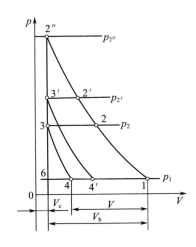

图 4.20 余隙容积对生产量的影响

$$\eta_V = \frac{V}{V_h} = \frac{V_1 - V_4}{V_1 - V_3} = \frac{(V_1 - V_3) - (V_4 - V_3)}{V_1 - V_3}$$

$$= 1 - \frac{V_4 - V_3}{V_1 - V_3} = 1 - \frac{V_3}{V_1 - V_3}\left(\frac{V_4}{V_3} - 1\right)$$

式中：$\dfrac{V_3}{V_1-V_3}=\dfrac{V_c}{V_h}$ 为余隙容积百分比，简称余隙容积比、余隙比。假设压缩过程 1—2 和余隙容积中剩余气体的膨胀过程 3—4 都是多变过程，且多变指数相等，均为 n，则

$$\frac{V_4}{V_3}=\left(\frac{p_3}{p_4}\right)^{\frac{1}{n}}=\left(\frac{p_2}{p_1}\right)^{\frac{1}{n}}$$

故

$$\eta_V=1-\frac{V_C}{V_h}\left[\left(\frac{p_2}{p_1}\right)^{\frac{1}{n}}-1\right]=1-\delta(\beta^{\frac{1}{n}}-1) \qquad (4.43)$$

由此可见，当余隙容积百分比 $\delta(=V_c/V_h)$ 和多变指数 n 一定时，增压比 β 越大，则容积效率越低，且当 β 增加到某一值时容积效率为零；当增压比 β 一定时，余隙容积百分比越大，容积效率越低。

2. 理论耗功

$W_C=$ 面积 $12gf1-$ 面积 $43gf4$，即

$$W_C=\frac{n}{n-1}p_1V_1\left[\left(\frac{p_2}{p_1}\right)^{(n-1)/n}-1\right]-\frac{n}{n-1}p_4V_4\left[\left(\frac{p_3}{p_4}\right)^{(n-1)/n}-1\right]$$

由于 $p_1=p_4$、$p_3=p_2$，所以

$$W_C=\frac{n}{n-1}p_1(V_1-V_4)\left[\left(\frac{p_2}{p_1}\right)^{(n-1)/n}-1\right]=\frac{n}{n-1}p_1V\left[\left(\frac{p_2}{p_1}\right)^{(n-1)/n}-1\right]$$

$$W_C=\frac{n}{n-1}mR_gT_1[\beta^{(n-1)/n}-1] \qquad (4.44)$$

式中：V 为有效吸气容积；β 为增压比；m 为压缩气体的质量。如生产 1kg 压缩气体，式(4.41)可写为

$$W_C=\frac{n}{n-1}R_gT_1[\beta^{(n-1)/n}-1] \qquad (4.45)$$

与式(4.41)比较可知，若增压比相同、质量相同的同种压缩气体，理论上所消耗的功比较，有无余隙容积时均相同。

综上所述，活塞式压气机余隙容积的存在，虽对压缩定量气体的理论耗功无影响，但使容积效率降低。因此，在理论上若需压缩同样数量的气体，必须使用有较大汽缸的机器，这显然是不利的，而且这种不利影响将随着增压比增大

第 4 章 气体流动与压缩

而扩大。

4.2.3 多级压缩和级间冷却

从前述分析已知,气体压缩以等温压缩最有利,因此,应设法使压气机内气体压缩过程的指数 n 减小。采用水套冷却是改进压缩过程的有效方法,但在转速高、汽缸尺寸大的情况下,其作用也较小。同时,为避免单级压缩因增压比太高而影响容积效率,常采用多级压缩、级间冷却的方法。

分级压缩、级间冷却式压气机的基本工作原理是气体逐级在不同汽缸中被压缩,每经过一次压缩以后就在中间冷却器中被定压冷却到压缩前的温度,然后进入下一级汽缸继续被压缩。图 4.21 示出了两级压缩、中间冷却的系统及其工作过程。图中 $e-1$ 为低压汽缸吸入气体;$1-2$ 为低压汽缸气体的压缩过程;$2-f$ 为气体排出低压汽缸;$f-2$ 为压缩气体进入中间冷却器;$2-2'$ 为气体在冷却器中的定压放热过程,$T_{2'} = T_1$;$2'-f$ 为冷却后的气体排出冷却器;$f-2'$ 为冷却后的气体进入高压汽缸;$2'-3$ 为高压汽缸中气体的压缩过程;$3-g$ 为压缩气体排出高压汽缸,输入储气筒。这样分级压缩后所消耗的功等于两个汽缸所需功的总和即等于面积 $e12fe$ 加上面积 $f2'3gf$。与不分级压缩时所需的功,即面积 $e13'ge$ 相比,采取分级压缩、级间冷却可节省图 4.21(b) 中阴影部分所示的面积。依次类推,分级越多,逐级采取中间冷却时理论上可节省更多的功。

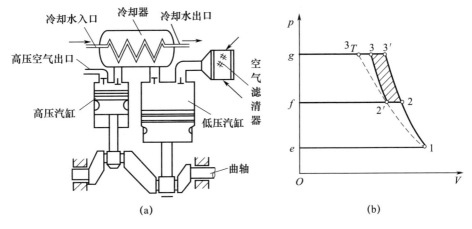

图 4.21 两级压缩、中间冷却压气机示意图

如增多到无数级,则可趋近定温压缩。实际上,分级不宜太多;否则机构复杂,机械摩擦损失和流动阻力等不可逆损失也将随之增大,一般视增压比大小,分为两级、三级,最多四级。

采用两级压缩、级间冷却时,最有利的中间压力是使两个汽缸中所消耗的功的总和为最小的压力,它可以从消耗功的公式中求得。因余隙容积对理论耗功无影响,故不计余隙容积。同时设中间冷却器能使气体得到最有效的冷却,气体的温度能达到 $T_{2'} = T_1$。又设两级压缩指数 n 相同,则

$$w_C = w_{C,L} + w_{C,H} = \frac{n}{n-1}R_g T_1 \left[\left(\frac{p_2}{p_1}\right)^{(n-1)/n} - 1\right] + \frac{n}{n-1}R_g T_{2'} \left[\left(\frac{p_3}{p_2}\right)^{(n-1)/n} - 1\right]$$

$$w_C = \frac{n}{n-1}R_g T_1 \left[\left(\frac{p_2}{p_1}\right)^{(n-1)/n}\right] + \left[\left(\frac{p_3}{p_2}\right)^{(n-1)/n} - 2\right]$$

式中:$w_{C,L}$ 为低压缸耗功;$w_{C,H}$ 为高压缸耗功。对 p_2 求导并使之等于零,可得到最有利的中间压力为

$$p_2 = \sqrt{p_1 p_3} \quad \text{或} \quad \frac{p_2}{p_1} = \frac{p_3}{p_2}$$

如果采用 m 级压缩,各级压力分别为 $p_1, p_2, \cdots, p_m, p_{m+1}$,每级中间冷却器都将气体冷却到初始温度,则使压气机消耗的总功最小的各中间压力满足

$$\frac{p_2}{p_1} = \frac{p_3}{p_2} = \cdots = \frac{p_m}{p_{m-1}} = \frac{p_{m+1}}{p_m}$$

这时,各级的增压比 β_i 相同,各级压气机耗功相同,且

$$\beta = \beta_i = \sqrt[m]{\frac{p_{m+1}}{p_1}} \quad i = 1, 2, \cdots, m \tag{4.46}$$

$$w_{C,1} = w_{C,2} = \cdots = w_{C,m} = \frac{n}{n-1}R_g T_1 [\beta^{(n-1)/n} - 1] \tag{4.47}$$

压气机所消耗的总功为

$$w_C = \sum_{i=1}^{m} w_{C,i} = m \frac{n}{n-1}R_g T_1 [\beta^{(n-1)/n} - 1] \tag{4.48}$$

按此原则选择中间压力还可得到以下一些其他有利结果。

(1) 每级压气机所需的功相等,这样有利于压气机曲轴的平衡。

(2) 每个汽缸中气体压缩后所达到的最高温度相同,这样每个汽缸的温度

第 4 章　气体流动与压缩

条件相同。

（3）每级向外排出的热量相等，而且每一级的中间冷却器向外排出的热量也相等。

此外，还有各级的汽缸容积按增压比递减等。

分级压缩对容积效率的提高也有利。由上节分析可知，余隙容积的有害影响随压比的增加而扩大。分级后，每一级的增压比缩小，故同样大的余隙容积对容积效率的有害影响将缩小，使总容积效率比不分级时大。

综上所述，活塞式压气机无论是单级压缩还是多级压缩都应尽可能采用冷却措施，力求接近定温压缩。工程上通常采用压气机的定温效率作为活塞式压气机性能优劣的指标。当压缩前气体的状态相同、压缩后气体的压力相同时，可逆定温压缩过程所消耗的功 $w_{C,T}$ 和实际压缩过程所消耗的功 w'_C 之比，称为压气机的定温效率，用 $\eta_{C,T}$ 表示，即

$$\eta_{C,T} = \frac{w_{C,T}}{w'_C} \tag{4.49}$$

需要指出的是，至此有关活塞式压气机过程的讨论都是基于可逆过程，因此并不存在可用能损失。但是绝大多数场合下高压气体储存在储气筒内，最终与环境达到热平衡，故而多变压缩和绝热压缩最终还是有做功能力损失的。

参 考 文 献

[1] 沈维道,童钧耕. 工程热力学[M]. 5 版. 北京:高等教育出版社,2016.

[2] 苏长荪. 高等工程热力学[M]. 北京:高等教育出版社,1987.

[3] 邓成香,宋鹏云,马爱琳. 干气密封的实际气体焦耳 – 汤姆逊效应分析[J]. 化工学报,2016,67(09):3833 – 3842.

[4] 宋义乐. 绝热节流过程的熵变特性分析[D]. 北京:华北电力大学,2013.

[5] 陈小玲. 实际气体绝热节流系数的计算[J]. 南昌工程学院学报,2006(03):20 – 22.

[6] 彭世尼,陈建伦,杨建. 天然气绝热节流温度降的计算[J]. 煤气与热力,2006(01):1 – 4.

[7] 苑伟民,王辉,陈学焰,等. 使用状态方程计算天然气焦耳 – 汤姆逊系数[J]. 石油工程建设,2019,45(01):22 – 26.

[8] 岳丹婷. 工程热力学和传热学[M]. 大连:大连海事大学出版社,2002.

[9] 丁祖荣. 流体力学[M]. 北京:高等教育出版社,2003.

[10] 廉乐明,李力能,吴家正,等. 工程热力学[M]. 4 版. 北京:中国建筑工业出版社,1999.

第5章 服装传热与透湿原理

皮肤防护技术,是采用阻隔渗透原理或吸附原理,避免单个人员皮肤与核生化有毒有害物质直接接触,并降低其对人体行动影响的技术。按照防护材料的透气性分为透气与隔绝两种。透气皮肤防护技术采用透气性高分子膜材料,隔离放射性灰尘、致病微生物;利用织物浸渍反应型药剂,消除沾染的毒剂;利用球形、粉状、纤维状等各种活性炭与织物复合材料及整理技术,吸附毒剂、阻止渗透,避免皮肤与毒剂接触。以这些材料制成的防毒服具有防毒、散热、推迁、伪装等功能。隔绝皮肤防护技术依据人体工效学原理,设计结构气密、便于活动的特殊服装形式,采用不透气的橡胶、塑料涂覆材料,阻止毒剂渗透,使皮肤与毒剂、放射性灰尘、生物战剂气溶胶隔离;利用半导体材料制冷、化学制冷、内循环与外接气源通风技术,调控人员穿着隔绝防毒衣产生的湿热微气候环境,提高热舒适性。

在正常情况下,人体通过体温调节机制来控制机体的含热量,使体温在人体-服装-环境之间保持相对动态平衡状态,即产热量与散热量平衡,从而维持人体体温的相对恒定。当人体保持处于一个合理的热湿状态,感觉不热不冷、不闷不湿时,人员的热湿心理舒适性良好,这就要求服装的热湿性能良好。因此,皮肤防护技术中服装的传热、传湿性能,在人体-服装-环境三者之间的作用不可忽视。

5.1 织物传热原理

在人体-服装-环境三者之间复杂的热交换过程中,服装在人体皮肤与环境之间既发挥热阻保温作用,又起隔热防暑作用。在寒冷的气候条件下,服装

第 5 章 服装传热与透湿原理

发挥保温作用,着装人体皮肤表面的辐射散热是对衣服内表面方向进行的,衣服能够阻断大部分发自人体皮肤的长波红外线,同时由于织物纱线之间的空隙中和纺织纤维中含有大量不活动的空气,显著地减少了服装内表面向外表面的传热量,减少人体体热的散失。当环境温度高于人体皮肤温度时,环境中的热能将通过辐射和对流传至人的体表,然后经血流传入体内,此时人体只有出汗才能维持热平衡。在裸体状态下,高温环境通过辐射、对流把热量传递给人体,所以裸体的人体温升高更快。服装有很好的隔热效果,透气性和吸湿性良好的衣服能显著地减少人体从环境中得热[1]。

5.1.1 织物的传热性能

传热是自然界中普遍存在的物理现象,只要存在温度差就会导致热能从高温处向低温处传递。同样道理,当服装内外存在温度差时,就会发生热能的流动。事实上,织物是纤维和空气组成的异构系统。当织物两边存在温度差时,热能在织物中的热传递,不仅包括通过纤维及其周围空气进行的热传导,还包括通过织物内空气进行的热辐射和对流。人体穿衣保暖的目的就是要减少通过皮肤散发到环境中的热量。

通常所说的织物保暖性,主要是指织物对于静止状态下人的非蒸发散热,也就是干热的阻抗,表示织物传热性能的指标有热导率、热阻和传热系数等。

1. 热导率

根据热力学中傅里叶导热定律,在物体的热传导中,热量的传递是与温度梯度、传热时间、传热面积成正比的[2]。

$$Q = Ka\frac{\Delta T}{d} \tag{5.1}$$

式中:Q 为单位时间通过织物的导热量(W);K 为热导率(W/(m·℃));a 为织物的导热面积(m^2);d 为织物的厚度(m);ΔT 为织物两面温度差(℃)。

当热传导达到稳定状态时,如果织物包覆在平板状发热体表面,则热导率 K 是当织物厚度为 1m、表面积为 $1m^2$、温差为 1℃ 时,单位时间内由织物一面以热传导方式传递给另一面的热量(W)。

热导率表示织物的导热能力,热导率越大,表示织物的导热性越好,织物的热绝缘性或保暖性越差;反之,热导率越小,表示织物的导热性越低,织物的热绝缘性或保暖性越好。

2. 热阻

在稳定的传热状态下,为计算在单位时间内通过单位面积织物的热流量,可将式(5.1)改写为

$$\frac{Q}{a} = \frac{\Delta T}{\frac{d}{K}} \tag{5.2}$$

式中:Q/a 为热流量(W/m^2),相当于电流强度;ΔT 为温差,相当于电位差;d/K 为热阻($m^2 \cdot ℃/W$)。

织物热阻是试样两面温差与垂直通过试样单位面积的热流量之比,其物理意义与电流通过导体的电阻相类似,表明织物阻碍热量通过的能力。热阻值越大,表示织物的保暖性越好。

与热导率相比,热阻的测量可避免织物厚度测量带来的影响,当多层织物叠加在一起时,其整体热阻是各层织物热阻之和。

3. 传热系数

热阻的倒数称为传热系数,它是纺织品表面温差为1℃,通过单位面积的热流量,单位为 $W/(m^2 \cdot ℃)$。

4. 保温率

织物保温率是指热体试验板无织物试样时的散热量和有织物试样时的散热量之差与试验板无试样时的散热量之比的百分率。

5.1.2 织物传热性能的评价方法

1. 恒温法

平板式织物保温仪是采用恒温法测量织物热阻的一种仪器。平板式织物保温仪由试验板1、保护板2及底板3组成试验台,如图5.1所示。依据国标《纺织品保温性能试验方法》(GB 11048—89)方法 A[3],试验时将织物试样正面向上平铺在整个试验板上,试验板、底板及周围的保护板采用电加热至相同的温度(36℃),维持该温度不变,使试验板的热量无法向下散发,只能通过试样向

上传递。试验时测定有试样和无试样时保持试验板恒温所需的热量,就可以计算出织物试样的保温率、传热系数和热阻。

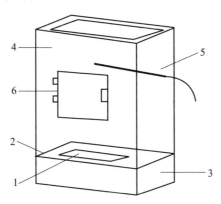

图 5.1　平板式织物保温仪示意图

1—试验板；2—保护板；3—底板；4—有机玻璃罩；5—温度传感器；6—可开启的门。

1）织物保温率

织物保温率是指试验板无织物试样时的散热量和有织物试样时的散热量之差与试验板无试样时的散热量之比的百分率,其计算式为

$$Q_r = \left(1 - \frac{Q_1}{Q_0}\right) \times 100\% \tag{5.3}$$

式中:Q_r 为保温率(%);Q_0 为无试样时的散热量(W);Q_1 为有试样时的散热量(W)。

2）织物传热系数

织物传热系数由下式计算,即

$$U_f = \frac{U_0 U_1}{U_0 - U_1} \tag{5.4}$$

式中:U_f 为试样传热系数(W/(m²·℃));U_0 为无试样时试验板传热系数(W/(m²·℃));U_1 为有试样时试验板传热系数(W/(m²·℃))。

无试样时和有试样时的试验板传热系数分别由下式计算,即

$$U_1 = \frac{P_1}{a(T_P - T_{a1})} \tag{5.5}$$

$$U_0 = \frac{P_0}{a(T_P - T_{a0})} \tag{5.6}$$

式中:P_0、P_1分别为无试样和有试样散热量(W);T_{a0}、T_{a1}分别为无试样、有试样罩内空气平均温度(℃);T_P为试验板平均温度(℃);a为试验板面积(m^2)。

3) 织物热阻

织物热阻就是传热系数的倒数,计算公式为

$$R_f = \frac{1}{U_f} \tag{5.7}$$

式中:R_f为试样的热阻(($m^2 \cdot$℃)/W)。

2. 冷却法

恒温法可以定量测量织物试样的保温率、传热系数和热阻,但存在测试时间长等问题。如果无需定量分析织物的热阻等热传递指标,只需定性比较织物的保温性能,可以选择冷却法。

冷却法是将织物覆盖在试验板上,加热到一定温度后停止供电,使其在其他各面绝热的情况下通过织物覆盖面自然冷却,以冷却时间或冷却速度来评价织物的传热性能[4]。

在标准状态的环境中,将发热体加热到36℃以上,织物试样的尺寸为18cm×18cm,其上方有3m/s的气流使其冷却。记录有试样和无试样时高温体从36℃冷却到35℃所需的时间,或者在一定时间内下降的温度,计算出保温率[5]。

由所需时间计算保温率,即

$$Q_r = \left(1 - \frac{t_0}{t_1}\right) \times 100\% \tag{5.8}$$

式中:t_0为无试样时温度下降1℃所需的时间(min);t_1为有试样时温度下降1℃所需的时间(min)。

由温差计算保温率,即

$$Q_r = \left(1 - \frac{T_1}{T_0}\right) \times 100\% \tag{5.9}$$

式中:T_0为无试样时冷却一定时间后下降的温度(℃);T_1为有试样时冷却一定时间后下降的温度(℃)。

冷却法虽然可以定性比较服装材料的保温性能,但不能定量确定织物的热阻。

5.2 服装传热原理

5.2.1 服装的传热性能

织物热阻不能完全反映服装的传热性能。在实际生活中,人们所穿的服装在大多数情况下是多层的。所以服装热阻受织物本身传热性能、服装与人体间空气层、服装与人体合身程度、人体运动引起衣内空气层的流动等更多因素的影响。

由式(5.2)计算得到的热流量,是通过单层织物的导热量。在人体热平衡研究对服装的隔热保暖性能进行评价时,常常需要表征服装的热阻以及计算从皮肤通过服装到周围环境的热流量。

由于热流遵循类似于电流的欧姆定律关系,热阻又称热欧姆,其单位为$(m^2 \cdot ℃)/W$。它表示当温度差为1℃时,热能以$1W/m^2$的速率通过服装[6]。通过服装的单位面积上的热流量与温度差成正比,与热阻成反比。该物理量可以直接指示出加热所需要的能量。但是不便于记忆和理解服装的隔热性能。

目前,国际上多用克罗(clo)来表示服装热阻。

1. 克罗的定义

美国耶鲁大学学者Gagge等于1941年在《Science》杂志上发表一篇文章,提出了克罗的定义,在气温21℃、相对湿度50%以下、风速0.1m/s的室内,安静坐着或从事轻度脑力劳动的健康成年人保持舒适状态,并将其人体平均皮肤温度保持在33℃左右时,所穿服装的热阻为1clo[7]。此时其新陈代谢率为$58.15W/m^2$。

克罗的定义将生理参数、心理参数、环境条件三者结合起来,不仅反映出服装材料本身的隔热性能,还反映出服装内空气层的显热阻抗。服装内空气层能够有效地反映服装面积、款式、尺寸、合身程度对整套服装总体隔热效果的影响,因此用克罗来描述服装热阻可以区分同一织物做成长袖或短袖衬衣、做成连衣裙或紧口卡腰的工作服所造成的不同隔热效果。克罗既能反映服装材料和工艺制作的特性,又能反映人体热平衡调节的生理状态。

2. 克罗与热阻的关系

克罗与热阻间的关系可以根据热阻的定义求得:$1clo = 0.155(m^2 \cdot ℃)/W$。

5.2.2 服装的传热模型

1. 服装的传热途径

在皮肤和着装人体最外层表面之间的显热传递是很复杂的,包括服装材料本身的导热及皮肤与服装之间空气层、各层服装之间空气层的热传递过程,如图 5.2 所示。

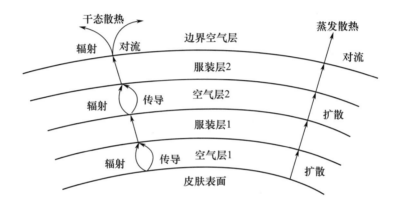

图 5.2 服装热传递途径示意图

2. 服装的传热模型

根据 McCullough 的服装热传递模型[8],人体被分为头、胸部、背部、腹部、臀部、上臂、前臂、大腿、小腿、手和脚(对称的节段被看作一个节段)11 个节段。每个人体节段被近似认为一个圆柱体,其表面温度均匀、皮肤湿润率一样,每一层服装被看成围绕人体的均匀圆筒。若身体的某一部分没有被服装均匀覆盖,则将这一部分进一步分为若干子段,直到每个子段都被服装均匀覆盖为止。这样,每个子段的热损失被看成一维径向热传递问题。

根据传热学原理,在稳定传热状态下通过各层服装和空气层的热流量相等。由于人体着装后服装各层有较大的周长,导致其散热面积增加,所以阻抗不能简单相加,通常基于单位人体表面积来表示阻抗值。服装每个子段的总热阻 R_i 为

$$R_i = A_0 \left[\sum_{j=1}^{n} \left(\frac{R_{aj}}{A_{j-1}} + \frac{R_{cj}}{A_j} \right) \right] + A_0 \frac{R_a}{A_n} \quad (5.10)$$

式中:A_0 为每个子段的人体表面积(m^2);R_{aj} 为第 j 个空气层的热阻(($m^2 \cdot ℃$)/W);R_{cj} 为第 j 层织物的热阻(($m^2 \cdot ℃$)/W);A_j 为第 j 层织物的表面积(m^2);R_a 为环境空气层的热阻(($m^2 \cdot ℃$)/W);n 为织物的层数。

如果人体的某一子段没有被服装覆盖,即 $n=0$,式(5.10)右边的求和项可去掉。每层织物的表面积比人体表面积要大,并与其半径成正比

$$A_j = A_0 \frac{r_j}{r_0} \tag{5.11}$$

式中:r_j 为服装第 j 层的半径(m);r_0 为人体每个子段的半径(m)。

将式(5.11)代入式(5.10)可得到

$$R_i = \left[\sum_{j=1}^{n} \left(R_{aj} \frac{r_0}{r_{j-1}} + R_{cj} \frac{r_0}{r_j} \right) \right] + R_a \frac{r_0}{r_n} \tag{5.12}$$

静止空气层的热阻由式(5.13)计算,即

$$R_{aj} = \frac{1}{h_r + \frac{k_a}{t_{aj}}} \tag{5.13}$$

式中:h_r 为辐射换热系数(W/($m^2 \cdot K$));k_a 为静止空气的热导率;t_{aj} 为第 j 层空气的厚度(m)。

辐射换热系数为 4.7W/($m^2 \cdot K$),静止空气的热导率为 0.0256 W/($m \cdot ℃$)[6]。式(5.12)假定人体与服装及服装各层之间的空气为静止空气层,忽略了对流传热。织物的热阻可按 1.6clo/cm 或 0.248($m^2 \cdot ℃$)/W 来估算。环境空气层的热阻为

$$R_a = \frac{1}{h_r + h_c} \tag{5.14}$$

式中:h_c 为对流换热系数,通常取 4.4W/($m^2 \cdot K$)。

因此,环境空气层的热阻为 0.11($m^2 \cdot ℃$)/W 或 0.7clo。

服装的每个子段的干态热流量由式(5.15)计算,即

$$Q_i = \frac{A_i(T_{si} - T_a)}{R_i} \tag{5.15}$$

式中:Q_i 为服装第 i 个子段的热流量(W/m^2);A_i 为第 i 个子段的人体表面积(m^2);T_{si} 为第 i 个子段的人体表面温度(℃);T_a 为环境空气温度(℃);R_i 为服装第 i 个子段及空气层的总热阻(($m^2 \cdot ℃$)/W)。

式(5.10)和式(5.15)成立的前提是环境的平均辐射温度等于空气温度。很显然,从人体皮肤通过服装传递到外界环境的干态热流量 Q_t 是服装每个子段的干态热流量的总和,即

$$Q_t = \sum_{i=1}^{k} Q_i \tag{5.16}$$

因此,服装的总热阻由下式确定,即

$$R_t = \frac{A(T_{msk} - T_a)}{Q_t} \tag{5.17}$$

式中:R_t 为服装及空气层的总热阻($(m^2 \cdot ℃)/W$);A 为人体表面积(m^2);T_{msk} 为人体平均皮肤温度(℃);Q_t 为通过服装的干态总热流量(W)。

5.2.3 影响服装传热性能的因素

影响服装的热阻值的因素主要包括服装材料、服装式样、人体活动及环境因素等。

1. 服装材料

织物是构成服装的基本材料。有些服装由同一种织物制成,有些则同时用了两种或两种以上的织物制成。织物的热阻大小对服装热阻值有很大的影响。

1)纺织纤维的热导率

织物厚度一定时,纺织材料的热导率小,则其热阻大,因此纺织纤维的热导率越小越好[9]。表5.1是几种常见的纺织纤维的热导率。

表5.1 常见纺织纤维及空气和水的热导率[6]

材料	热导率/[W/(m·℃)]	材料	热导率/[W/(m·℃)]	材料	热导率/[W/(m·℃)]
棉	0.071~0.073	羽绒	0.024	丙纶	0.221~0.302
羊毛	0.052~0.055	木棉	0.32	氯纶	0.042
蚕丝	0.05~0.055	涤纶	0.084	静止空气	0.0256
黏胶纤维	0.055~0.071	腈纶	0.051	纯水	0.602
醋酯纤维	0.05	锦纶	0.244~0.337		

2)织物厚度

织物通常都由纤维构成,在纤维与纤维之间存在很大的空隙,这些空隙中

充满了空气。热量通过织物的过程实际上是热量通过纤维与空气的混合体系的过程。大多数织物的热阻主要是由织物内所含的空气提供的。织物厚度大所包含的空气就比较多,因而热阻比较大。可以用织物的厚度来预测其热阻[4],即

$$R_f = Kd \tag{5.18}$$

式中:R_f 为织物的热阻(clo);K 为系数(clo/cm);d 为织物厚度(cm)。

系数 K 随织物种类的不同而不同,通常为 1.0~1.8clo/cm,一般优质织物为 1.6clo/cm[9]。

3) 纺织材料的密度

在厚度相同的条件下,不同服装材料的纤维结构、纤维之间空隙多少不相等,因此在纤维之间的死腔空气就不相等。同样厚度的服装材料,纤维结构中包含的死腔空气多者,其热阻高;死腔空气少者,其热阻低。决定死腔空气多少的重要参数是服装材料的密度。同样厚度的服装材料,密度小,其中包含的死腔空气较多,隔热性能好[9]。

4) 衣料表面的粗糙度

衣料表面的粗糙度主要取决于衣料基本原料的特性及其纺织方法。表面粗糙的衣料,具有大量的线粒空隙,不易贴近皮肤。因此,在皮肤与衣服内表面之间、各衣服层之间形成较大的空气层,有利于增加服装的调气作用和隔热作用[9]。

5) 含气性

纤维内部的微细气孔中或纤维和纤维之间、纱线和纱线之间的空隙以及织物空隙之间都含有空气,这种性质称为含气性。在一定体积中含有的空气量的体积百分率称为含气率[5]。一般服装材料的含气率为 60%~80%。由于空气的热导率比纤维小许多,所以一般情况下含气量大的服装材料其热阻也大;反之亦然。因此,羽绒服比羊毛、棉、合成纤维制成的服装保暖性好,羊毛织物又比棉、合成纤维制成的服装保暖性好[9,10]。

2. 服装式样和着装

为了形成舒适的服装气候,正确选择服装材料是十分重要的。但是即使同样的服装材料,由于服装形态、结构、穿法等不同,体热的散失量会显著不同。

所以,服装式样与着装方法对于形成舒适性服装气候来说,甚至比服装材料更为重要。

1) 服装的人体表面覆盖率

服装覆盖人体表面积的大小对服装的热阻值影响很大。不管服装实际上覆盖了多少人体表面积,都把它的热阻折算到分布在整个人体表面时具有的平均保暖效果,即造成的总散热量是相同的,同样一件服装在增加对人体的覆盖面积时的热阻比单纯增加厚度时要大[8,11]。

服装覆盖部分的人体表面积与人体总表面积的比值称为服装的人体表面覆盖率(BSAC)。一般情况下,人体表面覆盖率增加,服装的保温能力增加。即使是相同的人体表面覆盖率,因人体部位和形状不同,其保温效果也有若干不同,如下肢的覆盖效果比上肢的覆盖效果大[12]。因头部不加防护时的散热作用非常大,如在 -4℃时,头部散热量占人体静坐时的产热量的 $1/2$[13],对头部加以适度的防护,就能保存大量的热,并可在寒冷环境中延长耐受时间。相反,头部的暴露能够帮助散失在冷的环境下从事重体力劳动时所产生的过多热量[14]。

2) 服装的合身程度和松紧度

服装的合身程度和松紧度决定了服装各层之间以及服装与人体表面间的空气层厚度,服装内的空气层直接影响服装的热阻,服装的保温功能从根本上讲就是保持服装织物内、服装各层之间及服装与人体之间有静止的空气层。宽松服装的热阻要优于紧身服装,这主要是因为紧身的弹力针织内衣或由于出汗而紧贴皮肤的内衣,其内层空气层厚度为零,宽松的衬衫却具有较厚的内部空气层,静止空气层越厚,其着装热阻越大[15]。图 5.3 和图 5.4 表示衣下空气层对服装保温率的影响。其中,图 5.3 所示为空气层四周密封的情况,图 5.4 所示为空气层周围开放的情况。可见结果显然不同。

当衣下空气层四周密封时(图 5.3),随着空气层的增加,服装的热阻也增加,但进一步增加空气层时,服装的热阻反而下降。换句话说,随着空气层的变化,服装的热阻变化存在一个极大值,即存在一个保温效果最高时的最佳空气层厚度。极大值之前,服装热阻的增加是因为静止空气层厚度的增大;极大值之后,服装热阻的降低是因为空气层厚度过大而产生空气对流的缘故[12]。这个最佳空气层的值,取决于服装材料的性能、周围气流情况和服装的合身程

第 5 章 服装传热与透湿原理

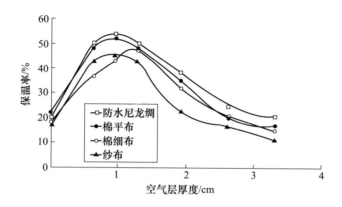

图 5.3　衣下空气层与服装保温率的关系(四周密封)

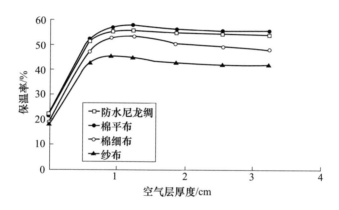

图 5.4　衣下空气层与服装保温率的关系(周围开放)

度。透气性越大的织物对流开始越早,最佳空气层厚度越小。在有风的情况下,紧身服装有利于提高保温能力[16]。当衣下空气层四周开放时(图 5.4),对流难以发生,所以,极大值在较大范围内得以保持。极大值发生在 10mm 前后。

3) 服装的开口

领口、袖口和衣襟等服装内空气的出口处称为服装开口。服装开口的大小、形状和方向等影响着服装内热、湿和空气的移动。服装开口可划分为向上开口、向下开口和水平开口等。服装开口部位的大小对服装热阻的影响主要是造成服装不同程度的烟囱效应、风箱效应和台灯效应[12]。

烟囱效应如图 5.5 所示,是指服装内的热空气层由于内外空气的密度差形成自然对流,热空气沿体表形成上升气流,通过服装的开口部分溢出,从而大大增加了人体散热量,使服装的实际热阻降低。因此,人们感觉热时敞开衣口,感觉冷时封上衣口就是利用烟囱效应。

风箱效应是指在人体活动时,由于频繁改变服装各层之间以及服装与人体表面间的空间大小,就像用风箱一样强制衣内的空气流动,其结果也是增加人体散热、降低服装热阻。台灯效应是指当向上开口封闭时,热气流可以透过透气性好的服装顶部,发挥散热作用。将开口由垂直经倾斜45°至水平旋转,其散热量明显减少,水平开口放热比向上、向下开口小。开口向上的服装因为有烟囱效应,能形成较大的散热效果;开口向下的服装,尤其像裙子那样开口大的服装由于步行等动作,形成风箱效应,能促进换气,增加散热量。天冷时把领子拉紧或立起来能暖和些,天热时把领子打开能凉快些,可见衣领的开闭对服装的保温能力影响很大[9]。开口部位的大小与松紧还可以使环境气流通过这些部位进入服装内,破坏内部空气层的静止而增加失热[8]。实际生活中,在冬季人们喜欢穿高领衫、紧袖口与紧下摆的夹克衫等,正是为了尽可能减少开口部位的空气流通,提高保暖性能。

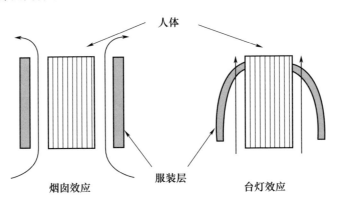

图 5.5　烟囱效应和台灯效应示意图

4)多层衣服

穿着总厚度相同的单件衣服与多件衣服比较,多件衣服的保温性增大。因为随着装件数的增加,衣服之间空气层增加,增加了静止空气层的隔热作用[12]。但是,随着装件数的继续增加,多件衣服的热阻比单件衣服热阻的总和要小,其原因有:①服装热阻在身体表面分布是不均匀的;②单件衣服叠加可能使一些部位的织物相互挤压;③单件衣服叠加会增加散热的表面积[17]。

多件着装时,为避免破坏衣内空气层,套穿在外层的衣服应有一定的宽松量;否则,层数太多,内层受到外层服装重量的压迫,隔热值不仅不会增加,反而会下降。另外,因着装顺序不同,其保温效果也不同。例如,在有风时,将含气量大的针织、编织物穿在内侧,将透气性小的致密织物穿在外侧,具有较好的保温效果[12]。

通常穿得过厚会有种种弊端。例如,在身体的躯干部形成高温、高湿的服装气候,使体热散失不足而妨碍代谢。因此,应尽可能养成少穿衣的习惯,适当少穿衣,能够增强对寒冷的抵抗力,是一种积极的锻炼手段。实际上,过多着装还会加重着装负荷,给活动带来不便。

3. 人体活动

在静止情况下测定了热阻的服装穿到正在活动的人身上,保温性能会发生改变。作为服装的标准热阻值当然以静止的暖体假人所测的数据为准,国外某些厂商已在出厂的服装上标明了该服装的热阻值,连同服装型号一起作为供顾客选择的依据,这也是我国服装走向世界所必需的一步。

人体活动对服装热阻的影响主要有以下几方面。

1) 人体姿态

人体姿势不同,即使所穿着的服装相同,其发挥的隔热效果也不一样。服装热阻的测试通常采用站姿,在坐姿时服装的热阻会减少15%,因为服装外表面的空气层减少了,加上由于人坐下时裤子的臀部和膝部被压缩,导致服装各层之间的空气层也减少了。但采用坐姿时,椅子通常能为人体提供$0.1 \sim 0.3$clo的热阻[18]。人体采取不同的姿态改变了服装测定热阻时的情况,某些部位被伸展[8]。例如,骑自行车时手臂前伸,腋下部位的服装伸展开了,改变了服装及内部空气层的厚度,从而改变了服装热阻值。

2) 人体动作

人们在从事体力劳动和进行体育锻炼时,身体在周围空气中运动,会产生相对风速。例如,骑自行车前进时,即使没有自然风,人们也会感觉迎面气流吹拂。同时由于人体活动,使衣下空气层对流加强,产生鼓风作用。因此,人体活动时将受到自然风、相对风速、衣下空气层鼓风三者联合作用,服装的隔热值将显著减小[19]。

3) 人体出汗

人体活动时,汗液分泌会增加,改变了服装的含湿量,服装如果因吸收汗水而湿润,湿的纤维比干的纤维具有较高的热导率,使服装本身的传热能力增加[20]。另外,湿衣服与皮肤及服装自身间的相互黏连,使原有空气层减少,导致服装的热阻降低。

4. 环境因素

1) 环境温度

温度对服装热阻的影响表现在以下几方面:

(1) 某些纤维在不同温度下具有不同的弹性,使服装织物的厚度及服装面积系数发生变化。

(2) 服装内外空气层的热导率发生了改变。

(3) 服装织物纤维的热导率发生了改变。静止空气的热导率随环境温度每升高 1℃增加 0.00009W/(m·℃)[21],纤维的热导率变化随材料的不同而不同,综合两种变化的结果,使织物的热导率变化不会很大。

研究表明,当环境温度升高 8℃时,一件基本热阻为 0.95clo 的羽绒服的热阻增加了 1.58%,即 0.015clo,这只相当于增加了一件小汗背心的热阻。因此,环境温度的变化对服装热阻不会带来很大的影响,在实际应用时完全可以忽略[22]。在常温条件下测定防暑服的热阻,如果在高温环境中使用,热阻随外界温度的上升而增加,可以减少环境对人体的传热,这是有利于对人体的热防护的。在常温条件下测定防寒服,由于实际使用环境的低温,使热阻值有所下降,但下降的幅度很小。

2) 环境湿度

在衣服中含有两种水分:一种是吸湿性水分,它是由于纺织纤维的吸湿性从大气中吸收的水蒸气聚集在衣料纤维的表面,通常以回潮率表示;另一种是中间水分,它呈水滴状态充满在衣料纱线之间的空隙中,并且因毛细管现象沿着纱线纤维铺展,形成毛细水分。吸湿性水分是经常存在的,中间水分只有当衣服被汗水或雨水浸湿和环境湿度很高时才存在。纺织纤维中的吸湿性水分实际上不改变衣料纱线之间的空隙容积,也不改变衣料的透气性。但是吸湿性特别大的衣料,它们受到空气中水蒸气作用时,其弹性会变小,因而便互相贴近。这样,衣服的厚度缩小,密度增大,于是导热性也就增大,热阻势必下降。中间水分对服装热阻的影响最大,因为它充入衣料纱线之间的空隙中,挤掉了衣料中的静止空气甚至死腔空气,使衣服失去了隔热性能[7]。

3) 风

环境风速是影响服装热阻的主要因素[8]。在室外环境中,1~5m/s 的风速是经常发生的,服装外表面空气层热阻可以比在室内时减少50%~70%。风对服装本身热阻的影响,可以表现为加强了服装开口部位的内外空气层对流,同时也可直接渗透到多孔疏松的服装内部,扰乱衣下空气层和衣料纱线之间的静止空气。风还可以压缩局部的服装,改变服装内空气层的厚度,这些都将导致服装热阻值降低。在多孔的毛衣外套上一件质地紧密的薄衣服也能提高服装的保温能力,就是防止了冷风渗透。在低风速下,服装保温性能的降低主要是由于表面空气层热阻减小了,而在高风速下,对流、渗透及压缩的影响程度增加了。需要说明的是,有的人感到冷风"吹透"了服装,实际上并不是冷空气真的透过服装织物进入内部,而是由于表面空气层热阻下降,服装被压缩,使局部散热量增大而带来的冷感。

研究表明,当风速为 0.7m/s 时,服装总热阻降低 15%~26%;当风速为 4.0m/s 时,服装总热阻降低 34%~40%[15]。

除了风速大小以外,服装热阻还与风的方向有关。垂直于人体纵轴的气流,即通常人们所说的透膛风,对服装热阻的影响最大,侧风的影响较小[7]。

4) 大气压

在高原地区和高空,由于大气压强降低,空气密度变小,纺织纤维中和衣料纱线之间的空气密度也减小,导热性下降,因而使服装的热阻增加[23]。例如,在海平面热阻为 0.8clo 的服装从静止空气层到海拔 6000m 的高山上,其热阻增加到 1.1clo。在海平面热阻为 5clo 的登山服,在海拔 6000m 的高山上,其热阻增加到 7clo(图 5.6)。这种情况对高原地区防寒保暖有利。但在飞行中,将给飞行员增加热应激。

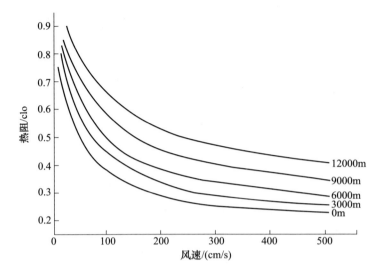

图 5.6　在不同海拔高度上及不同风速下的服装边界层隔热值

5）脏污

内层和外层衣服都较容易脏污。内层衣服由于直接接触皮肤,皮肤分泌物以及分泌物的分解产物黏附于衣服上,引起内层衣服脏污。外界环境中的灰尘、污垢及微生物,引起外层服装脏污。来自人体皮肤和外界环境中的一切脏污都能堵塞衣料纱线之间的空隙,减少衣料中和衣下空气层的静止空气,并且皮肤分泌的污垢和环境中的尘土都是固体物质,其导热性比空气大得多,因此,脏污的衣服热阻减小。由此可知,衣服应当勤洗勤换。试验证明,经过多次洗涤的衣服,其热阻与新衣服比较,无明显差别,而脏污的衣服与干净衣服比较,热阻值明显降低。

5.2.4　服装传热性能的评价方法

因为服装不是均匀地覆盖在人体的体表,服装之间有重叠,且人体穿着服装之后,在服装与人体之间形成一定厚度的空气层。因此,服装的热阻和服装用织物的热阻,两者是不一样的,织物热阻不能全面反映出服装的传热性能。在绝大部分情况下,织物热阻会远远小于用其制作的服装的热阻。

为了能够合理并准确地评价服装的传热性能,必须测量服装热阻。服装热阻可采用与人体尺寸相当的暖体假人系统来测量。

1. 暖体假人法

暖体假人系统是模拟人体热生理的一个测量系统,模拟人体穿着服装之后人体－服装－环境系统三者之间热湿交换状态,从而测量服装热阻[20-22]。

1) 暖体假人的系统构成

暖体假人系统主要由假人本体、温度控制系统、模拟出汗系统、人工气候箱组成。假人本体多是由铜、铝、玻璃钢等高热导率材料制成,基本结构分为头、胸部、背部、腹部、臀部、上肢、下肢、手和脚等若干解剖段,使其穿上衣服后与真人保持一样的穿着情况。温度控制系统由加热电路及温度传感器组成。根据各解剖段面积布设加热电路构成加热控制段,用于控制假人表面温度;同时在内部布设温度传感器,用于监测假人表面及内部温度。温度控制系统可采用内部加热、内表面加热、外表面加热等3种加热方式。人工气候箱由加热系统、制冷系统、光照系统、淋雨系统、吹风系统等部分组成,用于模拟自然气候。

2) 测量标准

服装热阻的测量标准主要有《服装生理效应用暖体假人测量服装热阻的标准方法》(ISO15831—2004)、《用暖体假人测量服装热阻的标准方法》(ASTMF1291—2005)、《防护服装用于防寒的单件服装和配套服装》(EN342—2004)、《服装热阻测量方法论　暖体假人法》(GB/T 18398—2001)。这些标准的原理基本上都相同,但在假人大小、测试条件和热阻的计算方法上有所不同[23-26]。

5.3 织物透湿原理

在中等热环境和寒冷环境条件下,人体通过对流、辐射和汗液蒸发来维持人体热平衡,服装的热阻是维持人体热平衡的主要因素。在寒冷环境中人体进行运动时,人体的产热量增大,汗液蒸发散热也很大,并发挥重要作用,此时服装的透湿性能是不可轻视的。当人体处在高温环境中,特别是当环境温度与人体表面温度相等,甚至高于体表温度的时候,对流和辐射散热不能进行,人体从环境中通过辐射和对流获得热量。此时,蒸发是人体唯一的有效散热途径。如果水蒸气能及时通过服装扩散到周围环境,人才感到舒畅;反之,服装阻碍水蒸气通过,使得人体与服装之间的微气候中湿度增大,水蒸气积累到一定程度就会冷凝成水,此时人体感到黏湿、发闷等不舒适。因此,服装的透湿性能对于维持人体热平衡非常重要。

5.3.1 织物的透湿性能

按照热力学第二定律,湿空气中水蒸气浓度(或水蒸气分压)不均匀而呈现梯度时,水蒸气分子将由浓度高(或水蒸气分压高)的区域扩散到浓度低(或水蒸气分压低)的区域。根据该定律,当织物两边存在水蒸气压差时,就会发生水蒸气的扩散。

水蒸气通过织物的传递途径,按照水分的传递原理可以分为3条途径[27]:一是水蒸气通过织物中纤维及纱线间微孔的扩散;二是纤维自身吸湿并在水蒸气压较低的一侧蒸发;三是织物内各种毛细管吸收水分向水蒸气压低的一侧传递和蒸发。

当织物两边的水蒸气压差稳定时,水蒸气的扩散遵循菲克第一扩散定律[28],即

$$\dot{m} = \frac{D\Delta C}{R} \tag{5.19}$$

式中:$\dot{m}$ 为水蒸气通量(kg/(m²·s));ΔC 为水蒸气浓度差(kg/m³);D 为水蒸气在空气中的扩散系数(m²/s);R 为扩散阻抗(m)。

1. 透湿量

织物的透湿量是指在一定的温度和湿度下,在织物两面分别存在恒定的水蒸气压差的条件下,在单位时间内通过单位面积织物的水蒸气质量[29],其单位为g/(m²·d)。

2. 蒸发阻抗

蒸发阻抗也叫湿阻,是织物两面的水蒸气压差除以压力梯度方向单位面积上总的蒸发热流量所得的值[30],蒸发阻抗的单位是(m²·Pa)/W。

蒸发阻抗反映了织物对蒸发传热的阻力大小。织物的蒸发阻抗越大,其呼吸性越差;织物的蒸发阻抗越小,说明其透湿性越好,有利于人体汗液的蒸发。

第 5 章 服装传热与透湿原理

3. 扩散阻抗

扩散阻抗反映了织物对水蒸气扩散的阻力,它是水蒸气传递系数的倒数。扩散阻抗越大,说明织物对水蒸气扩散的阻力越大。水蒸气传递系数是指在织物两面存在稳定的水蒸气浓度差的条件下,单位时间内和单位水蒸气浓度差下,通过单位面积织物的水蒸气量,其单位为 m/s[31]。因此,扩散阻抗的单位是 s/m。

在评价织物的扩散阻抗时常用等效静止空气厚度来表示,也就是费克扩散方程式中的 R 项,其单位是 m,它代表与织物有相同的水蒸气扩散阻抗的静止空气层的厚度,如同热传导和电阻一样,等效静止空气厚度具有可加性,通过对单层服装材料及服装各层之间空气层的阻抗求和,就可以得到服装组合系统的总阻抗。这两项扩散阻抗的换算关系为

$$R = DR_d \tag{5.20}$$

式中:R 为扩散阻抗(等效静止空气厚度)(m);R_d 为扩散阻抗(S/m)。

水蒸气在空气中的扩散系数与空气的温度和大气压有关[32],即

$$D = 2.23 \times 10^{-5} \left(\frac{T_a + 273.15}{273.15} \right)^2 \frac{P_b}{P} \tag{5.21}$$

式中:T_a 为空气温度(℃);P 为大气压(Pa);P_b 为标准大气压,101325Pa;如果环境温度为 0~50℃,式(5.21)可以简化为

$$D = 0.22 + 0.00147 T_a \tag{5.22}$$

当环境温度为 20℃ 时,水蒸气在空气中的扩散系数为 $2.56 \times 10^{-5} m^2/s$。织物的扩散阻抗越小,表明其透湿性越好。

4. 透湿率

透湿率是指在织物两面存在稳定的水蒸气压差的条件下,在单位时间内和在单位水蒸气压差下,通过单位面积织物的水蒸气量,其单位为 $g/(m^2 \cdot h \cdot Pa)$。

5.3.2 织物透湿性能的评价方法

1. 正杯法

织物透湿性通常采用透湿杯测量,透湿杯法是把盛有吸湿剂或水并封以织物试样的透湿杯放置在规定温度、湿度和气流的密封环境中,测量一定时间内透湿杯(包括试样和吸湿剂或水)质量的变化,计算出透湿量。《织物透湿量测

定与渗透湿杯》(GB/T 12704—91)规定了两种用透湿杯测定织物透湿量的方法,即方法 A 吸湿法和方法 B 蒸发法[29]。

吸湿法的测试过程:首先往内径 60mm、杯深 22mm 的清洁透湿杯内装入吸湿剂,如无水氯化钙,并使吸湿剂成一平面,吸湿剂装填高度应距离试样下表面 3～4mm。然后将试样测试面朝上放置在透湿杯上,装上垫圈和压环,旋上螺帽,再用乙烯胶黏带从侧面封住压环、垫圈、透湿杯,组成实验组合体。迅速将实验组合体水平放置在温度为 38℃、相对湿度为 90%、气流速度为 0.3～0.5m/s 的实验箱内,经过 0.5h 平衡后取出,迅速盖上杯盖,放在 20℃ 左右的硅胶干燥器中平衡 0.5h 后称量,称量时精确至 0.001g。随后除去杯盖,迅速将实验组合体放入实验箱内,经过 1h 实验后,迅速盖上杯盖,放在硅胶干燥器中平衡 0.5h 后称量。试样的透湿量按下式计算,即

$$WVT = \frac{24\Delta m}{at} \tag{5.23}$$

式中:WVT 为试样的透湿量($g/(m^2 \cdot d)$);Δm 为实验组合体两次质量之差(g);a 为试样的实验面积(m^2);t 为实验时间(h)。

如图 5.7 所示,蒸发法的测试过程:首先往内径 60mm、杯深 19mm 的清洁透湿杯内注入 10mL 水。然后将试样测试面向下放置在透湿杯上,装上垫圈和压环,旋上螺帽,再用乙烯胶黏带从侧面封住压环、垫圈、透湿杯,组成实验组合体。将实验组合体放在温度为 38℃、相对湿度为 2%、气流速度为 0.5m/s 的实验箱内,经过 0.5h 平衡后,在箱内称量,称量时精确至 0.001g。随后经过 1h 实验后,再次称量。如果需要在箱外称量,称量时杯子的环境温度与实验箱内温度的差异不大于 3℃。试样的透湿量按式(5.23)计算。

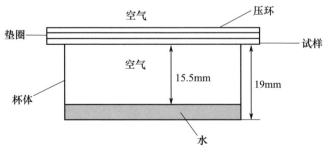

图 5.7 正杯法示意图

每一种织物的透湿量应为 3 个试样透湿量的算术平均值。各个试样的实验结果与平均值的最大差异不得超过平均值的 10%；否则必须重新取样实验。测试涂层织物时，如未特别说明，以涂层面为测试面。

2. 倒杯法

ASTM E96 方法之一规定了用倒杯法测定材料的透湿量。倒杯法最初是用来测试防水样品的透湿性，可以让液态水透过的织物是无法让杯子倒过来进行测试的，因为水会渗漏。但是对于不防水的织物，先用一层聚四氟乙烯（PTFE）微孔薄膜封在杯口，再将织物试样盖在薄膜上，也可用倒杯法测定其透湿量。倒杯法的测试条件和杯子的准备与正杯法相同。

5.4 服装透湿原理

5.4.1 服装的透湿性能

服装的透湿过程包括服装材料的透湿和服装开口的透湿两个部分。目前，常用服装湿阻和服装透湿指数作为反映服装透湿性能的指标。

1. 服装湿阻

服装湿阻的定义和织物湿阻的定义一样，其计算公式相同。

2. 服装透湿指数

服装透湿指数是 1962 年美国服装研究人员伍德科克提出的一个评价织物和服装透湿性能的重要指标[33]。

在全身皮肤出汗的情况下，人体通过服装传递到环境的总散热量由干态散热和蒸发散热两部分组成（不计热辐射传热），根据服装热传递的原理，有下列方程式，即

$$H_d = \frac{T_{msk} - T_a}{R_t} \tag{5.24}$$

式中：H_d 为干态散热（W/m²）；T_{msk} 为人体平均皮肤温度（℃）；T_a 为环境空气温度（℃）；R_t 为服装和边界空气层的总热阻（(m² · ℃)/W）。

蒸发散热决定于皮肤表面的饱和水蒸气压与环境空气中的水蒸气压之差，

可以按下式计算,即

$$H_e = \frac{P_{sk} - P_a}{R_{et}} \tag{5.25}$$

式中:H_e为蒸发散热(W/m^2);P_{sk}为皮肤表面的水蒸气压(Pa);P_a为环境空气的水蒸气压(Pa);R_{et}为服装和边界空气层的总蒸发阻抗(($m^2 \cdot Pa$)/W)。

由此可知,人体在全身皮肤出汗的情况下,通过服装的总散热量为

$$H = H_d + H_e = \frac{T_{msk} - T_a}{R_t} + \frac{P_{sk} - P_a}{R_{et}} \tag{5.26}$$

在式(5.26)中,人体平均皮肤温度和皮肤表面的水蒸气压是两项人体生理卫生参数,实际上皮肤表面的水蒸气压也决定于人体平均皮肤温度,空气温度和空气的水蒸气压是两项环境气候参数。服装总热阻和总蒸发阻抗是由服装及边界层空气的特性决定的。式(5.26)可改写为

$$H_d + H_e = \frac{1}{R_t}\left[(T_{msk} - T_a) + \frac{R_t}{R_{et}}(P_{sk} - P_a)\right] \tag{5.27}$$

假设以湿球温度计的湿球作为表面完全潮湿,并无附加服装蒸发阻力的实体。湿纱布上的水将向空气蒸发,使水温下降,水与周围空气产生了温度差,从而导致周围空气向水传热。当两者达到热平衡时,即水蒸发所需要的热量正好等于水从周围空气中所获得的热量时,湿球温度计的读数不再下降并保持一个定值。当湿球温度计的湿球在空气中快速运动,产生3m/s以上的相对风速时,边界层空气的影响就微不足道了。此时,总散热量为零,即$H_d + H_e = 0$,式(5.27)可写为

$$\frac{R'_t}{R'_{et}} = \frac{T_a - T_w}{P_w - P_a} \tag{5.28}$$

式中:R'_t为湿球上的湿纱布及边界层空气的总热阻(($m^2 \cdot ℃$)/w);R'_{et}为湿球的蒸发阻抗(($m^2 \cdot Pa$)/W);T_w为湿球温度(℃);P_w为湿球温度下的饱和水蒸气压(Pa)。

由湿球温度计的水蒸气分压与温度的关系特性可知,$(T_a - T_w)/(P_w - P_a)$的比值接近于常数,R'_t/R'_{et}也接近于常数,称为Lewis常量,用LR表示。它可由空气湿度图中的直线斜率求得,在1atm条件下,LR = 0.0165℃/Pa。Lewis常量是一个转换系数,它把水蒸气压差转换成有效温度差。实际上,R'_t/R'_{et}就是蒸发

散热与对流散热之间的当量比值。湿球温度计的表面除了潮湿的纱布包裹以外,没有其他覆盖层,这种情况与出汗的皮肤上穿着衣服不一样。潮湿的皮肤上穿着衣服时,因为服装对水蒸气扩散起屏障作用,所以 R_{et} 总比 R'_{et} 大, R_t/R_{et} 总比 R'_t/R'_{et} 小,最多也只能是 $R_t/R_{et} = R'_t/R'_{et}$。服装生理卫生学家 Woodcock 将透湿和传热联系起来分析,提出服装透湿指数的概念,透湿指数 i_m 定义为二者的比值,即

$$i_m = \frac{\dfrac{R_t}{R_{et}}}{\dfrac{R'_t}{R'_{et}}} = \frac{\dfrac{R_t}{R_{et}}}{0.0165} \tag{5.29}$$

透湿指数的物理意义在于:穿上服装以后实际的蒸发散热量与具有相当于总热阻的湿球的蒸发散热量之比。服装的透湿指数是继 1941 年 Gagge 提出描述服装热阻的单位克罗值之后的第二项服装生理卫生学指标。透湿指数的引入,使服装的热舒适性的研究更接近于实际情况和要求,让人们意识到服装的功能不仅能御寒保暖,而且可以保持身体的热舒适。

因此,式(5.27)可写成

$$H_d + H_e = \frac{1}{R_t}[(T_{msk} - T_a) + 0.0165 i_m(P_{sk} - P_a)] \tag{5.30}$$

将式(5.30)代入式(5.26),就可以得到人体在全身皮肤出汗的情况下着装时的蒸发散热量的计算式,即

$$H_e = 0.0165 i_m \frac{P_{sk} - P_a}{R_t} \tag{5.31}$$

由此可以得到透湿指数的另一计算式,即

$$i_m = \frac{H_e R_t}{0.0165(P_{sk} - P_a)} \tag{5.32}$$

从理论上讲,透湿指数的变化范围在 0~1 之间,是一个无量纲量。透湿指数等于零是可能的。例如,穿着完全不透气的橡皮防毒服,汗液不能蒸发。可是 $i_m = 1$,在一般情况下是不可能的。对于不穿衣服的裸体人,当风速大于 3m/s,边界空气层的蒸发阻力微不足道了,透湿指数才可能接近于1。在一般无风的环境中,人在裸体状态静止时,其透湿指数不会大于 0.5[34]。因为人体周

围的边界空气层仍有蒸发阻力。透湿指数越大,服装的透湿性能越好,越容易在高温、高湿环境中维持人体的热平衡。一般来说,夏季服装的透湿指数大,热阻小;冬季服装的透湿指数小,热阻大。对于绝大多数室内服装,其透湿指数的估计值为 0.38[35]。

5.4.2 服装的湿传递模型

1. 服装透湿的途径

皮肤表面无感出汗时,汗液在汗腺孔附近甚至在汗腺孔内蒸发成水汽,整个皮肤表面上看不到汗液,这时通过服装的湿传递的初始状态是水汽;皮肤表面有感出汗时,汗液分布在皮肤表面上,这时通过服装湿传递的初始状态是液态水。它们通过服装的湿传递通道不完全相同。图 5.8 及图 5.9 分别给出了无感出汗时和有感出汗时主要的湿传递途径。

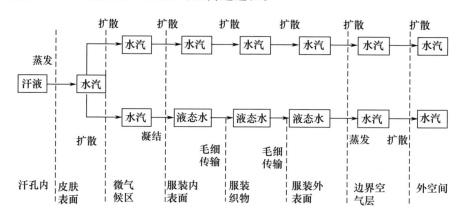

图 5.8 无感出汗时的湿传递途径

由图 5.8 和图 5.9 可知,人体皮肤表面的汗液经服装传递至环境空间的通道主要有 3 种类型[1]。

(1) 汗液在微气候区中蒸发成水汽,气态水经织物中纱线间、纤维间和纤维内的缝隙孔洞扩散到外部空间。

(2) 汗液在微气候区蒸发成水汽后,气态水在织物内表面纤维中孔洞和纤维表面凝结成液态水,经纤维内和纤维间缝隙孔洞毛细输运到织物外表面,再重新蒸发成水汽扩散至外部空间。

第 5 章 服装传热与透湿原理

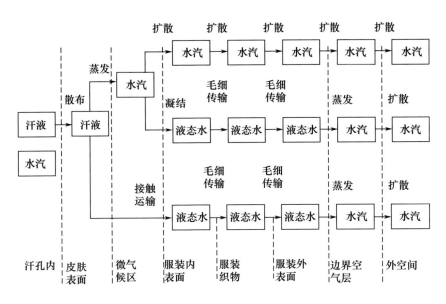

图 5.9 有感出汗时的湿传递途径

（3）汗液通过直接接触织物，以液态水方式进入织物内表面，通过织物中的缝隙孔洞毛细运输到织物外表面，蒸发成水汽扩散至外部空间。

由于人体在无感出汗和排汗初始状态排出的汗液为气态水，因此服装的湿传递以第一类及第二类为主要方式。由于人体在有感出汗时汗液和汗气同时存在，微气候区湿度较高，因而汗水的传递以第三类及第二类为主要方式。各种方式运输水量的比例，视出汗速率、织物品种结构、环境条件等不同而不同。例如，当织物具有一定的吸湿能力和放湿能力时，皮肤出汗后微气候区的相对湿度很高，服装材料吸收水汽，并经纤维内的缝隙孔洞向相对湿度较低的周围环境扩散放湿，虽然吸湿性纤维的扩散系数比非吸湿性纤维要大很多，但是同空气相比，各种纤维的扩散系数则要小好几个数量级，因此水汽经纤维内的缝隙孔洞扩散，其量很小，纤维材料本身所传递的水蒸气量与织物所透过的水蒸气量相比是很小的，这意味着水蒸气是沿纤维表面传递，尤其是通过织物的空气层进行传递。当服装被汗水浸湿时，液态汗水由于纤维的毛细管作用，被传递到服装的外表面，再向周围环境蒸发，一般织物液态水传输速率大于液面蒸发速率，当人体运动时，由于衣下空气层内空气的强迫对流作用，使液面蒸发速率加快，这部分的量较大，毛细输运向外排放为主要方式。

服装材料毛细管作用传递液态水的能力引起人们极大的注意。虽然服装织物的芯吸能力差异很大,但并非所有这些差异都会引起舒适感的差别。首先,人体穿着实验研究表明,特别是在冷天穿着时,服装内的含水量很少能达到足以引起芯吸作用的程度。虽然皮肤上蒸发的水分完全可能会在较冷的服装层上凝结,但是还不足以充满织物内的毛细管而形成连续的毛细管道,构成输液的结构方式。相反,对于夏天穿用的服装,芯吸作用可以促使织物快干,在含湿量较高时,可以促进散热,因而十分重要。

2. 服装的湿传递模型

根据 McCullough 博士的服装湿传递模型[35],服装各层之间空气层的湿阻为

$$R_{eaj} = c_1(1 - e^{-(t_{aj}/c_2)}) \tag{5.33}$$

式中:R_{ei} 为第 i 个空气层的湿阻($(m^2 \cdot Pa)/W$);R_{eaj} 为常量,33.4$(m^2 \cdot Pa)/W$;c_2 为常量,15mm;t_{aj} 为第 j 层空气的厚度(mm)。

环境空气层的湿阻可由 Lewis 关系式来推算,即

$$R_{ea} = \frac{1}{h_c LR} \tag{5.34}$$

与服装热传递模型类似,服装每个子段的总湿阻为

$$R_{ei} = \left[\sum_{j=1}^{n}\left(R_{eaj}\frac{r_0}{r_{j-1}} + R_{ecj}\frac{r_0}{r_j}\right)\right] + R_{ea}\frac{r_0}{r_n} \tag{5.35}$$

式中:R_{ei} 为服装第 i 个子段的总湿阻($(m^2 \cdot Pa)/W$);R_{eaj} 为第 j 个空气层的湿阻($(m^2 \cdot Pa)/W$);R_{ecj} 为第 j 层织物的湿阻($(m^2 \cdot Pa)/W$);r_j 为服装第 j 层的半径(m);r_0 为人体每个子段的半径(m)。

织物的湿阻可由出汗热板仪测量。服装每个子段的蒸发热流量为

$$Q_{ei} = \frac{A_i(P_{si} - P_a)}{R_{ei}} \tag{5.36}$$

式中:Q_{ei} 为服装第 i 个子段的蒸发热流量(W);A_i 为第 i 个子段的人体表面积(m^2);P_{si} 为第 i 个子段的人体表面温度下的饱和水蒸气压(Pa);P_a 为环境空气的水蒸气压(Pa)。

从人体皮肤通过服装传递到外界环境的蒸发热流量 Q_{et} 是服装每个子段的蒸发热流量的总和,即

$$Q_{et} = \sum_{i=1}^{k} Q_{ei} \tag{5.37}$$

式中：Q_{et} 为服装的蒸发热流量(W)。

因此，服装的总湿阻为

$$R_{et} = \frac{A(P_s - P_a)}{Q_{et}} \tag{5.38}$$

式中：R_{et} 为服装及空气层的总湿阻((m²·Pa)/W)；A 为人体表面积(m²)；P_s 为人体平均皮肤温度下的饱和水蒸气压(Pa)；Q_{et} 为通过服装的总热流量(W)。

对于普通室内服装，该模型的理论预测值与用暖体假人的实测值的一致性较好。

5.4.3 影响服装透湿性能的因素

有许多因素影响服装的透湿性，如服装材料、环境条件及人体运动等[5-6]。

1. 服装材料

1) 纤维种类

在织物结构(包括纤维在织物中所占的体积比例)相同的条件下，纤维种类对织物的透湿性几乎没有影响[36]。在低湿条件下，经亲水处理过的涤纶织物和未经处理的涤纶织物进行对比实验，数据表明水蒸气的传递与织物内纤维种类关系不明显。只有在高湿条件下经亲水性处理过的涤纶织物的透湿性能才明显优于未经亲水处理的涤纶织物。美国、日本等国家的研究人员对织物及服装进行了类似的测试工作，得到了相同的结论。

实际上在低湿条件下，由于纤维本身吸湿量较少，而且空气的扩散系数比纤维大很多，水汽通过织物间的孔隙向水蒸气分压较低的一侧扩散，说明水汽在织物中的传递与纤维种类关系不大。这时织物的厚度和孔隙率是决定织物透湿性的主要因素。

2) 服装材料的吸湿性

服装材料的吸湿性是由纺织纤维特性决定的，吸湿性强且放湿快的衣服，如亚麻和棉织品，吸湿率高，蒸发速度快，透湿性能好。毛织品虽然能够吸收大量水蒸气，但放湿过程缓慢，所以透湿性能不如亚麻和棉织品[9]。

纤维的吸湿还同温度有关。在吸湿过程中，纤维吸湿后要放出一定的热量,使纤维集合体的温度有所升高,纤维内部的水蒸气分压升高,减小了纤维内部同外部水分浓度的梯度,使纤维吸湿速度和扩散透湿速度减慢。纤维的扩散系数会随温度的升高而呈指数增大,在吸湿时这种增加更为明显,因此温、湿度的增加会使织物内纤维的传湿能力加强。从吸湿或放湿的速度来看,一般表现为开始较快,随吸湿或放湿的增加而逐渐减慢,最终达到吸湿平衡。但达到平衡所需时间则与纤维自身的吸湿能力和纤维集合体的松紧程度有关。此外,吸湿后纤维的热导率将增大。

3)织物结构

织物的厚度与其扩散阻抗有近似的直线关系。一般织物厚度越大,织物湿阻也越大。其原因是织物厚度越大,水汽通过织物间的孔隙所经过的路径也将越长,纤维间接触点也将越多,对水分子传递的阻碍也越大[21]。

在高湿或织物结构较紧密的情况下,水汽不再只是经过织物中的孔隙传递,而是由纤维自身进行传递,此时纤维的种类成为影响水汽传递的重要因素。一方面纤维自身吸湿产生溶胀,使织物更加紧密,织物的透气性减弱,依靠孔隙扩散传湿作用减少;另一方面与织物的截面积相比,纤维的表面积是一个相当大数量级的量。纤维吸湿量较大时,水分通过纤维表面扩散即毛细管产生的芯吸作用得到了加强,成为织物传湿的主要方面,织物孔隙率减小引起的扩散透湿减小成为次要方面。因此,只要织物内纤维回潮率达到一定的程度,尽管孔隙率减少使得织物内由空气介质的传湿量减少,但由于纤维自身的传湿有实质性的增加,湿阻还是有可能减小。

无论是纤维自身传湿还是毛细管产生的芯吸传湿,都与纤维的亲水性和纤维表面性能有密切的关系。实验结果表明,在相同紧密程度的条件下,不同种类纤维织物的水蒸气湿阻与织物紧密程度的关系[1]如图 5.10 所示。显然,在紧密度较低的条件下,各种纤维织物的湿阻区别不大,当密度因子达到 0.4 或高于 0.4 时,对纤维表面不光滑、纤维截面不规则、吸湿性好的纤维,如棉、羊毛而言,随纤维集合体填充率的增大,织物湿阻增大幅度较小,织物湿阻与填充率之间线性关系良好。但对锦纶、氨纶、玻璃纤维等化学纤维而言,当填充率较大(孔隙率较小、容重较大)时,如填充率大于 39% 或孔隙率小于 61%、织物容重大于 0.98g/cm^3(对玻璃纤维织物),湿阻将随重力密度、填充率的增大(或孔隙率的减小)而急剧上升。吸湿性好的棉、羊毛等纤维织物的湿阻明显低于非吸湿性纤维织物的湿阻,也就是说,纤维亲水性对织物传湿性的影响是通过织物紧密度来决定的。

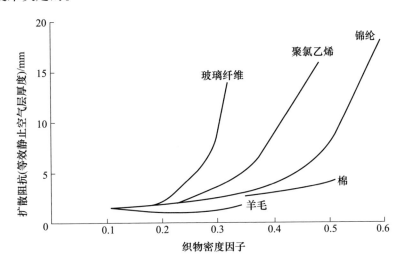

图 5.10 各种纤维织物的水蒸气扩散阻抗与织物紧密程度的关系

因此,对结构较为松散、孔隙率较高的织物,在空气相对湿度较低的情况下,无论其纤维是否吸湿,透湿以通过纤维间、纱线间缝隙的扩散为主,而在很小的程度上受纤维种类的影响。在空气相对湿度较高的情况下,对吸湿性好的纤维织成的紧密织物,纤维吸湿膨胀后使纤维间缝隙减小,扩散透湿的比例减小,纤维内的毛细管透湿比例增大,毛细透湿成为主要因素。

4) 织物后整理

利用层压和涂层织物整理形成的带有微孔膜的织物具有良好的透湿功能。用于层压的防水透湿高聚物薄膜主要的品种是聚四氟乙烯微孔薄膜,从织物结构分析可以知道,织物与薄膜复合后,由于聚四氟乙烯微孔薄膜的微孔尺寸普遍小于服装系统中织物的缝隙孔洞尺寸,所以经过复合后织物中的大、中孔洞被封闭,只保留了很小尺寸的孔洞,这些小尺寸的孔洞或孔隙大于气态水分子尺度而小于液态水滴的尺度,从而达到了防水透湿的目的。影响薄膜透湿性的主要因素是微孔孔径、单位面积的孔数、薄膜厚度、通道的曲折系数。

5）服装的热阻

服装的透湿指数随着服装热阻的增大而减小，因为任何服装都有蒸发阻力。实验证明，服装热阻的增大是很有限的，且服装热阻稍有增加，蒸发散热量就减少很多，所以服装的透湿指数减小，同时蒸发散热效能（i_m/I_t）也降低[20]。由于衣服厚度增加，蒸发阻力增大，服装的透湿指数下降，所以在寒冷环境中，穿着过厚的衣服劳动或快速行走时，也可能发生体热蓄积或中暑。例如，穿着4clo的服装劳动，假定$i_m=0.4$，则$0.4/4=0.1$，蒸发散热效能太低，势必导致热平衡障碍。如果减少服装的厚度，虽然热阻有所变小，然而由于蒸发阻力减小，蒸发散热量的增加大大超过热阻的减小，所以透湿指数增大，蒸发散热效能也增加。

6）服装的透气性

服装的透气性主要决定于衣料的纺织特点和服装的设计形式。有些衣料各层经纬纱之间形成直通气孔，透气性好，有利于水蒸气的扩散。有些衣料各层经纬纱交错排列，构成不定型气孔，这种衣料透气性较差，蒸发阻力大。此外，衣料的密度也是影响透湿指数的重要因素，致密的衣料透气性差。例如，衣料的密度增加1倍时，它的透气性大约减少65%。透气性差的衣料，透湿指数小。服装的设计形式也是一个值得考虑的因素，一般在厚度相同的条件下，多层的衣服透气性较好，尤其在人体活动时，增加衣下空气层对流，有利于水蒸气离开人体。肥大、开放式的衣服透气性好、透湿指数大，连身服装及颈部、手腕和脚踝处紧口的服装透气性差、透湿指数小。密闭性的特种服装透气性很小或完全不透气，透湿指数很小或等于零。

7）其他因素

一般织物液态水传输速度大于液面蒸发速度，织物内侧有较小的缝隙孔洞使之易于凝结成液态水向外输运，形成差动毛细效应；外侧有较大缝隙孔洞，使之易于满足蒸发条件，有利于散湿。织物表面液态水的蒸发能力与织物厚度、孔隙率等关系不太密切，但与织物表面凹凸形态，特别是表面凹坑的尺寸和深度有密切关系。一般情况下，凹坑开口面积越大，曲率半径越大，蒸发效率越高。凹坑的细节、风速、温差等也有明显的影响。

2. 人体运动

人体运动对透湿指数的影响，实际上就是衣服内外空气流动速度增加对透湿指数的影响。人体在活动时产生相对风速,同时衣下空气层发生对流。相对风速和空气对流的大小与人的运动速度有关。因为人体活动时,代谢产热量成倍地增加,必然引起全身出汗。此时,虽然对流散热有所增加,但在一般着装情况下,汗液蒸发散热仍起主导作用,所以透湿指数增大[9-10]。人在进行活动时,一方面服装透湿指数增大;另一方面服装热阻下降,所以蒸发散热效率增加。

3. 环境条件

1)环境温度

环境温度对服装材料湿阻的影响表现在两个方面:一方面,水蒸气在纤维的扩散系数会随温度的升高而呈指数增大;另一方面,水蒸气在空气中的扩散系数随空气温度的升高而增加。因此,织物的透湿性随着环境温度的上升而显著增加[5],如图 5.11 所示。

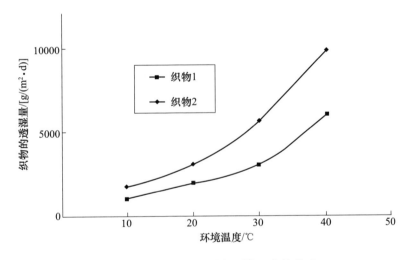

图 5.11　织物的透湿量与环境温度的关系

2)环境湿度

人体周围空气中的湿度与服装透湿指数的关系,主要是考虑环境中水蒸气分压,因为人体皮肤上的汗液蒸发后,水蒸气通过服装纱线之间的空隙扩散到周围空气中,这个蒸发散热过程决定于水蒸气压差。当环境中水蒸气分压增大时,水蒸气压差变小,蒸发散热阻力增大,蒸发散热量 H_e 显著减少,所以透湿指数减小。虽然吸湿性纤维织物可以通过纤维自身导湿,但吸湿后纤维直径膨胀使织物紧度增加,微气候中汗汽不易透过,人们容易产生不舒适的感觉。

3) 风

风是影响服装透湿性的一个重要因素。风速大时,服装的热阻值随风速的增加而降低,透湿性则随风速的增加而增大,表明气流速度增加有利于服装的传热和传湿[6]。因此,风速增大,服装的透湿指数增大,其蒸发散热效率增加;反之亦然。

4) 大气压的影响

在高原地区和低压环境中,由于大气压强降低,空气密度变小,对流散热减少,蒸发散热增加,服装的湿阻随着大气压强的降低而减少[6]。由式5.21也可得知,水蒸气在空气中的扩散系数随大气压强的降低而增加,因而服装的透湿性也增大。

5.4.4 服装透湿性的评价方法

利用"出汗"暖体假人模型或者皮肤完全潮湿的人体在对流和辐射散热尽量减少的环境下,根据服装透湿指数的计算公式,测量并计算服装的透湿指数。

服装湿阻的测量标准目前只有一个,就是美国的《用暖体假人测量服装蒸发阻抗的标准方法》(ASTMF2370—2005)。

参 考 文 献

[1] 黄建华. 服装舒适性[M]. 北京:科学出版社,2008.

[2] Umbach K H. Biophysical evaluation of protective clothing by Hse of laboratory measurements and pre – dictive models[C]//Proceedings of the International Conference on Biophysical and Physiological Evalua tion of Protective Clothing. Lyon,1983.

[3] 中华人民共和国行业标准. 纺织品保温性能试验方法[S]. GB 11048—89. 1989.

[4] 魏润柏,徐文华. 热环境[M]. 上海:同济大学出版社,1994.

[5] 成秀光. 服装环境学[M]. 金玉顺,高绪珊,译. 北京:中国纺织出版社,1999.

[6] 于伟东. 纺织材料学[M]. 北京:中国纺织出版社,2006.

[7] Gagge A P,Burton A C,Bazett H N. A practical system of units for the description of heat exchange of man with his environment[J]. Science,1941,94(2445):428 – 430.

[8] McCullough E A,Jones B W,Ruck J. A comprehensive data base for estimating clothing insulation[J].

第5章 服装传热与透湿原理

ASHRAE Transactions,1985,91(2):29-47.

[9] 欧阳骅. 服装卫生学[M]. 北京:人民军医出版社,1985.

[10] 弓削治. 服装卫生学[M]. 宋增仁,译. 北京:中国纺织出版社,1984.

[11] McCullough E A. Factors affecting the resistance to heat transfer provided by clothing[J]. Journal of Thermal Biology,1993,18(5/6):405-407.

[12] 陈东生. 服装卫生学[M]. 北京:中国纺织出版社,2000.

[13] Froese G,Burton A C. Heat loss from the human head[J]. Journal of Applied Physiology,1957,10(2):235-241.

[14] 福特,霍利斯. 服装的舒适性与功能[M]. 曹俊周,译. 北京:纺织工业出版社,1984.

[15] Havenith G,Heus R,Lotens W A Resultant clothing insulation:a function of body movement,pos-ture,wind,clothing fit and ensemble thickness[J]. Ergonomics,1990,33(1):67-84.

[16] Chen Y S,Fan J,Qian X,et al. Effect of garment fit on thermal insulation and evaporative resistance[J]. Textile Research Journal,2004,74(8):742-748.

[17] Huang J H. Assessment of clothing effects in thermal comfort standards:A review[J]. Journal of Testing and Evaluation,2007,35(5):455-462.

[18] McCullough E A,Olesen B W,Hong s. Thermal insulation provided by chairs[J]. ASHRAE Trans-actions,1994,100(1):795-802.

[19] Vogt J J,Meyer J P,Candas V,et al. Pumping effects on thermal insulation of clothing worn by human subjects[J]. Ergonomics,1983,26(10):963-974.

[20] 黄建华. 国内外暖体假人的研究现状[J]. 建筑热能通风空调,2006,25(6):24-29.

[21] Belding H S. Protection against dry cold[M]. Newburgh L H. Physiology of Heat Regulation and the Science of Clothin9. Philadelphia:Saunders C0. ,1949,351-367.

[22] Goldman R F. Clothing design for comfort and work performance in extreme thermal environments[J]. Transactions of the New York Academy of Seience,1974,36:531-544.

[23] 中华人民共和国行业标准. 服装热阻测试方法——暖体假人法[S]. GB/T 18398—2001.

[24] ISO. Clothing - Physiological effects - measurement of thermal insulation by means of a thermal manikin[S]. ISO 15831—2004.

[25] EN. Protective clothing - ensembles and garments for protection against cold[S]. EN 342—2004.

[26] ASTM. Standard test method for measuring thermal insulation of sleeping bags using a heated manikin[S]. ASTM F1720—1996.

[27] 张建春,黄机质,郝新敏. 织物防水透湿原理与层压织物生产技术[M]. 北京:中国纺织出版社,2003.

[28] Crank J. The mathematics of diffusion[M]. London:Oxford University Press,1975.

[29] 中华人民共和国国家标准. 织物透湿量测试方法——透湿杯法[S]. GB/T 12704—91.

[30] 中华人民共和国纺织工业部. 纺织品稳态条件下热阻和湿阻的测定[S]. FZ/T 01029—93.

[31] 柯斯乐. 扩散:流体系统中的传质[M]. 王宇新,姜忠义,译. 北京:化学工业出版社,2002.

[32] Fukazawa T, Kawamura H, Tamura T. Water vapor transfer through microporous membranes and pol‐yester textile at combination of temperature and pressure that simulate elevated altitudes[J]. Journal of the Textile Institute,2000,91(2):434 – 447.

[33] Woodcock A H. Moisture transfer in textile systems, part Ⅰ[J]. Textile Research Journal,1962,32(8):628 – 633.

[34] Huang J H. Thermal parameters for assessing thermal properties of clothing[J]. Journal of Thermal Biology,2006,31(6):461 – 466.

[35] McCullough E A, Jones B W, Tamura T. A data base for determining the evaporative resistance of clothing[J]. ASHRAE Transactions,1989,95(2):316 – 328.

[36] whelan M E, MacHattie L E, Goodings A C, et al. The diffusion of water vapor through laminae with particular reference to textile fabrics, Part Ⅲ: the resistance of fabrics to the passage of water vapor by diffusion[J]. Textile Research Journal,1955,25(3):211 – 223.

[37] 张建春,黄机质,郝新敏. 织物防水透湿原理与层压织物生产技术[M]. 北京:中国纺织出版社,2003.

第6章

染毒空气净化装置

有了性能良好的吸附与过滤材料,在工程上还需要依据吸附及过滤两类材料的作用特性设计制造出相应的染毒空气净化装置,以满足个人及多人的空气净化需求。这里将主要介绍基于一些工序串联组合而成的处理技术,并通过固定床层与反应器的特性指标优选过程来解析净化装置的设计方案。

6.1 防毒炭层及其设计

6.1.1 防毒炭

1. ASC 型浸渍炭

1915 年 4 月 21 日,德国人利用顺风布洒氯气云雾发动了第一次毒气袭击,从此军用防毒面具便开始发展起来。1915 年 5 月 3 日,英国军队配备了浸以硫代硫酸钠和碳酸钠溶液的棉织物垫作为一种防护手段。之后,又相继使用了光气 $COCl_2$(CG)、氯化苦 CCl_3NO_2(PS)、芥子气 $C_3H_6Cl_2S$(HD)、催泪剂和喷嚏性烟雾。与此同时,毒气防护经历了浸渍垫、浸渍棉织物罩和最后的盒形呼吸面具等阶段。盒形呼吸面具是包括滤毒罐(装有化学药品,用来净化空气)和面罩在内的现代面具的雏形。活性炭作为空气净化剂的效率早已被承认:1916 年 4 月英国军队就采用了一种装有活性炭、碱石灰及高锰酸盐颗粒的滤毒罐。

第一次世界大战期间,浸渍炭的重要发展是含铜浸渍炭的应用。与不含铜的炭比较,在干燥条件下,对 CG 及类似毒气的防护能力至少高 1 倍,对氢氰酸(AC)的防护高 2 倍,而对砷化氢(SA)的防护高 10 倍以上。该浸渍炭以做出贡献的 J. C. Whetzel 和 E. W. Fuller 两人的名字命名为惠特莱特(Whetleriter)炭。

1941 年美国研究成功 AS 型惠特莱特炭(质量分数:Cu 为 8% ~ 10%、NH_3 为 12% ~ 15%、CO_2 为 8% ~ 10% 和 Ag 为 0.1% ~ 0.5%),它是一种含铜和银的浸渍炭。

1942 年美国研制成功 ASC 型 Whetleriter 浸渍炭(Cu. Cr. Ag/活性炭),并形成军用标准 Mil – C – 13724(D)。

2. 抗陈化 ASC 型浸渍炭

ASC 型惠特莱特浸渍炭对血液性有毒化学品,特别是对 CNCl 的防护能力随着暴露于湿空气而逐步变坏,即陈化变质。Cu – Cr 浸渍炭在存放和使用过程中发生陈化变质的主要原因如下。

(1) 在吸附的 CO_2 和 H_2O 的共同作用下,引起金属活性物质的表面结构及形态的变化,并使表面活性组分中部分的 Cr^{6+} 还原为 Cr^{3+},活性物质 $CuCrO_3 \cdot 2Cu(OH)_2$ 被部分破坏。

(2) 浸渍炭表面长期吸水,水分子的氢键及水对金属组分等的溶解作用,使浸渍炭表面金属组分的化合物发生重结晶而使晶粒聚集并长大,使分散度降低。

美国于 1980 年初研究成功添加三乙撑二胺(triethylenediamine,TEDA)的 ASC – TEDA 浸渍炭,Whetlerite 浸渍炭的陈化问题才得到了较圆满的解决。当浸渍炭添加 TEDA 后,金属组分的外层部分被 TEDA 分子覆盖,由于 TEDA 的强烈吸潮性,又具有络合作用,使扩散到浸渍炭上的 H_2O 与 CO_2 优先与 TEDA 的裸氮原子结合,从而减少与脱除氯化氰的活性物质 $CuCrO_3 \cdot 2Cu(OH)_2$ 作用的机会,起到对外来分子的屏蔽作用。又因 TEDA 是一种碱性较强的有机物质,加在浸渍炭上后,可使其表面的 pH 值增加,从而对活性物质中 Cr^{6+} 的还原有一定的抑制作用。

3. 无铬浸渍炭

由于金属铬对人体的危害,研究人员一直在寻找能代替它的材料。鉴于有机胺在提高浸渍炭防护性能和抗陈化能力方面的卓越效果,在一段时间内曾试图用有机胺代替 Cr,以获得性能优异的无铬型浸渍炭,但未获成功。于是,人们又把目光回到金属盐的作用,力图用效果与 Cr 相当的其他金属来代替 Cr。

早在人们发现 ASC 浸渍炭卓越的防 CNCl 性能之前,对金属盐浸渍效果的大量研究就表明 Mo 或 V 与 Cu、Ag 浸渍的 ASM、ASV 浸渍炭为性能仅次于 ASC 浸渍炭的防护 CNCl 用浸渍炭,并发现添加酒石酸的 ASVT 浸渍炭初始防护能力比 ASMT 浸渍炭高,密封储存时几乎与 ASMT 浸渍炭同样稳定,敞口储存时的稳定性不如 ASMT 和 ASC 浸渍炭。

由于 ASC 浸渍炭的优越性,ASMT、ASVT 浸渍炭曾一度被人们放弃。后来由于人们认识到 Cr 的危害性,及对其导致陈化变质的怀疑,使得研究人员又开始了对 Mo、V 浸渍炭的研究。

1989 年美国 Westvaco 公司用含 Mo 或 V 而不含 Cr 的浸渍炭脱除 CNCl。浸渍液中质量分数:Mo 为 3.9% 或 V 为 2.9%、Cu 为 9.7%、酒石酸为 6.2%、Ag 为 0.04%,干燥温度 177~230℃,然后用 TEDA 浸渍,并在 66~150℃ 干燥。由此制得的浸渍炭性能可与 ASC 浸渍炭相比拟,抗陈化性能也较好。

除 Mo、V 浸渍外,还发现 Zn 是替代 Cr 的较好的金属组分。活性炭用质量分数:Cu 为 6%~8%、Zn 为 6%~8%、Ag 为 0.03%~0.05% 的浸渍液浸渍,干燥温度 100~130℃,然后将其浸入质量分数为 0%~10% 的酒石酸的 TEDA 溶液中。如此制得的 ASZ 浸渍炭初活性低于 ASC 浸渍炭,但陈化不影响防护 CNCl 性能。

由于 ASC 浸渍炭中的 6 价 Cr 对人员的生理损害和致癌作用,美国职业安全和卫生局从 1990 年开始已不再为含 Cr 装填材料的防毒面具签发使用许可证。1990 年初,加拿大和美国分别研制成功了具有良好防护性能的 ASZM - TEDA 型无铬浸渍炭,利用 Zn 和 Mo 作为 Cr 的替代组分。美国在 1995 年制定了滤毒罐和毒气 - 微粒过滤器使用无 Cr 炭的军用标准。

4. 穿透性有毒化学品防护炭

进入 20 世纪 90 年代以来,以全氟异丁烯(PFIB,C_4F_8)为代表的滤毒罐穿透剂又重新引起人们的重视,以加拿大为代表对其防护用的浸渍炭进行了大量研究。因为全氟异丁烯被列入禁止化学武器公约附表 2 化学品,这些有毒化学品没有多少合法的商业用途,有可能被用于化学武器。

由于现有化学防护装备对全氟异丁烯类的含氟化合物防护性能极差,所以全氟异丁烯被称为"炭穿透剂"。加拿大军方研究机构经过多年工作,通过活性炭改性和添加有机胺,研制成功穿透剂防护炭(penetrant protective carbon, PPC)。

6.1.2 固定床吸附装置设计基本要求

固定床吸附装置结构设计的基本要求[1-2]是,在满足防护性能的前提下,装置占有最小的体积和质量。装置的总体结构大致有3种基本形式,如图6.1所示。表6.1提供了这3种形式装置的大概质量比、体积比和阻力比。

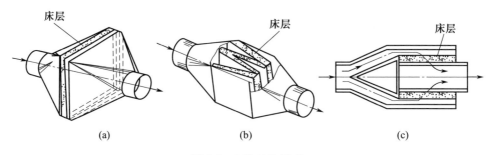

图6.1　3种结构形式

(a)平板床装置;(b)多层床装置;(c)径向流动装置。

表6.1　3种结构形式装置的质量比、体积比及阻力比

滤毒器形式	质量比	体积比	阻力比
平板床	1.1	1.6	1.0
径向流动	1.1	1.6	1.2
多层床	1.0	1.0	1.4

概括起来,对装置结构设计的基本要求如下。

(1)尽可能大的展开面积。在完成了结构参数(床层厚度和比速)的计算后,就要根据所选定的比速,将所需的有效过滤面积在尽可能小的体积中展开。这样便可使装置体积小、质量小。采用W型的多层床是展开过滤面积的有效方案。如采用径向流动的变截面床,可采用多个单元组装的多元床。

(2)便于安装和运输。装置的外形尺寸要考虑能顺利通过防护工程的门孔;应有提手或吊环以利搬抬和起重吊装。必要时,如装置过于笨重,应配有转向小车,以便安装定位时灵活调整距离、转向或移动。

（3）足够的刚度和强度。装置外壳或其他结构件要有足够的刚度和强度。可采用加筋的办法提高薄板的刚度,以免运输、装填过程中遇到的粗糙处理使其变形。主要受力部位(如提手的强度)要进行计算校核。

（4）良好的工艺性。装置的各结构件的设计要充分考虑工艺性,以利于大批量生产。尽量采用冲制件,既可提高生产效率,又可保证加工精度和良好的互换性。在设计中,不但要考虑零部件的工艺性,而且要考虑总装配的工艺性。要充分考虑装配过程的可达性,如固定活性炭的纱布粘贴是否方便、个别部位的螺钉是否便于拧紧、焊接点是否便于焊接等。尽量采用可拆连接,减少密焊。

（5）炭层的均匀性[3,4]。从吸附动力学和希洛夫方程可知,炭层厚度与防毒时间直接有关。炭层薄的部位,阻力减小,比速加大,更加速该部位的提前局部穿透,影响装置的防毒性能。因此,在结构设计中,要从结构上保证炭层的均匀性,并确定炭层厚度的合理公差范围,以便在工艺中予以保证。

（6）气流分布的均匀性。气流分布均匀性是从另一方面保证防毒性能的措施,如在进口或出口加设气流分布结构。对于多层床更要注意这个问题。平板式多层床采用楔形气道较为合理。一般在设计中主要考虑使各部分的流动截面尽量相等。边缘部分由于滞流边界层的影响和扩散器的影响可适当加大流动截面积,以减小摩擦阻力。扩散器的高度和扩散角选择要适当。在气流速度较大时,扩散器高度不够往往造成中央气流速度比边侧大很多,这种情况必须避免。

（7）外壳的致密性。外壳必须具有良好的致密性,以保证储存期内炭-催化剂不受潮;并防止滤毒通风时,在装置环境可能被染毒的情况下,染毒空气经不密合处渗入装置的清洁侧。一般装置的清洁侧处于负压状态,这便是外界染毒空气渗漏的推动力。

6.1.3 固定床吸附装置设计参数计算方法

在研究设计一种新型面具的滤毒罐时,吸着剂层的性能是重要的基本技术指标之一。有了性能良好的吸着剂,还需要设计出理想的装填方案,即要求其阻力、形状、大小、重量等在满足规定的防毒能力指标条件下尽可能小。

现代滤毒罐内的吸着剂层,大多由颗粒状活性炭-催化剂装填而成,对各种蒸气状有毒化学品有全能的吸除作用。滤毒罐可采取层装或套装的形式,层装式的炭层沿气流方向上的截面积不变,套装式的炭层沿气流方向的截面积是改变的。对于很厚的炭层(层厚大于5cm),为了易于固定及各部气流均匀,即使是单一的吸着剂,也应分两层装填。变截面的吸着剂层一般是单层的。

装填的炭层必须稳定、牢固。因为在运输和使用中炭粒会因摇动、震动而移动,甚至互相磨碎成粉,尤其套装式炭层,使用时甚至出现有毒化学品的迅速穿透,从而使面具防毒性能降低或失效。炭层固定的方法,可采用弹簧、孔板及压网等压紧固定,即使当滤毒罐处于直立、横卧等任意状态时,炭层颗粒也不会松动。

炭层的结构形式是与滤毒罐构型及在面具中的位置相关联的。如用导气管与面罩相连的滤毒罐,可采取层装、套装任何一种形式,罐体的形状也可采取椭圆柱形或圆柱形任一形状。而直接连在面罩上的小型滤毒罐,则因受罐体高度限制只能采取层装式。

1. 吸着剂层的设计计算

由于动态吸附过程的复杂性及实际滤毒罐影响因素的多样性,滤毒罐设计的理论计算方法还不成熟,主要是依靠计算-实验方法,即利用经验式结合实验求出动力示性数,再进行计算求得合理方案。

吸着剂层的计算是采用模拟法,它是利用吸着剂材料在动力管试验中取得的数据进行计算的。根据相似原理,要使模型的现象同样品一致。必须满足下述要求:模型同样品几何相似;模型同样品的现象必须是同一类型;可用相同的微分方法表示;测定准数、微分方程内无量纲参数时,模型和样品的开始、边界条件均应相似,即要求以下。

(1)吸着剂、被吸着物、起始浓度、透过浓度、实验温度和压力等在滤毒罐内和在动力管内都是一致的。

(2)热效应和颗粒效应假定很小,而边际效应是一致的。

(3)吸附过程可用等温吸附方程表示,外扩散是吸附过程中的控制阶段。

这样就可按照所要求的技术指标,并根据动力管实验数据,对装填层的参数进行概略地计算。

装填层体积的初步计算,通常是按不同有毒化学品在不同条件下(浓度c_0、

时间 t、流量 q、湿度 φ 等),用规定的吸着剂进行实验得到动力曲线,在此基础上进行计算的。所用有毒化学品常以氯化氰为准,因为它在炭层上的无效厚度比其他有毒化学品都大,而对薄炭层而言无效厚度又是炭层防毒性能的重要影响因素,但对厚炭层而言,饱和吸附量 α_0 则成为主要影响因素,此时氢氰酸的 α_0 又是最小的,故设计厚炭层时则考虑以氢氰酸为代表性有毒化学品。

现对等截面和变截面不同结构形式的装填层计算方法分述于下。

1) 等截面装填层的计算

要计算炭层的体积,必须先确定炭层厚度和气流比速。它们是根据炭层的防毒指标、阻力指标以及所选用的吸着剂的动力学参数决定的。

以某种炭-催化剂为例。考察氯化氰的 $L-t$ 曲线,可得该炭吸着氯化氰的无效厚度 h 与比速 v 关系的经验式,即

$$h = Av^b \tag{6.1}$$

A,b 为常数。

代入 $t_b - L$ 曲线方程式,整理后可得

$$\alpha_0 L - A\alpha_0 v^b - c_0 vt = 0 \tag{6.2}$$

所要设计的炭层防氯化氰的技术指标考察吸着容量和炭层阻力。

根据动力实验条件 L、v、c_0 可测得该炭的防毒时间 t,计算出饱和吸附量 α_0。将 α_0 和 ct 值代入式(6.2)并理后得

$$L = Av^a + Bv \tag{6.3}$$

式中:A、B 为常数。

此式即 ct 值为 $480\text{mg}\cdot\text{min}/\text{L}$ 时的 $L-v$ 关系式。同时测得该炭层的阻力经验式为

$$\Delta p = CLv^b \tag{6.4}$$

b,C 为常数。

将 Δp 代入式(6.4),则得

$$L = \frac{D}{v^b} \tag{6.5}$$

此式是炭装填层的 $L-v$ 关系式。利用式(6.3)、式(6.5)两关系式分别作

出$v-L$两条$L-v$曲线,两线交点即为所选L和v设计参数。对于层装式等截面装填层而言,还要考虑到罐体装填层问题,若比速取之过小,则可能使罐横截面太大而使用不便。所以,可根据曲线另选一组数据。

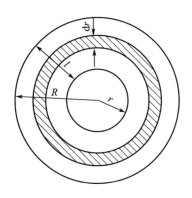

图 6.2　变截面装填层截面示意图

确认比速和层厚两参数后,即可估算层截面S和体积V。考虑各种因素的影响,经过比较实验,才能定出相应的结构尺寸。

2) 变截面装填层的计算

变截面装填层实际就是将炭层面积展开,从而降低对气流的阻力,并充分利用吸着剂的吸着容量。在变截面炭层上,气流比速沿气流方向上变化,其动力学过程变得更为复杂。因此,目前也只是将等截面炭层的动力吸附数据应用到变截面上进行近似地估算。

现以圆柱形变截面炭层为例,如图6.2用R表示炭层的外半径,r表示内半径。在炭层厚度为dx的单元层可看作截面不变的单元层,那么该单元的防毒时间dt若按吸附速度为无限大的希洛夫方程,即为

$$dt = \frac{\alpha_0}{c_0 v_x} dx \tag{6.6}$$

式中:v_x为对应于半径为x截面的气流比速。

因为在单位时间内通过吸着剂层任意表面空气体积相同,即当高度为H时就应有下列关系式,即

$$2\pi R H v_0 = 2\pi R H v_x = 2\pi x H v_x \tag{6.7}$$

那么

第 6 章　染毒空气净化装置

$$v_x = R/x \cdot v_0 = r/x \cdot v_k$$

式中：v_0 为炭层最大表面（外表面）处的比速；v_k 为炭层最小表面（内表面）处的比速。

以 v_0 值或以 v_k 值代替式(6.7)中的 v_x，同时令

$$\frac{\alpha_0}{c_0 v_0} = K_0, \frac{\alpha_0}{c_0 v_k} = K_k \tag{6.8}$$

则可得两个微分方程式为

$$\mathrm{d}t_1 = K_0 \frac{1}{R} x \mathrm{d}x \tag{6.9}$$

$$\mathrm{d}t_2 = K_k \frac{1}{r} x \mathrm{d}x \tag{6.10}$$

式(6.10)符合气流从外向中心流动的情况，而式(6.9)则符合于气流从中心向外流动的情况。

考虑到使滤烟层具有较大的展开面积，在套装结构中滤烟层一般处于炭层之外。那么气流方向应从外向中心通过炭层，即以式(6.8)为基础讨论流动状况。

设 L 层的末端（内层）有一无效厚度 h_k（图 6.2），$h_k = \tau_k/K_k$，在炭层($L-h_k$)静态饱和的情况下，将式(6.8)积分，炭层半径 x 变化于 $x = r + h_k$ 到 $x = R$ 范围之间，积分得

$$t = \int_{r+bx}^{R} \frac{K_0}{R} x \mathrm{d}x = \frac{K_0[R^2 - (r+h_k)^2]}{2R} \tag{6.11}$$

无效厚度可近似地应用等截面炭层无效厚度与比速关系的经验式求取。

h_k 是大于 h 的真实值(h_z)。那么在二级近似情况下求取，即根据图 6.2 所示，按内表面 r 处的 v_k 值算出的无效厚度 h_k 与 $r+h_k$ 处截面的 v_1 值算出的无效厚度 h'_k 取算术平均值，即

$$h_z = \frac{h_k + h'_k}{2} \tag{6.12}$$

或按图 6.3 求其积分均值，即

$$h_z = \int_{v_1}^{v_k} \frac{7.4 \times v^{0.71} \mathrm{d}v}{v_k - v_1} \tag{6.13}$$

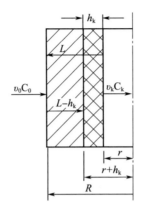

图 6.3 气流由外向中心流动时装填层工作示意图

实际只要求取算术平均值即可满足要求,如图 6.4 所示。

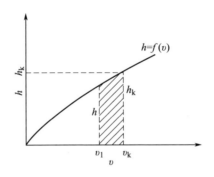

图 6.4 求取办法图解

设在图 6.2 上取变截面装填层中 dx 微分单元层,该层可认为比速为 v_z,则阻力 $d(\Delta p)$ 为

$$d(\Delta p) = 28.2 v_z^{1.08} d_z \tag{6.14}$$

因为 $v_z = v_0 \cdot R/x$,所以

$$d(\Delta p) = 28.2 (R \cdot v_0)^{1.08} \cdot \frac{1}{x^{1.08}} dx \tag{6.15}$$

积分式(6.15),得阻力为

$$\Delta p = \int_r^R 28.2 (R \cdot v_0)^{1.08} \cdot \frac{1}{x^{1.08}} dx = 352.6 (R \cdot v_0)^{1.08} \left(\frac{1}{r^{0.08}} - \frac{1}{R^{0.08}} \right)$$

$$\tag{6.16}$$

利用阻力公式还可在确定 Δp、v_0 和 R 条件下求取 r 值。

6.2 滤烟层及其设计

6.2.1 滤料

把组成滤烟层的、能自气溶胶气流中阻留微粒的物质称为滤烟材料。防护技术上使用纤维状物质为滤料,故称纤维滤料。滤烟层则是用这些材料制成滤烟纸(或纸板),再加工折叠成具有一定空间形状的装置。

研究气溶胶过滤过程的经验表明,过滤材料的化学成分对于毒烟和毒雾的截留没有直接意义,所以,当谈到各种过滤材料时,就没有必要像考虑结构特征那样过多地去考虑其化学成分。

滤尘器和微粒过滤器[5]所用过滤材料大体经历了以下 3 个发展阶段。

1)纤维素 - 石棉纤维过滤纸

纤维素是木材经过蒸煮进行打浆后得到的,属于大分子化合物。纤维素纤维是带状的,长约 1mm,细度(直径)为 15~20μm。其化学稳定性好、柔软且强度较高。石棉是一种能分离得很细的矿物纤维,在过滤纸制造中主要使用蓝石棉,分子式为 $17SiO_2 \cdot 6FeO \cdot 2Fe_2O_3 \cdot 4NaOH \cdot H_2O$。天然石棉是成束存在的,必须经过特殊处理,分散成很细的纤维。在过滤纸中,石棉纤维的细度为 10^{-6} μm 至几微米。在过滤纸中起过滤作用的主要是石棉纤维,其含量占 15% 左右。纤维素是极粗的纤维,在过滤纸中主要起骨架作用。在粗纤维骨架上由短而细的石棉纤维组成网络,使过滤纸成为多孔结构。如 20 世纪五六十年代大量使用的过滤纸都属于这类纤维素 - 石棉纤维过滤纸。由于石棉有致癌作用,这种过滤纸现已被淘汰。

2)玻璃纤维 - 棉纤维过滤纸

在玻璃纤维工业发展的初期,由于技术水平的限制,还不能根据需要制备各种直径的品种,曾经采用玻璃纤维与棉纤维制成高效过滤纸。棉纤维所占比例不超过 10%,如 20 世纪七八十年代的过滤纸。

3)多组分全玻璃纤维

过滤纸随着玻璃纤维工业的发展和工艺进步,已能生产不同细度的玻璃纤维品种,采用多组分纤维可以制造出不同性能的过滤纸,其过滤效率可达99.9999%,而且对空气流阻力低、强度高;还可根据需求,通过加入特种试剂和特殊处理,制造出具有增强、防水、防霉、抑菌或耐火功能的高效过滤纸。

滤膜滤纸是一种化学微孔滤膜,有极高的捕集效率和表面集尘率,因而常用来作测定滤纸捕集效率的标准滤纸,也用来过滤放射性灰尘。据称国外已用于防护装备。

6.2.2 滤料选择应考虑的主要问题

滤烟纸中网眼的形状和大小各不相同,因此研究纤维堆积的实际情况是很困难的。所以,经常把它当成一个多孔体,近似地用孔隙度这个参数表示其多孔性。

滤烟纸中纤维间的总孔隙体积(孔道的总体积)与纸的体积之比称为滤烟纸的孔隙度,以 v_K 表示。设一定大小的纸板体积为 V,其中纤维的体积为 W,则孔隙度为

$$v_K = \frac{V-W}{V} = 1 - \frac{W}{V} \tag{6.17}$$

设一定大小纸板中纤维的质量为 G(即纸板质量),则纤维的总体积 $W = G/\rho$;滤烟纸板的体积 $V = G/\Delta$。符号 ρ、Δ 分别为纤维和纸板的密度,单位为 g/cm^3。所以

$$\frac{W}{V} = \frac{\Delta}{\rho}$$

则

$$v_K = 1 - \frac{\Delta}{\rho} \tag{6.18}$$

可见孔隙度随滤烟纸板的密度减小而增加。一般滤烟纸的孔隙度为 0.7~0.8,这比活性炭的空隙度(约 0.37)大得多。滤烟纸的多孔性能可使气溶胶气流顺利通过,并靠各种效应使微粒在通过过程中与纤维表面接触,沉积在表面上达到过滤的目的。

6.2.3 滤烟层设计参数计算

气溶胶和蒸气是两种不同的物态,其物理特性和运动特性也不完全相同,

所以它们穿透滤烟层和炭装填层的特点也各异。实验证明,当气溶胶通过任何一种滤烟层时,均发生瞬时穿透,且穿透浓度一般不随时间增长。如果透过滤烟层的有毒化学品气溶胶浓度很小,且在最低伤害浓度以下,这种穿透是没有危险的。因此,如果滤烟层能将气溶胶的初始浓度降到最低伤害浓度以下,滤烟层即为有效,可以达到安全防护的目的。通常滤烟层的防护性能,就用气溶胶初始浓度降低的程度——穿透率(K)来表示。

根据 K 值计算公式,可以确定滤烟层为防御某种有害气溶胶所应有的穿透率,同样也可以判断具有某一穿透率的滤烟层对某种有害气溶胶的防御可靠性。

滤烟层的穿透率不随起始浓度变化,但并不是说滤烟层的防护性能与之无关。在穿透率不变的情况下,c_0 越高,c_b 将随之增高,c_b 超过允许浓度时,滤烟层将失去防护的可靠性。

1. 表示滤烟层性能的两个参数

防毒面具滤烟层性能的标志不单是防毒性能,它与其他过滤装备不同,在满足防毒要求的同时,还必须满足呼吸阻力的要求;否则防毒性能优越的滤烟层也无法在面具中使用。因此,滤烟层性能的优劣应由穿透率和阻力两个参数来衡量。

1) 穿透率和阻力

实验发现,滤烟材料(层)的厚度与气溶胶穿透率及气流阻力有图 6.5 所示的曲线关系。

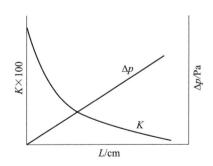

图 6.5 滤烟层厚度与穿透率及阻力的关系

由图 6.5 可见,穿透率随厚度增加呈指数下降,符合以下关系式:

$$K = e^{-k_1 L} \tag{6.19}$$

式中：K 为穿透率(%)；L 为滤烟层厚度(cm)；k_1 为与滤烟层纤维结构、气溶胶性质、气流速度等有关的常数。

滤烟层的阻力 Δp 随厚度增加而呈直线上升，应符合以下关系式，即

$$\Delta p = A_1 L \tag{6.20}$$

式中：A_1 为与滤烟层纤维结构、气流速度及空气黏度有关的常数。

有人用概率的数学理论解释过滤过程，进一步推导出式(6.21)和式(6.22)的函数关系，即

$$K = e^{-\frac{1}{\sigma\lambda}\left(\xi\frac{b}{\lambda} + \frac{A}{\sqrt{bu\lambda}}\right)\cdot L} \tag{6.21}$$

$$\Delta p = B \cdot \eta \frac{u}{\alpha^2 \left(\frac{\rho}{\Delta - \lambda}\right)^2} \cdot L \tag{6.22}$$

式中：λ 为滤烟材料纤维间空隙的宽度(cm)；b 为气溶胶微粒的直径(cm)；u 为气流速度(cm/s)；α 为纤维直径(cm)；η 为空气黏度，ρ 为纤维密度(g/cm³)；Δ 为滤烟层密度(g/cm³)；A、B、ξ、σ 均为常数。

由式(6.21)和式(6.22)也可看出，影响滤烟层穿透率和阻力的因素是极其复杂的。除使用条件方面的因素（流速等）外，气溶胶性质、纤维直径、纤维密度、滤烟层密度、厚度等同时对之有影响。

2) 纤维材料对 K 和 Δp 的影响

纤维材料的直径对 K 和 Δp 均有很大关系。虽然在式(6.21)中没有明显地给出其具体影响，但在常数 A 中却包含着这个因素，在单根纤维效率一节已做了讨论。定性地说，纤维越细，通过滤烟层的气流被分割得越细，则微粒与纤维接触的概率越大，穿透率也就越小。据此，目前许多滤烟材料中常加入一些分散极细的石棉纤维，石棉纤维可以分散得很细，半径可达十分之几到百分之几微米，最细可达 0.0002μm 左右。又由式(6.22)看出，滤烟层的阻力与纤维直径的平方成反比。因此，单纯用这种超细纤维制得的滤烟层对气流的阻力特别大，以至不能使用。所以，经常是用木质纤维素或其他有机纤维与石棉纤维混合以解决阻力与穿透率之间的矛盾。实验证明，加入少量的石棉纤维可大大改善穿透率而对阻力影响不大。表 6.2 给出了滤烟材料中石棉含量对穿透率和

阻力影响的数据,气流比速为 0.05L/(cm² · min)。纤维长度对 K 和 Δp 均无显著影响,长纤维还可提高滤烟纸的机械强度。

表 6.2 石棉含量对 K 及 Δp 的影响

石棉含量×100	滤烟纸厚度/mm	Δp/Pa	$K \times 100$
3	0.8	50	0.2
4	0.9	60	0.05
6	0.8	70	0.005
7	0.8	90	0.002
9	0.8	120	0.000005

3) 滤烟层(纸)与 K 及 Δp 的关系

滤烟层(纸)中纤维之间的空隙对 K 及 Δp 均有影响,空隙宽度又决定于滤烟纸的密度 Δ,即单位体积内纤维材料的质量,如在工艺条件相同的情况下,用 94% 的丝光棉纤维、6% 的石棉纤维,制得厚度为 1.3mm 而密度不同的滤烟纸片,测定它们的 K 和 Δp 值,所得数据见表 6.3 和图 6.6 中。

表 6.3 不同密度滤烟纸的 K 及 Δp 值

Δ/(g/cm³)	$K \times 100$	Δp/Pa
0.40	0.008	120
0.50	0.0006	190

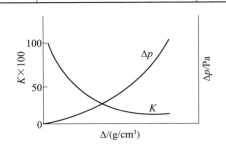

图 6.6 滤烟层密度与 K 及 Δp 的关系曲线

以上实验结果说明,密度增大时,K 及 Δp 呈相反的影响,前者急剧下降而后者则迅速上升。密度增大就意味着纤维间空隙宽度减小,这对扩散、惯性及截留效应均有利。式(6.21)的指数项中,$\xi \cdot b/\lambda$ 为惯性沉积概率;$A/(bu\lambda)^{\frac{1}{2}}$ 为扩散沉积概率。前一项中惯性沉积与空隙宽度 λ 成反比,特别对于较大粒子,沉积概率增加更快;后一项中扩散沉积概率与空隙宽度 $\lambda^{\frac{1}{2}}$ 成反比,特别是对于小粒子在低流速下,扩散沉积概率增加更快,这些均与前节所述过滤机理相一致。

密度对阻力的影响正相反,Δ 越大,Δp 急剧上升,当 Δ 趋于纤维密度 ρ 时,Δp 将趋于无穷大(见式(6.22))。故依靠增加 Δ 来降低 K 是要受到限制的,故在选材及生产中应全面衡量。

2. 评价滤烟材料性能的 α 值

一种滤烟材料性能的优劣,应由上述 K 及 Δp 两个参数来衡量。滤烟材料厚度不同测得 K 及 Δp 的数值也不同,前者随厚度增加呈指数下降而后者呈直线增加。为了全面评价滤烟材料而消除厚度的影响,而引用一个参数 α。

由式(6.21)并消除 K 的%号则有

$$K = e^{-K_1 L} \times 100$$

两边取倒数,即

$$\frac{1}{K} = \frac{1}{100} \cdot e^{K_1 L}$$

$$\frac{100}{K} = e^{K_1 L}$$

两边取对数,即

$$2 + \lg \frac{1}{K} = K_1 \cdot L \cdot \lg e = K_2 L \tag{6.23}$$

$$K_2 = K_1 \cdot \lg e$$

由式(6.20)和式(6.23)得

$$\frac{\left(2 + \lg \frac{1}{K}\right)}{\Delta p} = \frac{K_2}{A_1}$$

令

$$\frac{K_2}{A_1} = \alpha$$

则

$$\alpha = \frac{1}{\Delta p}\left(2 + \lg \frac{1}{K}\right) \tag{6.24}$$

推导中看出消除了厚度因素,α 值与材料厚度无关,即说明同一材料在任何厚度下所测量得到的 K、Δp 按式(6.24)计算得 α 值均相同,这就便于选材比较。α 值越大,滤烟材料性能越好。由公式可看出,只有 Δp 和 K 值减小时才能保证有较大的 α 值。使用 α 值评价材料就排除了厚度因素。

影响滤烟材料穿透率及阻力的因素是复杂的,且对二者的改善是相互矛盾的,即为了提高某项指标,就不得不对另一指标做出一些牺牲。尽管如此,还是可以找到一些提高滤烟材料性能的共同因素,总括起来有以下几方面。

(1) 在研究和寻找滤烟材料时,要注意纤维的细度。

(2) 在滤烟材料的制备工艺上,应注意纤维的充分分散和均匀分布。

(3) 在滤烟层形式结构设计时,应设法在有限空间内尽可能得到大的展开面积。

α 值是过滤纸性能的重要指标。在实际工作中对各种过滤纸可以用在标准过滤速度 $u=1\text{cm/s}$,即比速 $v=0.06\text{L/(min·cm}^2)$ 下的穿透率(K)和阻力(Δp)计算其 α 值以进行比较。因为在决定滤尘性能的诸因素中,滤料的 α 值起决定性作用。因此,也对滤料提出了以下要求。

(1) 高的抗张强度。滤料的抗张强度越高,则制成滤尘器或微粒过滤器后,滤烟层本身的抗冲击波强度越高,也可减少折叠过程中对滤料的损伤,提高半成品合格率。

(2) 良好的次级过程特性。滤料在液态气溶胶微粒长时间通过后,其透过系数的增长和阻力的上升速度要比较缓慢,抗张强度的下降也不太剧烈。

(3) 较小的厚度。滤料厚度越小,可以减小滤烟层的体积和过滤器的外形尺寸。

(4) 性价比高,质量稳定。

3. 滤速的计算

1) 过滤部件的设计输入

在过滤部件的设计中,设计输入是过滤部件的额定风量、初阻力和过滤效率或油雾透过系数。

2) 滤速的计算程序

在一般滤速下,由于滤料纤维之间空气的流动处于滞流区,故阻力与滤速的关系是线性的。因此,知道滤料在滤速 $u_{标准}$ 为 1cm/s 或比速为 $0.06\text{L/(min·cm}^2)$、$36\text{m}^3/(\text{h·m}^2)$ 时的阻力,就容易计算出各种滤速下的阻力,即

$$\Delta p_x = \Delta p_{标准} \frac{u_x}{u_{标准}} \qquad (6.25)$$

式中:Δp_x 为在给定的滤速 u_x 下待定的滤层阻力(Pa);$\Delta p_{标准}$ 为标准阻力,即在滤速为 1cm/s 时的滤层阻力(Pa);u_x 为在额定风量下的滤速(cm/s),$u_{标准}$ 为 1cm/s。

一般纤维滤料对最易穿透粒子(0.1~0.5μm)的穿透率(K)与滤速(u)的关系,可用下面的经验式表达,即

$$-\lg K = \frac{\alpha \Delta p_{标准}}{\sqrt{u}} \qquad (6.26)$$

式中:α 为在标准条件下($u_{标准}$ = 1cm/s)用实验方法求得的滤料的过滤作用系数,也可根据滤料技术规范给出的技术指标计算而得。

式(6.26)表明,在一定滤速范围,$-\lg K$ 与 $\sqrt{u}$ 的乘积保持常数。

当清洁的过滤器的给定阻力(Δp_0)和透过系数(K_0)确定后,则线性滤速按下式求出,即

$$u_0 = \left[\frac{\alpha \Delta p_0}{-2(\lg K_0 - 0.7)} \right]^{\frac{2}{3}} \qquad (6.27)$$

3)计算有效过滤面积

有效过滤面积按下式计算,即

$$S_{有效} = \frac{Q}{v} \cdot \frac{1}{600} \qquad (6.28)$$

式中:$S_{有效}$ 为有效过滤面积,即扣除分隔板或周边涂胶所占去的面积后的过滤面积(m^2);Q 为额定风量(m^3/h);v 为设计比速(L/(min·cm^2))。

由于分隔板、周边密封等占去一部分面积,即所谓无效面积,一般占总面积的 10% ~ 15%,则滤料总面积为

$$S_{总} = (1.11 \sim 1.17) S_{有效}$$

6.2.4 滤烟层构型

现代面具中几乎所有的滤烟层均用滤烟纸做成,而且大多数滤烟层的特征是具有"展开式"的表面。滤烟层的结构形式是多种多样的,它主要决定于滤烟

材料和滤烟纸的性能。此外,在很大程度上还决定于滤毒罐的构造和放置滤烟层的容积。在实际应用中多采取以下构型。

(1) 手风琴式滤烟层(图6.7(a))。其顶点和底层以外的中间各层是两两相连的,周边由厚纸垫分开,共18层,过滤面积693 cm^2。特点是装填简单,但使用中易变形,使有效过滤面积变小。

另一种手风琴形式的结构如图6.7(b)所示,为大型罐所采用,共13折,有效过滤面积为1500~1600 cm^2。显然,其展开面积大,但占有空间体积也大。这种结构也被称为平行折叠式。

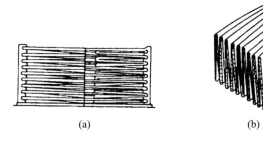

图6.7 手风琴式滤烟层结构示意图

(2) 同心圆式滤烟层。此种形式适合于小型滤毒罐(盒),其展开面积大,特别是有效过滤面积较大,所占体积小,气流阻力小。在某些外军面具中得到了应用,如美M-9、M-11滤毒罐均为此种形式。这种结构要求使用有弹性而热稳定的黏性材料加工制作,如图6.8所示。我国小型罐滤烟层结构类似于此种形式,除上述优点外,其加工成型也比较容易。

(3) 星式滤烟层。图6.9所示为两种星式结构的示意图,这种结构有很大的展开面积,且有效利用率高,阻力也较小。但折叠复杂,给生产带来麻烦。

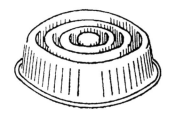

图6.8 同心圆式滤烟层结构示意图

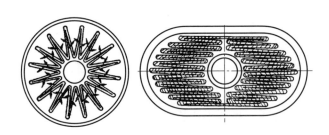

图 6.9　星式滤烟层结构示意图

（4）套装式滤烟层（图 6.10）。为了得到较大的展开面积,不仅将其套在装填层外面,同时还将滤烟纸折成波纹状,其有效过滤面积可达 700cm^2。这种结构也被称为圆筒式或灯笼式。

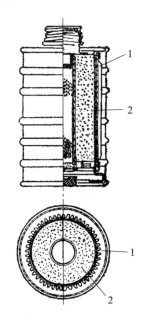

图 6.10　套装式滤烟层结构示意图

1—滤烟层；2—炭层。

不难得出,对过滤部件结构设计的基本要求有以下几点。

（1）尽可能大的展开面积。即要求在一定的体积条件下,尽可能地将过滤面积展开。过滤器空间的利用程度用 γ 表示,其定义是滤料工作部分所占的体积与过滤器总体积之比,即

$$\gamma = \frac{S_{\text{有效}} L_0}{V_c} \quad (6.29)$$

式中:γ 为过滤器空间的利用程度;$S_{\text{有效}}$ 为有效过滤面积(m^2);L_0 为滤料的厚度(m);V_c 为过滤器所占有的总体积(m^3)。

γ 越大,则所设计的过滤器结构对滤料和空间的利用程度越高。

(2)有足够的刚度、强度和滤料挺度。壳体及有关受力部位的刚度和强度应予以考虑,可用滚筋的方法以增强外壳的刚度。必须使滤料达到一定的挺度,以免在通风时气流的作用下滤料贴在一起减小有效过滤面积。可利用垫片或其他分隔器将滤料撑起,形成稳定的气道。

(3)气流分布均匀。在结构设计时,要注意使滤料工作面积上的滤速分布均匀。

(4)结构阻力小。除滤料阻力以外的流体阻力都是结构阻力,要选择适当的深度和气道高度、阵面宽度,以将结构阻力降低到最小程度。

无论哪种构型,均要求所占空间体积小、过滤面积大,有利于降低比速。在制作工艺装配中均要求细致,防止滤烟纸破损,对接头、边缘均用胶密封;否则会使优质材料、良好结构完全失效。

上面与气溶胶过滤设备设计相关的结构设计对其过滤性能的影响如何,将决定其具体的结构。下面就以过滤器为例,分析结构对过滤性能的影响及其优化设计。

6.2.5 滤烟层结构要求与设计原则

1. 对滤烟层结构的要求

对于装有吸着剂层和滤烟层的滤毒罐进行设计时,一般先要计算滤烟层。这是因为滤烟层所要分担的气流阻力占滤毒罐阻力的 1/3~1/2,其所占容积也较大,有的可占总容积的 1/3~1/2。

1)对滤烟层的基本要求

在对面具所提出的战术技术要求的基础上,还进一步对滤烟层提出 3 个基本要求。

(1)滤烟层在最不利条件下(即烟雾分散度对应于选择曲线上的最大值),

应具有不大于所要求的穿透率。

（2）滤烟层对气流阻力应尽可能小。

（3）滤烟层所占体积应尽可能小。

2）对滤烟层的设计要求

为达到以上要求，除了选择或新研制优良的滤烟材料外，在设计滤烟层时应尽量满足以下要求。

（1）滤烟层的展开面积应尽量大，这样可同时满足穿透率和阻力的要求，但也必须考虑其所占体积只能在规定范围之内，且越小越好。

（2）必须保证最有效地使用滤烟层的展开表面。实验发现，由于滤烟层结构的影响，以及存在有滤烟层上胶黏密封部位，总有3%～10%的表面没有被利用。有的滤烟层由于滤烟纸折叠不够合理，各折间隔空隙很小，使10%～15%的表面未被利用。最有效地利用滤烟层的过滤表面，关键在于结构合理。由此看来，选择合适的滤烟层的结构形式是很重要的。

关于滤烟层的构型已在前面做了介绍，此处不再赘述。

2. 滤烟层的设计原则

滤烟层的设计包括以下各部分内容：选择过滤材料，计算其基本参数，滤烟层的结构设计、装填位置及其制造工艺等。这些问题综合统一考虑得出的结果才可能是最合理的，使穿透率、阻力和体积均较小的设计方案。

目前在设计中还缺乏在选材及设计计算上的实用理论公式，只是参考已有滤烟层的构型，结合性能实验和某些经验公式进行的。滤烟层的设计计算是根据所选定的滤烟材料来确定滤烟层的装填方案（即确定厚度、面积和体积尺寸等）。现仅就一些经验公式来讨论选用滤烟纸及用以设计出的滤烟层方案质量的评价，从而估计设计质量找出改进方向。

（1）滤烟材料的选择。滤烟材料的特性以穿透率、阻力、厚度及力学性能（强度、挠度）来表示。好的过滤材料应有较大的 α 值和良好的力学性能。6.2 节已给出参数 α 水平值与 K 和 Δp 的关系式。Δp、K 越小，则 α 水平值越大，滤烟材料的质量越好。

因此，可将拟选用的材料在同一标准比速下的 K、Δp 值计算出 α 进行评比，选出 α 值较大者。同时还要要求材料厚度较小，以便缩小滤烟层总体积。在同

第 6 章　染毒空气净化装置

一体积下薄的材料又可获得更大展开面积。

材料的机械强度要求是为减少工艺过程中的损伤,避免变形、贴台,保证滤烟层制成后的质量。

(2) 基本参数的确定。有了优良的材料(设 α 值很大)还不一定必然得到最优良的滤烟层。材料如何装填在罐中、呈何种形式展开,对滤烟层性能具有重要意义。

在考虑滤烟层的基本参数时,首先要确定滤烟层展开面积的大小。这需要根据所选定的滤烟材料的性能和对滤烟层穿透率及阻力的要求进行计算。通常先按要求在穿透率及阻力对气流比速曲线上确定比速,再根据中等劳动强度的肺活量来计算展开面积。考虑到滤烟层在工艺制造上的接头、边缝的黏合将占去一些面积,为 10%~15%,这样实际面积应比计算值要大些。所制得滤烟层将具有与材料相同的指标。若要使制得的滤烟层阻力小于材料阻力,则需增大其展开面积。

根据一定流量下滤烟层展开面积越大比速越小的原理,穿透率和阻力均将随之减小。在规定的容积内,滤烟层可能展开的程度,除受结构限制外,还直接取决于材料厚度 L_0。对于一个结构合理的滤烟层,可概略地认为滤烟层展开面积 S_c 与材料厚度 L_0 成反比关系,即

$$S_c \propto \frac{1}{L_0} \tag{6.30}$$

此外,在一定体积中滤烟层的穿透率 K_c 和阻力 Δp_c 与材料的穿透率 K_0、阻力 Δp_0 及 L_0 的关系为

$$K_c \propto K_0 L_0 \tag{6.31}$$

$$\Delta p_c \propto \Delta p_0 L_0 \tag{6.32}$$

滤烟层材料的 $K_c \Delta p_c$ 小,则所得到的滤烟层的 K_c 和 Δp_0 也小。对一定 K_0 的材料而言,厚度 L_0 小,则一定体积中展开面积大,气流比速就小,因而 K_0 和 Δp_0 也就更小。

滤烟层参数 β 为

$$\beta = \frac{1}{\Delta p_0}\left(2 + \lg \frac{1}{K_c}\right) \tag{6.33}$$

将式(6.33)、式(6.34)代入式(6.35),可得

$$\beta = \frac{1}{\Delta p_0 L_0}\left(2 + \lg\frac{1}{K_c L_0}\right) \tag{6.34}$$

式(6.36)说明,同等 α 值的滤烟材料,做成结构不同的滤烟层,其 β 值是不同的。β 值越大,标志着该材料制得的滤烟层结构性能越好,K_c 及 Δp_0 均小,所以 β 可用来评比滤烟层性能。

还应指出,对体积一定的滤烟层,由于 L_0 增大其穿透率呈指数下降;而由于 L_0 增大使展开面积减小导致比速的增大则是正比直线关系,远不如前者显著。因此,总地来说 L_0 增大时 K_c 还是减小的。

滤烟层设计的优劣还要看 L_0、$S_{有效}$ 及滤烟层总体积 V_c(即在滤毒罐中所占容积)的关系是否合理,也就是利用率 γ 值越大,说明材料在结构设计中利用率越高。在满足 β 值的前提下 γ 值越大越好。

所以,在研究结构设计时必须力求最大的 γ 值,即要保证过滤纸折叠或叠放时各折之间有足够的空隙。空隙的大小取决于多种因素,如折纹深度、空隙截面形状、材料的起绒性及其硬度等。空隙的大小一般通过实验,即在一定比速下比较检查滤烟材料和滤烟层两者的阻力来判定。后者阻力超过前者太多则说明空隙太小有贴合之处。可用有色烟雾通过滤烟层,然后拆开观察染色部位确定气流不易通过的贴合之处,并对结构进行改进,如改变材料硬度、改变折叠形式或在贴合部位加衬垫等措施加以克服。此处还应注意,整个过滤表面上气流分布的均匀性,这需要在反复实验的基础上,调节折叠形式和滤烟层周围空间大小、形状以及合理使用节流板等方法解决。

综上所述,利用参数 α、β、γ 来分析和评价不同材料和滤烟层的性能和设计质量。α 确定滤烟材料质量,β 确定做成滤烟层的质量并可找出适当厚度来满足既定要求。最后利用 γ 值评价设计形式的质量。总之需经反复实验、综合、分析和比较,才能确定一个优良的滤烟层设计方案。

6.3 过滤与吸收装置整体结构设计

防毒面具和用于空气过滤处理的各型过滤器的技术指标,以及人员的防护训练和作业环境中的防护措施,都是根据实际可能遇到的有毒有害物质及其危

害形式决定的。也就是说,只有当防护的物质基础和运用原则,同遇到的危险情况相对应时,化学防护才是有效的。

防毒面具是个人专用防护装备中最重要的组成部分,有毒有害环境中通过呼吸道中毒最迅速,引起伤害的剂量也小。这就要求防毒面具在正确佩戴的条件下,在各种有毒有害情况下均能保护人员的呼吸道、眼、耳及头面部皮肤不受各类有毒有害物质的伤害;同时还要求尽量减少对动作的影响。由此对面具提出了许多具体要求,而其中主要的有以下几个。

(1)必须有足够的防毒能力,这是最主要的要求。

(2)在任何作业条件下,必须具有使用可靠性。

(3)要求轻便、使用方便、能迅速佩戴,不妨碍人员的作业动作,对生理影响小。

(4)在储存、运输或洗消后不改变性能,便于维修和更换滤毒元件。

上述要求均应有具体数量上的指标,从而组成对整个面具及其单个部件的技术要求。必须随着化学工业的不断发展及其危害形式的变化,并根据最新科学技术的发展和生产工艺的更新,正确地确定对防毒面具的各项要求。

6.3.1 过滤与吸收装置总体方案

滤毒罐是防毒面具的最重要部件之一。依靠它的作用滤除有毒蒸气或气溶胶微粒,供人员吸入清洁空气。无论哪种形式的过滤式防毒面具,其滤毒罐或过滤元件均由滤烟层和吸着剂层组成。

1. 防毒性能的要求

面具的防毒性能包括滤毒部分和面罩材料的防毒能力及面具的气密性。

(1)防毒能力。对防毒面具防毒能力的要求是,应能防御各种状态及可能浓度的任何毒物、放射性物质及致病性气溶胶,即应具有防毒的全能性,并要有足够长时间的防毒能力。

对于蒸气(气体)状的有毒化学品,对其防毒时间提出了要求。有毒烟雾属于气溶胶,对其过滤效率提出了要求。致病性气溶胶是指液态或干燥的微生物配剂形成的气溶胶状。这种致病性气溶胶是由悬浮在空气中的配剂的极小微粒组成的,大小接近于毒烟微粒,对过滤有意义的仍是这些微粒的大小和质量。

对穿透率的要求只要能满足防毒烟和放射性气溶胶即可,但也有人认为应更小。这是考虑到病毒致病的最低剂量以及某些细菌的传染性极高而制定的标准,如鼠疫只要吸入几个细菌就能发生传染疫病。但这种情况目前还缺乏足够的实验资料证实。

(2) 面具的气密性,这是有关面具防护可靠性的问题之一。对面具气密性的要求同样与化学武器的发展有关,由于剧毒性有毒化学品的发展和短时间内造成致死浓度的使用手段,致使对面具的气密性要求不断提高,只要有微漏气就能造成杀伤力,因而对其气密性提出了更高的要求。

(3) 防有毒化学品液滴性能。防毒面具的面罩和导气管等橡胶材料必须有一定防液滴渗透性能。尤其是罩体与面部皮肤紧贴的部位,一旦透毒危险性更大。所以,面具对液滴状态有毒化学品的最小防毒时间不应小于皮肤防护装备。

2. 防护因数

佩戴防毒面具的防护可靠性,可用防护因数(PF)这一指标来表示。防护因数就是在使用条件下染毒空气中毒物浓度(面具外)c_0,除以戴面具时吸入空气中的毒物浓度(面具内)c_i的值。面具中吸入空气中的毒物浓度由两部分组成:一是面具不气密处漏入;二是滤烟层固有特性造成的透过(未能全部捕集的毒气)部分。

每次吸气吸入的毒物量为

$$I \cdot c_i = c_0(I - L)(1 - \eta) + c_0 L$$

式中:I 为每次呼吸的吸气量(mL);L 为每次吸气的漏气量(mL)(除经滤毒罐以外的不密合部位漏入);c_0 为面具外染毒空气浓度(mg/L);c_i 为面具内有毒化学品浓度(mg/L);η 为滤烟层捕集效率(%)。

若把漏气率 $K_M(\%)$ 定义为 $K_M = L/I \times 100$ 时,防护因数(PF)可用下式表示,即

$$PF = \frac{c_0}{c_i} = \frac{1}{1 - \eta + \eta \cdot K_M} \qquad (6.35)$$

当然,PF 值越大,说明面具可靠性越高。为求 PF,要分别测定过滤元件(罐)效率 η 与漏气率 K_M,计算而得,或直接测定 c_i、c_0 计算 PF。对不使用过滤元件的氧气面具和导管式供气面具,显然 $\eta = 100\%$,PF 与 $K_M(\%)$ 关系为

$$PF = \frac{c_0}{c_i} = 100/K_M \qquad (6.36)$$

第 6 章 染毒空气净化装置

此时防护因数是漏气率的倒数。

对特种作业中使用的有正压供气的面具,PF 一般较大,即可靠性很高。表 6.4 给出了各种类型面具的防护因数值。目前国外按标准生产的各种面具,均以统一标准注明其防护因数,此处 c_0 可作为面具的最大使用浓度(MUC),c_i 则为有毒物的阈值(TLV),即

$$PF = \frac{MUC}{TLV}$$

表 6.4 按标准生产的各种面具的防护因数

防面具类型	代表型号	PF 值
防尘口罩(盒)	脱脂纱布 16 层口罩	5
防电焊烟雾口罩(滤烟/滤毒盒)	3M 8512	10
高效微粒过滤口罩(滤烟/滤毒盒)	3M 9001V	10
高效微粒过滤面具(高效滤尘/滤毒罐)	3M 6200	50
滤毒口罩(盒)	3M 9042	10
全面罩滤毒罐	海固 HG800	50
带动力滤毒罐(全面罩)	唐人电动送风式防毒面具	1000
高效滤尘/滤毒罐(全面罩)带动力	新华 MF29 电动送风半面罩	1000
增压定量供气、全面罩面具	新华长管送风全面罩面具	2000
隔绝式氧气面罩	A10 氧气面具面罩部分(美军第二次世界大战飞行员半面罩面具)	50
隔绝式生氧面具	ZYX45 隔绝式压缩氧自救器	10000
增压供气和隔绝生氧辅助备用呼吸器	德尔格 PSSBG4 闭路式正压氧气呼吸器	10000

PF 值既可作为设计的依据、表明装备性能,又便于根据情况选用。无论是军事上还是化学事故应急中均有实用价值。

6.3.2 滤毒罐的研究设计步骤

过滤式防毒面具中的滤毒部分,尽管其材料和结构形式各有不同,但其设计步骤基本上是一致的。

1. 滤毒罐总体方案的确定

滤毒罐要根据总体结构设计确定。

(1) 带导管或轻便型。

(2) 防蒸气有毒化学品的装填层采用的吸着剂及装填方式。

(3) 根据滤毒罐形式、装填方式和滤烟材料特点,确定滤烟层设计方案。

2. 滤烟层及装填层的设计计算

(1) 滤烟层过滤面积和装填层的设计计算,其计算见滤烟层设计计算。

(2) 滤毒罐阻力的计算,首先分别计算滤烟层和装填层的阻力。滤烟层的阻力是根据滤烟材料的阻力和滤烟层展开面积等得出的,即

$$\Delta p_c = \frac{\Delta p_0 \cdot q}{v_0 \cdot S_c} \quad (6.37)$$

式中:Δp_c 为滤烟层的阻力(Pa);Δp_0 为滤烟材料的阻力(Pa);v_0 为气流比速(L/(min·cm^2));q 为气流流量(L/min);S_c 为滤烟层的过滤面积(cm^2)。

应考虑到滤烟层的有效过滤面积仅为其展开面积的 85% ~ 90%。

装填层的阻力按 6.2 节有关公式计算。最后应考虑到滤毒罐的实际阻力要比上述计算的总和值高 10% ~ 20%,这是因为实际滤毒罐中还有许多部件,如固定压紧装置、防尘滤纸或毡、挡气板以及进出口等零部件都会使阻力增大。如果最终阻力超过要求,则需分析原因,重新进行方案设计。

3. 计算滤毒罐基本尺寸

有了上述基本数据,再根据滤毒罐在面具上的部位,进一步考虑罐体的基本结构、形状及各部位尺寸。

4. 模型样品的设计和制作

按照设计和概略计算结果进行样品设计,应注意以下几点。

(1) 选择合适的罐体及零部件材料,并保证具有一定的机械强度。如钢板或镁铝合金;也可用塑料代替金属,但需具备一定强度,良好的高、低温性能,并有足够的防毒能力。

(2) 罐内气流分布要均匀,在装填层与滤烟层之间及进出口,均需保持一定间距或采取措施,使气流分布均匀。

(3) 消除罐壁边际效应的不良影响,可采取(对层装)拱形压网、罐壁纤维衬垫等措施;也可用(对套装)内外多孔圆筒上各保留一无孔段以避免漏毒。

(4) 保证吸着剂层压紧和固定。

(5) 滤烟层接缝密封,固定要牢固。

5. 模型样品的检验评价

至少应通过下列项目的检验评价。

（1）在各种气流速度下测定实际阻力。

（2）在各种可能的使用条件下测定对有毒化学品的防毒能力。

（3）分析炭层有无失效不均匀情况（可采用 X 射线法、分层指示法及微量样品光谱法等）。

（4）测定滤烟层的穿透率。

（5）用有色烟测定滤烟层的有效工作面积。

（6）检查滤烟层的稳定性，通常用高浓度油雾法，增湿再烘干后测阻力、穿透率的变化。

（7）撞击、坠落、振荡后测定防毒能力、阻力及穿透率。

6. 做出评价结论并提出改进方案

根据实验发现问题，做出全面评价结论，并针对发现的问题提出改进方案直至完善。

6.3.3 模型样品的评价

对有毒化学品蒸气的滤除依靠滤毒罐中的炭装填层。其防毒性能通常是用防毒能力（t）或吸着容量（m）来表示，它们是评定滤毒罐质量的重要示性数。在不同使用条件下并非总是定数，由各种因素的影响而发生变化。然而评价用的示性数都是在相同实验条件下得出的，选定这些实验条件是十分重要的。

1. 滤毒罐（过滤元件）对有毒化学品蒸气防毒能力的评价方法

1）评价实验的标准条件

根据常见情况和传统做法，各国规定了评价实验的标准条件。多数国家均以氯化氰为主要评价有毒化学品，有的还对氢氰酸、砷化氢、光气等有毒化学品的防毒能力进行评价。在美国除沿用氯化苦以外，还用 DMMP（甲基磷酸二甲酯）作为沙林的模拟剂进行评价。

决定防毒能力的实验条件，除有毒化学品种类外，还有有毒化学品浓度、气流量、温度、湿度以及达到终点时有毒化学品的透出量（或透出浓度）等。各国对以上条件都有规定。表 6.5 列出了一些国家进行滤毒罐（过滤元件）防毒能力评定时的标准实验条件。当然在研制过程中还要根据需要进行不同条件的防毒性能实验。

值得提出的是,使用中气流随呼吸呈脉动式通过滤毒罐,即为间歇气流。使用间歇气流实验,可以模拟人的呼吸状况,然而由于通过气流的瞬间速率加大,引起吸毒量下降。另外,这种方法将会使得实验时间延长并带来某些困难,不利于对滤毒罐的评价。仅有少数国家规定这种方法为标准条件。

表6.5　一些国家评价实验的标准条件

国别	有毒化学品	流量/(L/min)	有毒化学品浓度/(mg/L)	温度/℃	湿度×100	透出浓度/(mg/L)
苏联	氢氰酸	45	3~5	25	50~75	
	氯化氰	45	3	25	50~75	
	砷化氢	90	10	25	50~0	
美国	DMMP	25(元件)	3	75°F	≥15	0.04mg/m³
	氯化氰	25(间歇)	4	70~90°F	80~80	
	氯化苦	32(间歇)	50	70~90°F	80~80	8mg/m³
英国	氯化氰	30	1.5		80~80	
挪威	氯化氰	30	3.0		80~80	

评价滤毒罐防毒能力的实验装置如图6.11所示。在规定的条件下将含有一定浓度的染毒空气流通过滤毒罐,用化学或色谱方法指示、测定有毒化学品透过滤毒罐的时间。从通入有毒化学品蒸气的时间开始到透出为止的这段时间(min),即为滤毒罐的防毒能力。

有毒化学品装于舟形瓶5或钢瓶6内,一定量的清洁干燥空气通过舟形瓶,带走液面上方的有毒化学品蒸气,在混合器4中与另一股经净化具有一定湿度的气流混合,造成一定浓度的染毒气流,并按要求流量通入滤毒罐,流出尾气中的一部分取样检测浓度、确定终点,大部分尾气进入吸收罐后排入通风柜。

有毒化学品透出浓度的检测有两种方法:一种是精确测定瞬时透出浓度值,并以此判断终点;另一种是采用化学指示法,以颜色变化指示终点。前者定量结果准确,随检测手段的发展,可以用仪器控制和连续记录透出浓度,后者简便、直观。实际上,指示瓶中吸收的有毒化学品量是一个累积值,变色时,气流中有毒化学品浓度小于该值。故要求选择指示剂要灵敏度高,指示剂变色时有

第 6 章 染毒空气净化装置

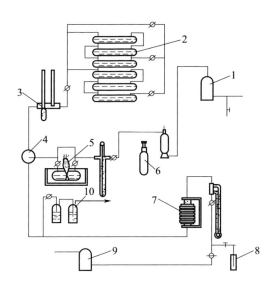

图 6.11 滤毒罐防毒能力测定仪

1—净化干燥塔；2—湿度调节器；3—干湿球温度计；4—混合器；
5—舟形瓶；6—有毒化学品钢瓶；7—滤毒罐；8—透出浓度测定瓶；9—尾气吸收罐；10—吸收瓶。

毒化学品瞬时浓度应小于对人员的最低伤害浓度。

2）对高毒性易吸附有毒化学品蒸气的防毒能力的评价实验

滤毒罐对高毒性易吸附有毒化学品的防毒能力的评价实验，不仅可验证动力管模拟条件实验的结果和理论计算结果，同时还可确定罐体结构及其装配的可靠性。因为对高毒性有毒化学品的防御中，要求罐体结构高度致密，不允许局部微量有毒化学品的渗透，用 DMMP 或苯蒸气的实验能获得相应的结论。

实验中，初始浓度比一般条件下的浓度高几倍，目的是缩短实验时间。透出浓度的控制，应以安全标准为依据。各国规定的允许剂量（安全标准）均以 mg·min/L 为单位（表 6.6）。在实验过程中测定透出有毒化学品浓度较易控制。可根据规定的剂量标准通过动力学（Wheeler）方程计算出透出浓度。

表 6.6 蒸气的允许剂量

国别	允许剂量/(mg·min/L)	始用年代
苏联	0.001	1962 年
美国	0.0001~0.005	1962 年

在实际实验中对防毒能力高的滤毒罐,也可采用连续测定透过浓度方法,用 $\sum c\Delta t$ 来直接控制透出剂量。透过浓度的测定方法要求灵敏度高。

3) 对氢氰酸和氯化氰防毒能力的评价实验

滤毒罐对这类有毒化学品的防毒能力要低得多,尤其是受潮或陈化后,对氯化氰防毒能力大幅度下降。因此,对新设计的滤毒罐必须考察它对这类有毒化学品的性能。滤毒罐增湿后性能试验,是将滤毒罐在恒定温度下,通入恒定相对湿度的空气直至增湿平衡,再进行防氯化氰评价实验。陈化后性能试验是将滤毒罐在湿热条件下加速陈化后再测定防氯化氰能力进行评价。

2. 滤毒罐对蒸气的防毒能力

1) 对难挥发性有毒化学品的防毒能力

难挥发性有毒化学品是靠吸附原理被滤除的。有毒化学品的物理、化学性质不同,被吸附的有毒化学品量也各异。这类有毒化学品蒸气使大气染毒的特点是作用时间较长、浓度较低且变化不大,即使在夏季也是如此。在不同条件下,如爆炸和泄漏两种情况下的浓度就大不相同。即使在同一种情况下,由于人员所处位置和气候条件不同,可能进入滤毒罐的浓度也会相差很大。

2) 对易挥发性有毒化学品的防毒能力

易挥发性有毒化学品的特点:能在突然、集中、大量条件下造成高浓度,对厚度不大的装填层极易穿透,但浓度不能长时间维持,变化较大。经验证明,以平均浓度所测得的防毒能力,实际上能代表在浓度由高到低变化条件下的防毒能力。为了进一步说明浓度对防毒性能的影响,用苏联 BCCMO-4 滤毒罐进行实验的结果列于表 6.7 中。由表中数据可看出以下几点。

(1) 滤毒罐对暂时性有毒化学品的防毒能力随有毒化学品浓度的增大而减小。在相当宽的浓度范围内,可用经验式(6.38)表达防毒能力与有毒化学品浓度关系,即

$$t = \frac{A}{c_0^n} \tag{6.38}$$

式中:t 为防毒能力(min);c_0 为有毒化学品浓度(mg/L);A 为常数;n 为有毒化学品参数,在 0.7~1.2 之间变化。

对难吸附有毒化学品及可催化吸收的有毒化学品,为 0.7~0.9。

第 6 章　染毒空气净化装置

表 6.7　有毒化学品浓度变化下的滤毒罐防毒性能

有毒化学品浓度 /(mg/L)	光气		氢氰酸		氯化氰	
	t/min	m/g	t/min	m/g	t/min	m/g
1	1570	63	275	11	150	6
5	190	39	54	11	40	8
10	80	32	26	11	25	10
50	16	32	5	10	5	10

在近似计算时,该参数 n 可取 1。此时只要知道某一有毒化学品在某一浓度时的防毒能力,便可计算另一浓度的防毒能力。从式(6.38)知

$$A = t_1 \cdot c_1 = t_2 \cdot c_2 = t_3 \cdot c_3 = \cdots = t_i \cdot c_i$$

例如,根据表 6.7 在 $c_1 = 5$ 时 $t_1 = 54$(氢氰酸),那么 $c_2 = 10$ 时计算得 $t_2 = 270/10 = 27$,表 6.7 中实验值为 26,与结果是极相近的。

概括地讲,易吸附有毒化学品及氢氰酸浓度对防毒能力的影响,一般是浓度增大 1 倍,防毒能力减小一半;对难吸附有毒化学品,则浓度增加 1 倍,防毒能力减少一半还多。对于炭层薄的轻型面具,这种影响更大,可能发生瞬时穿透现象。

(2) 有毒化学品浓度对吸着容量的影响,不如对防毒能力的影响那样大。这从表 6.7 中的数字可以明显看出。氢氰酸的吸着容量实际与浓度无关。浓度改变 50 倍而吸着容量几乎不变。氯化氰的吸着容量随浓度变化也不大。但在较低浓度时氯化氰等靠催化作用吸收的有毒化学品,随浓度减小吸着容量有所降低。这是因为低浓度下长时间通入气流会使炭层受潮、催化剂吸湿中毒所致,同时热效应降低也减缓了催化反应的进行。

浓度对光气的吸着容量的影响却相反,随着浓度降低其吸着容量反而增大。这是因为长时间吸收低浓度光气时,炭层同时吸湿受潮,使光气的水解条件变得有利的结果。

此外,砷化氢的浓度很高时,由于吸着的热效应很大将使炭层烧毁。而磷化氢在较低浓度时也能发生烧毁炭层的现象。

3) 湿度的影响

炭层湿度和空气湿度对防毒能力的影响是不同的,其中炭层湿度影响较严

重。这是由于空气中水汽使炭层达到吸湿平衡是比较慢的,只有长期使用面具时,空气湿度才对滤毒罐炭层产生影响。此时炭层的湿度将与空气平均湿度平衡。

炭层湿度对防毒能力的影响随有毒化学品种类不同而异。靠物理吸附的易吸附有毒化学品,将排挤掉被炭层吸附的水蒸气,即使炭层已严重受潮,对防毒能力也影响不大。而对难吸附有毒化学品则不同,光气、氢氰酸等靠化学吸着的有毒化学品,由于炭层吸着的水加速了有毒化学品水解或化学反应,从而提高了防毒能力。只有靠催化作用而吸收的有毒化学品如氯化氰、砷化氢,防毒能力随受潮程度而明显降低。现代防毒面具,均注意改进了增湿条件下的氯化氰防毒能力,然而炭层受潮陈化后仍使其防毒能力下降,因此,对研究设计出的新型面具进行抗陈化性能的评价,并不断改善抗陈化性能十分必要。

4) 温度的影响

温度对防毒能力的影响也是比较复杂的,不仅是对不同种类的有毒化学品效果各异,同时与湿度的影响又相互交错。当空气温度改变时,相对湿度和绝对湿度均发生变化,因而使用面具时滤毒罐炭层的湿度也发生了变化;同时由于吸收过程或有毒化学品分解引起的热效应,也会使炭层湿度随之改变。这都会影响到面具的防毒能力。

对于靠吸附作用滤除的有毒化学品,防毒能力随温度的降低而增大。很明显,这是由于温度低时吸附能力增大之故。因此,滤毒罐对这类有毒化学品的防毒能力,冬季要比夏季高,有时可达几倍。

对于靠化学或催化作用吸着的有毒化学品,则情况比较复杂,因为总是有物理吸附同时发生。如光气,在炭层干燥时主要靠物理吸附,随着温度的升高其防毒能力下降。若炭层已吸湿受潮,温度升高有利于水解反应,防毒能力反而增大。又如氢氰酸在温度较高时主要靠化学吸着,当温度降至小于0℃时,则物理吸附起主要作用,而在某一温度时二者均较弱,形成吸着容量的最低点;当温度对两种作用影响相当时,可能出现吸着容量不随温度变化的现象。

氯化氰主要靠催化作用吸收,其吸着容量将随温度降低而下降。但当温度进一步降低时,因物理吸附的增强而有所增加。

5) 呼吸量的影响

呼吸量是指每分钟的吸气总量(L/min),此量是随人员的工作强度而改变的。人员在染毒空气中使用面具时,其防毒能力将随呼吸量而改变。多次实验证明,对各种有毒化学品的防毒能力均随呼吸量的增大而减小。对催化作用吸收的有毒化学品影响尤甚。

炭层的防毒能力与呼吸量 V 的关系为

$$t = \frac{B}{V^n} \tag{6.39}$$

式中:B 和 n 对每种有毒化学品为常数,B 是实验数据,n 的变动范围在 $1\sim1.8$ 之间。

可见对难吸附有毒化学品而言,呼吸量增大1倍,防毒能力减少一半还多。劳动强度对呼吸量有直接影响,进入滤毒罐的气流量是随劳动强度的增大而增加的。因此,在毒区内使用面具时,应尽量降低劳动强度,减缓呼吸;平时训练时要求习惯于深长缓慢呼吸,都是为了最大限度地减少这一不利因素的影响。

6) 间歇使用滤毒罐的影响

滤毒罐的使用如果不是连续的,而是用一段时间停一段时间的间歇使用,此时可能引起有毒化学品在炭层内的重新分布,使得炭层的防毒性能得以局部恢复,从而延长了防毒能力。通常把这种间歇称为滤毒罐的"休息"现象。然而这种间歇使用,对某些有毒化学品所产生的重新分布现象,可能导致有毒化学品的吹出和穿透炭层,这是比较危险的。

(1) 滤毒罐的"休息"现象。根据有毒化学品被炭层吸收的原理不同,"休息"产生的原因和结果也各异。

对于靠吸附作用滤除的有毒化学品,炭层先接触有毒化学品的正面上首先达到饱和,每个颗粒上又首先是外层表面部分先饱和。在此情况下,间歇期间有毒化学品的重新分布有两种可能:一是按颗粒容积重新分布,即从外部向颗粒内部未饱和部位转移;二是按炭层厚度重新分布,即从正面饱和层向后部未饱和层转移。这两种情况均有利于"休息"后的再次使用。

对于靠化学或催化作用滤除的有毒化学品,吸着剂表面常被作用生成物所覆盖,影响了与有毒化学品的连续作用。"休息"后,这些表面生成物部分或全部分解成气体逸出(二氧化碳、氯化氢、氨等),使炭层防毒能力得到恢复。例如,原苏军 MO-4Y 型滤毒罐防氢氰酸失效后,放置15天再通入氢氰酸,防毒能力增大 1/3。显然,这是由于氰化铜的分解和生成氰酸的水解所致。如果生成稳定的固态表面化合物,则不存在"休息"现象。

(2) 有毒化学品在装填层上被吹出现象。难吸附有毒化学品在炭层上的重新分布(只籍吸附作用时)与易吸附有毒化学品状况不同,它主要沿炭层厚度向相邻各层吸附较少或尚未吸附各层上转移。转移过程中破坏了吸附平衡,发生有毒化学品由颗粒上的解吸,最后完成在整个炭层上的重新分布。炭层失效程度越高、温度越高,这种重新分布越加速。再次使用时气流吹过也加速这一过程,此时重新分布的有毒化学品可能被气流吹出,炭层后边出现有毒化学品的穿透。如果有毒化学品的毒性极高,使用部分失效的面具就可能使人员中毒。因此,这种重新分布与吹出是极为有害的。

克服和防止这种吹出的措施,一是尽量利用性能良好、吸附量大的吸附剂;二是尽量利用化学吸着及催化作用使之不再解吸。使温度较高(大于0℃)时吸着的氢氰酸和氯化氰等有毒化学品的吹出减至最小程度。只在低温(小于0℃)时靠物理吸附的少量有毒化学品在间歇时进行化学变化,失去重新分布的可能性。但若"休息"时间很短,尤在温度较高时再用时有毒化学品将被吹出。因此,尽管采取了许多措施,这种影响仍难完全消除。根本的解决办法是视情况及时更换使用过的滤毒罐,避免危险的发生。

7) 滤毒罐对放射性气体和蒸气的防毒性能

随着核武器的出现,产生了放射性物质杀伤人员的危险。为了估计放射性物质杀伤的危险性,首先要弄清使空气遭受放射性气体或蒸气沾染的核爆炸产物的成分。

根据文献,铀235裂变时,短期内便可形成半衰期不等(由十分之几秒到几年)的 34 种不同元素的 200 个放射性核素。核爆炸形成的大量爆炸物质中,就有放射性稀有气体,以及放射性碘、溴及其挥发性化合物等。其中放射性稀有气体对空气的直接沾染,是由氙和氪的生命期短的核素决定的,这些核素约占裂变产物的45%,而放射性核素则是 β 射线或 $\beta-\alpha$ 射线的辐射源。如小当量核爆炸后,氙和氪 1min 的总和放射强度为 5.18×10^{20} Bq。

虽然过滤式面具的炭层吸附放射性惰性气体是极其困难的,但不需要考虑对人员呼吸器官的防护问题。这是因为在核爆炸后,这些稀有气体的主要部分迅速上升到大气的上层,只有较少的一部分留在接近地面的下层。利用小动物实验的结果证明,吸入放射性强度为 $3.7 \times 10^{14} Bq/L$ 的放射性氪和氙是无危险的。

核爆炸后除放射性稀有气体外,大气中还有碘和溴的放射性核素及其挥发性化合物,挥发性很大的放射性碘(^{131}I)的化合物之一是碘甲烷($CH_3^{131}I$),很易被炭层吸附而后分解。

目前使用易挥发放射性物质沾染大气的可能性极小,核反应堆中产生的可用于合成挥发性放射性物质的人工放射性核素很少。实际上只有 ^{32}P、^{122}Sb 和 ^{124}Sb 是有实际意义的。而即使是能产生挥发性最强的 ^{32}P(如 $^{32}PH_3$),吸入 $185Bq/L^1$ 的 ^{32}P 是无危险的。可见,现代军用过滤式防毒面具可以有效地防御这类物质。

3. 滤毒罐对有害气溶胶的防毒性能及其评价方法

滤毒罐对有害气溶胶(毒烟、毒雾、放射性气溶胶以及细菌和病毒的配剂微粒)的防御是靠滤烟层,而其防毒性能的示性数要用穿透率来表示,前面已进行讨论。根据气溶胶的穿透率与时间无关的特点,即穿透率与面具的使用时间无关。同时考虑到滤烟层不可能将气溶胶百分之百地阻留,而总是有一些透过。因此,防毒面具也只是要求有害气溶胶的透过浓度降到最低伤害浓度以下,即可达到防护的目的。

1)滤毒罐对有害气溶胶的防毒性能及其影响因素

我国生产的几种面具对有害气溶胶的穿透率虽有差别,但均能满足防护要求。因为它们的透过浓度均小于毒烟、毒雾和放射性气溶胶等的最小允许浓度。

前面已讨论过决定滤烟层穿透率的因素之一是滤烟层本身的质量,如纤维的细度、滤烟层的厚度与密度等。但是对于具有一定 K 值,也就是一个既定质量的滤烟层,在面具使用情况下,其防毒性能将受以下因素的影响。

(1)气溶胶浓度的影响。如前所述 K 值在气溶胶浓度很宽的范围内,不决定于起始浓度,但绝不能由此得出结论,气溶胶浓度对面具滤烟层的防毒性能无关。因为滤烟层后的透过浓度是随起始浓度的增大而增大的,虽然它们的比值 K 保持不变,然而透过浓度是不允许超过最低伤害浓度的。所以,必须了解各种气溶胶的可能浓度。同时,当最大允许浓度确定(c_b = 常数)时,起始浓度与滤烟层穿透率成正比。K 越小则在滤烟层后产生一定毒害效果所需的起始浓度就越大。

（2）气溶胶微粒的影响。纤维滤烟层对透过的气溶胶微粒的大小是有选择性的，即很大的和很小的微粒均能较好地被阻留住，而中等大小的（如 0.1~0.2μm）微粒，最易穿透滤烟层。所以，目前检验滤烟层过滤效率所用的气溶胶微粒大小就选择在 0.1~0.2μm 之间，这样就会使滤烟层经受最严格条件的考验。

微粒的物态（固态或液态）对防毒性能也有关系，纤维滤烟层的选择性也表现在对烟和雾阻留的差别上。实验证明，烟比雾更易被阻留，且随时间的增长或在高浓度下对烟的防毒性能有所提高。这种现象可以用"植晶枝现象"来解释。相反在过滤毒雾时又由所谓凝并现象而使防毒性能下降。

（3）气流比速的影响。一个确定的滤烟层，当通过的气流速度增大时，其穿透率随之增大。同时阻力也随之增大。因此，在使用面具时采用缓慢深长的呼吸，避免浅短、急促的呼吸（即降低流速）对降低吸气阻力和提高过滤效率都是有益的。流速与穿透率及阻力的关系见图 6.12。

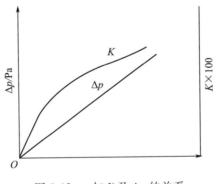

图 6.12　v 与 K 及 Δp 的关系

（4）空气温度的影响。空气温度对穿透率的影响很小。虽然随着温度的增高，微粒的布朗运动加剧，扩散系数增加，穿透率减小。同时，当温度升高时，有毒化学品微粒蒸发，其蒸气将被炭层吸收，使得总的穿透率是下降的。但是在对使用面具有实际意义的温度范围内，这种变化和影响可忽略不计。

（5）湿度的影响。空气中的湿度对滤烟层的性能影响不大，即使因空气潮湿而使滤烟层吸湿时，其穿透率最多增大 2~3 倍（即数量级不变）。若将其烘干后基本上能恢复到原始水平。然而如果滤烟层被水浸湿，即使晾干穿透率也

第 6 章 染毒空气净化装置

将急剧增加(增大 200～300 倍),使之完全不能使用。这是由于滤烟层结构被破坏、纤维成束的结果。因此,在使用及训练中严禁滤毒罐进水。

2)滤毒罐对有害气溶胶的防毒性能的评价方法

(1)油雾法。我国多年来采用油雾法测定穿透率。方法是将中性油经油雾发生炉分散成油雾微粒,与清洁空气混合造成一定浓度的气溶胶,通入滤毒罐,用浊度仪来分析过滤前后的油雾浓度,得出二者比值的百分数即穿透率。仪器装置示意图见图 6.13。

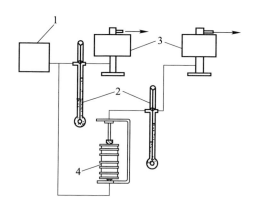

图 6.13 油雾法检验仪装置示意图
1—油雾发生器;2—流量计;3—浊度计;4—滤毒罐。

油雾分散度和浓度的测定都采用专用的浊度计。油雾浓度利用散射光测量。对于一定粒子大小的气溶胶散射光强度随单位体积内粒子数的增加而增大。散射光强度又可以通过测入射光强度的减弱来表示,按 $I = I_0 e^{-\tau L}$,式中 τ 称为浊度。浊度仪就是利用这种性质,比较分散度相同而浓度不同的两种气溶胶的散射光强度。当其中一种气溶胶浓度为已知时,即可计算另一种气溶胶的浓度。

由于空气分子和仪器本身均能引起极弱的光散射,因此应对测得的数值进行校正。

(2)钠焰法。英国等欧洲国家多采用此法。这是用氯化钠气溶胶以火焰光度计进行分析测定的方法。氯化钠气溶胶是将 1%～2% 的氯化钠水溶液用超声(或其他机械)喷雾器使之雾化,并以热空气吹过使水分蒸发,造成固态微粒气溶胶,微粒大小在 0.01～1.7μm 之间。使过滤前后气溶胶通过计量仪,氯化钠颗粒量与产生钠焰的亮度成正比,通过光电管、感光仪等显示微粒数量,从而计算出穿透率。仪器装置示意图见图 6.14。

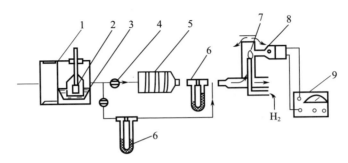

图 6.14 钠焰法检验仪装置示意图

1—加热器；2—烟雾和折流板；3—盐溶液；4—阀门；5—滤毒罐；
6—流量计；7—氢火焰；8—光电管；9—读数仪。

（3）DOP 法。这是美国用来测定穿透率的方法。DOP 法是将磷苯二甲酸二辛酯液体用导热型气溶胶发生器产生雾状气溶胶。气溶胶颗粒是用蒸气流和骤冷空气的温度差调节的。样品通过颗粒大小计量仪，观察光束的极化程度以确定微粒大小。所发生的气溶胶是单分散的，其微粒直径为 0.3 μm。比较滤毒罐前后的气溶胶浓度测得穿透率。

上述 3 种方法是检验防毒面具滤毒罐滤烟性能普遍采用的。这些方法也在环境工程中采用，以测定过滤器效率。3 种方法各有特点，其比较如表 6.8 所列。

有人利用国内外数据对上述 3 种方法进行了估计，若对高效过滤器进行测定时，其下限效率为 DOP 法 0.9991，则相当于钠焰法 0.9993，或相当于油雾法 0.9995，DOP 法效率低于钠焰法，而油雾法又高于钠焰法。

表 6.8 穿透率测定方法的比较

名称	实验气溶胶		原始浓度 (mg/m^3)	测定方法及可测效率
	形态	粒径分布		
油雾法	液态、雾	接近单分散，大部分 0.2～0.34 μm 平均质量中值直径 0.31 μm	2500	光散射法，浊度计测定 ≤99.99999%
钠焰法	固态、烟	多分散，0.07～1.7 μm，质量中值直径 0.45～0.6 μm	3～5	钠焰光度法，粒子计数器测定 ≤99.999%
DOP 法	液态、雾（热发生）	单分散，质量中值径 0.3 μm 占 85% 以上	100	光散射法，粒子计数器测定 ≤99.9999%

6.4 光催化反应器

6.4.1 光催化过程原理[53]

光催化反应是在光和催化剂同时作用下所进行的化学反应。1972 年，A. Fujishima 和 K. Honda 在 N 型半导体 TiO_2 电极上发现了水的光电催化分解作用。以此为契机，开始了多相催化研究的新纪元。以 20 世纪 70 年代世界范围内的能源危机为背景，前期研究大多限于太阳能的转换和储存（光解水制氢）。但由于光催化剂较低的量子效率和催化活性，这一研究仍未取得太大的进展。20 世纪 90 年代以来，TiO_2 多相光催化在环境保护领域内以及气相有机、无机污染物的光催化去除方面取得了较大进展，被认为是一种极具前途的环境污染深度净化技术。光催化环境净化技术目前开展的主要研究工作包括：探索反应机制，设计、制造新型光源和反应器，鉴定中间产物及最终降解产物，合成新型载体及光催化剂或对其进行修饰，探索光催化技术与其他技术的耦合[6]。

多相光催化反应是一种将气体中的有机物分解、矿化的先进氧化技术。通过紫外光对半导体（具有代表性的是 TiO_2，紫外光的波长小于 385nm）进行光照，当入射光能超过禁带宽度时，TiO_2 价带上的电子被激发，越过禁带进入导带，在价带上产生空穴－电子对。电子和空穴与吸附的水和氧反应生成各种强氧化性的物质，主要是活性氢氧基。这些活性物质进一步将水和空气中的有机物氧化成 CO_2 和水。

光催化的反应过程如下。

光催化反应的基元反应步骤如下（图 6.15）。

（1）TiO_2 受光子激发后产生载流子－光生电子、空穴。

（2）载流子之间发生复合反应，并以热或光能的形式将能量释放。

（3）由价带空穴诱发氧化反应。

（4）由导带电子诱发还原反应。

（5）发生进一步的热反应或催化反应（如水解或与活性含氧物种反应）。

（6）捕获导带电子生成 Ti^{+3}。

（7）捕获价带空穴生成 Titanol 基团。

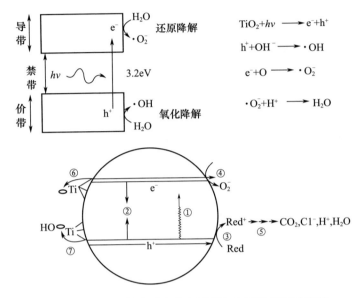

图 6.15　TiO_2 光催化反应基本原理和主要基元反应步骤

这些过程已为激光脉冲光解实验所证实,并给出了每一步的特征时间（图 6.16）。

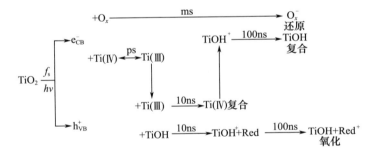

图 6.16　TiO_2 催化基元反应步骤的特征时间

6.4.2　光催化反应动力学

光催化反应属于多相反应,具有一般多相反应的特征,反应步骤多,通常可分为反应物向催化剂表面的传质和吸附、表面反应、反应产物的脱附及传质等。

一般地,将有机物光催化降解的动力学方程写为

第 6 章　染毒空气净化装置

$$r = \frac{dc}{dt} = K'(I)^n \theta_{O_2} \theta_{OH^-} P_{or} \tag{6.40}$$

式中：K' 为光催化反应速率常数，与温度有关；I 为光强；n 为常数（在一定条件下）；θ_{O_2}、θ_{OH^-} 为氧分子和 OH^- 在 TiO_2 催化剂表面上的覆盖度；P_{or} 为吸附的有机物与 OH^- 发生反应的概率。

影响光催化降解动力学的因素除了初始浓度、氧浓度外，还有许多其他因素，如光强、温度等。下面以界面吸附为基础推导有机物光催化降解动力学方程。

氧在 TiO_2 催化剂表面上的吸附行为在不考虑竞争吸附的情况下，遵从 Langmuir 吸附模型，即

$$\theta_{O_2} = \frac{K_{O_2}[O_2]}{1 + K_{O_2}[O_2]} \tag{6.41}$$

式中：K_{O_2} 为氧分子的吸附平衡常数；$[O_2]$ 为氧分子的平衡吸附浓度。

在光催化反应进行的过程中，OH^- 的吸附方程可写为

$$\theta_{OH^-} = \frac{K_{OH^-}[OH^-]}{1 + K_{OH^-}[OH^-] + \sum K_i c_i + K_{or}[or]} \tag{6.42}$$

式中：K_{OH^-}、K_i 为 OH^- 和中间产物的吸附平衡常数；$[OH^-]$——OH^- 的吸附平衡浓度；K_{or}——有机物的吸附平衡常数；$[or]$——有机物的平衡吸附浓度；c_i——中间产物的浓度。

有机物与 OH^- 的反应概率由下式表示，即

$$P_{or} = \frac{[or]_s}{[or]_b} K_{or}[or][OH] \tag{6.43}$$

式中：$[or]_s$、$[or]_b$ 为有机物在催化剂表面上和气相本体中的浓度。

显然，P_{or} 同 $[or]_s$ 与 $[or]_b$ 的比值有关，考虑了吸附的有机物和气相中的有机物发生反应的情况。

将式(6.41)至式(6.43)代入式(6.40)，有

$$r = K'(I)^n \frac{K_{O_2}[O_2]}{1 + K_{O_2}[O_2]} \times \frac{K_{OH^-}[OH^-]^2}{1 + K_{OH^-}[OH^-] + \sum K_i c_i + K_{or}[or]} \times \frac{[or]_s}{[or]_b} K_{or}[or]$$

$$\tag{6.44}$$

一般地,有

$$K_{OH^-}[OH^-] \leqslant 1, \frac{[or]_s}{[or]_b} \approx 1$$

同时在实际操作过程中,如使光强和 O_2 的量保持不变,则式(6.44)可写为

$$r = K'' \frac{K_{or}[OH^-]^2}{1 + \sum K_i c_i + K_{or}[or]}[or] \qquad (6.45)$$

也可以采取一定的实验措施使 $[OH^-]$ 保持恒定,再将 $[or]$ 改写为 c, K_{or} 改写为 K_a,因此有

$$r = K_r \frac{K_a c}{1 + \sum K_i c_i + K_a c} \qquad (6.46)$$

如果分析只考虑初始浓度,则 $\sum K_i c_i = 0$, $c = c_0$,式(6.46)可以简化为

$$r_0 = -\frac{dc}{dt}\bigg|_{t=0} = K_r \frac{K_a c_0}{1 + K_a c_0} \qquad (6.47)$$

式中:c_0 为有机物初始浓度。

这就是光催化动力学常用的 L–H 方程。该方程是建立在界面吸附基础之上的,并忽略了中间产物的影响。

整理式(6.47)得

$$\frac{1}{r_0} = \frac{1}{K_r K_a} \times \frac{1}{c_0} + \frac{1}{K_r} \qquad (6.48)$$

式(6.48)是 L–H 方程的另一种形式,r_0 与 c_0 呈线性关系。但是,在光催化降解有机物反应中,很难获得初始反应速率(r_0)的准确数值,采用一般的动力学方法测得的数值往往相差较大,各实验室所获得的数据之间也难以比较。

对式(6.46)积分,有

$$t = \frac{1 + \sum K_i c_i}{K_r K_b}\left[\ln\frac{c_0}{c} + \frac{K_a(c_0 - c)}{1 + \sum K_i c_i}\right] \qquad (6.49)$$

设降解反应的半衰期为 $t_{1/2}$,当 $t = t_{1/2}$,式(6.49)可写为

$$t_{1/2} = \frac{c_0}{2K_r} + \frac{\ln 2}{K_r K_a} + \frac{\ln 2 \sum K_i c_i}{K_r c_0} \qquad (6.50)$$

如果反应物的浓度较低,中间产物迅速离开催化剂表面可予以忽略,则有

第 6 章 染毒空气净化装置

$$t_{1/2} = \frac{c_0}{2K_r} + \frac{\ln 2}{K_r K_a} \quad (6.51)$$

由式(6.51)可知,$t_{1/2}$ 与 c_0 之间也存在线性关系。同初始速率相比,半衰期的测定比较容易些,实验结果的重现性也要好些。

6.4.3 光催化反应器种类

当前在文献中报道的用于气相污染物净化的实验室光催化反应器的种类按催化剂的存在状态可以分为镀膜催化剂反应器(如将 TiO_2 光催化剂涂抹在反应器内壁、光纤材料和灯管壁上面)和填充床式光催化反应器(在反应器内填充 TiO_2 颗粒或者上面覆盖有 TiO_2 膜的硅胶、γ 氧化铝、石英砂、玻璃珠等)[7-10]。

1. 镀膜催化剂反应器

这类反应器的催化剂主要是以膜的形式存在,如将 TiO_2 光催化剂涂抹在反应器的内外壁、灯管壁、不锈钢片、发泡镍、玻璃或玻璃布、光导纤维材料等上面,催化剂膜在紫外光的照射下,将吸附在膜表面的污染物降解、矿化。它最大的特点就是不需要对催化剂进行分离,但是反应容易受到传质的限制。

1)将 TiO_2 涂在不同材料上面作为催化剂的反应器

有研究者将 TiO_2 涂在钠钙玻璃上制得 $0.4\mu m$ 的 TiO_2 薄膜,然后将玻璃固定在反应器底部,在紫外光的照射下,对有机污染物进行降解;也有研究者将 TiO_2 涂抹到玻璃纤维布上制得膜,然后放到圆柱形批量反应器里进行三氯乙烯的降解,研究水蒸气在光催化反应中的作用。

2)在石英管上、反应器内外壁上涂膜的反应器

Hong Fei Lin 等在石英管上涂膜,光源在外面照射。Kuo-Hua Wang 等使用传统环形反应器,通过化学气相沉积法在环形反应器内壁制得 TiO_2 膜,光源固定在反应器中间。Ajay K. Ray 等设计了一种多重中空管反应器,它是由 54 只中空石英管组成,每只管外面覆盖一层催化剂膜,所有的管均匀分布,光源在一端照射,通过石英管中间将光传到催化剂,气流从管间缝隙流过,在石英管表面催化剂作用下,将污染物降解(图 6.17)。它的特点是增加了接触面积,且在气体里分布均匀,减少了在光催化反应中的传质限制,容易放大。但缺点是不能得到一致的光照,在石英管的远端光照不足,造成活性远段较低。如果在中

空管内放入极细的灯管就会解决这一问题,与灯管反应器相比,可使灯管更耐久。A lexan - dre 等设计了盘管式反应器用于降解气态二乙硫。该反应器在硼硅酸管内壁涂上催化剂膜,在盘管中心和外面都装上光源,好处是催化剂的两面都能得到光的照射。通过选择盘管长度,可以改变反应停留时间,提高反应率。反应器结构如图 6.18 所示。

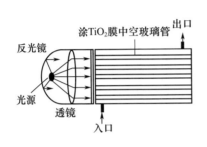

图 6.17　多重中空管反应器　　　图 6.18　盘管式光催化反应器

3) 灯管反应器

这类反应器是将催化剂涂在灯管的外壁,直接在灯管壁上进行光催化反应。这类反应器的光催化剂活性高,由于它的光能得到充分利用,与其他反应器相比,更节省光能,降低操作成本。但它的不足就是投资成本高,光管不耐久。K. Ray 设计了一种新型反应器,选择 21 只特细的 U 形灯管,在灯管表面涂上催化剂膜,将其浸在液体里面,对污染物进行降解。其光降解效率比传统的环形反应器高 695%,比悬浮式光催化反应器高 260%,比集成中空管高 60%。其反应器结构如图 6.19 所示。

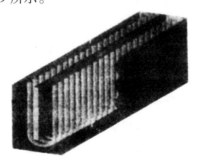

图 6.19　U 形灯管式光催化反应器

第 6 章 染毒空气净化装置

4）光导纤维反应器

这类反应器是以光导材料为载体,同时这种光导材料又可以直接传递光源。与其他的光催化剂相比反应器的效率更高,因为光纤反应器中的载体光导纤维能提供较高的用来固载催化剂的比表面积,紫外光也能在反应器内分布得均匀一致,而且光在纤维里面的传输也不会有很大的衰减。En-De Sun 设计了一种由 18000 根玻璃纤维组成的光纤维反应器,在玻璃纤维上涂上了一层 $0.2\mu m$ 的 TiO_2 膜,纤维直径 $125\mu m$、长 $100\mu m$,光催化反应器尺寸为 $88mm \times 6mm \times 105mm$,进行了降解气态有机物(如丙酮和异丙醇)的研究,同时也制作了一台由硼硅酸玻璃组成的蜂窝块反应器,在蜂窝孔内涂上 TiO_2 膜,大约 $0.43mg/cm^2$,尺寸为 $106mm \times 38mm \times 20mm$,进行比较研究。其结构如图 6.20 所示。由于这种光纤反应器分布均匀,反应表面积大,减少了传质的影响,良好的光的传输提高了量子效率,从而提高了反应效率。

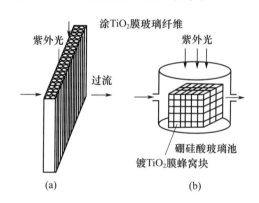

图 6.20　光纤光催化过滤反应器和蜂窝光催化反应器

但是,TiO_2 膜的厚度和光纤长度对光在纤维里面的传输会产生极大的影响。Wen Wang 等在光纤 10cm 的尾端检测光的强度时,光的强度已经变得非常弱了。Wonyong choi 等发现光的强度呈指数下降,当表面 TiO_2 膜的厚度超过 $1.5\mu m$ 后,反应效率反而会下降。此外,光纤容易折断、价格昂贵等缺点在一定程度上限制了这类反应器的应用。

2. 填充床式光催化反应器

这类反应器通常是反应器内填充 TiO_2 颗粒或者表面涂有 TiO_2 的硅胶、γ 氧化铝、石英砂和玻璃珠等。这些载体通常是具有二维表面的、结构紧密且具有多孔的颗粒。颗粒直径为 $100\mu m$ 左右,且是半透明的,这样由于它有效地让光通过,又有较高的比表面积,适用于用在具有较高传质能力的反应系统中。根据填充物在反应器中的运动状态,可分为固定床和流化床两类。在流化床中使用,要防止 TiO_2 在颗粒碰撞摩擦时脱落。

在实际应用中,对光催化反应器的实际要求如下:

(1) 有良好的传质特性,尽量减小外扩散传质限制。

(2) 有良好的光照射分布,减少光的传输损失。

(3) 应尽量提高单位体积催化剂的比表面积。

(4) 通过理论分析和大量实验,对各影响因素进行优化。

目前,在多相光催化反应器的研究中,大多数集中在某种污染物的光催化反应机理方面,在反应器的设计和研究方面相对较少。已经开发的室内空气净化器中采用的光催化净化单元的设计大多采用经验设计与实验验证相结合的方法,设计方法还不甚成熟。因此,需要通过基础性研究,总结出光催化反应器操作和运行的动力学参数和反应器的数学、物理模型。

参 考 文 献

[1] 陈冠英.居室环境与人体健康[M].北京:化学工业出版社,2005.

[2] 陈甘棠,梁玉衡.化学反应技术基础[M].北京:科学出版社,1981.

[3] 朱炳辰.无机化工反应工程[M].北京:化学工业出版社,1981.

[4] 朱炳辰.化学反应工程[M].3 版.北京:化学工业出版社,2001.

[5] 季学李.大气污染控制工程[M].上海:同济大学出版社,1990.

[6] 刘守新,刘鸿.光催化及光电催化基础与应用[M].北京:化学工业出版社,2006.

[7] 明彩兵,吴平霄,光催化反应器的研究进展[J].环境污染治理技术与设备,2005,6(4):1-6.

[8] 许钟麟.空气洁净技术原理[M].北京:中国建筑工业出版社,1983.

[9] 中国人民解放军总后卫生部.核武器损伤及其防护[M].2 版.北京:战士出版社,1980.

[10] 程代云,史喜成.集体防护装备技术基础[M].北京:国防工业出版社,2008.

第7章

面　罩

在呼吸防护面具的发展史上,战争中的应用是其浓墨重彩的一笔。第一次世界大战和第二次世界大战期间,有毒气体以其巨大的杀伤力被作为军事武器大量应用,防护面具在此作为重要的战争防护装备首次登上了国际舞台,并随着生化武器的不断升级得到了作战双方的大力开发。此后,在工农业的迅猛发展浪潮中,呼吸防护面具被越来越多的应用于工农业的生产,以保障工人和农民在生产活动中免受有毒、有害气体和粉尘等对身体的侵害。在战争和工农业应用中迅速成长起来的呼吸防护面具完成了从大盒防毒性呼吸防护面具到"小盒"(smallbox)防毒性呼吸防护面具的转变,并逐步发展到具有有毒化学品防护种类广、呼吸阻力小、重量轻、视野宽阔以及佩戴舒适等种种优点的现代型防护用具,如美国于2006年投产的第一批联合兵种通用防毒面具(JSGPM)、瑞士新型核生化防护面具SM3/SM90等。自第三次工业革命以来,呼吸防护面具在结构和功能上得到了极大地改善与提高。其中,尤其以美国、德国、瑞士等国家对呼吸防护面具产品的创新研发更为瞩目。他们在气密性、滤毒/尘效果不断提高的基础上,对呼吸防护面具的舒适度也提出了更高的要求[1-5]。

防毒面具[6]一般由面罩、滤毒罐和导气管等组成,面罩用于保护人员呼吸器官、眼睛和面部,使其与外界染毒空气隔绝,由罩体、阻水罩、眼窗、呼(吸)气活门片、通话器、头带等组成。在现代战争条件下,随着有毒化学品毒性的提高和使用手段的完善,对面罩提出了更高的要求:

(1) 可靠地保护人员的呼吸器官和眼睛,使之不与有毒化学品蒸气和有害气溶胶直接接触,保护面部皮肤和眼睛免受有毒化学品液滴的伤害。这就要求面罩与面部高度密合,面罩材料有一定的防液滴状有毒化学品的能力。

(2) 尽量不影响人员的作业行动,保证人员正常的呼吸机能,并保证视力、听觉和通话能力,且对人员的面部和头部无不良作用(压痛、刺激等),在佩戴面具时有能饮水的装置。

(3) 使用方便,适佩率高,尤其要便于迅速佩戴。同时要求体积小、重量轻,突出部位不能太高,便于包装携带。

(4) 有足够的机械强度,并能长期存放不改变性能。

(5) 结构简单、原材料来源广泛、经济,便于批量生产。

这些要求是设计与评价的依据[7]。

7.1 面罩技术

面罩由罩体、眼窗、通话器等部件构成,其制作原材料以高分子材料为主,特别是罩体与眼窗部件的材料性能决定着面罩的主要性能。

7.1.1 罩体材料

防毒面具的罩体作为连接面罩各部件的骨架材料,很大程度上决定着防护性能、使用寿命和佩戴舒适性。罩体材料从第一次世界大战时期最早使用的棉布、皮革等材料逐渐替换为当时唯一的弹性体材料——天然橡胶以后,其优良的综合性能使防毒面具的防护能力得到极大提升。在之后的几十年中,各国的防毒面具罩体材料大部分仍旧采用天然橡胶。然而经典有毒化学品的革新以及新型有毒化学品的产生,使得天然橡胶罩体越来越无法满足防护性能要求,这时以合成高分子化合物为基础且具有可逆变形的高弹性材料——合成橡胶,因其高弹性、绝缘性、气密性、耐油、耐高温及低温使用等优点而受到各国的关注。

早期的防毒面具罩体采用的天然橡胶材料,因有不饱和的双键,容易与氧进行自动催化氧化的连锁反应,其耐天候老化性能较差。此外,天然橡胶的透气性约为 IIR 的 20 倍[8],其抗有毒化学品渗透性也较差,防护性能不好。后期防毒面具罩体采用的合成橡胶材料,包括丁基橡胶和卤化丁基橡胶、硅橡胶、三元乙丙橡胶、聚氨酯等[9]等。因具备优良的气密性、耐热老化和耐候性、机械强度好等特点而被广泛采用。又因卤化丁基橡胶比丁基橡胶的硫化速度快的

第7章 面 罩

特点,所以防毒面具罩体材料多采用溴化丁基橡胶或氯化丁基橡胶作为主体胶种材料。后来,单一胶种的合成橡胶作为面具罩体材料,在核生化快速发展变化的时代及其日渐复杂的使用环境中,使用效果并不理想,进而将具有良好的抗毒性能、耐老化性能、佩戴舒适性且可综合多种胶种的优良性能的材料——共混橡胶,应用到罩体材料上。

早期的防毒面具由于历史条件和生产技术等原因,结构简陋、笨重,面具所用罩体材料性能较差,防护效果不好;直到采用综合性能优良的天然橡胶后,防毒面具罩体材料的性能才得到极大提高。之后几十年中,各国纷纷研制出各类型号的面具,并不断对罩体天然橡胶配方进行改进,以解决其"喷霜"、耐老化性差、变形、龟裂等问题。其中较有代表性的如美军的M17系列、M24系列、M25系列面具以及英国的S6面具等。

我国防毒面具的发展由最早的1959年仿苏Ⅲ M-41型面具,经历了由仿制到自主研发,由品种单一到种类齐全,由防护性能差到防护性能好、防护时间长的逐步发展过程。

多年来,我国所用罩体橡胶种类一直为天然橡胶。虽然在发展过程中对胶料配方不断进行优化改进,初步解决了"喷霜"、耐老化性能差等问题。但是,罩体橡胶综合性能提高不大,这主要是由胶料自身原因决定的。20世纪末国内出现了采用氯化丁基橡胶做罩体材料,并采用了弧形反折边密合框,配置饮水装置的较先进的防毒面具。

目前,各国面具所用罩体材料使用情况[10]大致如表7.1所列。

表7.1 国外防毒面具罩体材料使用情况

罩体材料	国家	代表型号	阻水罩材料
NR	法国	ANP51M53	—
IIR	德国	M2000	—
	捷克	CM-5系列	—
CIIR	英国	S10、GSR	硅橡胶
	以色列	M-A1	—
	挪威	CT12	—
	瑞典	FM12	—

续表

罩体材料	国家	代表型号	阻水罩材料
BIIR	意大利	M90	—
	比利时	BEM4GP	—
	希腊	COBRA	—
	加拿大	C4	硅橡胶
Q	美国	MCU-2/P、M40系列	硅橡胶
PUB	法国	ARF.A、G1	柔韧的低过敏性材料
	匈牙利	93M	—
EPDM	德国	Panorama Nova	—
CIIR和EPDM共混	瑞士	SM90	硅橡胶
BIIR和NR共混	美国	M43	—
CIIR和硅橡胶共混	美国	M50	—

备注：NR—天然橡胶；IIR—丁基橡胶；CIIR—氯化丁基橡胶；BIIR—溴化丁基橡胶；Q—硅橡胶；PUB—聚氨酯橡胶；EPDM—三元乙丙橡胶

随着工业、消防和医疗等行业对面具的需要，各种民用面具也迅速发展起来。目前民用面具的罩体材料除用天然橡胶外，新推出的许多面具多采用合成橡胶，如3M公司的7000系列舒适耐用型防护面具罩体采用高质硅橡胶、法国芳齐的生物防毒面具采用氯化丁基橡胶等。

理想的罩体材料应具有良好的抗有毒化学品渗透性能、佩戴舒适性、耐老化性能和储存性能，抗有毒化学品渗透性能和耐老化性能是材料自身的性能。佩戴舒适的罩体应该在 $-25\sim120\,^\circ\mathrm{F}$（$-32.7\sim49\,^\circ\mathrm{C}$）下容易穿戴和脱去。佩戴舒适性主要取决于罩体的结构设计和使用的材料。下面根据罩体材料的性能要求，对目前应用于防毒面具的橡胶材料的性能进行分析。

1. 罩体材料的通用要求

针对防毒面具罩体材料使用的特殊性，罩体材料通常要满足以下要求：

（1）橡胶的防毒性能应能满足防毒面具的技术要求。

（2）具有较好的耐气候老化及耐热老化性能。

（3）具有较好的耐低温性能。

（4）弹性好、变形小且随温度变化不应有较大的波动。

（5）无毒，对皮肤无刺激，没有特殊的气味。

第 7 章 面 罩

(6) 工艺性能好,便于加工制造。

2. 天然橡胶(Natural Rubber,NR)

NR 是一种以异戊二烯为主要成分的天然高分子化合物。20 世纪 70 年代以前,大多数国家的罩体主要由天然橡胶制成,主要是由于其综合性能比较优越。NR 属于自补强橡胶,机械强度高;NR 大分子本身具有较高的柔性,分子链的侧基少、体积小,大分子间作用力小,因此 NR 具有优异的弹性,其回弹性在通用橡胶中仅次于 BR;NR 的耐寒性好,NR 的玻璃化转变温度为 $-73{}^\circ\!C$,在 $-50{}^\circ\!C$ 仍具有很好的弹性和柔顺性。NR 以上优异的性能可为罩体提供良好的舒适性。然而,NR 和氯丁橡胶的生物相容性差,且通常含有一些会对皮肤产生刺激的配合剂,导致皮肤过敏。NR 分子链侧基少且体积小对有毒化学品分子的阻碍作用弱,因此 NR 的抗毒性能差。在有毒化学品吸附实验中,从天然橡胶回收的液体有毒化学品约为 25%,可见天然橡胶的耐洗消性能很差。NR 属于不饱和橡胶,NR 中的双键能够与自由基、氧、过氧化物及紫外光反应,而且双键旁的 $\alpha-H$ 活性大,使 NR 更易老化[11-12]。

天然橡胶具有良好的弹性、气密性,弹性模量为 $2\sim4MPa$,回弹率在 $0\sim100{}^\circ\!C$ 内可达 $50\%\sim80\%$。大的伸长率,伸长率最大可达 1000%。具有很大的拉伸强度,炭黑补强的硫化胶可达到 $25\sim35MPa$。有优良的耐屈挠性能及良好的加工工艺性能。耐极性溶剂、耐油和耐非极性溶剂差,耐碱,不耐强酸。天然橡胶在常温下具有一定的塑性,$-70{}^\circ\!C$ 变脆,$130\sim140{}^\circ\!C$ 完全软化,$200{}^\circ\!C$ 左右可分解。

3. 聚氨酯橡胶(Polyurethane Rubber,PU)

PU 是在催化剂存在下多异氰酸酯、多元醇(氨基甲酸基(—NHCOO—)为结构特征基团)和扩链剂反应的产物,其大分子主链中含有重复的氨基甲酸酯链段。PU 大分子主链是由玻璃化温度低于室温的柔性链段和玻璃化温度高于室温的刚性链段嵌段而成的。在分子的刚性链段中,极性基团通过氢键和偶极的相互作用形成了"假"的交联网络结构,刚性链段主要影响硫化胶的模量、硬度和撕裂强度。PU 的机械强度高、硬度范围宽、耐磨性能优异,有"耐磨橡胶"之称[13-14]。

PU 分子中的柔性链段主要影响硫化胶的弹性和低温性能。大分子链柔顺的聚醚型 PU 的低温性能和弹性比聚酯型 PU 好;PU 具有很好的耐油脂和耐非极性溶剂性能;PU 的气密性与 IIR 相当,特定配方的 PU 抗芥子气穿透时间可达 8h 之久,但是在有毒化学品吸附实验中,从 PU 材料中回收的值很低,通常是零,说明其耐洗消性能非常差;在常温下耐氧和臭氧性能很好,但高温和氧同时作用会加快 PU 的老化进程;PU 材料还具有极好的生物相容性和良好的黏合性能。但 PU 的耐水解性能比较差、易水解,尤其是在温度稍高或酸碱介质存在下水解更快。

加拿大曾研制了一种罩体用 PU 橡胶材料,其邵氏硬度为 55~75,抗芥子气渗透时间长,具有较好的拉伸强度、撕裂强度、热稳定性和水解稳定性。法国 ARF·A 型面具的镜片与罩体均为 PU 材料,保证了连接部位具有较高的强度。

4. 三元乙丙橡胶(Ethylene Propylene Diene Monomer,EPDM)

EPDM 是由乙烯、丙烯以及共轭二烯共聚而成,是主链完全饱和的非极性橡胶,侧基仅有 1%~2%mol 的不饱和第三单体。EPDM 化学结构稳定,耐老化性能优异,因具有优异的耐臭氧性能、耐热老化性能和耐天候性而被誉为"无裂纹橡胶";由于 EPDM 本身的化学稳定性和非极性,与极性物质之间或者不相溶或者相溶性极小,具有优异的耐化学药品性能;EPDM 分子间内聚能较低,能在较宽的温度范围内保持分子链的高度柔顺性,决定了其具有很好的弹性和低温性能;而且,EPDM 具有高填充性能,可降低成本[15]。然而,由于 EPDM 的分子链段的高柔顺性,链段的运动性强,导致气体和液体分子的渗透作用较大,且气体和液体分子在乙丙橡胶的扩散系数随丙烯含量增加而减小,文献报道其抗芥子气穿透时间只有 41min[16]。

5. 丁基类橡胶(Isobutylene-Isoprene Rubber,IIR)

IIR 是以异丁烯为主体和少量异戊二烯(质量分数为 1.5%~4.5%)首尾结合的线性高分子(高饱和共聚物),属于饱和的非极性弹性体[17]。在大分子中异丁烯结构单元所占比例大于 97%,因此大分子链的甲基取代基数目很多。大量的取代基造成空间位阻很大,分子链运动较难,因此 IIR 的分子链柔顺性较差,但可以有效地阻止气体分子和有毒化学品液滴透过,具有极佳的气密性和抗有毒化学品渗透性,它对空气的透过率仅为天然橡胶的 1/7、丁苯橡胶的 1/5,而对蒸汽的透过率则为天然橡胶的 1/200、丁苯橡胶的 1/140[18]。其抗芥子气"液-气"防护时间可达几十小时[19];在有毒化学品吸附实验中,从 IIR 回收液体有毒化学品约为 85%,耐气消性能很好;IIR 分子链的高饱和度使之具有很高的耐臭氧性、耐气候老化性、耐热稳定性以及优良的化学稳定性;IIR 为拉伸结晶、自补强橡胶,拉伸强度较高。

IIR 长期接触人体皮肤,易刺激皮肤,发生过敏。由于 IIR 的分子支链多,分子链的柔顺性较小,硫化胶的低温柔性差,皮肤贴合性不如硅橡胶和天然橡胶。

罩体各接头部位要保证长期密封性,罩体橡胶必须具有较小的压缩永久变形。由于受到机械力、介质及空气中氧和温度的作用,密封部位的橡胶会产生累计永久变形,导致材料的压缩比减小而降低气密性。一般来说,弹性大、强度高、结晶自补强型的生胶,变形容易恢复,压缩永久变形就较小;而结构中侧链、支链和基团多的橡胶,内阻大,变形后不易恢复,则压缩永久变形较大。在通用橡胶中,顺丁橡胶和天然橡胶的弹性最好,IIR 和丁苯橡胶,由于空间位阻效应大,阻碍分子链段运动,故弹性较差,压缩永久变形较大。

IIR 的结构特征对其加工工艺带来负面影响,主要有硫化速度慢、互黏性和自黏性差、与其他橡胶(除 EPDM)相容性差以及与补强剂作用弱。以上缺点可以通过卤化来改善。在 IIR 分子链上引入可卤原子,可提高 IIR 的极性和活性,缩短了硫化时间,使其能与多种橡胶共硫化和黏合。与 CIIR 相比,BIIR 具有更多的活化硫化点,硫化速度更快,但焦烧安全性低。

由表 7.1 可以看出,IIR 在各国防毒面具中有广泛的应用,又由于卤化 IIR 硫化速度快、共硫化性能好,美国、英国等国家新一代面具采用卤化 IIR 及其共混胶作为罩体材料[20]。在国内,MF22 型防毒面具是第一次采用 CIIR 罩体材料的面具,柳学义等对 CIIR 罩体材料配方进行设计,基本解决了 NR 罩体材料存在的喷霜、变形、龟裂和泛白问题,但使用寿命还有待提高。郭跃欣等研究 IIR 罩体材料配方设计和注射工艺[21],制备了具有低拉伸永久变形、高撕裂强度、柔软的 BIIR 罩体胶料,研究表明 BIIR 的硫化速度和物理强度优于 CIIR,解决了 BIIR 注射存在的焦烧问题。

在罩体的燃烧性能和耐老化性能方面,G. K. Kannan[22-23]针对印度防毒面具的 BIIR 的燃烧过程和燃烧产生烟气的潜在毒性进行了研究,研究表明,特定配方的 BIIR 点燃需要 30s,315s 后产生火焰,燃烧产生的烟气有水蒸气、CO、NO_2、CO_2 和甲烷,毒性指数非常低。G. K. Kannan 还对同一配方 BIIR 的热老化性能进行了研究,结果表明,BIIR 的使用寿命符合阿伦尼乌斯理论,并预测其使用寿命约为 25 年。

IIR 和卤化 IIR 具有优异的抗毒性能,但低温柔顺性和回弹性差,导致罩体的舒适性较差。

6. 硅橡胶(Silicone Rubber,SR)

硅橡胶(Q)是分子主链为硅氧键、侧基为有机基团的一类非极性弹性体。由于硅氧键键能比一般橡胶的碳碳键键能高,所以硅橡胶在空气中的耐热性比有机橡胶好得多,在 150℃ 下其力学性能基本不变;硅橡胶主链中无不饱和键,加之硅氧键对氧、臭氧及紫外线等十分稳定,因而无需任何添加剂,即具有优良的耐候性;由于硅橡胶分子结构呈非结晶性,故温度对其性能影响较小,且具有良好的耐寒性,它具有最宽广的工作温度范围(-100~350℃);硅橡胶硫化胶在自由状态下在室外曝晒数年后,性能无显著变化[24]。硅橡胶分子结构呈螺旋状,分子链的柔性大,分子间作用力小,因而回弹性良好;硅橡胶具有优良的生物相容性和优异的生理惰性,对皮肤刺激性小。硅橡胶罩体材料具有佩戴舒适、耐高低温和抗变形性能优良的特点,在各种环境条件下使用,具有舒适性,始终与面部接触保持良好的气密性。硅橡胶是疏水的,对许多材料不黏连,可起到隔离作用。

然而,纯硅橡胶硫化后的拉伸强度只有 0.35MPa 左右,补强后才有实用价值,而且硫化胶的热撕裂强度较差;由于 Si 原子存在附近较大的自由体积,且甲基可以自由旋转,导致气体和液体的扩散系数较大,其抗芥子气"液-气"防护时间非常短。此外,耐油性不如 NR 和 CR 等橡胶好,油类物质能够渗透到硅橡胶内部,导致力学性能降低。可见,只有硅橡胶的抗撕裂强度和抗毒水平提高了,制造硅橡胶罩体的防毒面具才会成为可能。

从硅橡胶的性质上看,硅橡胶具有一个最不适合做罩体材料的特性,那就是抗芥子气"液-气"防护时间太短,另外它的高透气性,室温下对氮气、氧气和空气的透过量比天然橡胶高 30~40 倍。但硅橡胶也有很多优点,如无味、

第 7 章 面 罩

无毒,对人体无不良影响,与人体组织反应轻微,具有优良的生理惰性和生理老化性、优秀的耐老化和耐天候性能等,以及制成罩体后的舒适性、适配性和低的面部密封泄漏性等均非常好。这些都为硅橡胶在罩体材料和阻水罩材料上的应用提供了保证。

硅橡胶在罩体材料上的应用可追溯至 20 世纪 60 年代末,美国需要一种耐老化性能好、便于折叠和携带的轻便型防毒面具,才在军用面具上首次采用高强度硅橡胶,设计了 XM-28 型防毒面具。1968—1975 年美国研究了用于 XM-29型防毒面具的高强度透明硅橡胶罩体材料,结果罩体的拉伸强度、撕裂强度和伸长等性能却只达到提出指标的一半,之后又将高强度硅橡胶用于 XM30、MCU-2/P 型防毒面具,新开发出的 XM50 联合军种通用面具仍在应用。为了提高硅橡胶罩体对有毒化学品的防护能力,美国的 M40/M42 系列面具(它采用带有反折边密合框的硅橡胶面罩,阻水罩也用硅橡胶制成。)借助了 BIIR/EPDM(溴化丁基胶/三元乙丙橡胶)共混胶头罩来遮盖面具的罩体部分,即"第二张皮肤(second skin)"。美国如此重视硅橡胶罩体材料的研究和应用,主要原因在于高强度硅橡胶柔韧性好,不怕折叠,特别是具有良好的耐气候性和佩戴舒适性,这是天然橡胶无法比拟的。由于阻水罩(导流罩)在罩体的内部,无需考虑抗毒性能,许多国家用它制作阻水罩,如瑞士的 SM90 面具,加拿大的 C4 面具和我国的 FMJ08 面具等。在合成橡胶中,虽然 IIR 具有良好耐老化性能和防毒性能,但由于其低温柔顺性差,不能提供罩体良好的佩戴舒适性。针对硅橡胶防毒性能差的问题,有资料报道可通过以下方法得以改善。

(1)将阻隔材料与硅橡胶通过胶黏剂黏结在一起。

(2)对硅橡胶进行涂层或表面改性。

(3)将硅橡胶和阻隔材料通过模压或共挤成型制成层状复合材料。

(4)采用 IIR 等阻隔材料头罩遮盖硅橡胶罩体部分,美国 M40 型面具即采用此方式。

(5)通过聚合物共混、IPN 和共聚技术,将硅橡胶与 IIR 或氟橡胶并用[25],彼此互补,增强综合性能。

另外,氟橡胶也具有优异的抗毒性能,芥子气穿透时间约为 7 天,还具有优异耐洗消性能,在有毒化学品吸附试验中,从中回收有毒化学品约为95%。但氟橡胶价格昂贵,需要用有毒的、刺激皮肤的配合剂来获得最佳性能,并且难以配制硬度很低的氟橡胶,此外,氟橡胶的热撕裂强度非常小,低温柔顺性极差[26],低温下容易硬化,耐寒性差。可见,氟橡胶在罩体材料应用中存在许多困难。而硅橡胶、EPDM、NR的抗毒性能较差,但具有低温柔顺性,可提供罩体较好的舒适性。硅橡胶、IIR以及乙丙橡胶均表现出良好的耐老化性能和储存性能,而NR则需要添加防老剂来提高耐老化性能。可见,很难有单胶种可以满足罩体材料所有的性能要求[27]。

7. 共混胶罩体材料

国外不少面具将共混橡胶应用到罩体材料上。共混橡胶具有良好的抗毒性能、耐老化性能及佩戴舒适性,可综合多种胶种的优良性能,具有代表性的是美国的M50面具。2006年英国Avon公司完成美国M50面具的研制。

美国M43型防毒面具采用BIIR/NR罩体材料。在天然橡胶中并用部分BIIR,可以降低其气体和液体的渗透性,提高耐热性、耐挠屈性。在BIIR中并用部分天然橡胶则可提高其成型黏度、其他橡胶的粘合黏能、拉伸和撕裂强度、回弹性。瑞士的SM90型防毒面具采用IIR/EPDM罩体材料。在国内,IIR/EPDM并用胶罩体材料已在民用新华牌半面罩上得到了应用。EPDM的结构和IIR相似,二者并用相容性好,可以通过IIR的并用改善EPDM的防毒性能。齐家豪等[16]研究了EPDM/IIR并用胶罩体材料,结果表明,当EPDM与IIR的共混比为60/40时,共混胶的力学性能达到最佳,抗芥子气渗透性能得到明显提高,达到104min。在BIIR中并用部分EPDM可以提高耐静态臭氧性能、耐热性和低温屈挠型。

最具代表性的是美国M50面具,罩体采用CIIR/Q共混材料,该材料质轻、柔韧性好、抗化学渗透性强,在借助CIIR优异的防毒性能基础上,同时保持了Q良好的气密性和适配性,减小传统罩体橡胶所带来的皮肤刺激性,达到了罩体柔软性和防护性能之间的平衡,具有优良的综合性能。Q/IIR共混体系为热力学不相容体系,生胶黏度相差大,两者硫化速度相差大,因此存在混炼胶难分散均匀、共硫化性差以及并用胶强度低等问题。

第 7 章 面 罩

氯丁橡胶(CR)具有良好的耐燃性能,离火可自熄,将 CR 与 CIIR 共混可提高 CIIR 的阻燃性能。通过 CIIR 与 CR 并用和向胶料中添加阻燃剂(十溴二苯醚和三氧化二锑),提高了 CIIR 的阻燃性能,可以达到 V~0 等级,而且 CR 的加入对硫化胶的抗芥子气性能影响小,共混胶仍具有较好的抗芥子气性能。此外,还可通过 CIIR 与聚丙烯共混,来改善 CIIR 的加工工艺性能和制品的脱模性能。

8. 几种常见材料性能的比较

选择防毒面具罩体材料时考虑的主要因素大致有以下 4 个。

(1) 对有毒化学品的低相容性。罩体材料对有毒化学品的相容性关乎防毒面具的防毒时间。应选择可阻止芥子气渗透的低渗透性材料(芥子气是目前已知渗透性最强的有毒化学品)可通过溶解度参数作初步判断。通常有毒化学品在低渗透材料上分为两个渗透阶段。

① 有毒化学品分子接触材料表面并溶解。

② 有毒化学品分子通过扩散作用渗透材料内部。

(2) 皮肤刺激性。作为直接与皮肤接触,产生水密封,减少面具镜片雾气的阻水罩,采用的材料必须是无毒无味、对皮肤无刺激、过敏性小的弹性材料。目前我国及大部分外国军用级防毒面具中的阻水罩都是采用硅橡胶材料。

(3) 弹性和永久形变。在现代防毒面具中,面部密封是由密合框的橡胶表面和佩戴者面部皮肤之间产生密封而实现的,弹性在很大程度上影响着防毒面具的佩戴舒适性以及面部密封。防毒面具在使用之前,通常情况下可能在单兵背包里折叠放置几个月的时间,佩戴时应立即形成良好的面部密封,这就要求罩体材料具有低的永久变形。

(4) 耐低温、耐热老化、耐候性能。防毒面具的使用环境温度在 -30~50℃ 之间,储存期可达几年之久。耐低温、耐热老化、耐候性能是材料自身的性能,关系着面具的使用寿命和储存性能。

理想的罩体材料应具备优异的抗有毒化学品渗透性能、佩戴舒适性、耐老化性能等,实验表明 IIR、CIIR 和 BIIR 的抗芥子气"液-气"防护时间最长,表 7.2 表明这几种材料更适合作为罩体材料。

表7.2 不同种类橡胶性能比较

胶种	NR	CR	PU	Q	IIR/XIIR	EPDM
生物相容性	良	一般	优	优	良	良
弹性	良	良好	良	良	良	优
拉伸性能	良好	良好	优	较差	良好	—
拉伸强度/MPa	10~28	—	30~50	3.5~14	7~17	>21
抗撕裂性	良好	良好	优	差	良好	—
扯断伸长率/%	700	—	400~750	100~800	500~700	200~700
抗压缩变形	优	—	一般~差	一般	一般	优
耐透气性	良	良好	优	差	优	—
耐寒性	优	—	一般	极佳	良	良
耐老化性	较差	良	良	优	优	—
耐天候性	良	良	良	优	优	—
储存稳定性	一般	较差	—	良好	良好	—
耐热性/℃	94	—	80	260	150	150
耐臭氧性	差	—	极佳	优	优~差	优

基于罩体在防毒面具中的重要地位,采用综合性能优异的弹性体材料,在不降低防护能力的情况下尽量提高佩戴的舒适程度,并提高材料的阻燃性、抗形变性和耐老化性等日益重要。

9. 丁基类橡胶性能比较

由于卤化可以改善 IIR 的加工性能以及最终产品的性能,故 CIIR 和 BIIR 均为优秀的罩体材料。BIIR 由于导入了极性较强的溴原子,同时保留了原 IIR90% 的双键,因此,BIIR 不仅能加快橡胶的硫化速度,而且也解决了胶料黏性差的问题。BIIR 的性能及其与 IIR 和 CIIR 的性能[28] 比较如下。

1) 与 IIR 比较

BIIR 除保持了 IIR 的各种特性外,还具有下列特点。

① 需用硫化剂的量少,硫化速度快。

② 能用各种硫化剂硫化[29],而 IIR 则不能。

③ 能与天然橡胶、丁苯橡胶、丁腈橡胶、氯丁橡胶等并用。

④ BIIR 本身或与其他橡胶有良好的硫化黏合性能,IIR 则较差。

⑤ 耐热性能比 IIR 优异。

第 7 章 面 罩

2）与 CIIR 比较

BIIR 和 CIIR 硫化胶的许多性能基本相同,两者都保持了 IIR 所具有的透气性低、耐老化、耐候和耐挠屈疲劳等性能,并且能与天然橡胶和其他不饱和橡胶共硫化和黏合。当两种卤化 IIR 的应力－应变相近时,老化疲劳寿命相当。两种卤化 IIR 与天然橡胶并用时,透气性都随天然橡胶含量增加而增大,耐热老化性能和老化后的挠屈性能都逐渐下降,但是两种卤化 IIR 之间的性能也有差别。

① BIIR 具有更多的活化硫化点,硫化速度更快,与不饱和橡胶能更好地黏合。

② BIIR 的老化性能优于 CIIR,特别是在 150℃的高温下更好。

③ 由于 BIIR 的硫化速度较高,与其他橡胶并用时,如果配方不变,两者不能完全互换。

④ BIIR 的焦烧安全性比 CIIR 低。

通过以上对比可知,虽然 BIIR 存在焦烧安全性差等不足,但从总体性能上来看更适合作防毒面具罩体材料。很多国家已成功地把 BIIR 用作面具罩体材料。

BIIR 是 IIR 和溴在一定温度范围内反应制得的,可视为异丁烯和少量溴化异戊二烯的共聚物,溴化异戊二烯在链中是随意分布的。BIIR 与 IIR 的主要区别在于异戊二烯链节的结构,BIIR 中异戊二烯链节有 4 种结构,如图 7.1 所示,结构 III 是 BIIR 的主要结构,占 50%～60%,其次是结构 I,占 30%～40%,有 5%～15% 的是 II 结构,结构 IV 一般只有 1%～3%。

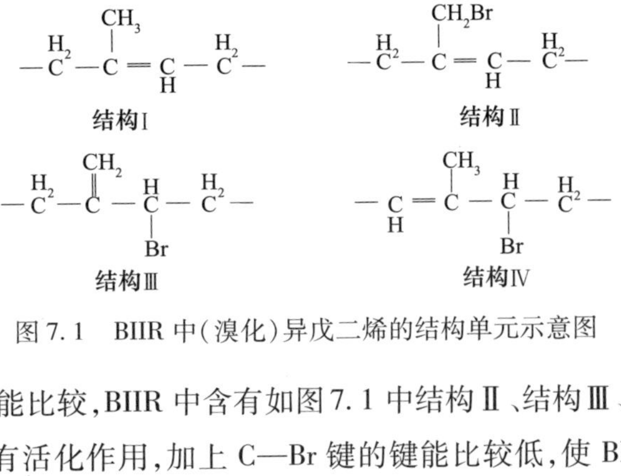

图 7.1 BIIR 中（溴化）异戊二烯的结构单元示意图

与 IIR 的性能比较,BIIR 中含有如图 7.1 中结构 II、结构 III、结构 IV 中的烯丙基溴,对双键有活化作用,加上 C—Br 键的键能比较低,使 BIIR 不仅保持了

IIR 原有的低透气性、耐老化性、耐天候性、耐臭氧性及耐化学药品性等特性外，还增添了普通 IIR 所不具备的以下特性：①需用硫化剂的量少，硫化速度快；②能用各种硫化剂硫化，而 IIR 则不能；③能与天然橡胶、丁苯橡胶、丁腈橡胶和氯丁橡胶等并用；④BIIR 本身或与其他橡胶有良好的硫化黏合性能，IIR 则较差；⑤耐热性能比 IIR 优异。这些特性使 BIIR 在防护材料特别在防毒面具罩体材料上具有广泛的应用前景。

BIIR 和 CIIR 都是 IIR 的卤化产物，在很多性能方面如低透气性、耐候性、耐挠屈疲劳等方面均较为相近，同时其配合体系相差不大。CIIR 的制作工艺相对比较简单，价格较低，且 CIIR 的拉伸性能优于 BIIR，而 BIIR 的抗撕裂性能、耐老化性能和防毒性能等方面则优于 CIIR，因此两者共混使用可望获得综合性能优良的聚合物材料。

10. 不同牌号 BIIR 产品比较

图 7.2 与表 7.3 给出的不同牌号(不同来源)的 BIIR 生胶热稳定性、力学性能与耐寒性能等数据[30]表明，各牌号 BIIR 热稳定性、耐寒性能没有显著差异，力学性能中的个别指标有差异，此种差异是否影响使用性能待考证。

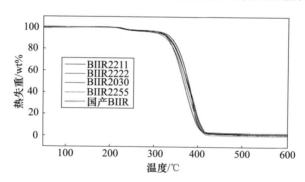

图 7.2　不同牌号 BIIR 生胶在空气中的热失重 TG 曲线

表 7.3　不同牌号 BIIR 生胶性能

项目	测试内容		牌号				
	指标	单位	BIIR2211	BIIR2222	BIIR2030	BIIR2255	国产 BIIR
热稳定性	$T_{5\%}$	℃	314	319	313	311	317
	T_{max1}	℃	224	227	224	230	222
	T_{max2}	℃	385	386	371	388	375

续表

项目	测试内容		牌号				
	指标	单位	BIIR2211	BIIR2222	BIIR2030	BIIR2255	国产 BIIR
力学性能	拉伸强度	MPa	8.35	9.02	8.92	11.4	9.41
	M300	MPa	3.56	2.82	2.85	2.71	2.75
	断裂伸长率	%	602	671	665	757	673
	永久变形	%	14	15	14	12	10
	撕裂强度	kN/m	32	32	29	39	24
	硬度	度	52±2	55±2	53±3	55±2	51±3
耐寒性能	T_g	℃	-63.6	-65.3	-63.6	-64.1	-63.6

7.1.2 眼窗材料

防毒面具眼窗的结构形式主要有双目镜、单目镜和全脸式3种。要求镜片具有良好的透光性,并具有良好的耐冲击、耐机械划伤和耐酸碱性能。现代防毒面具多采用加涂层的聚碳酸酯(PC)、耐氨酯、CR39、纤维增强透明尼龙等。

1. 聚碳酸酯镜片

1) 聚碳酸酯镜片的制作

由于聚碳酸酯具有抗冲击、强度高、耐蠕变性好和尺寸稳定性好,耐热、透光性好,以及可注射成型、后处理简便等优势[31],更适合作为防毒面具特别是全脸式防毒面具的镜片材料。目前,国内外防毒面具、防弹镜片和警用盾牌等大都选用优质中、高黏度的聚碳酸酯。

(1) 镜片注射成型。聚碳酸酯镜片一般采用塑料注射机,将 PC 材料注射入镜片模具中,注射成型。

(2) 镜片后处理。注射成型的镜片要经过表面处理,其主要流程[32]如图 7.3 所示。流程主要包括有机硅硬化处理和化学涂层防雾处理。

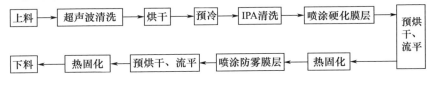

图 7.3 镜片后处理流程框图

2）中、高黏度的 PC 材料性能比较

不同牌号聚碳酸酯的不同分子量直接表现为树脂的黏度,可以分为 3 个等级,即高黏度、中黏度和低黏度,高黏度树脂分子量大,一般用于挤出制品,中、低黏度的树脂分子量小,有比较好的流动性,一般用于注塑制品。

这里就中、高黏度的 PC 材料制作的镜片进行性能比较。

（1）不同材料及处理工艺对镜片性能的影响。对两种选定的聚碳酸酯制作的镜片样品进行了透光率、耐磨性能、抗高速粒子冲击和防雾效果实验,实验结果见表 7.4,其中 1 号模具:边缘厚度 1.5mm,眼睛部位 1.9mm;2 号模具:边缘厚度 2.2～2.3mm。

表 7.4　实验结果

序号	材料名称	模具	防雾处理	硬度处理	透光率/%	耐磨（钢丝绒法）	耐磨（落砂法）	抗高速粒子冲击	防雾效果
1	PC－DMX	1 号	处理	未处理	89.43	合格	合格	不合格	合格
2	PC－DMX	1 号	未处理	未处理	87.16	不合格	不合格	不合格	—
3	PC－E	1 号	处理	未处理	89.96	合格	合格	合格	合格
4	PC－E	2 号	未处理	处理	91.56	合格	合格	合格	—

由表 7.4 可以看出以下几点。

① 两种 PC 材料制作的镜片透光率均大于 85%,满足面具透光率要求;进行过防雾或硬化处理后的镜片的耐磨性能和防雾性能也能满足要求。

② 聚碳酸酯具有优良的耐冲击、耐热性和透光性,但因其表面硬度低,易擦伤拉毛,耐磨性、耐溶剂性和耐污染性较差,所以必须进行表面改性,一般有粘贴薄膜、涂覆涂料和多层挤出等表面改性方法。本书采取有机硅涂层法进行硬化处理后,可达到满意的耐磨效果。

③ 防毒面具的保明措施（即保证眼窗清晰、不起雾）主要采取物理保明法和化学保明法两种。物理保明法是在面罩内设置可引导吸气流（冷空气）冲刷镜片内表面,并避免人员呼出的湿热空气接触镜片内表面的结构设计,通常为口鼻罩（阻水罩）或导流罩。化学法包括防雾涂层、防雾保明片、保明液（膏）等的方法,其原理是利用化学涂层的亲水性或疏水性化学物质抑制水汽形成雾滴。本研究系采用亲水性化学物质防雾涂层法进行防雾处理。

④ 对两种材料制作的镜片样品进行的抗高速粒子冲击实验表明,除 PC－E

第 7 章 面 罩

制作的样品能满足抗高速粒子冲击的要求外,其余样品均不能满足抗高速粒子冲击性能要求。各种镜片冲击后的照片见图 7.4。

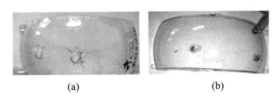

(a)　　　　　　　　　　(b)

图 7.4　镜片冲击实验后样品

(a)PC-DMX；(b)PC-E。

综合各项性能分析,可以看出 PC-E 各项性能均满足要求。

(2) PC-E 材料全脸式面具镜片的性能。采用 PC-E 制作的双眼窗面具镜片及全脸式面具镜片,同时采用图 7.3 所示的工艺过程对镜片进行表面改性,冲击后的照片见图 7.5。

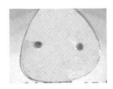 

某型面具镜片　　　　　　**全脸式面具镜片**

图 7.5　镜片冲击实验后样品

全脸式面具镜片的实验结果见表 7.5。

表 7.5　镜片实验结果

项目		实验结果
透光率/%		89
飘移/(cm/m)	水平	0.75
	垂直	0.15
屈光度 D		<0.12
表面平行度/mm		合格(小于6mm)
光学畸变		合格
表面耐磨性能/%		1.4
防雾性能		合格
抗高速粒子冲击		合格

研究表明,PC-E 是一种优异的面具镜片用材料,所配套的加工工艺使这种材料的面具镜片基本性能满足防毒面具的要求,特别是其抗高速粒子冲击性能和防雾性能优良,是理想的全脸式防毒面具镜片材料。

2. 柔性聚氨酯镜片

1) 特点

柔性镜片采用了特殊的聚氨酯弹性体材料,这种特殊的材料特点如下。

(1) 优异的柔顺性。材料在常温和较低的温度下都具有良好的弹性,不会因撞击而碎裂,同时因其良好的弹性,使面具能很好地适应各种佩戴者的头部外形,有利于面具的整体密闭性。同时,该镜片在低温下也不会脆化,仍能保持一定的回弹性。

(2) 优异的挠屈性能。即使多次频繁弯折镜片,镜片也不会断裂,弯折处不会出现应力发白,也不会出现因应力松弛导致的性能减弱。

(3) 优异的耐永久变形性。面具在储存或携带时都处于弯折状态,从面具包中拿出面具后,镜片能够迅速从弯折状态恢复为原状,不会出现常见塑料制品在长期弯折后因蠕变而形成的永久变形。

(4) 优异的耐刮擦性能。该柔性镜片耐刮擦性能极佳,比传统的聚碳酸酯镜片高 2~3 个数量级,长期使用也不会出现划痕、磨痕和缺损等问题,无需通过镀膜等工艺来补充提高耐磨性。

(5) 优异的耐候性。这种特殊聚氨酯配方的柔性镜片对热氧、紫外、水雾等自然环境具有良好的耐受力,长期存放不会出现黄变和显著的物理性能下降;该镜片同时还对热水、常见油脂、盐雾等具有良好的耐受力。

(6) 优异的光学性能。成型后的柔性镜片具有高透明性、低雾度,同时具有良好的屈光度和棱镜度。同时,该材料在低温下不结晶、不发雾,光学性能稳定。

2) 柔性镜片关键技术及工艺

20 世纪中期美国 PPG 公司 CR-39 树脂镜片投放市场,标志着树脂镜片成熟并正式进入商用阶段,此时市场上除 CR-39(聚双烯丙基二甘醇碳酸酯)镜片,还存在着 PMAA(聚甲基丙烯酸甲酯)、PS(聚苯乙烯)、PC(聚碳酸酯)等传统的光学树脂材料镜片。此后,市场上又出现了 MS(甲基丙烯酸甲酯-苯乙烯共聚物)和 NAS(苯乙烯-丙烯氰共聚物)等新型的树脂。2007 年出现了集"第

第 7 章　面　罩

一代树脂镜片"和 PC 镜片优点于一体的"第三代超韧树脂镜片",超韧树脂镜片以聚氨酯为主要原料,配合异氰酸酯等原料浇注反应聚合而成,集抗冲、超硬、高透于一体,有效地弥补了第一代和第二代树脂镜片的不足。据测试,超韧聚氨酯镜片具有很强的抗冲击性能,用 55g 的钢珠从 1.27m 的高空砸下,镜片完好无损,远远超过了国家标准的抗冲击指数,安全系数极高;超韧聚氨酯镜片抗磨损性也很强;用钢丝绒来回摩擦 1000 次,雾度值小于 0.2%,远小于国家标准数值 0.8%,这充分表明了聚氨酯镜片的耐磨性强、使用寿命长;用分光光度计测试,超韧聚氨酯镜片的可见光透射率均大于"第一代"和"第二代"树脂镜片。

由聚氨酯加工的弹性体制品的硬度范围很广,从邵 A30～邵 D90,更软的还有凝胶材料,因此人们也设想加工出柔性的聚氨酯镜片,将其应用在需要弯折或安全性要求更高的场合。但是,硬度降低后聚氨酯制品的透光性容易降低,表面平整性难以控制,同时加工成型工艺也更为复杂,具体来讲,需要解决以下几个关键的技术问题。

(1) 光学性能。聚氨酯材料在硬度降低后变得更易被压缩和变形,其折光率和阿贝数变得不稳定,因此必须控制好镜片制品的黏弹性,即制品要表现出良好的弹性行为,使镜片在受到压缩和弯折时能迅速地回复原状,具体而言就需要用动态热力学分析等手段来评价材料的动态力学性能,考察在使用温度条件下材料的储能模量、损耗模量和损耗因子等参数。

(2) 力学性能(含曲挠性能)。低硬度聚氨酯材料中由异氰酸酯和扩链剂构成的硬段含量降低,但制品通常也具有良好的力学性能,表现为初模量低、100% 定伸强度低、300% 定伸强度适中、断裂伸长率大,可以满足材料在众多领域的使用要求。对于柔性聚氨酯材料,抗挠曲性能变得尤为重要,因为柔性材料变形大,制品在经历反复的弯折时易出现内生热,并伴随着出现疲劳现象,导致制品的变形无法完全回复从而产生永久变形。因此,与光学性能对材料结构的要求相同,良好的挠曲性能同样需要材料具有良好的弹性,而控制好材料的弹性就需要从结构的角度出发,控制好材料的软段与硬段的比例、软段与硬段各自的结构、两相的微相分离结构。具体而言,控制好材料的结构就需要同时考虑原料、合成工艺、加工工艺、高温熟化工艺、冷熟化工艺、后处理工艺等问题。

(3) 阻隔性能。以聚酯和聚醚为原料的聚氨酯材料属于极性偏高的材料,极性参数一般为8~10,因此聚氨酯制品对非极性介质的阻隔性非常好。由于聚氨酯材料的结构中同时还含有非极性结构,因此为了使聚氨酯材料对非极性介质也具有良好的阻隔性能,就必须要控制好软、硬段的两相分离结构,使两相相互协同,共同发挥物理阻隔的作用。

(4) 老化性能(紫外老化、热氧老化、介质)。柔性聚氨酯镜片通常用于户外,而户外的紫外线、高温和酸碱介质等都会对材料产生影响,导致材料加速老化,而老化又会导致制品出现黄变、透光率降低、弹性降低、强度降低等问题,从而缩短材料的使用寿命。聚氨酯材料的一种重要原料——异氰酸酯的结构中就含有苯环结构,这种结构在紫外和热氧环境中易转变为醌式结构导致材料变黄,同时在这种环境中材料会发生进一步的后交联导致结构变化,因此在原料中必须添加种类、用量和比例都合适的组合助剂来提高材料的抗紫外、热氧、水解等性能,延长材料的服役寿命。

(5) 加工工艺性能。与硬质镜片不同,柔性聚氨酯镜片硬度低且耐磨,因此无法用传统硬质镜片的抛光工艺进行表面抛光,必须一次成型,这就增加了工艺难度并对原材料提出了更高的要求[33]。柔性聚氨酯镜片在加工时为了获得良好的光洁性和均匀性,必须使用特殊的模具和特殊的浇注成型工艺,同时要消除可能产生的气泡和防止引入杂质等,目前国内仅一两家大公司具备这种加工能力。

3) 柔性镜片原材料选型

合成透明聚氨酯的原料包括多元醇、异氰酸酯、扩链剂、催化剂、光学调节剂、各类助剂等,按照多元醇的种类可以分为聚酯型、聚醚型及混合型,按照异氰酸酯的种类可以分为芳香族、脂肪(环)族,见表7.6与表7.7。

多元醇有聚酯多元醇和聚醚多元醇,用聚酯多元醇合成的弹性体含有极性高的酯基,易产生结晶,从而影响聚氨酯弹性体的透明性,聚醚多元醇分子间的相互作用弱,制品结晶度低,因此首选聚醚多元醇。目前用于透明聚氨酯的常用聚醚多元醇有环氧丙烷聚醚(PPG)、聚四氢呋喃醚多元醇(PTMEG)、聚丙二醇、聚乙二醇等。

柔性透明聚氨酯的性能与选择的二异氰酸酯的结构有很大关系。二异氰酸酯中含有强极性基团时难以控制其结晶程度,但是只要合理设计配合体系,不论是脂肪(环)族还是芳香族二异氰酸酯,都可以得到性能优良的透明聚氨酯材料。芳香族二异氰酸酯由于异氰酸根直接连接苯环,合成聚氨酯材料时,含有芳香族二脲的桥键在紫外光照射下很容易生成发色的醌式结构,制品会因氧化变黄而透明性降低,但添加比例适宜的紫外线吸收剂和抗热氧老化助剂后,材料的耐黄变性能会大幅提升。芳香族异氰酸酯 MDI 含有两个苯环,链段比较长,活性高,MDI 型透明聚氨酯的透明度可达 90% 以上,并且具有混杂网状交联结构可获得高的力学性能。同时,对于含有苯环结构的 XDI,虽然有不饱和双键的存在,但由于其结构的特殊性,该异氰酸酯也具有极好的耐黄变性能,是加工高透明聚氨酯镜片的首选材料。脂肪族异氰酸酯不含双键结构,如 IPDI,结构不规整且两个异氰酸酯基团连接在不同的基链上,因此较容易制备透明聚氨酯,最高透明度可高达 95% 以上,性能超越现在常用的 PMMA、PC 等光学塑料。

扩链剂有胺扩链剂和醇扩链剂两类。胺扩链剂常用的有 MOCA、DETDA、MDBA、IPDA 等,为了不引入强极性键,扩链剂也可选用低分子醇类进行调节。乙二醇最简单,但是由于乙二醇分子链短,且不含支链,易于结晶影响透明度,其他很多低分子多元醇如 1,3 - 丁二醇作交联剂都可能获得柔性透明聚氨酯材料。

为破坏聚氨酯材料的结晶性能,使材料有较好的透光性,使之交联是必要的措施,因而聚氨酯以热固型为主。含活泼氢化合物主要是含 OH 的醇、酚和含 SH 的硫醇、硫酚。为追求高折光指数,近年来文献报道几乎都是 SH 化合物。含异氰酸酯化合物又可分为两类,即含 NCO 的普通异氰酸酯和含 NCS 的异硫氰酸酯。NCO 类化合物有大量的商品出售,使用方便,因而应用极为广泛;NCS 类化合物在近年也开始应用于光学塑料,其聚合物有着很高的折光指数,故开发潜力很大。与烯类光学塑料相比,聚氨酯型树脂具有更高的折光指数、更好的冲击强度以及相对较低的密度。目前,新品种的开发主要集中在硫醇,而新型异氰酸酯的研究较少,此外也有一些硫酚的新品种出现。硫醇的折射率变化范围在 1.59~1.69 之间,阿贝数在 32~42 之间。如果对异氰酸酯进行重新设计,增加其含硫量,可以将折射率提高到 1.80。

表 7.6 不同醇与异氰酸酯制备的聚氨酯材料

序号	硫醇	异氰酸酯	n_d	v_d
1	$(HSCH_2COOCH_2)_4C$	TMDI	1.59	34
2	$(HSCH_2)_4C$	TMDI	1.61	34

续表

序号	硫醇	异氰酸酯	nd	vd
3	(HSCH₂COOCH₂)₄C	OCNCH₂—[降冰片烷]—CH₂NCO	1.62	42
4	(HSCH₂COOCH₂)₄C	HDI	1.62	42
5	(HSCH₂COOCH₂)₄C	m-XDI	1.66	33
6	(HSCH₂COOCH₂)₄C	4CL-m-XDI	1.68	33
7	HS—[苯环]—SH	TDI	1.693	38
8	HSCH₂—[1,4-二硫杂环己烷]—CH₂SH	OCNCH₂—[环己烷]—CH₂NCO, CH₂NCO	1.63	40
9	(HSCH₂COOCH₂)₄C	SCN—[苯环]—NCS	1.75	30
10	(HSCH₂)₄C	SCN—[苯环]—SS—[苯环]—NCS	1.80	28
11	HS—[苯环(SH,SH)]—SH	SCN—[三嗪环(NCS,NCS)]—NCS	1.80	28

注:nd:折光指数;vd:阿贝数;TMDI:三甲基六亚甲基二异氰酸酯;HDI:己二异氰酸酯;TDI:甲苯二异氰酸酯

表 7.7 镜片聚氨酯材料的主要原材料

原料类型	原料	作用
多元醇	PCDL-THF 嵌段 PO 端多元醇(PCT)	形成软段结构,提供材料的柔顺性、回弹性、能量吸收、基础光学性能
异氰酸酯	苯二甲基二异氰酸酯与六亚甲基二异氰酸酯混合异氰酸酯,低色号多苯基多亚甲基异氰酸酯或多官能度3390	形成硬段结构,提供交联结构,提供材料的刚度、耐刮擦性能、结晶性能、抗毒性能
小分子扩联剂	扩联剂:氢醌双(2-羟乙基)醚和间苯二酚双(羟乙基)醚	扩链增加分子量,固化多元醇和异氰酸酯,形成基础的二维大分子结构,为产品功能化提供基础结构
	交联剂:三羟甲基丙烷或四官能度交联剂	形成三维交联结构,赋予材料耐重复挠屈、抗永久变形、密度高、抗有毒化学品渗透性、光学性能、抗溶剂溶解
助剂	碳化二亚胺、苯酚/磷酸酯组合抗氧剂、四(2-氯乙基)亚乙基二磷酸酯(T-101)、二月桂酸二丁基锡、异辛酸锌	提供材料抗水解性、耐高温性能、耐老化、初步阻燃、工艺性能

第 7 章　面　罩

3. 镜片性能评价方法

镜片主要通过以下一些测试项目及方法来评价其本身性能的优劣。

1）透光率

将样品放在分光光度计上,按《透明塑料透光率和雾度的测定》(GB/T 2410—2008)规定的测试方法[34]测得样品透光率。

2）表面耐磨性能

采用两种测试方法进行试验。

（1）钢丝绒法。用钢丝绒(#0000)加 100g 砝码后在样品的表面来回摩擦 10 次,镜片被摩擦表面摩擦伤害不大于 20 条为合格。

（3）落砂法。实验前,先测试样品的雾度值,然后将试样夹到落砂实验光盘上,按《个人用眼护具技术要求》(GB 14866—2006)进行实验[35],磨料为人造金刚砂(粒度在 125μm 以上)。实验后,清洗镜片表面后,再测定其雾度值,计算其表面磨损率。表面磨损率不大于 8% 为合格。

（3）抗高速粒子冲击性能。按《个人用眼护具技术要求》(GB 14866—2006)规定的实验方法进行实验。用直径为 6mm(质量为 0.86g)的钢球,以 120m/s 的速度冲击左右眼位。镜片无击烂、击穿、开裂为合格。

（4）防雾性能。按 E/ECE/324、E/ECE/TRANS/505 规定的实验方法进行实验。实验时测试温度为(23±5)℃,水槽的温度为(50±0.5)℃。实验时,将剪切成大小为 $6cm^2$ 的小块样品安装在防雾检测仪上,启动设备自动检测,若防雾时间超过 20s,且透光率在 80% 以上为防雾效果合格,若其中一项达不到都判定为不合格。

（5）棱镜度(飘移)。按 E/ECE/324、E/ECE/TRANS/505 规定的实验方法进行实验。开激光器,激光射在方格纸上的基准点用笔描在纸上,再将检测片固定在测试装置上,描出激光透过检测片射在方格纸上的位置。以基准点为中心,用直尺测量左、右各点与基准点之间的水平距离与垂直距离,计算水平方向和垂直方向的飘移,要求水平方向不大于 1cm/m,垂直方向不大于 0.25cm/m。

（6）屈光度。按《个人用眼护具技术要求》(GB 14866—2006)进行实验,将测试镜片画出水平基准线和垂直基准线,分别测出镜片中心点、水平基准点和垂直基准点上任一点的屈光度。水平方向和垂直方向的屈光度不大于 ±0.12D 为合格。

（7）表面平行度。将镜片固定在夹具上,接通幻灯机电源,旋转镜片一周,观察纵向投影线在屏幕上的形状与位置,如不超过屏幕上画出的二实线(实线距中心线 10mm)间的范围为合格。

(8)光学畸变。进行表面平行度实验时,如横向投影线粗细不超过原投影线的 1 倍,且投影线不分叉、不间断即为光学畸变合格;否则不合格。

7.1.3 面罩材料努力方向

总体来看,我国的防毒面具种类较齐全,基本上可以满足各种应用的需求。但是与国外先进的防毒面具相比,我国的防毒面具还存在一些不足。这里重点介绍橡胶材料,目前我国很多罩体所采用的材料为天然橡胶,而国外一些发达国家所采用是综合性能好的合成橡胶,主要为硅橡胶和卤化丁基橡胶。天然橡胶在使用和储存的过程中会出现喷霜、变形、龟裂和泛白的问题,硅橡胶和卤化丁基橡胶可以避免出现这些问题,而且卤化丁基橡胶的"液-气"防护时间可接近天然橡胶的 60 倍。

1. 现有面罩存在的主要问题

防毒面具在长期的使用和储存过程中,基本都能满足各项性能要求,但仍存在一些问题。就罩体来说,主要存在的问题有"喷霜"、变形、龟裂和泛白。

(1)橡胶材料中的配合剂渗出在制品表面形成一层霜状物,此种现象称为"喷霜"。当橡胶及其配合剂间的溶解性存在较大差异时易发生"喷霜"现象。大部分罩体材料喷霜情况主要是喷硫和喷石蜡。解决的主要办法是尽量减小硫磺和石蜡的用量,尽量采用无硫硫化体系来硫化胶料。

(2)由于面具除使用外都要长期在单兵背包中折叠放置,部分面具会出现不同程度的变形,严重影响使用。因此必须在面具配方设计时,充分考虑材料低的形变性能,使所生产出的罩体具有好的抗形变性能,眼窗材料也要向柔性材料发展。

(3)龟裂主要是因为紫外线照射致使制品表面氧化,在热与湿度的作用下,产生了如陶器表面上出现的不规则的细小裂纹。制品表面会硬化变脆,外观粉化。一般采取的措施是添加不变色的酚类防老剂。

(4)橡胶制品表面发白或发灰的现象统称为泛白。主要是臭氧作用导致,这也是一种在制品表面上有填料粒子析出的现象,通常可以加入防老剂和具有抗臭氧作用的石蜡。

第 7 章 面 罩

面罩材料选择的不同将直接影响防毒面具的防护性能,而面罩材料的选择又取决于所选材料的性质,通常选用"液-气"防护时间长、弹性好的橡胶材料,耐冲击、耐热性和透光性好,表面硬度高、耐磨性、耐溶剂性和耐污染性好的眼窗材料来做面具。

2. 现有罩体材料的改进方向

目前我国面具罩体材料方面仍存在许多问题,需从以下几方面努力。

(1) 传统多采用模压加工的方法,影响了产品生产效率和外观。应采用先进的注射加工方法[36],提高产品质量,降低生产成本。目前我国不少厂家在这方面已进行了大量的资金与技术投入并开始采用这种加工方法[37-38]。

(2) 采用综合性能好的合成橡胶作罩体材料。从世界各国近年面具罩体材料的使用情况来看,硅橡胶和卤化丁基橡胶采用得最多。尤其是溴化丁基橡胶用得更多,被认为是作罩体比较理想的材料。另外,硅橡胶也以其优良的耐老化性和生理惰性被广泛应用于面具罩体和阻水罩上。但硅橡胶的防毒性能和抗撕裂性能较差,因此必须设法解决这个问题,才能使硅橡胶在面具罩体上得到更好的应用,如采用橡胶并用或复合等方法。

(3) 解决面罩材料的阻燃问题。面罩阻燃问题多年来一直没有得到较好的解决,主要原因是对阻燃剂与橡胶配方的研究不够深入,实验工作不到位。下一步应很好地借鉴国内外在橡塑阻燃研究方面的成果,努力研制出自己的阻燃罩体材料。

(4) 加强罩体胶料配方方面的研究,逐步解决罩体材料存在的问题,尽早研制出防护性能好、舒适性、适佩性高、耐老化性和抗形变性能优的罩体材料,为我国面具的发展奠定良好的基础。

7.2 面罩设计

随着科学技术水平不断提升,防毒面具设计水平也有了翻天覆地的变化。另外,随着市场上新材料、新工艺的不断出现,使得我们研制的防毒面具在外形结构和基本性能上也不断提升。而防毒面具的发展紧紧依托这些先进技术,使防毒面具设计行业能充分吸收世界先进面具的优点,并能将这些优点转化为适合自己发展的基点,以此来不断提升自身防毒面具的设计能力。

设计面罩应考虑的主要问题很多,防毒面具的适用性牵涉面很广,它既要求携带方便、佩戴迅速,又要求能佩戴持久、对作业和人体生理影响尽量少。有关防毒性能的问题前面已经讨论过了,这里不再赘述。

防毒面具的研究设计应以相关标准为基本依据,按照任务要求,首先制订出面具设计的总体方案及各分项选择研究的重点,依次或同时展开工作,为了便于对照说明问题,以表格形式列举(表7.8)。

表7.8 面具性能要求及研究设计的项目

规格	技术性能	设计考虑的项目
能防蒸气、气溶胶状各种有毒物质	面罩符合面型气密性好,活门灵活不漏气,滤毒罐效率高,防护因数大	人员面型尺寸,头带紧密,控制活门结构减少静和动漏气量,滤毒罐结构方案及过滤材料的选择
面罩及部件防液滴	面罩材料防液滴并可消毒	研究新型橡胶、塑料及其表面处理
佩戴后呼吸受约束要小	吸气阻力小	滤毒罐设计应使空气通过不受限制,装填层、滤烟层阻力要小,呼气活门设计合理
便于携带并能迅速佩戴	一次呼吸时间内能戴上以达到及时防护目的	头带设计应考虑易于佩戴,不易发生错误并一次适佩
佩戴舒适	主观评定	在重体力劳动下呼吸量增大时阻力增加不大,出汗等生理效应的适应性
能正常通话	语音清晰传达	靠共振膜通话性能,面具设计要求内腔要小,传声障碍小,头戴式固定
不妨碍外部设备	面具与人脸部吻合好,空间阻碍小	镜片嵌入面罩设计,面罩与滤毒罐及其连接的设计
质量轻、体积小、韧性好	质量小,装配紧凑,占有空间小	材料选择,结构设计
经久耐用,便于维修换件,储存期长	连接件标准、规范,操作简便,不用专用工具可更换,可存放10年以上	材料选择,配件设计

7.2.1 面罩整体结构设计

1. 罩体的结构

罩体用以掩盖面部,又是组成面罩其他各系统为一整体的骨架。通常以各种不透气而又柔软的材料制成,如天然橡胶、合成橡胶、塑料等。其制造方法有胶黏、缝合和模压法3种。前两种大都为早期的手工制造,而模压法便于大规模生产。

第 7 章 面 罩

根据罩体结构形式,面罩有平面式、半立体式和立体式 3 种。现代面具发展的趋势,各国均以立体式为主,但其他形式也各有优点。

平面式面罩是由一块薄橡胶材料黏合而成,第二次世界大战前的一些老式面罩即属此类。结构简单,能折叠,体积小,携带方便。主要缺点是有害空间大,佩戴气密性差。后来发展为半立体式或立体式。我国头盔式面罩即是半立体式,折叠、携带、佩戴方便,气密性较好。然而由于半立体式在佩戴时所需支撑力成为剩余力,形成对头面部的局部压力,选配不当或长时间佩戴可能造成难忍的压痛。立体式面罩(如轻型面具)因更符合面型,佩戴较舒适。

2. 密合圈的位置

为了保障面罩在佩戴后的气密性,在罩体上必须有一密合框,它与面部贴合形成一个密合圈使面罩内部空间与外隔绝。若密合圈有缝隙,在吸气时面罩内形成负压,染毒空气迅即漏入,故其气密性是面具防护性能的一个重要内容。密合圈的气密性不仅与其位置、形状及面罩结构有关,而且受佩戴者面部形状的变异和佩戴情况等因素的影响。

密合圈的位置就是人员佩戴面具后,面罩与面部皮肤接触而起密合作用的部位。实际上密合圈的确实部位、宽度及尺寸大小变动较大。它不仅与面具结构有关,同一面具也因佩戴者的头型、面型不同而变化。即使是同一面具同一人使用,由于每次佩戴情况不同,呼吸运动状态有别而有所变更。

综合目前国内外面具(包括隔绝式面具)结构,使用时形成密合圈的位置与形状大小可分 5 种类型。

(1) Ⅰ型密合圈是由前额到太阳穴,沿两颊向下至下颌部、喉头上方的一圈,见图 7.6 中Ⅰ。我国生产的头盔式面罩即为此类型。其下颌部常有漏气现象,尤其南方人较瘦,下颌部的颈上部肌肉较少,又随呼吸而振动,吸气时这部分肌肉向内凹陷,形成缝隙而漏气。同时这部分肌肉受压后产生的不舒适感,较其他部位更为明显。此外,在前额与太阳穴处也易漏气。

(2) Ⅱ型密合圈是由前额到太阳穴,沿两颊向下,至嘴下部的下颌骨部位的一圈,见图 7.6 中Ⅱ。我国 MF4 型、轻型面罩都属于这一类。太阳穴部位最窄又是人员面型变异较大之处,较易漏气。下部较宽,气密有保证,但若面具结构设计不够优化,则在使用中会产生下巴酸痛感觉。

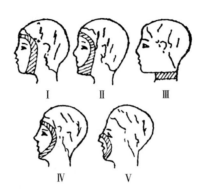

图 7.6　各类型面罩在面部的密合圈位置

（3）Ⅲ型密合圈是沿颈部的一圈，见图 7.6 中Ⅲ。一般适用于伤员面具，对颈部压力不大，但密合性较差，需迅速脱离毒区。意大利曾生产过的一种正压面具即采用此种密合圈，以鼓风机使面具吸气时保持正压，防止染毒空气沿此处漏入。

（4）Ⅳ型密合圈是从前额到太阳穴至嘴下部的一圈。这种类型在潜水面具上常可见到，如图 7.6 中Ⅳ。

（5）Ⅴ型密合圈是由鼻根沿眼下方至两颊向下围绕嘴下部的一圈。这是口罩及面具阻水罩的密合圈，见图 7.6 中Ⅴ。

总之，面具密合圈的位置变异较大，设计面具时应适应其变化范围，使之形成气密性良好的密合圈。然而由于人员的面型是不规则的曲面，头型大小、面部尺寸、胖瘦程度等差异甚大。要使面具对各类面型都达到气密，并在任何情况下保证气密而无不良生理影响，这给面具密合框的设计带来较大复杂性和难度。解决的办法需从两个方面着手：一方面使面罩形状尽可能符合人员的头、面型，为此要进行人体测量学调查，科学地确定头面部尺寸，作为面罩设计的依据；另一方面要从面具的结构、密合框和固定系统的合理设计，来解决气密性、舒适性和压力均衡等问题。

3. 密合框的结构

根据对密合圈气密性的要求，面罩密合框应能紧贴面部皮肤。这就要求密合框的外形表面与人员面部形状相吻合，并靠固定系统的拉力使二者接触、贴紧而不留空隙。固定系统使密合圈部位有一定压力，其大小恰能固定面罩，并足以克服运动、呼吸、碰撞等使面具移动的力，以保障密合圈的气密性。密合框的结构形式主要有以下几种。

第 7 章 面 罩

（1）单面密合框（或平面密合框），相应于密合圈位置的罩体橡皮与面部吻合。例如，我国的 MF4 型、轻型 MF9 型面具，美国的 M13、M9、M17 型面具，苏联的 ЩМ–41М 型面具，日、英、法、德等国的老式面具均属此类结构。

（2）T 形密合框，在平面密合框基础上再加一 T 形周边或反折边，利用橡皮的弹性，增加密合框对面部的压力，见图 7.7。例如，德国的 3S 型面具，美国的 XM–29 型面具及我国潜水面具均使用 T 形密合框。

图 7.7　T 形密合框

（3）海绵塑料垫密合框，在面罩内密合圈位置上粘贴一层海绵塑料垫，如挪威 LFC 型面具。

（4）管形（气垫）密合框，由一圈空心胶管构成，管内充气或水，见图 7.8。在下颌部位密合框上有一特别的压力调节阀，以调节气垫内气压与外界平衡，如英国的 S6 型面具为此结构。

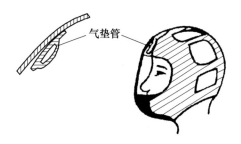

图 7.8　气垫密合框

以上各类密合框均靠与面部贴合而保持气密，有人认为，在密合框上制成波形突线，与面部贴紧的线密合框更易保证气密。新型面具多有采用。另外，单面密合框只能解决面罩内的负压气密。当呼气时，面罩内形成正压，密合框压向面部的压力减小，有些部位可能离开面部（如太阳穴、面颊部）部分呼出气体由此泄出，对过滤式面具而言这是允许的，但对眼窗保明带来不利影响。为克服密合框的离面力,必然增大其对面部压力,这就影响了舒适性。T形密合框在面罩内处于正压时,其反折边部分压向面部,故较单面密合框气密性好,下巴部位也较舒适。海绵塑料垫与气垫密合框气密性较好,当受外力时密合框因其弹力而变形,但仍紧贴面部不发生漏气现象,又因对面部受压面积大,均匀舒适性较好。这两种结构的密合框受压变形范围大,适合大范围变异的面型,其面具适佩率较高。海绵塑料垫的缺点是,在染毒区吸附毒气不易排除,吸收汗水清洗困难,生产过程中手工工艺较多。近年来又出现双反折边的密合框设计,其气密性好,可确保充分的气密和舒适。

4. 面罩的型号

为使面罩的设计尽可能适应使用者的头、面型,必须进行人体测量学调查,综合分析找出最佳测量点,要结合人体脸面部尺寸结构特点来设计。一个好的防护用品的设计一方面要有其防护的功能,另一方面必须考虑和被保护者的良好结合与科学设计,因此多年来劳动保护领域的专家,人类工效学专家一直把人体头面部尺寸的研究作为一项基础的、重要的课题来研究,并在此基础上开发完善头面部的各类防护用品。设计中通常取人员头、面部某些通用的定点之间的距离作为测量的数据基础。这些点称为"人体测量点",如图7.9所示。它应具有代表性,能表达头、面特征,容易准确地被找到,便于测量。根据测量数据,确定头、面部的特性尺寸,从而规定出面罩的型号和尺寸。

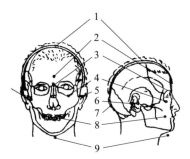

图7.9 人员头、面型测量点示例

1—头顶点;2—眉间上点;3—鼻根点;4—眼下点;5—颧点;
6—耳屏点;7—头后点;8—口角点;9—颏下点。

采用"协差阵主成分法"统计计算,确定出中国成年人标准头型系列。其测量结果成为国家标准《中国成年人头型系列》(GB 2428—81)的制定依据。头、

第 7 章 面 罩

面型尺寸分布规律不仅可以指导生产各种型号的防毒面具,而且可以确定生产供应各种型号的装箱比,这样可以减少生产供应的盲目性。

这是一项基础标准。人员要能参照头型系列中一些有关的数据,如头顶颏下弧(颏下点经头顶点和后点连线中点的围长)、耳屏颏下弧(一侧耳屏点经颏下点至另一侧耳屏点的弧长)、耳屏额弧(一侧耳屏点沿眉脊经眉间上点至另一侧耳屏点的弧长)、形态面长(鼻根至颏下点距)、面宽(两颧点距)、口宽(两口角点距)、鼻中宽(两眼眶下点连线同一部位的鼻骨宽)、鼻中高(鼻梁最高点至鼻中部宽的垂距)等特殊尺寸,判定面罩的型号和尺寸,以适合我国人员使用的防毒面具和口罩等防护装备,提高适佩率,确保良好的气密性能。

面具的尺寸号码因结构不同而异。头盔式面罩因固定系统不能调节,要达到较高的适佩率,就要求面罩型号多。面具型号多不仅给工艺生产带来复杂性和困难,而且也给使用带来不便。

对于头戴式面具,因有可调节的头带,设计时只需考虑面型,型号可以减少。美国的 M17A1 型面具,实际只有大、小两个号,因其面罩内有阻水罩,也分两个号,与面罩组合起来最后形成型号也只有 3 个。可见头带调节范围较大,面具型号可以减少。

对于全国性的人体测量工作来说,一般只测量人体的主要项目尺寸,针对不同产品设计所需要的辅助项目尺寸一般很难完全满足。通用的办法是选择与主参数类似分布的一个小样本(为 100~200 人)测量产品设计所需要的主参数及与其有关的所有辅助项目尺寸,建立主参数与辅助项目之间的回归方程。然后由全国大样本主参数的分布确定产品型号规格的设置,而对应不同型号规格辅助项目的数值,可用小样本建立的回归方程很方便地计算出来。这样既可保证设计的精度,又可大大简化复杂大样本的人体测量。

7.2.2 功能附件结构设计

1. 面罩的固定系统

1) 固定系统结构

面罩靠固定系统将罩体固定在佩戴者的头上。过滤式面具固定系统主要有头盔式和头带式两种。多数采用头戴式结构。

图 7.10 头盔式面罩

头盔式是头顶部为一盔套。与罩体连成一个整体,如图 7.10 所示。其材料均为天然橡胶,罩体面部较厚,约 2.5mm,盔部较薄,约 0.8mm。盔部有弧形皱纹,佩戴时皱纹拉伸变直,保证了头部必要的空间。两耳对应处则有凸出的耳轮廓,可减小对耳部的压力。作为固定系统的盔部大小是固定不可调的。因此,要求它的形状和大小应适合头部形状大小,还要求它的材料具有良好的弹性和机械强度,尤其边缘部分要有足够的抗拉强度,设计中往往把边缘加厚。合成橡胶弹性小,永久变形又大,不宜做头盔式面具的材料。

头戴式是靠数条长短可调节的带子将罩体固定的。头带数目一般为 5~7 条,分别与头带垫相连。材料要求松软并具有一定弹性,多用橡皮或松紧带,也有个别国家用金属弹簧装在针织布套中使用。头带与罩体的连接方法有 4 种。

① 用线缝接,罩体橡皮易撕裂。

② 用铆钉固定,铆钉部位的厚度、硬度均增大,佩戴时局部压力增大。

③ 嵌入罩体硫化固定,牢固平滑,但工艺较复杂。

④ 用扣环或卡子连接,头带可调节,使用方便,目前多采用此法。如我国的 MF4 型面具,用带调节环的橡皮胶布与罩体 5 个伸出部位胶合在一起硫化固定,5 根头带的一端分别缝接在橡胶布做的头带垫上,另一端分别穿过罩体上的带环,佩戴时可调节头带长短。近代面罩的零件制作更精巧,如挪威的 LFC 面具,其下头带装有带弹簧的松脱装置,更便于脱戴面具和保护头带。头戴式面罩见图 7.11。

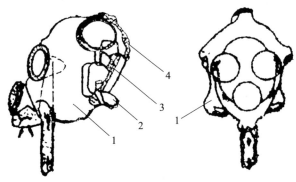

图 7.11 头戴式面罩

第 7 章 面 罩

2)面罩的一次佩戴密合性

面具的佩戴速度是现代专业人员对面具的一项重要要求。这除了与部队训练因素有关外,在很大程度上取决于固定系统的结构形式。头盔式面罩结构简单,便于从面具袋中取出,易摸准佩戴孔,故较头戴式面罩佩戴迅速、确实密合。头戴式面罩由于头带间形成的孔洞多,在佩戴时由于要求闭眼,憋气和紧张心理状态下,不易摸准佩戴孔,有时发生错误佩戴或戴偏情况。某些面具头带设计不够合理,加之通话器等部件突出,从袋内取出不够方便,也影响佩戴速度。表 7.9 列出了不同类型面罩的佩戴速度。

表 7.9 两种面具佩戴速度与密合性

面具类型	立姿佩戴时间/s	行进佩戴时间/s	卧姿佩戴时间/s	气密性/%	漏气原因
头戴式面具	11.5±1.3	12.8±1.3	15.2±1.8	93	戴偏、中头带压耳
头盔式面具	8.8±1.8	9.3±1.8	13.6±1.3	94	面罩卷边

面具不仅要求能佩戴迅速,还要确实气密,也就是要求一次佩戴保证密合。发生一次佩戴不气密现象的原因,除训练因素外,从固定系统的结构因素分析,对于头戴式面具而言,头带的位置和形状是重要因素。如头戴式面具中头带压耳和头带环处卷曲。若中头带稍上移,头带环根部适当加宽即可有所改善。美国的 M17A1 型面具中头带的结构设计较合理,其头带环根部是从面具太阳穴分支延伸出来的,这对太阳穴部位密合有利,即使中头带压耳产生向外拉力,也不致使密合圈拉离而漏气。它还能通过调节头带以适应太阳穴位置凹陷较大的人员。

3)佩戴持续性及可靠性

面具能否持久佩戴是由多方面因素决定的。除面具的呼吸阻力、有害空间、视野和保明、负重效应、有无饮水装置、对皮肤的刺激性以及防护时间等因素外,固定系统对面具佩戴舒适性和持久性有很大关系。

面具对头、面部必须有一定压力才能保证气密,然而若形成局部压力过大,使人难以忍受,就会影响佩戴的持续性。面具对头、面部的压力是通过固定系统的拉力产生的。其拉力大小有的可调节(头戴式)有的不能调节(头盔式),而只能依靠挑选型号来解决。头盔式固定系统在头部形成的压力比较均匀,局部压痛不明显,但随橡胶老化失去弹性而增大。头戴式固定系统对头部形成的压力不均匀,压力主要集中在头带调节环和头带垫等部位。某些面具头带垫、头带调节环及其连接处均较硬,当触及头部突出部位时,即产生应力集中而压痛皮肤。在持续佩戴过程中,头带可能产生松动,影响面具在运动过程中的气密性,但耳部没有压迫感,听力也无影响。头盔式面具的固定可靠性好,但头部闷热且妨碍听觉。

根据固定系统优缺点的分析,MF9 型在头盔式面具基础上进行了改进,即在头盔上开了 4 个洞。头顶两个孔解决头部散热问题,两边耳部的孔则解决听力问题。佩戴牢固性较好,但头部压力分布不够均匀,耳下部压力较集中,橡皮薄易撕裂,耐用性差。

4) 耐用性及工艺

面罩的耐用性主要与固定系统有关。头盔式面具因其头盔部为一薄橡皮片构成,易撕裂、易老化变质。头戴式面罩的头带也易损坏。金属调节环易生锈,头带受汗湿易卷曲,橡胶筋老化变质等。但检修更换较方便。

从大量生产情况来看,头盔式面罩模具较小而扁平,进行硫化时占据空间较小,而立体型模具体积较大,同样设备生产能力成倍减少。但头盔式模具质量要求高,尤其盔部要求厚薄均匀,制造工艺难度较大。

2. 面罩的气流分配系统

1) 面罩的吸气系统

面罩的吸气系统包括吸气活门、导气管、Y 形管或阻水罩等部件。它引导滤净的空气至面罩内供人员呼吸。对该系统的要求不仅要气密性好,而且要求阻力和有害空间应尽可能降低。

(1) 吸气活门。初期的防毒面具,吸气、呼气都经过滤毒罐。呼出废气经滤毒罐排出面具有两个问题:一是呼出废气中的饱和水蒸气吹过吸着剂层使之受潮,大大降低了防毒能力;二是从面罩到滤毒罐进气口的空间都被呼出气充满,增大了有害空间。后来面具上采用了呼、吸气活门,使吸入和呼出气分流,克服了这一缺点。吸气活门为单向活门,呼气时关闭,防止呼出废气进入导气管和滤毒罐内。吸气活门的构造比较简单,各国面具采用的形式也大致相同,一般用圆的薄橡皮片做成,中间用铆钉固定在活门座上,其密合框呈环状。但它的位置在各类型面具上有所差别。早期的吸气活门装在滤毒罐底进气孔上,

第 7 章 面 罩

如苏联的 T-5、美国的 M1A1 滤毒罐,有的装在滤毒罐的罐颈口内,如英国的 EY-1 和德国的 FB-41 型滤毒罐等。后来,有些面具如德国的 S-38 型面罩和苏联的 ЩM-41 型面罩,将吸气活门与呼气活门组成一个活门盒,装在罩体下方。国产 MF4 型等多种面具,则将吸气活门单独直接装在罩体进气口处。总之,吸气活门的位置越靠近口、鼻部位越好。

吸气活门的设计,一般是在保证低阻力的条件下来考虑活门的气密性,因为面具在使用过程中,吸气活门不气密不会产生漏毒的危险。一般吸气活门的吸气阻力在 30L/min 条件下,大都在 5Pa 以下。吸气活门漏气量较大,致使漏回的潮湿废气不仅影响眼窗保明,而且也使实际有害空间增大。所以设计中也不应忽视其气密性。

(2) 导气管。滤毒罐的体积、质量较大时,不便直接连在面罩上,需用导气管连接。为了便于更换滤毒罐,导气管的下端与滤毒罐的连接应是可拆卸的。而上端与面罩的连接则有可拆卸的和固定的两种形式。后一种与面具的结合比较简单,且气密性也更可靠。然而前一种的导气管可更换,必要时滤毒罐还可直接连在面罩上。

面具在佩戴过程中,导气管是暴露在外,无保护,因此必须有足够的机械强度,也要保证在各种工作状态中能弯曲成任何角度,不致受压变形影响呼吸,还应具有良好的弹性和稳定性。为此,导气管均制成皱褶(波纹形)结构,其长度以保证头部能自由运动为度,一般为 50~70cm。导气管的直径显著地影响着面具的吸气阻力,根据实验数值,在 2~2.5cm 范围内即可。

(3) Y 形管和阻水罩。为了解决眼窗的保明问题,通常在罩体内装有 Y 形管或阻水罩。但从气流分布的角度来评价这种结构;它明显地增加了吸气阻力;也增加了实际有害空间。如果 Y 形管的结构设计不完善,气流通道形状复杂,通道狭窄或材料软而薄易被压瘪变形时,其阻力增加更为显著。以图 7.12 中第一种情况为例,在流速为 30~150L/min 的范围内,其吸气阻力甚至增大数倍。德国面罩无 Y 形管,且材料变形很小,吸气阻力变化就小(曲线 3)。英国面罩虽无 Y 形管,却因通道窄且弯曲,阻水罩使气流受阻,甚至在低流速下也会引起湍流,使阻力大增(曲线 2)。

总之,为了降低面具吸气阻力和实际有害空间的影响,应尽可能使面具内

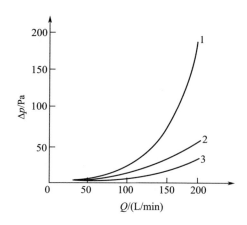

图 7.12　几种面罩吸气阻力随流速的变化

1—Y 形和变形的苏 ШМ 面罩；2—正常 Y 形管的苏 ШМ-1 及英国面罩；3—无 Y 形管的德国面罩。

气流呈层流状态，避免湍流，这是重要的一环。因此，面具吸气系统应进行流线型设计，气流转弯次数要少、无棱角且光滑，通道横截面应尽可能大。

2）面罩的呼气系统

（1）结构与作用原理。

面罩的呼气系统保证把呼出的废气顺利地直接排出面具外。呼气系统包括两道呼气活门、活门座、生理室等。

呼气活门是其中最关键的部件，它处于面罩内的空间与外界染毒空气的交界处，因此呼气活门必须有可靠的气密性能。呼气时活门应顺利打开，吸气时应迅速关闭，并在全部吸气时间内部是密闭的。呼气活门的关闭是靠面罩内的压力与外界的大气压力的压差来完成的。呼气时面罩内为正压，将活门片顶开，吸气时靠面罩内负压而关闭；然而当呼气处于结束的微弱状态，将要转为吸气时，特别是在产生可能停歇的情况下，活门片可能会由于惯性的作用，或由于负压小（这在讲话过程中极易产生），使活门仍处于开启的位置，或与活门座不十分贴合的位置，从而造成漏毒。此外，在面具使用过程中，脏物落入活门、活门冻结或老化失去弹性，都是产生漏气的因素。因此，一些面具采用了两道呼气活门和生理室的结构来保障。

有的面具是把呼气活门与吸气活门组成专门的活门盒置于面罩下方，不仅可排出废气，而且也可排出面具内所凝聚的水分。这种活门盒的结构体积较

第 7 章 面 罩

大,又增加了实际有害空间,尤其对面具通话性能影响很大。因而近代面具将呼气活门与通话器结合在一起,组成通话器-呼气活门装置。这种通话器-呼气活门装置结构紧凑,活门座既可用于固定活门,也可固定通话膜,因而整个装置外形体积小、质量轻且不妨碍面具的下方视野。两道呼气活门中起主要作用的是内呼气活门,外呼气活门只是起辅助和保护作用。生理室的结构如图 7.13 所示,其中总是充满了呼出的废气。吸气时可能有微量的染毒空气漏入生理室,但被废气所冲淡。如果外界染毒空气为 c_0,每次漏入生理室的染毒空气体积为 V_1,生理室体积为 V_S 在理想而瞬时的混合条件下,生理室内部的浓度则应为

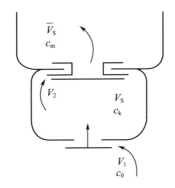

图 7.13 生理室示意图

$$c_k = \frac{c_0 \cdot V_1}{V_S} \qquad (7.1)$$

如果内呼气活门每次可漏入面罩内气体为 V_2,面罩内的有毒化学品浓度应是再次被冲淡的。若每次吸气量为 $\bar{V}_S$,则面罩内浓度 c_m 应为

$$c_m = \frac{c_k \cdot V_2}{\bar{V}_S}$$

代入式(7.1),得

$$c_m = \frac{c_0 \cdot V_1 \cdot V_2}{V_S \cdot \bar{V}_S}$$

那么呼气活门漏气率 K_V 为

$$K_V = \frac{c_m}{c_0} = \frac{V_1 \cdot V_2}{V_S \cdot \bar{V}_S} \times 100\% \qquad (7.2)$$

由此可计算漏入的染毒空气体积 V_1。生理室的结构只是起到冲稀、降低漏入的有毒化学品浓度,并未从根本上消除有毒化学品的漏入。其容积大小一般以 50mL 为宜,过大则使活门盒体积增大,笨重妨障作业动作。呼气活门气密性良好时,生理室容积可小些;如轻型面具的内呼气活门密合性好,生理室容积为 20mL 左右就能满足要求。

呼气活门的阻力直接影响着面罩的排气速度,从而促使实际有害空间的增长。呼气活门的总阻力是空气流动阻力与活门的开启压力之和,即

$$\Delta p = p_0 + Kq^n \tag{7.3}$$

式中:Δp 为呼气活门总阻力(Pa);p_0 为开启压力(Pa);K 为空气流动下的阻力系数;q 为空气流量(L/min);n 为指数,数值为 1.1~1.3 之间。

活门的开启压力除与活门结构有关外,也会因活门上凝聚的水而增高,因为水能引起拍击,并使活门片与活门座产生黏合。这就需要增大呼气压力以克服此黏合力,也就是增大了阻力。

在呼气系统内也应尽可能避免湍流,因而要求呼气活门的位置应与嘴相对应,且不宜突然收缩或弯曲,活门的孔洞尺寸要合理。

(2) 呼气活门。呼气活门的高气密、低阻力的要求是设计中需要妥善处理的问题。由于呼气活门的特殊地位,故需在保证气密的前提下降低阻力,同时照顾其体积、形状及与其他部件的关系。其构造较吸气活门要复杂些,有以下几种形式。

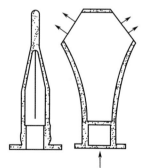

图 7.14 瓣状活门

① 瓣状活门是由两个平面的橡皮瓣黏合而成,呼出的废气由下方两侧排出,见图 7.14。活门直接装在面罩外的接合管上,过去的日本和波兰面具上可以见到。这种活门的密合框宽,气密性好,但阻力较大。更主要的是它的体积大,冬季结冻问题不好解决,同时呼气时响声大,现已较少采用。

② 蘑菇状和圆片状活门均用圆形橡皮片制成,见图 7.15。蘑菇状活门是中间固定在活门座上,如挪威 LFC 型面具。圆片状活门则由圆片外缘 4 个突出端相黏合,废气从环形边缘排出。其共同特点是密合框宽、阻力小、外形平整,便于在面罩内装置,保温问题好解决,易于与其他部件结合、建立生理室等,近代面具采用较多。

第 7 章 面 罩

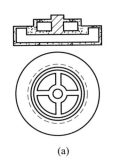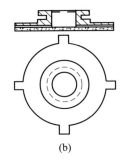

图 7.15 蘑菇状

(a)和圆片状;(b)活门。

③ 云母活门是一种特殊的活门,是将圆片状云母薄片作为活门片,用弹簧顶压在活门座下,如图 7.16 所示。呼气时气流使云母片压缩弹簧离开活门座排出废气,呼气将尽时,弹簧及时压迫云母片贴在活门座上,气密性较好。优点是阻力小,关闭及时。缺点是当活门座上落入脏物时会引起严重漏毒,同时活门启闭会发出响声。德国面具曾采用此种活门。

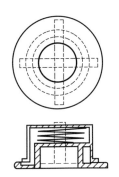

图 7.16 云母活门

④ 隔膜状活门如图 7.17 所示,英国面具曾采用。排气孔在活门中间,气密性好、阻力小,还有一定传声性能,结构简单。

图 7.17 隔膜状活门

⑤ 喇叭状活门与通话装置结合为一体,结构紧凑,见图 7.18。为轻型面具设计的一种活门,活门座上一面可固定外呼气活门,另一面则可套上内呼气活门,同时还可套上通话器。喇叭口的边缘与通话器壁接触,呼气时可顶开,排气孔大,阻力小,吸气时除面罩内负压作用外,喇叭口本身也有一定压力使之关闭密合。

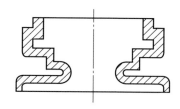

图 7.18　喇叭状活门

总之,呼气活门的设计应满足下列技术要求。
① 有良好的气密性和较小的阻力。
② 易于保温,严寒条件下不结冻。
③ 易清洗排出脏物。
④ 呼吸时无声响。
⑤ 体积小、易更换。
⑥ 耐用、不锈蚀或老化。
⑦ 能兼作排除面罩内液体的出口。
⑧ 构造简单,便于生产。

综上所述,面具的气流分配系统应设计得使面罩内部气流处于层流状态,这是有利于降低阻力和有害空间的。因此,就要尽量使气流通路直而少弯,把呼气、吸气活门对着口鼻设置,吸入气流流经镜片时应减少转弯次数。如可将空气由镜片上方引入,就可实现节省途径减少转弯。现已证明阻水罩的使用,可能引起湍流,最好改为折流器或导流器来引导气流方向。

3. 面罩的光学系统

为了使人员佩戴面具后能进行正常观察(即有广阔的视野和清晰的视力),便于使用光学仪器,面罩必须设计有良好的光学系统,也就是要有设计合理的良好的眼窗结构和一些必要的保明措施。

1) 眼窗的结构与视野

近代面具眼窗的结构形式多种多样,可以归纳为以下 3 类。
(1) 双目镜片式眼窗。
(2) 连为一体的大镜片式眼窗。
(3) 罩体整个用透明材料做成全脸式眼窗。

第 7 章 面　罩

眼窗的结构主要应保证有尽可能大的视野和便于光学仪器的使用。经验证明,面具视野的大小与眼窗结构和面罩的结构有关。以双目镜片眼窗而言,其形状大小、与眼睛的距离、两镜片最短距离和夹角以及眼窗在面罩上的位置等均影响着视野的大小。

由表 7.10 可看到三角形(或梯形)眼窗的视野比圆形的大,曲面的比平面的大,大镜片式眼窗视野就更大。两镜片间夹角越大,镜目距及两镜间最短距越小,对视野越有利。

表 7.10　几种面具眼窗的视野

面具类型	眼窗形状	镜片面积/cm²	镜片夹角/(°)	镜目距/mm	镜镜距/mm	总视野×100
头盔面罩	平面圆形	23.7	116	25	28	64
苏ⅢM·4型	平面圆形	23.7	105	33	36	60
日本	平面圆形	22	132	20	25	66
轻型	平面三角形	24.3	148	17.8	21.6	73
美 M9 型	梯形	68×63	107	25	24	75
美 M17 型	双曲面梯形	—	—	—	—	81
英 S6 型	双平面形	—	—	—	—	77
挪威 LFC 型	大镜片式	—	—	—	—	84

曲面形眼窗、大镜片眼窗和全脸式眼窗(也需做成曲面)可扩大视野和减少戴面具后的畏窄的心理。然而若曲面的曲率过大,棱镜效应和光线折射率也要大,光线透射不足,从面罩内表面产生的光反射就减少,会产生杂光,反而降低视觉性能使景象失真。眼窗曲率大,也会使得太阳光在任何角度的照射都易产生外部的闪光信号。相比之下,平面眼窗却可防止光线的折射和畸变,且制造工艺简单,也便于安装保明片。

在使用光学仪器时,要使目镜靠近眼睛,戴面具后就会受到妨碍。因此,要求面具眼窗的镜目距尽可能小。眼窗框架、Y 形管等部件又会有所制约,镜目距过近时,会使眼窗上部压迫眉弓和鼻梁,也使得 Y 形管通路变窄而增大吸气阻力。有人曾考虑设计前后移动的眼窗或使用软镜片。但软镜片在呼吸时会产生脉动现象,不仅增加实际有害空间,也妨碍正常的观察能力。

为了保证下方视野,眼窗与眼的相对位置应以镜片中心相对于眼睛瞳孔下方 1cm 处为宜。

面具的其他部件如导气管、通话器、滤毒盒（或元件）等设计不当均会影响面具视野。所以，要使面具具有良好的光学性能，不仅要设计最佳结构的眼窗，而且其他部件的设计应同时考虑其影响。

2）眼窗正常视力的保证

视力是指眼睛分辨物像的能力。面具对视力的影响主要是由眼窗的透明度决定的。眼窗的透明度首先取决于镜片的材料，好的镜片应当透光率高、坚固耐磨，即要有足够的机械强度和表面硬度。有机玻璃镜片易在使用中磨损出现划痕，甚至模糊而严重影响视力。

面具在使用时由于呼出废气中的水汽在镜片上凝结甚至结霜的现象，使光线产生散射而严重影响视力。镜片起雾会不同程度地影响使用者的视觉功能，严重时可导致使用者不能视物，而丧失作业能力。伴随防毒面具的发展，人们研究和应用了各种镜片防雾技术和措施，并构成了防毒面具的重要设计要素。

在冷环境中，外环境低温导致镜片内表面温度较低，若使用者呼出的温湿气体扩散到面具眼窗区域，就会出现镜片起雾甚至结霜的现象[39]。在热环境中，使用者常处于热紧张状态，其眼部区域皮肤温度高、出汗多，可形成局部过热湿环境，水汽同样会在相对低温的镜片表面凝结起雾。

(1) 面具镜片防雾的技术途径。防毒面具镜片防雾可采取以下 3 种技术途径。

① 结构式镜片防雾技术。消除造成水汽凝结的条件，即不会出现镜片内表面温度低于眼窗区微环境中水汽凝结的露点温度，包括控制微环境中水汽的含量以及控制镜片内表面的温度。

② 物化式镜片防雾技术。抑制水雾的形成，即应用亲水性或疏水性化学物质抑制水汽形成雾滴。

③ 人工镜片防雾方法。去除已经形成的雾，即通过人工干预等直接擦除镜片上的水汽雾滴。

由于在危害环境中不允许使用者摘除防毒面具，因此也决定了防毒面具镜片的防雾要求的特殊性。具体要求：一是能够适应于不同的作业环境；二是能够在期望的防护作业时间内保持有效；三是应能保证使用过程中防护的可靠性。

从面具结构本身考虑方案有二：一是防止镜片与湿热废气接触；二是镜片本身防寒。实践表明，现代防毒面具将主要采用合理的结构设计来获得可靠的防雾效果。

(2) 物化保明法。老式面具将 Y 形管与物化保明法结合使用。物化保明法是指利用特制的保明片、保明膏等附加措施达到保明目的的方法。物化式镜片防雾技术包括了防雾保明片、防雾涂层、防雾剂等具体应用形式，理论上具有优异亲水性或疏水性的有机或无机化学材料都是防毒面具镜片物化式防雾技术可能选项。保明片是在赛璐珞片基的一面涂上明胶，按眼窗镜片大小形状裁制而成，使用时临时安放在眼窗内侧，利用明胶吸收水汽而起保明作用。保明膏主要成分为钾皂，还含有石蜡、甘油成分。使用时均匀涂在镜片内侧，可降低水的表面张力，使水雾细珠形成薄薄的水膜而起保明作用。

物化保明方法有效期较短，使用不够方便，但对结构保明差的面具不失为一种辅助手段。近年来，物化保明方法也在不断改进。有人致力于硅酸盐镜片的保明方法研究。首先将镜片用 0.5% 醋酸溶液处理 24h，使镜片上形成一层透明多孔性 SiO_2 薄膜。用这种多孔性玻璃片装在眼窗上，使用时再用表面活性剂处理，使表面变成亲水性，表面活性剂留在 SiO_2 薄膜的微孔中，甚至用干布擦也不掉，达到延长保明时间的目的。

所用的表面活性剂是聚乙醇烷基苯酯（OⅡ-7）或其他非离子活性物质。用它制成拭布或油膏，分别保存在专用小盒中待用。拭布和油膏制法如下。

① 按下列组分配好溶液：OⅡ-7 为 5.0%，丙三醇为 1.0%，香料为 0.1%，乙醇为 43.9%，水为 50.0%。再以 5cm×5cm 拭布浸于上述溶液中，经浸泡一段时间取出挤干（至湿重 20%~30%）即可。

② 40% 尿素为稠化剂与 60% OⅡ-7 相混合，加热至尿素完全溶解，剧烈搅拌下冷却，压塑成型。

用这种拭布将油膏均匀涂擦在镜片上，在 -30~-10℃ 温度下保明时间可持续 10h 以上。

镜片防寒的措施通常是做成双层镜片，或在使用时在眼窗外加套一层眼窗镜片。

(3) 气流保明结构。1942 年美国研制的 M6 防毒面具采用了阻水罩(也称口鼻罩,nosecup)防雾技术,其作用是阻止呼出气体进入面罩的眼窗区域,以预防镜片的起雾。随后,美国研制的 M9 防毒面具综合应用了阻水罩、Y 形管和防雾抹布等防雾技术措施,也奠定了现代防毒面具的结构特性。同一时期,德国研制的 S 型防毒面具应用了独特的防雾膜片,以吸收水汽来预防镜片起雾,具有较好的防雾效果。20 世纪 60 年代,英国研制的 S6 型防毒面具采用了导流式阻水罩(inner mask),该阻水罩没有单向阀、上部有导流口,在面具吸气流道设计中,导流口起到引导吸入气流合理吹扫镜片的作用。

阻水罩和导流罩是结构保明方案的两种典型代表。其保明能力的关键取决于能否有效地阻止呼出气流溢入面具眼窗区域。阻水罩与人面部口、鼻区必须密合才能防止废气溢入。而口、鼻区的形状变化更大,其密合框的设计比面罩密合框难度更大。不适当的密合又会增加局部压力引起伤痛,且增加了有害空间。导流罩则不要求设计得与人面部完全密合,把呼出废气限制在由导流罩分隔开的口、鼻区域是其重要功能。导流罩与人面部的半密合状态及所提供的生理空间,可缓冲吸气到呼气状态转换时因压力变化而引起的部分气体的回流现象,而且所回流到眼窗区的气体,主要是吸气时吸入的新鲜空气。值得注意的是,保证导流罩起到优异的保明效果,在很大程度上是依赖于面具的整体结构特性,即取决于面具密合框和吸气活门的正压气密性,这样当呼气时呼出废气才不至于从这些部位泄漏出去,保证了导流分隔呼出气体的作用。我国一种新型面具中导流罩的设计,配合反折边密合框及吸气活门的良好气密性,得到了较好的保明效果。

Y 形管几乎是所有面具均采用的一种传统结构保明方法。它将吸入气流引向面具眼窗区域,对保明性能的改善是有益的。但仅靠它还不足以保证眼窗消除"起雾"现象,对现有各种面具的研究发现,多数面具的 Y 形管对吸入气流的引导作用并不理想,原因是吸入气流在靠近镜片部位的速度偏小,且分布不均匀,这都削弱了对镜片的吹洗作用,对消除"起雾"现象受到限制。因此,对面罩整体结构的优化,改进对吸入气流的引导,还可以提高结构保明的效果。图 7.19 所示为 S6 型防毒面具气流系统示意图。

第 7 章 面 罩

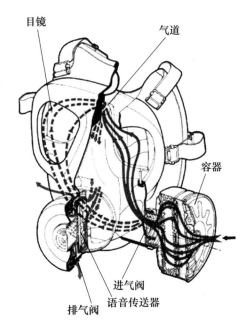

图 7.19 S6 型防毒面具气流系统示意图

还有的大视窗全面罩镜片本身带有防雾功能,如某公司根据生产第一线从业人员意见,在其生产的 0601 型全面罩的基础上,重新设计了一款全新的大视窗全面罩。该面罩的镜片本身带有防雾功能,并在全面罩前面加装一层保护膜,只要使用者觉得镜片保护膜不清或有手纹时,重新更换一块保护膜,全面罩就能重新恢复到全新的视野感觉而不必再用湿毛巾擦洗,从而使设计更合理、更人性化。

4. 面罩的声学系统

面罩的声学系统是为了解决戴面具后的听力与通话问题。头戴式面罩或相应于耳部有孔洞的头盔式面罩,基本上解决了保持正常听力的问题。为解决通话问题,现代面具均装有通话器,它利用传音介质(即振动膜)来传声。

1) 通话膜传声

通话器的性能首先与薄膜的质量、大小、厚度有关。要求通话膜传音性能好,化学稳定性和热稳定性好,不易变形、破损,同时还要抗毒性能高。值得注意的是,面罩的结构和面罩内传音通道的型腔、形状、大小对传音性能也有很大的影响。例如,面罩的下巴部位压力过大,会妨碍张口讲话。通话膜的位置应直接与嘴唇成一直线,并尽可能靠近嘴部;否则传音损失就大。

2) 面具配套电子通信装置

在核生化环境下,为确保生命安全,暴露在室外的人员必须佩戴防毒面具。作为最基本的作业单元,人员在防护状态下执行任务时,信息传递只能通过防毒面具由橡胶薄膜制成的通话器传递,人员佩戴防毒面具的通话会受到一定程度的影响,声音发生衰减与失真,致使通话质量下降,声音信号容易失真。接收语音信号时,由于耳部外侧包裹着一层防毒材料,话音信号受到衰减、失真,受话效果非常差;如果环境背景场复杂,更是难以迅速、准确地判断对方传送的话音信息,易受干扰。为了改善人员在特定作业条件下的通话效率,为面具配套一种集通用性和实用性融为一体、新型高效的话音信息采集和传输系统,是非常必要的。

为确保人员在佩戴防毒面具后的通话效果,除了防毒面具在研制过程中必须控制其传声损失不可大于 10dB 外,还要研制通信装置作为防毒面具的配套器材,以提高语音通话质量。

针对防毒面具语音通话发生衰减和失真的问题,国内的科研院所和生产企业进行了大量的研究,也取得一定的研究成果[40-41]。目前,国内的主要解决方式有两种,即使用电声通话器和采用通信器材。

(1) 电声通话器。使用电声通话器是解决佩戴防毒面具后通话问题的典型方法。使用时,电声通话器安装在防毒面具上,它能够放大语音音量,补偿传声损失。工作原理如图 7.20 所示,首先用气导式拾音器拾取语音,然后经抗噪补偿电路对声音进行信号处理,对防毒面具传声损失相对严重和语音清晰度比较敏感的频段进行高频补偿,以提高语音的清晰度,再通过功放电路将语音信号放大,最后由扬声器将声音发出。[42-44]

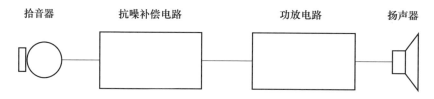

图 7.20　电声通话器工作原理

电声通话器虽然可以补偿防毒面具的传声损失,但也存在某些缺点,主要是其通信距离受环境因素影响严重。例如,在背景噪声很大的环境中,电声通

第 7 章 面　罩

话器的通话距离会缩短,通话质量也会下降。

（2）单兵通信器材。解决佩戴防毒面具后中远距离通信问题的一个有效方法是使用单兵通信器材。个人通信器材通信距离远、抗电磁干扰能力强,只需要解决它与防毒面具的匹配性即可确保二者的兼容。为了能够与防毒面具匹配,个人通信器材通常采用喉部送话、颧骨震动传声、耳骨震动传声等的语音拾取方式,语音清晰度高,抑制环境噪声能力好,而且还可以使用耳机听取声音,可提高行动的隐蔽性。但是,个人通信器材的应用也存在不足之处。首先,个人通信器材要在佩戴防毒面具后着佩,这样才能避免耳机、送话器等外挂设备的电线夹在防毒面具与人员面部之间,影响防毒面具的佩戴气密性;其次,如果是突然遇到核生化袭击,人员必须先除去头面部着佩的外挂设备,然后再佩戴防毒面具,这就降低了防毒面具的佩戴速度,增加人员中毒风险;第三,外挂设备必须与人员直接接触,如果是在核生化全防护状态下,外挂设备的导线必须穿过防毒服才能与通信器材相连,这会影响防毒服的防护性能。

① 国外研究现状。目前,美军的 M50 系列防毒面具是外军最新的防毒面具,它的配套通信器材具有典型代表性。通过对 M50 防毒面具的资料和样机的分析[41],发现 M50 防毒面具也是采用电声通话器来改善通话性能的。如图 7.21 所示,M50 防毒面具的前置模块上,设计有三针脚的电声通话器接口(ECP),用于连接外置的扬声器(VPU)和内置的气导式麦克风,实现电声通话器两个部件的内外连接;另外,该电声通话器接口还可以通过专门的导线与其他单兵或车载通信器材相连,从而实现佩戴防毒面具后的无线通信或者远距离通话。

② 防毒面具无线数字通信研究[45]。为了满足人员佩戴防毒面具后近距离

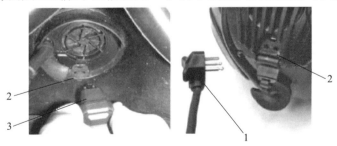

图 7.21　M50 防毒面具电声通话器

1—外置的扬声器接头；2—电声通话器接口；3—麦克风接头。

对话和远距离通信的需求,将电声通话器和单兵通信器材的功能整合,研制一种能够安装在防毒面具上的无线数字通信装置是一种合理、可行的解决方法。

a. 一体化结构。由于无线数字通信装置与防毒面具配套使用,必须满足以下3个要求:首先,通信装置的安装使用不能影响防毒面具的佩戴气密性;其次,二者连接要可靠、稳固且拆装方便;最后,通信装置的外形要美观,与防毒面具的外形设计风格统一。

因此,在进行无线数字通信装置的结构设计时,要综合分析防毒面具的结构特点和通信装置的结构要求,进行"一体化结构设计",以确定通信装置的结构形式和通信装置在防毒面具上的安装位置,解决通信装置与防毒面具的匹配性问题。

b. 电路。无线数字通信装置的电路板采用开放的通用芯片构建策略,硬件生命力强,可通过升级提升系统的功能,满足不断增长的应用需求。通信装置电路板的硬件系统组成如图 7.22 所示,主要包括中央处理器、电源管理模块、射频控制模块、语音处理模块 4 个部分。

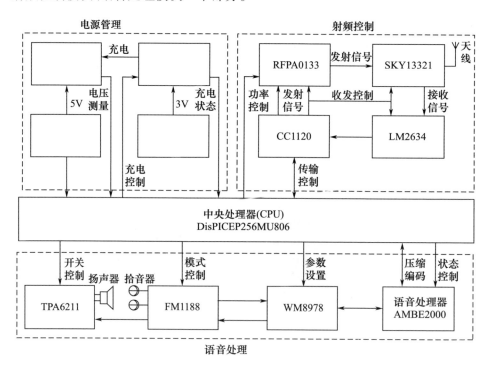

图 7.22　硬件系统组成框图

c. 工作模式。无线数字通信装置有两种工作模式,即喊话器模式和对讲机模式。

喊话器模式用于人员面对面通话,等同于电声通话器,音频信号从语音拾取到发出只在同一个通信装置内流转,音频信号流为:麦克风→语音处理模块→扬声器。

对讲机模式用于人员远距离通话,等同于防毒面具上的数字对讲机,音频信号从语音拾取到发出要在两个以上通信装置内流转;对讲机模式又分为直接对讲模式和耳机对讲模式,使用时根据耳机插入检测,自动选择一种对讲模式工作,所用耳机要具备骨导拾音功能。

直接对讲模式的音频信号流为:A 装置的麦克风→语音处理模块→射频控制模块→天线→A 装置的天线→射频控制模块→语音处理模块→扬声器。

耳机对讲模式的音频信号流为:A 装置的耳机→语音处理模块→射频控制模块→天线→A 装置的天线→射频控制模块→语音处理模块→耳机。

5. 面具的呼吸阻力性能与面罩设计

呼吸力学方面的研究表明,佩戴呼吸防护面具将产生较大地额外呼吸阻力,这种外加的呼吸阻力比人体呼吸系统本身的阻力大得多。它的存在增加呼吸功,影响正常通气,增加了呼吸疲劳的可能性,极大地降低了工人的工作效率和工作能力。如何减少因为佩戴呼吸防护面具而产生的呼吸阻力一直是国际上呼吸防护面具研究的重点。呼吸防护面具的研究并不仅仅局限于对其防护功能的研究,更是要改进其面部结构,让佩戴呼吸防护面具的工人们在免受有毒、有害气体及粉尘等侵害的同时获得更多舒适的感觉。

1)人员呼吸情况分析

人员在平静呼吸时,正常每次吸入或呼出的气量 Q 为 400~600mL,每分钟呼吸次数大致为 15~25 次[46]。佩戴呼吸防护面具的工作者一般从事中等劳动强度的工作,即呼吸量大致为 30L/min。此时设置呼吸频率为 20 次/min,即呼吸周期为 $T=3s$,一吸一呼的时间为 1.5s。在整个呼吸过程中,呼吸气流的速度随时间呈周期性变化。根据统计数据,可归纳出正常人在平静呼吸过程中的相关呼吸参数,如图 7.23 所示。

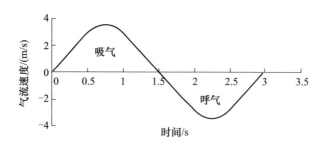

图 7.23 正常呼吸情况下的气流流速变化示意图

要研究呼吸防护面具罩体内呼吸阻力情况,即需得到当呼吸气流速度达到最大时流场内出现的呼吸阻力峰值。因此,在模拟中采用定常模式:假设整个呼吸流场一直保持呼吸气流速度达到最大时的情况。依据正常呼吸情况下的气流流速,结合中等劳动强度下气流流速的变化以及呼吸防护面具的滤毒/尘盒、吸/呼气阀等对气流的阻碍影响,设置流场气流速度恒为 2.5m/s。

2) 用计算流体力学优化面罩设计

近年来,国内有研究采用计算流体力学分析(Computational Fluid Dynamics,CFD)研究呼吸防护面具罩体呼吸气流的呼吸阻力情况,并提出参数化建模思想,用几何参数表达面具罩体曲面,结合计算流体力学分析,可迅速建立面具罩体几何结构对面具呼吸气流阻力的影响关系,为呼吸防护面具罩体结构的优化再设计提供指导,实现呼吸防护产品设计优化的目的。武汉理工大学在 2011 年的 CFD 应用研究[47]中,以一款简单呼吸防护面具产品为例,使用 UG/open 二次开发模块对其几何模型进行参数化创建。优化过程如图 7.24 所示。

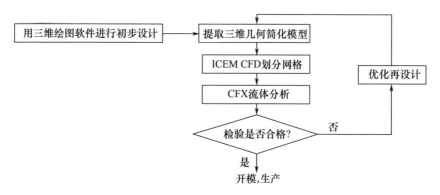

图 7.24 面罩 CFD 优化过程框图

第 7 章 面 罩

3) 送风式防毒面具

送风式防毒面具是指在过滤式防毒面具的基础上增加了电动送风器后形成的一种过滤式呼吸道防护装备。其突出特点是送风器对面罩强制送风,气流量大且基本恒定,可大幅减小面具的吸气阻力,降低肺部压力,提高进气量,降低人员负担,改善生理舒适性。另外,强制送风使得面罩内形成一定的正压,可进一步提高面具的防护因数,以及冷气流冲刷镜片有利于结构保明。

目前,国内外企业公司、科研院所研制的送风式防护面具很多,其中英国 Avon 公司的 C420 送风式防护面具和 EZAir 送风器是较新的型号。

(1) C420 送风式防护面具。C420 送风式防护面具由 C50 面罩(或 FM12 面罩)、C420 型送风器和滤毒罐组成,如图 7.25 所示。该面具主要装备美军阿帕奇直升机、特种部队和国家执法机构,以及美、英陆军核生化伤员化学救护系统(Patient Chemical Casualty Wrap Program)。

图 7.25 C420 送风式防护面具

C50 面罩采用全景眼窗设计,视野大且易于人员识别,同时提高了面具与武器瞄具的匹配性;采用具有下巴托结构的单反折边密合框,密合框下巴部位向外延长,便于与服装的匹配,额头部位的轮廓平坦,便于与头盔匹配;6 爪式头带结构,上头带扣扁平无需调节,与头盔匹配良好;网状头罩消除了固定系统对人员头部的局部压痛,提高了佩戴生理舒适性;高流量饮水装置,安全可靠;应用了电声通话器接口 ECP,面罩内置麦克风可以与电声通话器和通信器材连接;罩体由氯化丁基胶和硅橡胶混合材料制成,柔软舒适;镜片采用独特的聚碳酸醋材料,柔软且抗划伤、抗冲击;附件有内置视力矫正装置、外部光学插件、防护头罩和面具袋等。

C420型送风器由SafetyTech公司研制,包括主机、导管、背带等。主机呈等腰三角形,在两底角处设计滤毒罐接口,接口的轴向垂直于主机平面,可同时安装两个滤毒罐;主机顶角处设计出风口,连接导管,出风口轴向垂直于底边;主机底边处设计为电池仓;导管为波纹管,与主机连接端为直口接头,与面罩连接端为L形接口;主机与导管的接口均采用Nato 40mm(EN 148-1)螺纹接口,连接可靠、安全。送风器数据性能见表7.11。

表7.11 C420送风器性能数据

项目	性能
气流流速 (与滤毒罐阻力有关)	流速1:130~140L/min 流速2:110~120L/min 流速3:85~100L/min
电池性能	$LiSO_2$,BA-5800/U:8~12h,储存期10年 镍-氢充电电池:4~6h,循环寿命:500h
重量	675g(不含电池) 1425/14788g(含2个C2A1罐和1个$LiSO_2$电池)
环境温度	-32~49℃
电磁屏蔽测试	MIL-STD-461C,Part 4,RE02
洗消性能	洗消后性能不受影响
MTTF	>1000h
尺寸	220mm×226mm×86mm
储存期	10年(储存温度5~30℃),其他条件下,建议5年返厂维护
送风器寿命	1500h

(2)EZAir送风器。EZAir送风器采用模块化设计,蕴含"可轻松呼吸"之意的EZAir是Avon公司最新研制的一款送风器。它传承了传统电池供电型过滤式呼吸器(PAPR)的优点,并实现了更小、更轻、更紧凑的目标,适用于安保、执法、劳教、防暴、边境控制、生物防护等目的。

EZAir的主要特点在于:一是采用电池作为动力进行过滤,能直接向面具输送凉爽的滤过空气,由于气流顺畅,呼吸阻力大为降低,呼吸能力显著增强;二

第 7 章 面 罩

是减轻了呼吸系统的重量,降低了佩戴人员的疲劳度,提高了佩戴的舒适感。可直接用在 C50 或 FM53 过滤式防毒面具上;送风器由主机、导管和腰带组成,如图 7.26 所示。

图 7.26　EZAir 送风器

EZAir 送风器主机的形状和尺寸与滤毒罐相仿,呈圆柱状,滤毒罐安装在底部进气口,导管与螺纹出风口相连;送风器设计有低流量报警和电池低压报警装置,提高了使用安全性。另外,送风器使用时的噪声不大于 60dB,且对武器装备、防弹背心及通用腰带妨碍极小。EZAir 送风器的性能数据详见表 7.12。

表 7.12　EZAir 送风器性能数据

项目	性能
气流流速	使用 CTF12 罐:64L/min 使用 CSCF50 罐:70L/min
接口	Nato 40mm(EN 148 - 1)螺纹
电池性能	$LiSO_2$,BA - 5800/U:8～12h,储存期 10 年 镍 - 氢充电电池:4～6h,循环寿命:500h
工作时间	>8h(CR123 电池) >8h(一次性电池) >8h(充电电池)
重量	无电池:225g 4 节 CR123 电池:345g

续表

项目	性能
环境温度	-25~70℃
噪声	小于60dB
导管	丁基橡胶导管,防火罩,Nato 40mm(EN 148-1)螺纹接口,具防压碎功能 导管分118cm和141cm两种规格 C420送风式防护面具导管可通用
风机材质	尼龙机身,硬化三元乙丙橡胶密封圈
背带材质	尼龙
尺寸	高70mm,直径120mm
电磁屏蔽测试	MIL-STD-461C,Part 4,RE02
佩戴方式	腰式或肩式佩戴

6. 面具的佩戴舒适度

防毒面具的佩戴舒适度是使用性能的一项重要指标,与面具结构、人员体质、使用环境、佩戴时间、运动量负荷等众多因素有关。研究不同面具结构特别是面罩的结构对防毒面具佩戴舒适度的关系,需要尽可能减小环境、人员个体差异、运动量等因素的影响,指导未来防毒面具的结构设计。

1)面具佩戴舒适度实验标准

面具佩戴舒适度实验方法参照《个人防护器材生理评价方法防毒面具舒适度》(GJB 4112—2000)的要求确定。

受试人员由一定人数的青壮年组成,要身体健康,且能够熟练使用受试防毒面具和参比防毒面具。

实验一般要安排受试面具与参比面具分两次进行具体实验,每次一种防毒面具,两次实验间隔1天,让受试人员充分休息,避免因人员身体疲劳和精神不适而对两次实验独立性的影响。

2)面具佩戴舒适度实验实例

通过调查人员佩戴后主观感受的实验方法,对比两种典型防毒面具的佩戴舒适度及其面具结构,研究防毒面具结构对面具佩戴舒适度的影响,探讨面具佩戴舒适度的人机环关系。

(1)实验方案。

被试对象:A型防毒面具和B型防毒面具。

第 7 章 面 罩

受试人员：由某单位挑选18人，年龄在19～24周岁之间，受试人员身体健康，且能够熟练使用A型防毒面具和B型防毒面具。

陪试装备：步兵班所用的武器装备。

仪器仪表：温湿度测量仪、计时器。

实验地点：某营地，主要是俱乐部、营地草坪等。

实验安排：面具佩戴实验分两次进行，每次实验一种防毒面具，实验时间为4h，间隔1天。

（2）实验结果表达方法。每次实验前，参试实验人员按要求着装，携带面具。按实验人员口令统一佩戴防毒面具，经一般气密性检查合格后即开始实验。在实验过程中，要求实验人员不调整面具的佩戴状态。每次实验分前、后两个等时阶段，在每一阶段中，受试人员按要求进行活动，并在实验中（即完成前一阶段实验时）和实验结束时，按要求填写调查表，并对所有受试人员头面部进行拍照，记录防毒面具对头面部的压痕。两次实验完成后，实验人员与受试人员座谈，记录受试人员对实验过程和评估项目的准确描述，为后期实验结果分析做准备。

调查表中的评估项目分为压痛症状、呼吸舒畅性、全身及精神性症状和其他症状四大类，其中压痛症状又分为头顶、后脑部位，前额、颧弓部位，耳部，鼻部和下颏、下颌、颈部等5个小项；每个评估项目的评估等级分为5级，即：0－无该项反应或症状，1－有比较轻微的反应或症状，2－有明显的反应或症状，但不严重，3－有显著的反应或症状，但还可以忍受，4有严重的反应或症状，已经难以忍受；0级代表舒适度最好，4级代表舒适度最差；受试人员根据自身的主观感受对评估项目进行等级评估。

（3）实验实施过程。第一次实验进行A型防毒面具的佩戴舒适度实验。

受试人员在早饭后按要求着装集合，经实验人员检查，全部受试人员身体健康，无不适反应，均可参加该实验，实验按照原计划进行。

实验分两个阶段进行，每个阶段实验时间2h；受试人员按指令进行看书、山地行进（速度约为5km/h）、模拟组队科目训练3种活动，3种活动分别代表轻运动量负荷、中等运动量负荷和中上运动量负荷3种运动强度，其中看书活动进行两次，分别与山地行进和模拟体能训练穿插进行，每次每种强度活动进行

30min。第二阶段实验安排与第一阶段实验安排一致,两阶段的实验连续进行。在第二阶段的看书活动过程中填写第 1 份调查表,在本次实验结束后填写第 2 份调查表,并拍照记录受试人员面部压痕。

实验过程中,环境温度在 28~33℃ 之间,相对湿度在 51%~73% 之间。

第一次佩戴舒适度实验后,受试人员休息一天,第三天进行第二次实验,即 B 型防毒面具的佩戴舒适度实验。实验安排同第一次实验一致。

实验过程中,环境温度在 28~34℃ 之间,相对湿度在 52%~76% 之间。

(4) 实验数据处理。将 4 次调查表的数据进行统计后按式(7.4)分别计算每个评估项目的舒适度等级值,再按照持续佩戴 2h 和 4h 分别计算两种防毒面具舒适度的平均值。

$$\mathrm{Sh} = \frac{\sum k \times n_k}{N} \times 100 \tag{7.4}$$

式中:Sh 为舒适度等级值;k 为实验人员对评估项目的评估等级,$k = 0、1、2、3、4$;n_k 为对评估项目的评估等级为 k 的实验人员人数;N 为实验人员总数。

根据舒适度等级值,可将面具佩戴舒适度分为 5 级,即 0 级、1 级、2 级、3 级、4 级。评估等级的数值越大,面具佩戴舒适度越差。

(5) 实验的结果与讨论。按照数据处理方法分别计算两种防毒面具舒适度等级值(等级值按计算结果取整得到),A 型防毒面具与 B 型防毒面具持续佩戴 2h 和持续佩戴 4h 的舒适度均为 1 级,但 B 型防毒面具的舒适度等级值均略小于 A 型防毒面具的舒适度等级值,表明 B 型防毒面具的舒适度略优于 A 型防毒面具。

主要是因为两种防毒面具的面罩结构存在区别,部分零部件材料不同,所以这面具佩戴舒适度存在一定的差异[48]。

下面针对影响佩戴舒适度的面具结构进行对比分析。

① 罩体密合框对佩戴舒适度的影响。罩体密合框是防毒面具与人员脸部密合的重要连接部分,密合框结构直接影响面具防护因数,同时对面具佩戴舒适度也影响很大。结构合理的密合框能够在确保面具防护因数合格的前提下,减少面具对人员面部的压痛。

② 固定系统对佩戴舒适度的影响。对比两种面具的数据处理结果,在人员"头顶、后脑部位",A 型防毒面具的舒适度等级值较大,说明压痛感觉明显,而

B型防毒面具舒适度等级值相对较小,压痛稍小。

此外,由数据处理结果可知,两种面具对人员"耳部"的压痛感觉均不明显,说明两种防毒面具的中头带爪和下头带爪的结构合理,避免了头带对耳部的压痛;相关资料表面,设计两种面具时,二者的中头带爪和下头带爪的位置与角度基本一致,所以固定系统对人员耳部的影响也应相同,这与实验结果相符。

③ 阻水罩对佩戴舒适度的影响。阻水罩将面罩内部空间分为两个部分,与内吸气活门共同作用降低防毒面具死腔空间和确保面具的保明性能。实现上述功能,阻水罩须与人员面部贴合,特别是鼻翼位置的贴合,通常阻水罩是压紧鼻梁部位,如果佩戴位置不适合,长时间佩戴面具势必造成鼻部的压痛。由数据处理结果可知,两种面具对人员的"鼻部"均产生压痛,B型防毒面具的压痛感觉较为明显。

综上所述,面具佩戴舒适度与面具结构有着密切的关系,曲面平坦、厚度小、带有下颌托的密合框佩戴舒适,根据面长选配面具有利于减小面具内阻小罩对面具佩戴舒适度的影响。因此,在面具设计时,必须综合考虑面具结构因素,优化设计方案,在确保面具防护能力和使用性能的前提下,提高防毒面具佩戴舒适度。

总之,面罩的研究和设计,涉及防毒、材料学、光学、声学、生理等多学科领域。各部件设计都有相应的技术指标依据,尤应注意整个面具的主要技术要求,结合我国的生产工艺水平和发展,来进行优化设计。

7.3 面罩设计的新技术

防毒面具的罩体是由多个复杂的曲面组成,尤其是罩体的密合框,不仅要满足不同脸型的人能与面具匹配,还要保证佩戴后面具的动态气密性好。

逆向技术、快速成型技术、呼吸追随控制技术等新技术在国内外各行业已得到一致青睐,这里主要介绍这几种技术[49-51]在防毒面具上的应用。

7.3.1 逆向技术

逆向技术是基于实物模型或影像获得造型数据,提取模型参数,应用现代设计理论方法、生产工程学、材料学和有关专业知识进行系统、深入地分析和研究,以现代设计理论、方法和技术为基础,运用各种专业人员的工程设计经验、知识和创造性思维,对已有的产品进行解剖、深化和再创造,探索、掌握其关键技术,进而开发出同类的先进产品,并通过模型重构来吸收和消化先进的设计思想、制造理念及产品制造过程中的管理方法。

逆向技术能很好地将现有的结构应用到新产品开发中,使复杂的曲面能完全继承下来,为快速制造提供了很好的技术支持,它已经成为消化吸收和二次开发的重要、快捷的途径之一,具体流程见图7.27。

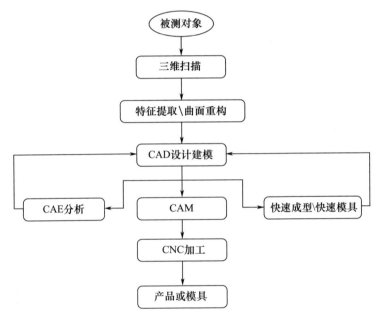

图7.27 逆向技术流程

首先是将防毒面具罩体进行三维扫描,获取罩体点云数据,对合适的点进行曲面重构,即完成逆向过程。通过逆向得到的产品数据可进行数控加工,既可加工出产品也可加工出产品模具。逆向技术的另一个新发展方向是CAE,即计算机辅助分析,将实物零件转化为计算机表达的产品数字模型,继而进行模拟仿真分析,评估其性能指标。

这里要提到的是逆向的后处理过程,不管是防毒面具罩体的逆向设计还是其他产品,首先要进行的是数据测量,利用测量设备获取样件表面轮廓信息。得到样件轮廓图形后,要对得到的数据进行预处理,数据处理过程主要包括数

第 7 章 面 罩

据格式转化、点云的拼合、噪声过滤、特征提取、数据精简以及破洞修补等环节。

由于实物样件的表面粗糙度不同、测量中随机误差的存在、测量设备的标定参数或测量环境变化等因素,都不可避免地会引入数据误差这些超差点或错误点,一般称为噪声点,它将直接造成后续 CAD 模型与参考实物之间存在差距,严重影响了产品的精度要求和性能要求,必须剔除。常用的去噪方法有人机交互法、曲线检查法、弦高差方法等。

实物的曲面模型往往具有多个曲面特征,通常是由多张曲面组成的。如果利用点云数据直接进行曲面的拟合重构,则会加大曲面模型的数学表示和拟合算法处理的难度。因此,目前逆向工程中一般是将数据点划分成具有单一几何特征的拓扑结构区域进行曲面重构,也叫数据分割。关于测量数据的区域分割方法,国内外许多学者对此都进行了研究。区域分割主要有基于边、基于边以及聚类分割法。

在整个逆向技术中,产品的三维几何模型 CAD 重建是最关键、最复杂的环节。因为只有获得了产品的 CAD 模型,才能够在此基础上进行后续产品的加工制造、快速成型制造、虚拟仿真制造和进行产品的再设计等。对于国外目前出现的新结构、新样式面具,完全可以通过逆向技术将它们仿造出来,进而在吸收其优点之后对我们的面具进行新设计,不断提高自身的设计水平。

面具的面罩设计一直都是防护研究的重点内容,然而,国内在此领域的研究相对美、英发达国家还有一定差距,要加快发展,现常采用逆向工程手段。逆向设计作为一种产品设计的主要方法,能快速获取实物的三维模型,在简单的仿制产品的基础上进行造型规律的深入研究,逐渐实现罩体设计的参数化过程,针对逆向设计中无法实现的特征,通过正向设计加以补充,能显著提高设计质量,并缩短开发周期。

7.3.2 快速成型技术

快速成型技术是 20 世纪 80 年代末 90 年代初兴起并迅速发展起来的新的先进技术,是由 CAD 模型直接驱动的快速制造任意复杂形状三维物理实体的技术总称,应用快速成型技术可迅速验证设计是否合理。其基本过程:首先获得三维零件模型;然后根据工艺要求,按照一定的规律将该模型分割为一系列小的单元,通常在 Z 向将其按一定厚度进行分层,在快速成型机中输入加工参数;最后由成型机将分散的层扫描出来,得到一个三维物理实体。

防毒面具在设计中也是一个三维图形,同样可用快速成型技术快速加工出实体模型,快速验证设计者的设计思想是否正确,其中防毒面具中主要涉及的是曲目较多的罩体。

1. 罩体的三维打印

罩体的快速制作也是按 Z 向分层,首先将设计好的防毒面具图形保存为 stl 格式并复制到快速成型机中,快速成型机一般以 stl 格式文件为主。在 Magics 软件中打开该文件,通过查看文件数据量和曲面片数、点云数据的多少来判别曲面的精度,修改完成后用切片软件打开该文件。

快速成型机中有左供料缸和右供料缸,左供料缸为提供材料的缸,右供料缸为图形成型缸,工作时切片软件将三维立体图形分割为 0.1~0.2mm 高度的图形,然后激光对该厚度的图形进行烧结,烧结完成后右供料缸下降 0.2mm,左供料缸上升 0.3mm,左供料缸将上升的材料铺到右供料缸上,准备下一个 0.1~0.2mm 高度的图形的烧结,这样就完成一个烧结周期。在完成整个图形的烧结工作中,快速成型机就是一直在重复这种短暂的烧结过程。

上述讲述的过程就是一种三维打印过程,我国目前技术水平打印出的模型硬度偏低,容易断裂。尤其在防毒面罩的打印过程中,罩体密合框厚度较薄,且罩体主、副通话器的空缺部位容易使罩体在打印过程中骨架变形,因此罩体的三维打印的前期修改和后期处理就显得尤为重要。

2. 罩体模具的快速制作

通过三维打印得到的罩体模型,是具有一定硬度的粉状模型,不能验证面具设计是否合理,而若将该模型转化为橡胶件,则可对面具的漏气系数指标进行初步验证。这就类似于平板硫化机中有了型腔,要做出产品,还少了产品模具。

通过浸渍树脂的方法使粉状模型变为具有高硬度的模型,利用高硬度的模型翻出罩体的上下模。方法为先加工一不漏气的壳子,将模型放入壳子内,倒入硅橡胶直至淹没模型,然后将壳子放入烘箱内固化成型,硅橡胶成型后具有一定的硬度,用手术刀将硅橡胶隔开,取出硬模型,就得到罩体的上下模。利用该过程得到的上下模在模具中充入液态橡胶,在适当的温度下就可硫化出具有

第 7 章 面　罩

一定硬度的橡胶罩体。

从三维打印出罩体模型,到从模型加工出罩体模具,再用模具硫化出橡胶罩体,所需时间为一周左右,这就大大缩短了从图形到实体的加工时间,而且节省了加工模具验证产品的费用,降低产品的设计风险,在今后的时间里,该技术在防毒面具设计中将发挥越来越重要的作用。

7.3.3　新配方橡胶面罩的注射成型技术

传统的面罩一般是采用平板硫化,即胶料在模具内的一定温度、压力和时间下硫化成型。长期以来,由于受生产装备的限制,我国一直采用模压成型工艺进行橡胶罩体加工,存在生产效率低、产品外观质量差、劳动强度大等缺点。传统的模压成型技术已很难满足目前市场对高性能橡胶制品的要求。而注射式硫化可使胶料在模具中受恒定注射压力硫化成型,因而制品致密性好,力学性能均匀、稳定,几何尺寸精确;注射硫化更能保证制品硫化均匀性,产品不会产生表面过硫、内部欠硫的现象;同时注射式硫化操作简单,劳动强度低,机械化和自动化程度高,生产效率高,已成为现代罩体生产的主要方法。

1. 注射成型罩体设计过程

面罩产品在设计完成后,其成型工艺也会影响到产品的结构和性能。橡胶的注射成型属于反应注射成型,包括充模过程和固化过程。目前反应注射成型过程中还存在很多问题亟待解决,其过程难以控制,大部分研究针对充模过程中的问题进行,对于固化过程的研究比较少。对产品的充模过程进行 CAE 模拟分析,可以预测在一定的成型工艺下产品的成型质量,并对成型工艺进行优化。此外,对成型过程中容易出现的缺陷可以预测并制订解决方案,指导模具设计及制造生产过程。反应注射成型的固化过程中体系温度会升高,整个反应的时间会影响成型周期,对这个过程进行研究,也有实际意义。因此,合适的工艺参数对呼吸防护面具的成型很重要,采用模流分析软件,可以对罩体成型的工艺参数进行优化,进一步指导模具设计和工艺生产。对罩体的反应固化过程进行研究,可以确定体系反应固化时间和温度升高值,预测开模时间。这种罩体设计过程如图 7.28 所示。

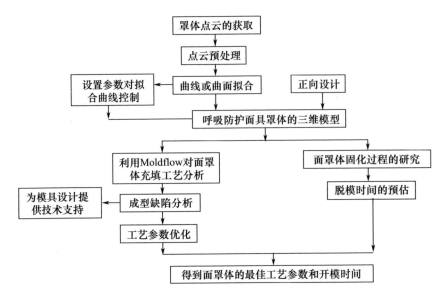

图 7.28 罩体研究技术路线框图

2. 防毒面具罩体溴化丁基橡胶技术

早期的防毒面具罩体材料多采用天然橡胶,但天然橡胶因有不饱和的双键,容易与氧进行自动催化氧化的连锁反应,其耐气候老化性能较差。此外,天然橡胶的透气性约为丁基橡胶的 20 倍,其抗有毒化学品渗透性也较差,防护性能不好。因此,在后期,防毒面具罩体材料多采用合成橡胶,丁基橡胶和卤化丁基橡胶因具备优良的气密性、耐热老化和耐候性、机械强度好等特点而被广泛采用。其中又因卤化丁基橡胶比丁基橡胶的硫化速度快的特点,所以现代防毒面具罩体材料多采用溴化丁基橡胶或氯化丁基橡胶作为主体胶种材料。

1) 配方设计

(1) 主体胶种。采用溴化丁基橡胶作为主体胶种,这是因为溴化丁基橡胶由于拥有丁基橡胶基本饱和的主链,所以具有丁基聚合物的多种性能特性,如较高的物理强度、低透气性、耐老化性及耐气候老化。与氯化丁基橡胶相比,由于溴化丁基橡胶中碳—溴键的键能比氯化丁基橡胶中的碳—氯键的键能低,所以溴化丁基橡胶的交联活性要高得多,从而使溴化丁基橡胶胶料具有较快的硫化速度和较高的硫化程度,且溴化丁基橡胶的老化性能优于氯化丁基橡胶,特别是在 150℃ 的高温下更好。虽然溴化丁基橡胶存在焦烧安全性差问题,但从总体性能上来看,更适合作防毒面具罩体材料。很多国家已成功地把溴化丁基橡胶用作面具罩体材料。

(2) 硫化体系。溴化丁基橡胶可用多种硫化体系硫化,不同硫化体系对应硫化胶的性能和用途也各不相同,溴化丁基橡胶一般以氧化锌硫化为基础配以不同种类和用量的促进剂和硫磺。对于面具选择硫化体系时应考虑以下几点。

① 溴化丁基橡胶硫磺溶解度不高,易产生喷霜现象,应严格控制硫磺用量。

② 胶料的焦烧时间不应太短;否则易出现提前硫化。

③ 硫化胶的气密性也与其交联程度有关。

(3) 补强填充体系。溴化丁基橡胶使用的补强剂以炭黑的补强效果最显著。而在填充炭黑的胶料中,又以填充细粒子炭黑的胶料比粗粒子炭黑胶料具有更高的拉伸强度、硬度和定伸应力,压出胶料表面也光滑。但粒子越细弹性越差,因此可选用高耐磨炭黑。

(4) 增塑体系。由于溴化丁基橡胶本身为非极性结构,所以能与所有低极性的烃类很好地混合相容,并能以一定比例添加石蜡或石蜡油。石蜡能提高溴化丁基橡胶压出速度,改善胶料表面光滑,对防臭氧极为有效,可以少量添加;石蜡油有利于溴化丁基橡胶的加工,且能改善溴化丁基橡胶低温性能;凡士林的增塑作用大,能改善胶料的光滑性。采用石蜡、石蜡油和凡士林并用的增塑体系。

2) 注射硫化

这里介绍的注射硫化采用的是冷流道注射成型技术,该工艺是将停留在主流道、分流道中的胶料控制在硫化温度以下,在脱模时只脱出制品,流道中的胶料仍保留在流道中,下次注射时,流道中的这些胶料注入模腔内成为制品。这种注射成型方法减少了原材料的浪费,节省了能源,而且制品脱模时因为不带流道废料,还可以减少开模距离,缩短成型周期。操作时,胶料从喂料口进入,通过螺杆对胶料进行塑化,储存在料筒中,在下次硫化时采用"先进先出"的方式将料筒内的胶料注射到模具中进行硫化。

3. 阻水罩注射成型

阻水罩是呼吸器面罩的重要组成部分,阻水罩及其上面的吸气阀可以将面罩内部空间进一步分割为镜片区和呼吸区,不仅能够通过分隔呼、吸气流提高面罩的防雾效果,而且可以减小面罩的实际有害空间,对使用者的呼吸十分有利。阻水罩一般由橡胶或塑料材料制成,成型工艺主要有模压成型和注射成型两种。模压成型现在已成为阻水罩主要的成型工艺。

1)阻水罩结构

图 7.29 所示为某全脸式面罩的阻水罩,左右对称、结构紧凑,上部两侧分别设有吸气阀座。密合面为反折边的贴面一侧,主要起到与面部密封的作用,因此应保证其表面光滑,分型面及浇口位置应避开此处,外表面进行亚光处理。产品材料采用硅橡胶,反折边厚度为 1mm,其余部分厚度为 2mm,阻水罩所需胶料约 44.86mL。

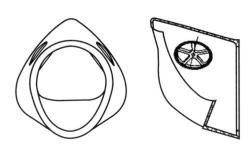

图 7.29　阻水罩结构

2)阻水罩注射模具设计

阻水罩注射模具如图 7.30 所示[52]。注射模具设计为立式一模四腔结构,由下模、上模、芯模的曲面形成阻水罩型腔。

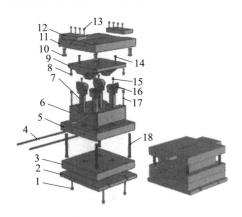

图 7.30　阻水罩注射模具结构

1,8,13,15,17—螺栓;2—底板;3—垫板;4—限位杆;5—下底模板;6—下模;7—顶出机构;9—上模;10—导套;11—上底模板;12—连接耳;14—导柱;16—芯模;18—导柱。

第 7 章 面　罩

7.3.4　呼吸追随控制技术

呼吸阻力问题直接影响佩戴的舒适性、佩戴人员的工作效率和可持续佩戴时间，一直是产品需要解决的关键技术难点问题。呼吸器上增加电动送风装置降低了呼吸器的吸气阻力，提高了佩戴的舒适性，还可以在面罩内形成微正压，提高呼吸器的综合防护能力。但普通的电动送风装置只能持续送风，在降低吸气阻力的同时，却增大了呼气阻力，减少了有效防护时间。

1. 呼吸追随控制技术

呼吸追随控制技术应用于电动送风呼吸器中，克服了使用送风器影响呼气阻力的问题，可根据人员呼吸的节奏控制送风频率和调整送风量，解决了自吸式呼吸器吸气阻力大和普通电动送风呼吸器防护时间短的技术难题，在确保防护效果的基础上真正实现了自然、舒适地呼吸，是一项填补了国内空白的新技术。

呼吸追随控制器是产品实现呼吸追随功能的核心部件，它是通过自动感测人体呼吸节奏来控制电机工作的一种控制器，是在呼气阀上增加了光电感应器，克服了增加送风装置后，在减少吸气阻力的同时却增加了呼气阻力的问题。吸气时，呼气活门片闭合，光电感应器使电路接通，电动送风装置启动送风，从而提高了佩戴的舒适性，并降低了吸气阻力。呼气时，呼气活门片打开，光电感应器在光的作用下将电路断开，电动送风装置停止送风，使呼出的气体通过呼气活门顺利排出面罩外，从而不会影响到呼气阻力。

呼吸追随控制技术主要集中于对佩戴者呼吸节奏的感应、送风量的自适应以及送风节奏与呼吸节奏的同步性研究。

2. 呼吸追随控制器组成及原理

控制器由控制电路、外部结构和呼气阀片组成。其中控制电路用于信号的转换、处理和指令的生成、放大、输出；外部结构用于将各组成部分安装集成为一体；呼气阀片安装于外部结构上可根据呼吸气流产生机械式往返运动。

工作原理：整个面罩为一个气密体，进气口与排气口分开，外部结构整个处于面罩的排气口部。装配好的控制器其呼气阀片距外部结构底面距离固定，控制电路固定于外部结构底面下，故静态时呼气阀片到控制器的反射式光电传感器距离为一固定值。当佩戴人员呼气时，气体只能由装于排气口部的控制器顶盖呼出，带动安装于其上的呼气阀片做接近传感器的运动，其运动极限位置为距电路壳体表面另一固定位置。当吸气时内部的负压及呼气阀片本身的弹性会使呼气阀片立即回弹至表态位置。

3. 主要模块设计

1）控制电路的设计

控制电路主要由电源模块、光电传感器、逻辑处理电路、驱动电路以及印制电路板组成。感测装置感测呼气阀片的动作，把距离信号转换为电压信号，并将信号处理后送给逻辑处理装置，由逻辑处理通过信号处理和电路滤波、驱动电路放大输出等操作后形成指令传给驱动装置，再由驱动装置控制风机转动或停止。

2）外部结构及呼气阀片设计

外部结构部分分为电路壳体和呼气阀片固定体两部分。电路壳体结构形状与控制电路外形相似，尺寸较控制电路稍大，上有电路定位柱，表面设置有传感器光路透视窗，透视窗表面需经过刨光处理，防止光信号因表面杂质和不平整引起的散射和衍射导致信号损耗。呼气阀片固定体设计为镂空体，以方便气流通过。控制电路装在电路壳体上，内线与风机相连，外线与电源相连。

呼气阀片跟随呼吸动作上下运动，其中心固定在固定体的中心，尺寸恰好封闭住固定体的镂空部分起到气密作用，将呼气阀片设计为多层，层间褶皱相连，在呼气时褶皱被拉平，呼气阀片外沿可大幅度向下运动，吸气时褶皱收缩，整个呼气阀片又恢复原状，从而产生较大的往复运动幅度，供传感器检测。

3）自适应设计

佩戴者的呼吸过程并非简单的吸气与呼气两个动作，该过程可细分为开始吸气、吸气量增大、短暂间歇、开始呼气、呼气量减小、呼气停止等步骤。如果电机送风过程中送风量与使用者的呼吸气流流量稍有不吻合，就会引起如灌风、憋闷等不适感觉。一般来说，呼吸器腔体为一整体气密结构，腔体内气压恒定，若使用者吸去或呼出一部分气体，就会造成一定的压差，呼吸阀片与该压差相对应，在呼气量较大时，电机停止送风，呼气量减小时，电机开始微弱送风，防止产生灌风的感觉；在呼吸间歇状态时呼气阀片自身弹性使其恢复到原来位置；吸气的过程中电机的送风量始终等于佩戴人员吸入的气体量，吸得慢则电机送风量小，吸得快则电机送风量自动增大，这种自适应设计使得佩戴者实现了真

第 7 章 面 罩

正自然、舒适的呼吸。

4）设计技术要点

为了方便气流通过,呼气阀片固定体应采用镂空形式;为灵敏感测呼气动作,呼气阀片需采用质轻、弹性好的材料;电路壳体表面应预留光电传感器的检测通道;检测距离应优选,以保证呼气阀片在接近电路壳体附近时能被可靠、灵敏地检测到;由于呼气阀片运动位置为连续信号,而电机送风与关闭为离散信号,故需要信号处理电路来进行比较、整形和滤波;驱动电路需要具有足够的驱动能力并且响应速度要快。

自适应设计能够根据不同佩戴者的呼吸状态自动调整送风量,其送风波形与呼吸者的呼吸波形吻合度高,大大提高了佩戴者的舒适度。

国外目前先进的面具有美军 M50 面具和英国 GSR 面具等,而我国的面具和国外面具有明显的差距,借助这些先进技术,可快速吸取他们的优点,同时提高我方防毒面具设计能力,从设计角度上不断缩小与国外防毒面具的差距。

7.3.5　在染毒区可更换滤毒罐的自密闭活门技术

防毒面具的滤毒罐和罩体配合后能实现对佩戴人员呼吸道的整体防护作业。而罩体和滤毒罐的连接处一般都设置吸气活门,这里介绍的活门是一种不同于以往的自密闭吸气活门结构[53],该结构保证人员在不安装滤毒罐的情况下佩戴面具不能正常吸气,只有安装滤毒罐才能正常呼吸。

1. 自密闭活门结构的意义

目前,对滤毒罐使用后的寿命考核没有行之有效的实验方法,滤毒罐在使用后无法判别其寿命。更为重要的是在染毒环境下的使用,若因特殊原因需更换滤毒罐,该结构就显得尤为重要。此时使用者在更换滤毒罐时无需屏住呼吸,而且也降低了染毒空气侵入的危险,极大地提高了面具的安全性和持续作业能力。

另外,传统的军用防毒面具只提供对军用有毒化学品和生物战剂威胁的防护,不提供对工业毒物的防护。使用该结构后可在染毒环境下自行选择滤毒罐并加以更换,极大地提高了防毒面具的使用范围。

2. 自密闭活门结构的应用

目前国外面具主流趋势是使用自密闭式活门结构,使面具佩戴者在毒区内可自行更换滤毒罐,从而延长面具作战时间,给佩戴者提供更大的安全保障。

1) 加拿大 C4 防毒面具

图 7.31 C4 防毒面具

加拿大 C4 防毒面具见图 7.31,是加拿大渥太华化学防护研究所于 20 世纪 80 年代后期研制并装备部队的一种头带式面具。

该面具在海湾战争中使用,它最大的优点在于滤毒罐可在毒区更换,是在实战中成功应用的滤毒罐在毒区可更换的自密闭活门结构。

2) M50 防毒面具

图 7.32 M50 防毒面具

M50 防毒面具是美军最新一代军用防毒面具,见图 7.32,是 Avon 公司为满足美国政府联合勤务通用面具计划(JSGPM)要求,经过 7 年时间设计研制成功的。

M50 面具在罐接头部位采用双活门结构,内层活门为呼吸能相应关闭和打开的活门,外层为自密闭活门,见图 7.33,这种活门的实现自密闭需和滤毒罐配合。M50 面具滤毒罐见图 7.34,不再是北约 NATO 标准螺纹接口,而是旋钮卡扣式结构,这就为自密闭活门结构提供了实现的可能性(图 7.35)。自密闭活门为可正反翻折的活门,装配时滤毒罐的顶出端顶住活门的鼓起处,使活门翻折处于打开状态,佩戴者可吸入经滤毒罐净化的空气;更换滤毒罐时,活门鼓起处不受外力,恢复闭合状态。

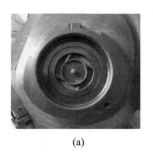
(a)

(b)

图 7.33 M50 防毒面具内层活门

第 7 章 面 罩

图 7.34　M50 防毒面具滤毒罐

图 7.35　可正反翻折的活门

3）英国 GSR 面具

GSR 面具是英国 Scott 公司为英军研制的联合通用军种通用面具,见图 7.36。

英国 GSR 面具的自密闭活门结构则不同于 M50 面具,GSR 面具罐接头处设计为与之适应的滤毒罐形状,见图 7.37 和图 7.38,罐接头活门为单层活门,结构为可复位带推拉的活门,不装配滤毒罐时,活门座异形圈复位,活门片被异形圈压紧,人员佩戴面具不能正常呼气。装配滤毒罐时,滤毒罐的顶出机构使罐接头的异形圈打开,活门片可随着人员呼吸做功而相应闭合,达到在染毒区自如更换滤毒罐的目的。

图 7.36　GSR 防毒面具

图 7.37　GSR 防毒面具滤毒罐、滤毒罐接口

图 7.38　GSR 防毒面具自密闭活门结构

7.3.6　防毒面具罩体内部气流流场分布模拟仿真研究

ANSYS Workbench 是一款大型的 CAE 分析软件,随着近年来计算机和有限元的快速发展,在各个领域得到了高度评价和广泛的应用。在传统的单纯使用 ANSYS 软件中存在许多不足之处,如对使用人员要求高、数据接口与共享不方便、很难与其他模块结合使用。通过在 Workbench 上使用 ANSYS 很好地解决了这一问题。

Workbench 是一个集成框架,整合了 ANSYS 软件中现有的各种应用程序,并将仿真过程结合在一起,在其工作平台上可以组成各种不同的组合功能。通过这种集合方式,可以实现数据的交换和传输,方便工程应用;同时 ANSYS Workbench 解决了传统 ANSYS 在导入三维建模软件所创建的模型时经常会出现数据丢失、干涉,甚至无法进行运算的情况。

基于 ANSYS Workbench 仿真分析平台,应用 CFX、Static Structural 等模块对防毒面具进行流体分析和流固耦合分析。选择采用计算机流体动力学分析软

第 7 章 面 罩

件 CFX 分析防毒面具罩体内部气流流场的特性。在气流研究领域中,CFX 软件是一款性能较好、求解精度令人满意的 CFD 软件。在计算机流体分析中,复杂的几何、网格和求解是一直困扰 CFD 技术发展的瓶颈,ANSYS CFX 是第一个能够很好地解决这些问题的大型商业软件。

1. 防毒面具计算物理模型的建立

1）防毒面具结构三维模型的建立

防毒面具面罩一般由罩体、阻水罩、眼窗、主(副)通话器、滤毒罐接头座、呼(吸)气活门及头带组成。

简化防毒面具零部件的结构模型,从防毒面具零部件结构分析可知,防毒面具对配合部位的加强筋或气密筋要求较高,而该部分在流体仿真中意义较小,因此在对防毒面具进行仿真建模之前,需将零部件的复杂部位进行简洁化,如罩体上的眼窗、主(副)通话器和滤毒罐接头座等结构,处理为简单的拉伸模型,具体见图 7.39。

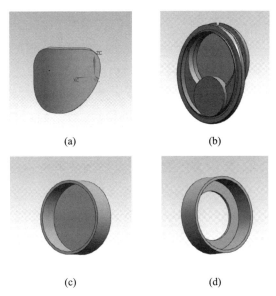

图 7.39 防毒面具罩体结构上的配件简化后的模型

(a)眼窗模型；(b)主通话器模型；(c)副通话器模型；(d)滤毒罐接头座模型。

根据该型号防毒面具的生产组装顺序,在 UG 中把模型中的各个模块装配在一起形成完整的防毒面具罩体结构的三维模型并导出,如图 7.40 所示[54]。

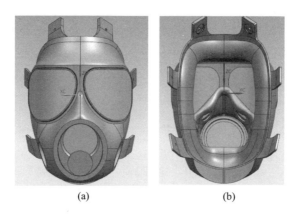

图 7.40　防毒面具罩体结构装配图

(a)后视图；(b)前视图。

2）防毒面具流场空间三维模型的建立

防毒面具罩体内的气流模型，即使用者佩戴防毒面具后呼吸时的气体流动所组成的流体通道，将其实体化。它由防毒面具罩体与人的面部进行贴合、覆盖的部分组成，如图 7.41 所示。

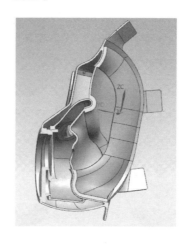

图 7.41　防毒面具罩体内部流场空间

分别选取防毒面具罩体部分以及和人体脸部密合部分的空间为研究的气流模型，在 UG 中通过布尔运算将这部分空间实体化，得到防毒面具流体域的三维模型，如图 7.42 所示。然后对流体模型进行 CFD 分析时，根据需求划分合适的网格。

第 7 章 面 罩

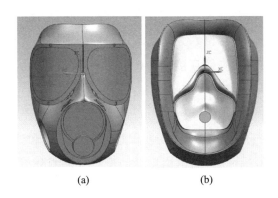

图 7.42 防毒面具罩体内气流模型

(a)后视图;(b)前视图。

2. 防毒面具流体域网格划分

在计算机流体模拟仿真中对流体模型的第一步操作就是对流体域进行网格划分,即要对空间上连续的计算区域进行剖分。由于实际工程计算中大多数计算区域是非常复杂的,因此不规则区域内网格的生成是计算流体力学数值模拟的基础。

目前发展比较成熟的网格生成软件有 ANSYS ICEM CFD、GAMBIT、Gridgen、GridPro 等。其中 ANSYS ICEM CFD 网格划分软件不仅可以为几乎所有的主流 CFD 软件提高网格质量,而且可以完成多种仿真模拟软件的前处理工作。本书所使用的网格划分工具为 ANSYS ICEM CFD 软件。从总体上而言,CFD 分析中采用的网格可以大致分为结构化网格、非结构化网格和混合网格划分。

1)网格划分技术

网格生成速度快是结构化网格划分的优点,但是其对复杂区域的适应能力不强。如果要对结构复杂的防毒面具流体域生成结构网格,必须先把流体划分为多个子块,再在各个子块内生成结构网格。会导致计算过程的前处理时间大为增加,增加了分析周期时间。非结构化网格的优点是对复杂求解域适应性较好。其缺点也很明显,就是当单纯使用非结构化网格时,对计算机硬件要求高,并且计算精度低。

混合网格则是将结构化网格和非结构化网格合并在一起,这样流体域中既有结构化网格也有非结构化网格,并且都有各自的优点并且克服各自的缺点。近年几年来混合网格划分方法成为网格划分技术发展的一个重要方向,目前较常用的有四面体/三棱柱混合方法、四面体/六面体混合方法等。

在实际工程计算中,网格划分方法的选择依据主要是计算域网格质量和计算效率,而且网格质量的高低直接影响计算结果的精度和收敛速度。而混合网格划分方法同时满足质量和效率的需求。

2) 流体域网格划分操作

在对流体域进行网格划分时,既要保证网格的质量和计算精度,又要减少网格数量以节省计算时间,同时网格尺寸的设置也影响分析计算结果。首先定义流体域的全局网格尺寸参数,根据对模型的分析确定该型号防毒面具流体域全局网格尺寸参数。在接近固体壁面区域的流体流动参数变化的梯度较大,因此在近壁面区域使用三棱柱网格加密处理。同时,根据防毒面具流体域的不同边界条件设置不同尺寸的网格,在流体域进出口处设置更细的网格尺寸以增加计算精度。流体域网格划分结果见图 7.43。

图 7.43　流体域网格划分结果

3. CFX 流体分析中的求解设置

建立防毒面具流体域几何模型并通过 ICEM CFD 网格划分后,在 Workbench 平台上需要把网格划分后的模型文件导入 CFX 前处理器中,再确定流体仿真模型的计算域模拟类型、边界条件、初始条件和求解器设置。

1) 防毒面具数值模拟参数的前处理

(1) 流体的材料性质和模拟类型。在对防毒面具罩体内的流体进行 CFD 模拟仿真分析时,罩体内的流体是在佩戴者使用防毒面具时在呼吸作用下吸入罩体内经过滤毒罐过滤的干净气体,所以此时的气体为常温 25℃、标准大气压

第7章 面　罩

下空气。在 CFX 前处理模块中包括两种模拟分析类型,分为稳态和非稳态模拟。对于防毒面具罩体内的流体而言,其气流变化是由人体呼吸作用引起的,在整个呼吸过程,呼吸气流的流量随时间是呈周期变化的。当气体的流动特性是时间的函数时,那么流动随时间的变化而变化,此过程视为瞬态过程,属于非定常流动,故模拟仿真分析属于瞬态模拟。总时间为 1.5s,时间步长为 0.05s。瞬态结果记录的周期时间为 0.05s。

根据分析该型号防毒面具罩体内的气流状态,对该流体域采用湍流模型,其中在湍流充分发展区域采用标准 $k-\varepsilon$ 模型,该模型已经被认为是标准工业模型,并且已经被证明是可靠的,数据上稳定,具有很好的预测能力。在近壁面区域内采用 Scalable 壁面函数,这种组合可以促进模拟仿真的收敛性和准确性。

（2）流体边界条件。在 CFX 中提供 5 种类型的边界条件,分别为入口(inlets)、出口(onlets)、开放式边界(opening)、壁面(wall)、对称面(symmetry)。其中入口边界条件、出口边界条件和开放式边界条件是用来确定流体外部边界的,流－固耦合交界面处的边界情况则需要壁面边界条件来确定,而对称边界条件是数值特殊边界。

根据正常人的呼吸频率和周期,其中呼吸频率为大约 20 次/min,呼吸周期为 $T=3s$,其中一呼一吸的时间分别为 1.5s,整个呼吸过程气体流量呈周期性变化。结合实际情况下,佩戴防毒面具的使用者在正常行军情况下工作的最大呼吸量大致为 30L/min。由佩戴防毒面具后的吸气量和该防毒面具的进口面积计算,可以得到使用者在佩戴防毒面具后的最大质量流量速率为 0.00065kg/s,根据人体的呼吸周期变化归纳出呼吸过程中的气流变化情况,如图 7.44 所示。

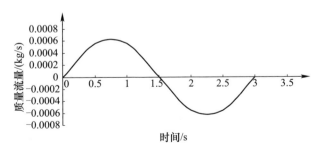

图 7.44　佩戴防毒面具后的呼吸气流变化情况

只分析研究吸气过程中罩体内气流变化的非定常流,所以在设置防毒面具流体域的入口边界条件时,只考虑在人体吸气过程中的气流变化,通过用户函数的设定,在 CFX 中设置流体入口边界条件,如图 7.45 所示。

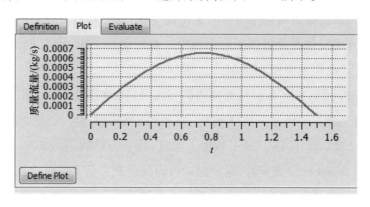

图 7.45　吸气过程中流体出口边界条件

在实验中测得人体佩戴防毒面具后在 30L/min 的吸气情况下,防毒面具的压差为 120Pa,由于在仿真模拟中采用的是标准大气压,所以进口压力低于标准大气压 120Pa。

(3) 求解参数的设置。在求解器设置中,根据前文分析采用高阶求解模式"高分辨率图像",这种格式求解准确且结果可靠。在收敛方案中,CFX 的收敛残差默认设置类型为均方根残差值,由于最大残差值是均方根残差值的 10 倍,当最大残差值达到 10^{-6} 时,可以获得工业上完全可以接受的精确收敛。

收敛残差设置为均方根残差值等于 10^{-6}。在一般情况下,迭代求解应该以设置的残差大小为迭代是否结束的标准,当残差小于设定值时会结束迭代,但是无法判断计算是否收敛,也无法确定模拟在迭代多少时停止,则迭代将一直持续。为了避免这种情况发生,一般会设置模拟的最大迭代步数,当计算迭代到该步数时即使实验结果不收敛,计算也会终止。在本次模拟实验中设置最大迭代步数为 200 步。

2) 防毒面具数值模拟求解

在对求解对象前处理后,启动 CFX – Solver 进行求解运算,当所有残差值符合目标残差值或达到最大计算步数时,求解就会停止。由计算结果显示,当迭代步数达到 115 步时,收敛残差就达到 1×10^{-6},计算完成。图 7.46 和图 7.47 所示为计算残差收敛图。

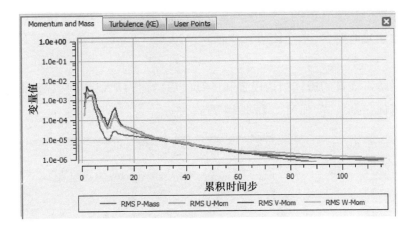

图 7.46　压强和速度分量的残差收敛曲线

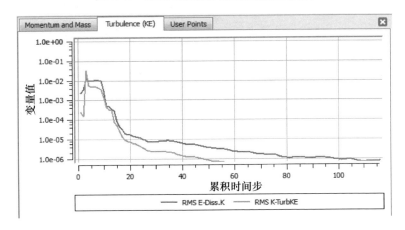

图 7.47　湍动能 k 和耗散率 ε 的残差收敛曲线

其中,在图 7.46 中有 4 条残差收敛曲线,分别表示气流速度在 x、y、z 分量上的残差收敛情况以及压强 p 的残差收敛变化。图 7.47 中的两条曲线分别表示防毒面具模型在设定条件下的湍动能 k 和耗散率 ε 的残差收敛情况。由图 7.46 和图 7.47 可知,在均方根值下的残差收敛曲线均达到 10^{-6},即最大值的 10^{-5},符合研究所需的要求。

3）防毒面具数值模拟结果

使用 ANSYS CFX 做计算机仿真模拟不同于实际的物理实验，存在一定的失真性，导致实际计算的结果不准确，所以首先要通过对现有的防毒面具结构在人体佩戴后在吸气情况下的流场流动轨迹的模拟仿真与实际物理实验的流体运动轨迹是否吻合，来验证研究中使用 ANSYS CFX 进行仿真的可行性和准确性。

在对防毒面具的流体结构设置和计算以后，打开 CFX – Post，观察不同吸气时刻的流体运动轨迹，如图 7.48 至图 7.54 所示。

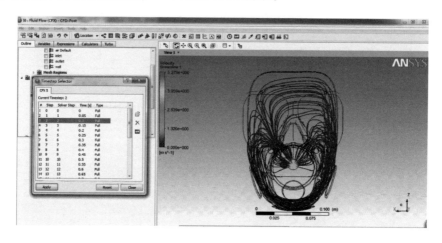

图 7.48　0.1s 时刻气体流动的流线图

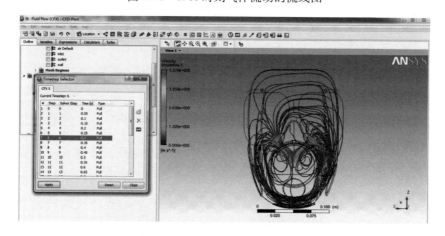

图 7.49　0.3s 时刻气体流动的流线图

第 7 章 面　罩

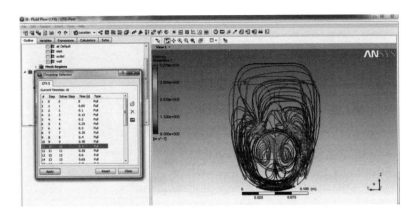

图 7.50　0.5s 时刻气体流动的流线图

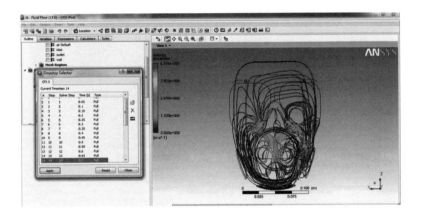

图 7.51　0.7s 时刻气体流动的流线图

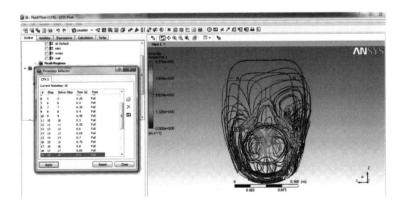

图 7.52　0.9s 时刻气体流动的流线图

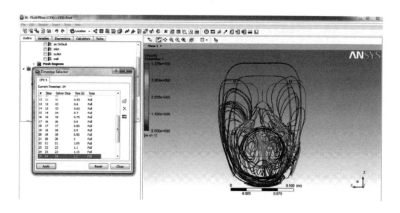

图 7.53　1.1s 时刻气体流动的流线图

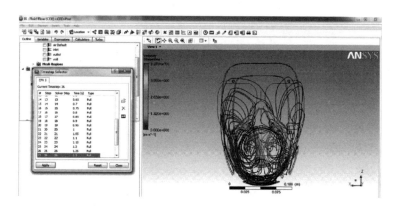

图 7.54　1.3s 时刻气体流动的流线图

以上举例说明的是几个不同时刻气流流动轨迹是所有吸气时刻中的一部分,通过筛选后能够代表气流变化的趋势。从图 7.48 至图 7.54 可以观察出,在人体佩戴防毒面具后在吸气增强阶段,即从开始吸气到 0.9s 左右,在罩体内的气体流动轨迹基本不变,而在吸气衰落阶段气流的流动开始变得杂乱无章,无规律可循。同时在实际佩戴防毒面具后人体的呼吸过程是连续的,吸气后人体直接呼出气体,人体吸气阶段的气体衰落过程较短,气流量变小。

从图 7.48 至图 7.54 可以看出,在这个过程气流流速随吸气强度变化而改变。罩体内的气流流动轨迹为经过滤毒罐过滤后的干净气体从防毒面具罩体左侧的进气口进入罩体内,然后气流流动方向分成两个部分,一部分向上流动,另一部分向下流动。向上流动的这部分气流顺着防毒面具罩体及反折边和阻

第 7 章 面 罩

水罩之间的空间向上流动,这部分气流一部分直接通过阻 k 罩上左侧的一个连接罩体空间和阻水罩空间的通气口进入阻水罩,然后吸入人体呼吸道,这部分气体很少扫掠左边的镜片,所以对罩体保明性影响不大。另一部分向上流动的气体继续向上流动扫掠罩体整个左镜片后继续横向流动扫掠罩体右边镜片的一部分面积后,通过阻水罩右边的进气口进入阻水罩,然后吸入人体内,这部分气流对防毒面具罩体保明性影响非常大,如何优化这部分气流的流动通道是保明性分析的重点。向下流动的那部分气流穿过防毒面具罩体底部与阻水罩底部的空间流到罩体空间的另一侧,这部分气流继续向上流动,然后直接通过阻水罩上的右通气口进入阻水罩内。

由分析可知,优化前的防毒面具罩体结构而言,进入罩体内的向上流动的气流只有其中部分气流对罩体保明性有影响,而进入罩体内向下流动的气流则基本上对保明性没有影响,所以该罩体结构的左镜片的保明性较好,而右镜片的保明效果较差。

参 考 文 献

[1] 李小银. 防毒面具发展简史(上)[J]. 轻兵器,2002,25(4):38-39.

[2] 李小银. 防毒面具发展简史(下)[J]. 轻兵器,2002,25(5):36-37.

[3] 李小银. 防毒面具的现状和发展趋势[J]. 防化研究,2007,24(2):53-60.

[4] 冯冬云,王勇. 国内外防毒面具的应用现状综述[J]. 安防科技,2012,12(3):30-35

[5] 高树田,张晓峰. 美军防毒面具发展简史[J]. 中国个体防护装备,2009,17(3):52-56.

[6] 李小银. 防毒面具[J]. 劳动保护,2006,54(3):88-90.

[7] 何启泰,高虎章,崔俊鸣. 化学防护技术基础[M]. 北京:兵器工业出版社,1995.

[8] 王作龄. 橡胶的透过性与配合技术[J]. 世界橡胶工业,2002,43(1):50-60.

[9] 郭跃欣,李小银,李和国. 防毒面具罩体材料发展现状[J]. 中国个体防护装备,2007,15(3):16-19.

[10] 金世婧,齐嘉豪,周闯,等. 从历史看未来——浅谈防毒面具罩体材料的发展,中国化学学会,第9届全国防化学术讨论会论文集[C]. 北京:防化研究院,2014:242-245

[11] 张玉龙,张晋生. 特种橡胶及应用[M]. 北京:化学工业出版社,2011.

[12] 吕百龄,刘登祥,李和平. 实用橡胶手册[M]. 北京:化学工业出版社,2009.

[13] 山西省化工研究所. 聚氨酯弹性体手册[M]. 北京:化学工业出版社,2001.

[14] 金祖铨. 吴念. 聚碳酸酯树脂及应用[M]. 北京:化学工业出版社. 2009.

[15] 唐斌,李小强,王进文.乙丙橡胶应用技术[M].北京:化学工业出版社,2005.

[16] 齐嘉豪,常慧芳,王雅晴,等.EPDM/IIR并用胶用于罩体材料的研究[J].特种橡胶制品,2009,30(6):43-44.

[17] 梁星宇.丁基橡胶应用技术[M].北京:化学工业出版社,2004.

[18] 赵小平,史铁军,王申生.丁基橡胶与卤化丁基橡胶的结构、性能及发展状况[J].安徽化工,2008,34(4):8-14.

[19] 代友红.防毒面具面罩材料的选择及配方设计[J].中国橡胶,2007,23(19):38-39.

[20] 柳学义,常慧芳,蔡晓光,等.氯化丁基橡胶罩体材料的研究[J].弹性体,2003,(13):23-25.

[21] 郭跃欣,李小银,李和国.BIIR防毒面具罩体胶料配方设计[J].橡胶工业,2010,57(10):623-626.

[22] Kannan G K, Gaikewad L V, Nirmala L, et al. Thermal Ageing Studies of Bromo-butyl Rubber Used in NBC Personal Protective Equipment [J]. Journal of Scientific & Industrial Reasearch, 2010, (69):841-849.

[23] Kannan G K, Kumar N S. Studies on Fire and Toxicity Potential of Bromo-butyl Rubber of Respiratory Mask in a Simulated Closed Environment [J]. Journal of Scientific & Industrial Reasearch, 2011, (18):152-160.

[24] 张玉龙,张晋生.特种橡胶及应用[M].北京:化学工业出版社,2011.

[25] 李小银.个体防护技术进展(上)[J].国外防化科技动态,2001,(2):7-10.

[26] 黄文润.热硫化硅橡胶[M].成都:四川科学技术出版社,2009.

[27] 齐嘉豪.硅橡胶并用胶的研究进展[J].特种橡胶制品,2008,(2):52-54.

[28] 崔小明.溴化丁基橡胶加工应用研究进展[J].世界橡胶工业,2010,(6):30-38.

[29] 徐雅丽,楚文军.不同硫化体系对BIIR硫化胶性能的影响[J].现代橡胶技术,2010,36(4):13-16.

[30] 李健,徐驰波,路强.防毒面具罩体材料聚合物材料的优选.中国化学学会,第9届全国防化学术讨论会论文集[C].北京:防化研究院,2014.2:328-334.

[31] 洪慎章.注塑加工速查手册[M].北京:机械工业出版社,2009.

[32] 楚文军,潘玉明,陈丑和,等.一种防毒面具镜片材料与工艺研究.中国化学学会,第9届全国防化学术讨论会论文集[C].北京:防化研究院,2014:257-260.

[33] 王玉廷,郭立君,李小银.防毒面具罩体和镜片材料发展现状[J].防化学报,2015,(6):68-71.

[34] 国家质量监督检验检疫总局.透明塑料透过率和雾度的测定:GB/T 2410—2008[S].北京:中国标准出版社,2008.

[35] 全国个体防护装备标准化技术委员会.个人用眼护具技术要求:GB 14866—2006[S].北京:中国标准出版社,2006.

第7章 面 罩

[36] 周学坤. 模具制造工艺学[M]. 北京:国防工业出版社,2007.
[37] 黄娜斌,江波. 橡胶注射成型技术及其设备[J]. 橡塑技术与设备,2007,33(7):32-37.
[38] 王立莹,韩国林,刘玉萍,等. 一种双目过滤式防毒面具罩体及其橡胶注射模具. 中国化学学会,第9届全国防化学术讨论会论文集[C]. 北京:防化研究院,2014:285-289.
[39] 孟凡俊,袁晓华,赵立新,等. 防毒面具镜片防雾技术[J]. 个体防护装备,2013,(2):15-17.
[40] 贾为民,陈志安,耿葵,等. 防毒面具电声通话器研制及效果评价[J]. 防化学报,2003,(3):44-47.
[41] 王立莹,韩国林,朱良学,等. 防毒面具无线数字通信研究. 中国化学学会,第9届全国防化学术讨论会论文集[C]. 北京:防化研究院,2014:322-327.
[42] 易克初,田斌,付强. 语音信号处理[M]. 北京:国防工业出版社,2000.
[43] 杨行峻. 语音信号数字处理[M]. 北京:电子工业出版社,1995.
[44] 韩纪庆. 音频信息处理技术[M]. 北京:清华大学出版社,2007.
[45] Digital Voice Systems,Inc. AMBE-2000™ Vocoder Chip User's Manual Version 3.0 [EB/OL]. (2000-04-01)(2015-10-12). http://www.dvsinc.com.
[46] 杨桂通,陈维毅,徐晋斌,等. 生物力学[M]. 重庆:重庆出版社,1999.
[47] 张静. 呼吸防护面具罩体的流体力学分析及参数化建模研究[D]. 武汉:武汉理工大学,2011.
[48] 王立莹,房鹤,丁松涛,等. 浅析过滤式防毒面具结构与佩戴舒适度的关系. 防化研究院. 中国化学学会,第9届全国防化学术讨论会论文集[C]. 北京:防化研究院,2014:252-256.
[49] 陈旭芬. 呼吸防护面具罩体的设计及反应注射成型分析[D]. 武汉:武汉理工大学,2012.
[50] 王钢,戎德功,王京,等. 防毒面具新的设计技术. 中国化学学会,第9届全国防化学术讨论会论文集[C]. 北京:防化研究院,2014:1115-1117.
[51] 刘玉萍,孟凡俊,成立梅. 呼吸追随控制技术在电动送风呼吸器中的应用[J]. 中国化学学会,第9届全国防化学术讨论会论文集[C]. 北京:防化研究院,2014:1148-1150.
[52] 赵大力,皇甫喜乐,李小银,等. 大眼窗面罩罩体橡胶注射模设计[J]. 模具工业 2010,(2):56-58.
[53] 王钢,戎德功,王京,等. 一种在染毒区可更换滤毒罐的自密闭活门结构. 中国化学学会,第9届全国防化学术讨论会论文集[C]. 北京:防化研究院,2014:290-292.
[54] 黄威,晋小莉,王立莹. 基于ANSYS CFX的防毒面具内部流场分析[J]. 中国个体防护装备,2016,(5):10-13.